U0142219

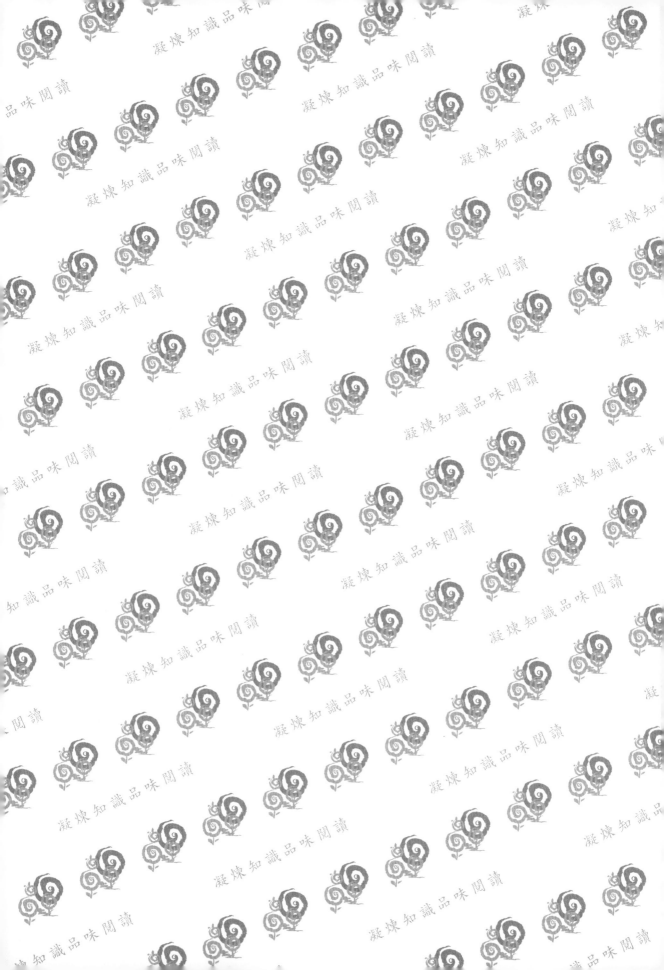

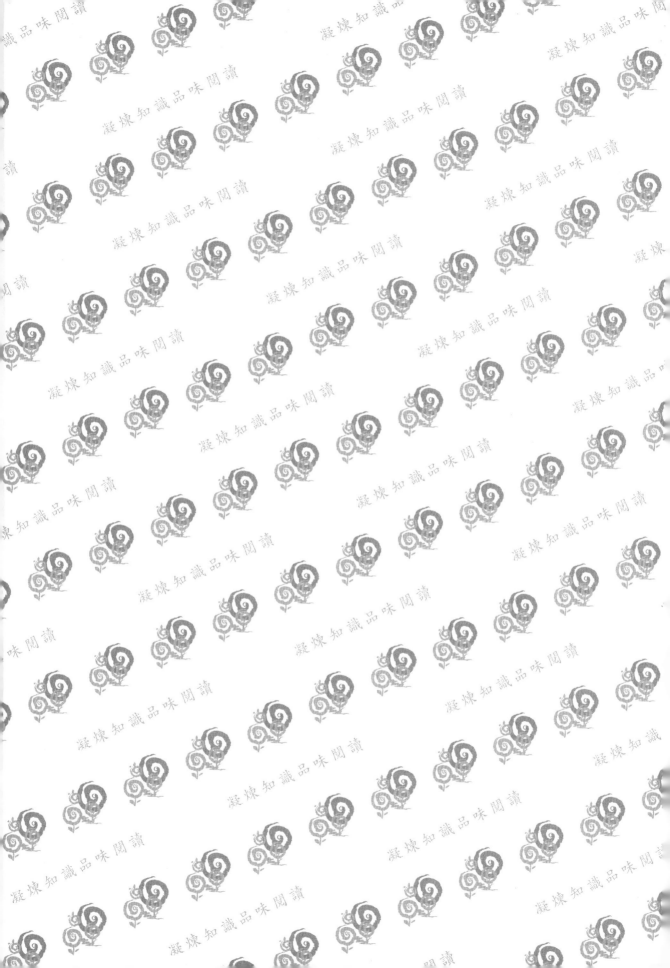

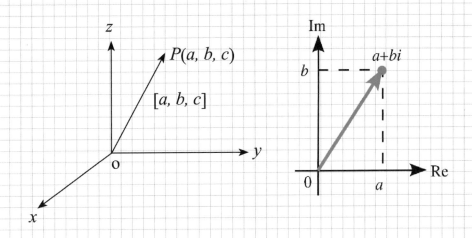

$$\begin{cases} x+2y-3z=0 \\ 2x+5y+2z=0 \\ 3x-y-4z=0 \end{cases} \Rightarrow \begin{cases} x+2y-3z=0 \\ y+8z=0 \\ -7y+5z=0 \end{cases} \Rightarrow \begin{cases} x+2y-3z=0 \\ y+8z=0 \\ 61z=0 \end{cases}$$

工程數學
SOP閃通指南

林振義 著

五南圖書出版公司 印行

序言

　　我利用「SOP 閃通教學法」教我們系上的工程數學課，學生普遍反應良好。學生在期末課程問卷上，寫著「這堂課真的幫了大家不少，以為工數很難，但在老師的教導下，工數就跟小學的數學一樣的簡單，這真的都是拜老師所賜的呀！」「老師很厲害，把一科很不容易學會的科目，一一講解的很詳細。」「老師謝謝您，讓我重新愛上數學。」「高三那年我放棄了數學，自從上您的課後，開始有了變化，而且還有教學影片可以在家裡複習，重點是上課也很有趣。」「一直以來我的數學是學過就忘，難得有老師可以讓我學之後記得那麼久的。」「老師讓工程數學變得非常簡單。」我們的前工學院李院長（目前任教於中山大學）說：「林老師很不容易，將一科很硬的科目，教得讓學生滿意度那麼高。」

　　我也因而得到了：教育部 105 年師鐸獎、明新科大 100、104、107、109 學年度教學績優教師、技職教育熱血老師、私校楷模獎等。我的上課講義《微分方程式》、《拉普拉斯轉換》，分別申請上明新科大 104、105 年度教師創新教學計畫，並獲選為優秀作品。

　　很多理工商科的基本計算題，如：微積分、工程數學、電路學等，有些人看到題目後，就能很快地將它解答出來，這是因為很多題目的解題方法，都有一個標準的解題流程[註]（SOP，Standard sOlving Procedure），只要將題目的數據帶入標準解題流程內，就可以很容易地將該題解答出來。

　　現在很多老師都將這標準解題流程記在頭腦內，依此流程解題給學生看。但並不是每個學生看完老師的解題後，都能將此解題流程記在腦子裡。

　　SOP 閃通教學法是：若能將此解題流程寫在黑板上，一步一步的引導學生將此題目解答出來，學生可同時用耳朵聽（老師）解題步驟、用眼睛看（黑板）解題步驟，則可加深學生的印象，學生只要按圖施工，就可

以解出相類似的題目來。

　　SOP 閃通教學法的目的就是要閃通，是將老師記在頭腦內的解題步驟用筆寫出來，幫助學生快速的學習，就如同：初學游泳者使用浮板、初學下棋者使用棋譜、初學太極拳先練太極十八式一樣，這些浮板、棋譜、固定的太極招式都是為了幫助初學者快速的學會游泳、下棋和太極拳，等學生學會了後，浮板、棋譜、固定的太極招式就可以丟掉了。SOP 閃通教學法也是一樣，學會後 SOP 就可以丟掉了，之後再依照學生的需求，做一些變化題。

　　有些初學者的學習需要藉由浮板、棋譜、SOP 等工具的輔助，有些人則不需要，完全是依據每個人的學習狀況而定，但最後需要藉由工具輔助的學生，和不需要工具輔助的學生都學會了，這就叫做「因材施教」。

　　我身邊有一些同事、朋友，甚至 IEET 教學委員們直覺上覺得數學怎能 SOP？老師們會把解題步驟（SOP）記在頭腦內，依此解題步驟（SOP）教學生解題，我只是把解題步驟（SOP）寫下來，幫助學生學習，但我的經驗告訴我，對我的學生而言，寫下 SOP 的教學方式會比 SOP 記在頭腦內的教學方式好很多。

　　我這本書就是依據此原則所寫出來的。我利用此法寫一系列的數學套書，包含有：

1. 第一次學微積分就上手
2. 第一次學工程數學就上手 (1)—微積分與微分方程式
3. 第一次學工程數學就上手 (2)—拉氏轉換與傅立葉
4. 第一次學工程數學就上手 (3)—線性代數
5. 第一次學工程數學就上手 (4)—向量分析與偏微分方程式
6. 第一次學工程數學就上手 (5)—複變數
7. 第一次學機率就上手
8. 工程數學 SOP 閃通指南（為《第一次學工程數學就上手》(1)～(5) 之精華合集）
9. 大學學測數學滿級分 (I)(II)

10. 第一次學 C 系列語言前半段就上手（即將出版）

它們的寫作方式都是盡量將所有的原理或公式的用法流程寫出來，讓讀者知道如何使用此原理或公式，幫助讀者學會一門艱難的數學。

最後，非常感謝五南圖書股份有限公司對此書的肯定，此書才得以出版。本書雖然一再校正，但錯誤在所難免，尚祈各界不吝指教。

林振義

email: jylin @ must.edu.tw

註：數學題目的解題方法有很多種，此處所說的「標準解題流程（SOP）」是指教科書上所寫的或老師上課時所教的那種解題流程，等學生學會一種解題方法後，再依學生的需求，去了解其他的解題方法。

教學成果

1. 教育部 105 年**師鐸獎**（教學組）。
2. 星雲教育基金第十屆（2022 年）星雲教育獎典範教師獎。
3. 明新科大 100、104、107、109、111 學年度**教學績優教師**。
4. 明新科大 110、111 年特殊優秀人才彈性薪資獎。
5. 獲邀擔任化學工程學會 68 週年年會工程教育論壇講員，演講題目：工程數學 SOP+1 教學法，時間：2022 年 1 月 6~7 日，地點：高雄展覽館三樓。
6. 上課講義「微分方程式」申請上明新科大 104 年度教師**創新教學計畫**，並獲選為**優秀作品**。
7. 上課講義「拉普拉斯轉換」申請上明新科大 105 年度教師**創新教學計畫**，並獲選為**優秀作品**。
8. 執行本校 105 年北區技專院校計畫「**如何開發及推廣優質課程**」。
9. 推廣中等程度學生適用的「**SOP 閃通教學法**」和「**下課前給學生練習**」。
10. 獲選為技職教育**熱血老師**，接受蘋果日報專訪，於 106 年 9 月 1 日刊出。https://tw.appledaily.com/headline/20170901/2ZWGHOX3RT7PFA4GHC6IGOLEPQ/
11. 錄製 12 個主題，共 102 **部教學影片**，約 3000 分鐘，放在電機系網站供學生自由下載。
12. 107 年 11 月 22 日執行**高教深耕計畫**，同儕觀課與分享討論（主講人）。
13. 101 年 5 月 10 日學校指派出席龍華科大校際**優良教師觀摩講座**主講人。
14. 101 年 9 月 28 日榮獲**私校楷模獎**。
15. 文章「**SOP 閃通教學法**」發表於師友月刊，2016 年 2 月第 584 期 81 到 83 頁。
16. 文章「**談因材施教**」發表於師友月刊，2016 年 10 月第 592 期 46 到 47 頁。

有五位讀者肯定我寫的書，他們寫 email 來感謝我，內容如下：

(1) 讀者一：

(a) Subject：第一次學工程數學就上手 6

林教授，

您好。您的《第一次學工程數學就上手》套書很好，是學習工程數學的好教材。

想請問第 6 冊機率會出版嗎？什麼時候出版？

(b) 因我發現是從香港寄來的，我就回信給他，內容如下：

您好

1. 感謝您對本套書的肯定，因前些日子比較忙，沒時間寫，機率最快也要 7 月以後才會出版

2. 請問您住香港，香港也買得到此書嗎？

謝謝

(c) 他再回我信，內容如下：

林教授，

是的，我住在香港。我是香港城市大學電機工程系畢業生。在考慮報讀碩士課程，所以把工程數學溫習一遍。

在香港的書店有《第一次學工程數學就上手》的套書，唯獨沒有〈6 機率〉。因此來信詢問。希望 7 月後您的書能夠出版。

(2) 讀者二：

標題：林振義老師你好

林振義老師你好，出社會許多年的我，想要準備考明年的研究所考試。

就學時，一直對工程數學不擅長，再加上很久沒念書根本不知道從哪邊開始讀起。

因緣際會在網路上看到老師出的《第一次學工程數學就上手》系列，翻了幾頁覺得很有趣，原來工數可以有這麼淺顯易懂的方式來表達。

然後我看到老師這系列要出四本，但我只買到兩本所以我想問老師，3 的線代跟 4 的向量複變什麼時候會出，想早點買開始準備

謝謝老師

(3) 讀者三：

標題：SOP 閃通讀者感謝老師

林教授 您好，

感謝您，拜讀老師您的大作，SOP 閃通教材第一次學工程數學系列，對個人的數學能力提升，真的非常有效，超乎想像的進步，在此誠懇　感謝老師，謝謝您～

(4) 讀者四：

標題：第一次學工程數學就上手

林老師，您好

我是您的讀者，對於您的第一次學工程數學就上手系列很喜歡。

請問第四冊有預計何時出版嗎？

很希望能夠儘快拜讀，謝謝。

(5) 讀者五：

標題：老師您好

老師您好

因緣際會買了老師您的，第一次學工程數學就上手的 12

覺得書實在太棒了！

想請問老師 3 和 4，也就是線代和向量的部分，書會出版發行嗎？

目　錄

第 1 篇

微積分

羅必達（L' Hospital）

　　法國世襲軍官，其後因視力嚴重衰退，改做數學家。他在數學上的成就主要在微積分，尤其是著作中直觀意念來自其導師約翰‧伯努利的羅必達法則，更大大地減低微分運算的難度。

微積分篇簡介

　　我教我們系上學生的微分方程式時，有些學生告訴我說：微分方程式最難的地方是解題到最後，要把答案算出來的積分。

　　有鑑於此，本書第一單元將介紹如何解微分和解積分：

1. 微分：微分相對簡單，大多數的題目可用「微分連鎖律」法解出來，本章的微分只介紹「微分連鎖律」；

2. 積分：積分因其題型較多，不同的題型要用不同的方法解題，所以相對比較難些。本章只介紹微分方程式中常見的積分題型，有：

　　　(a) 基本函數的積分；

　　　(b) 變數變換法；

　　　(c) 分部積分法；

　　　(d) 配方法；

　　　(e) 部分分式法；

　　　等五種方法。

第 1 章　微分

1.1　微分的定義

1. 〔微分定義〕$f(x)$ 的微分 $f'(x) = \lim\limits_{\Delta x \to 0} \dfrac{f(x + \Delta x) - f(x)}{\Delta x}$。

   $f(x)$ 的微分可寫成 $f'(x)$、$\dfrac{d}{dx} f(x)$ 或 $D_x f(x)$ 等形式。

   註：微分是一個動作（動詞）；導數是做完微分後的一個結果，其
   　　為一值（名詞）

2. 〔微分公式〕底下為一些常見函數的微分公式：

   (1) $f(x) = c$（c 為常數），則 $f'(x) = 0$

   (2) $f(x) = x^n$，則 $f'(x) = nx^{n-1}$，（n 為任意實數，$n \neq 0$）

   　　註：(a)x^n 的微分是 n 乘下來後，n 再減 1；

   　　　　(b)要求 $\sqrt[a]{x^b}$ 的微分時，要先將它改成 $x^{\frac{b}{a}}$ 後，再微分；

   　　　　(c)要求 $\dfrac{1}{x^n}$ 的微分時，要先將它改成 x^{-n} 後，再微分。

   (3) $f(x) = \sin x$，則 $f'(x) = \cos x$

   (4) $f(x) = \cos x$，則 $f'(x) = -\sin x$

   (5) $f(x) = e^x$，則 $f'(x) = e^x$

   (6) $f(x) = \ln x(= \log_e x)$，則 $f'(x) = \dfrac{1}{x}$

   (7) 若 $f(x) = \sin^{-1} x$，則 $f'(x) = \dfrac{1}{\sqrt{1 - x^2}}$

   (8) 若 $f(x) = \tan^{-1} x$，則 $f'(x) = \dfrac{1}{1 + x^2}$

3. 〔微分性質〕若函數 $f(x)$ 和 $g(x)$ 可微分，且 k 為一常數，則：

   (1) $[kf(x)]' = kf'(x)$，（常數 k 可以提到微分的外面）

   (2) $[f(x) + g(x)]' = f'(x) + g'(x)$（相加後再微分等於微完分後再相加）

$$(3) \left[f(x) \cdot g(x)\right]' = f'(x) \cdot g(x) + f(x) \cdot g'(x) \quad \text{（相乘的微分等於每項各自}$$
$$\text{微分完後再相加）}$$

$$(4)\ (fgh)' = f'gh + fg'h + fgh'$$

$$(5) \left[\frac{f(x)}{g(x)}\right]' = \frac{f'(x) \cdot g(x) - f(x) \cdot g'(x)}{g^2(x)}$$

例 1　求下列函數的微分〔相加的微分〕

(a) $f(x) = 2x^4 + 5x^3 + 3x^2 + 2$

(b) $f(x) = 2\sqrt[3]{x^4} + \dfrac{3}{x^3} + \dfrac{2}{x} - \sqrt{x}$

(c) $f(x) = \dfrac{2x^2 + 3x + 1}{\sqrt{x}}$

解　(a) $f'(x) = 2 \cdot 4x^{4-1} + 5 \cdot 3x^{3-1} + 3 \cdot 2x^{2-1} + 0 = 8x^3 + 15x^2 + 6x$

(b) $f(x) = 2x^{\frac{4}{3}} + 3x^{-3} + 2x^{-1} - x^{\frac{1}{2}}$，所以

$$f'(x) = 2 \cdot \frac{4}{3}x^{\frac{4}{3}-1} + 3 \cdot (-3)x^{-3-1} + 2 \cdot (-1)x^{-1-1} - \frac{1}{2}x^{\frac{1}{2}-1}$$

$$= \frac{8}{3}x^{\frac{1}{3}} - 9x^{-4} - 2x^{-2} - \frac{1}{2}x^{\frac{-1}{2}}$$

(c) $f(x) = \dfrac{2x^2 + 3x + 1}{\sqrt{x}} = (2x^2 + 3x + 1) \cdot x^{\frac{-1}{2}}$

$$= 2x^{\frac{3}{2}} + 3x^{\frac{1}{2}} + x^{\frac{-1}{2}}$$

$$f'(x) = 2 \cdot \frac{3}{2} \cdot x^{\frac{3}{2}-1} + 3 \cdot \frac{1}{2} \cdot x^{\frac{1}{2}-1} + (\frac{-1}{2})x^{\frac{-1}{2}-1}$$

$$= 3x^{\frac{1}{2}} + \frac{3}{2}x^{\frac{-1}{2}} - \frac{1}{2}x^{\frac{-3}{2}}$$

例 2　求下列函數的微分〔相乘的微分〕

(a) $f(x) = (x^3 + 2x^2 + 3)(x^2 + 2)$

(b) $f(x) = x^2 \cdot \ln x$

(c) $f(x) = x \cdot \tan^{-1} x$

解 (a) $f'(x) = [\frac{d}{dx}(x^3 + 2x^2 + 3)] \cdot (x^2 + 2) + (x^3 + 2x^2 + 3) \cdot \frac{d}{dx}(x^2 + 2)$

$= (3x^2 + 4x)(x^2 + 2) + (x^3 + 2x^2 + 3)(2x)$

$= 5x^4 + 8x^3 + 6x^2 + 14x$

(b) $f'(x) = \frac{d}{dx}(x^2) \cdot \ln x + x^2 \cdot \frac{d}{dx}(\ln x)$

$= 2x \cdot \ln x + x^2 \cdot \frac{1}{x} = 2x \ln x + x$

(c) $f'(x) = \frac{d}{dx}(x) \cdot \tan^{-1} x + x \cdot \frac{d}{dx}(\tan^{-1} x)$

$= \tan^{-1} x + \frac{x}{1 + x^2}$

例 3　求下列函數的微分〔相除的微分〕

(a) $f(x) = \frac{2x^2 + 3x + 5}{x^2 + 1}$

(b) $f(x) = \frac{\sin x - \cos x}{\sin x + \cos x}$

解 (a) $f'(x) = \dfrac{\frac{d}{dx}(2x^2 + 3x + 5) \cdot (x^2 + 1) - (2x^2 + 3x + 5) \cdot \frac{d}{dx}(x^2 + 1)}{(x^2 + 1)^2}$

$= \dfrac{(4x + 3)(x^2 + 1) - (2x^2 + 3x + 5) \cdot (2x)}{(x^2 + 1)^2}$

$= \dfrac{-3x^2 - 6x + 3}{(x^2 + 1)^2}$

(b) $f'(x) = \dfrac{(\cos x + \sin x)(\sin x + \cos x) - (\sin x - \cos x)(\cos x - \sin x)}{(\sin x + \cos x)^2}$

$= \dfrac{(1 + 2\sin x \cos x) + (1 - 2\sin x \cos x)}{(\sin x + \cos x)^2}$

$= \dfrac{2}{(\sin x + \cos x)^2}$

1.2　微分的方法

4.〔微分方法〕常見的微分方法有下列二種：

(1) 基本函數的微分：此也就是前一節的方法；

(2) 微分的連鎖律：它是合成函數 $f(g(x))$ 的微分。

5.〔微分的連鎖律〕它是合成函數的微分，也就是

$$\frac{d}{dx}[f(g(x))] = f'(g(x)) \cdot g'(x)$$

它的作法是：從「最外層」開始微分到裡面，即要微分 $\frac{d}{dx}[f(g(x))]$ 時，

(1) 先微分 $f(x)$ 的部分（因 $f(x)$ 在 $g(x)$ 的外面），此時把 $g(x)$ 視為一個大 X，在微 $f(X)$ 時，$g(x)$ 都不變；

(2) 再微分 $g(x)$（因 $g(x)$ 在 $f(x)$ 的裡面）；

(3) 將 (1)、(2) 的結果相乘。

同理：$\frac{d}{dx}[f(g(h(x)))] = f'(g(h(x))) \cdot g'(h(x)) \cdot h'(x)$，即先微分 $f(X)$ 的部分，再微分 $g(X)$，後微分 $h(x)$，再相乘。

例 4　求下列函數的微分〔微分的連鎖律〕

(a) $f(x) = (x^3 + 3x + 2)^4$

(b) $f(x) = e^{x^2 + 2x + 3}$

(c) $f(x) = \ln(3x^2 + 2x + 1)$

解　(a) 外層是 $(X)^4$，先微分（$= 4X^3$）；內層是 $(x^3 + 3x + 2)$，後微分（$= 3x^2 + 3$），再相乘

$$f'(x) = 4(x^3 + 3x + 2)^3 \cdot \frac{d}{dx}(x^3 + 3x + 2)$$
$$= 4(x^3 + 3x + 2)^3 \cdot (3x^2 + 3)$$

(b) 外層是 e^X，先微分（$= e^X$）；內層是 $(x^2 + 2x + 3)$，後微分（$= 2x + 2$），再相乘

$$f'(x) = e^{x^2+2x+3} \cdot \frac{d}{dx}(x^2 + 2x + 3) = e^{x^2+2x+3} \cdot (2x+2)$$

(c) 外層是 $\ln X$，先微分 $\left(= \dfrac{1}{X}\right)$ ；內層是 $(3x^2 + 2x + 1)$，後微分 $(= 6x + 2)$，再相乘

$$f'(x) = \frac{1}{3x^2 + 2x + 1} \cdot \frac{d}{dx}(3x^2 + 2x + 1) = \frac{6x+2}{3x^2 + 2x + 1}$$

例 5 求下列函數的微分〔微分的連鎖律〕

(a) $f(x) = \sin(x^3)$

(b) $f(x) = \sin^3(x)$

(c) $f(x) = \cos^3(2x^2 + 1)$

(d) $f(x) = \cos^3 x + 2\sin x + 3$

解 (a) 外層是 $\sin(X)$，先微分〔$= \cos(X)$〕；內層是 (x^3)，後微分（$= 3x^2$），再相乘

$$f'(x) = \cos(x^3)\frac{d}{dx}x^3 = \cos(x^3) \cdot 3x^2$$

(b) 外層是 $(X)^3$，先微分 $(= 3X^2)$ ；內層是 $\sin x$，後微分 $(= \cos x)$，再相乘

$$f'(x) = 3\sin^2(x) \cdot \frac{d}{dx}\sin x = 3\sin^2(x) \cdot \cos x$$

(c) 外層是 $(X)^3$，先微分 $(= 3X^2)$ ；中層是 $\cos(X)$，次微分 $(= -\sin X)$ ；內層是 $2x^2 + 1$，後微分 $(= 4x)$，再相乘

$$f'(x) = 3\cos^2(2x^2 + 1) \cdot \frac{d}{dx}\cos(2x^2 + 1)$$
$$= 3\cos^2(2x^2 + 1) \cdot [-\sin(2x^2 + 1)] \cdot \frac{d}{dx}(2x^2 + 1)$$
$$= -3\cos^2(2x^2 + 1) \cdot \sin(2x^2 + 1) \cdot (4x)$$

(d) $$f'(x) = 3\cos^2 x \cdot \frac{d}{dx}\cos x + 2\cos x$$
$$= -3\cos^2 x \cdot \sin x + 2\cos x$$

練習題

求下列函數的導數

1. $f(x) = x^5(x^2 + 2x + 1)$。

　　解　$f'(x) = 7x^6 + 12x^5 + 5x^4$

2. $f(x) = 1 - \dfrac{1}{x^2}$。

　　解　$f'(x) = \dfrac{2}{x^3}$

3. $f(x) = \dfrac{\sin x}{1 - 2\cos x}$。

　　解　$f'(x) = \dfrac{\cos x - 2}{(1 - 2\cos x)^2}$

4. $f(x) = (x^2 + 1)\tan^{-1} x - x^2$。

　　解　$f'(x) = 2x \tan^{-1} x + 1 - 2x$

5. $f(x) = (x^4 + 3x^3 + 5x^2)^3$。

　　解　$f'(x) = 3(x^4 + 3x^3 + 5x^2)^2(4x^3 + 9x^2 + 10x)$

6. $f(x) = e^{2x^2 + x - 1}$。

　　解　$f'(x) = e^{2x^2 + x - 1}(4x + 1)$

7. $f(x) = \ln(x^3 + 2x^2 + x)$。

　　解　$f'(x) = \dfrac{3x^2 + 4x + 1}{x^3 + 2x^2 + x}$

8. $f(x) = \ln(x^3 + 2x^2 + x)^3$。

　　解　$f'(x) = \dfrac{3(x^3 + 2x^2 + x)^2(3x^2 + 4x + 1)}{(x^3 + 2x^2 + x)^3} = \dfrac{3(3x^2 + 4x + 1)}{x^3 + 2x^2 + x}$

9. $f(x) = \cos^4(x^2 + 2x + 1)$。

　　解　$f'(x) = -4\cos^3(x^2 + 2x + 1)\sin(x^2 + 2x + 1)(2x + 2)$

10. $f(x) = \sqrt{\dfrac{x - 1}{x^2 + 1}}$

　　解　$f'(x) = \dfrac{1}{2}\left(\dfrac{x - 1}{x^2 + 1}\right)^{\frac{-1}{2}} \dfrac{(-x^2 + 2x + 1)}{(x^2 + 1)^2}$

第 2 章　積分

2.1　積分的定義

1.〔**積分的意義**〕積分含有兩個重要的意義，(1) 表示「總和」，即求曲線下的面積；(2) 是找出微分結果的原函數，即是微分的反運算。

2.〔**定積分和不定積分**〕

(1) 當積分有標明上、下限時，如 $\int_a^b f(x)dx$，此積分稱為「定積分」，a 稱為此積分的下限，而 b 稱為此積分的上限；

(2) 當積分沒有標明上、下限時，如 $\int f(x)dx$，此積分稱為「不定積分」。

3.〔**積分的基本定理**〕積分的基本定理有：

(1) $\int k\, f(x)\, dx = k\int f(x)\, dx$（常數 k 可以提到積分的外面）

(2) $\int [f(x) + g(x)]\, dx = \int f(x)\, dx + \int g(x)\, dx$

（相加後再積分等於積完分後再相加）

4.〔**積分的求法**〕積分是微分的反運算，即

(1) 若 $\dfrac{d}{dx}F(x) = f(x)$，則 $\int f(x)dx = F(x)$

(2) 又因 $\dfrac{d}{dx}c = 0$，則 $\int 0\,dx = c$

所以 $\int f(x)dx = \int [f(x) + 0]dx = \int f(x)dx + \int 0\,dx = F(x) + c$，

在不定積分的結果，均會加個常數 c。

5.〔**基本函數的積分**〕基本函數的積分公式如下：

(1) $\int a\, dx = ax + c$（a，c 為常數）

(2) $\int x^n\, dx = \dfrac{x^{n+1}}{n+1} + c$，（$n$ 為任意實數且 $n \neq -1$）

> 註：(a) x^n 的積分是將 n 加 1 後，再將 $(n+1)$ 除下來；
>
> (b) $\sqrt[a]{x^b}$ 要改成 $x^{\frac{b}{a}}$ 後，再積分；
>
> (c) $\dfrac{1}{x^n}$ 要改成 x^{-n} 後，再積分。
>
> (3) $\displaystyle\int \frac{1}{x}\,dx = \ln|x| + c$（第 (2) 式 $\displaystyle\int x^n\,dx$ 中，$n = -1$ 的情況）
>
> (4) $\displaystyle\int e^x\,dx = e^x + c$
>
> (5) $\displaystyle\int \sin x\,dx = -\cos x + c$
>
> (6) $\displaystyle\int \cos x\,dx = \sin x + c$
>
> (7) $\displaystyle\int \frac{1}{1+x^2}\,dx = \tan^{-1} x + c$（或 $\displaystyle\int \frac{1}{a^2+x^2}\,dx = \frac{1}{a}\tan^{-1}\frac{x}{a} + c$）
>
> (8) $\displaystyle\int \frac{1}{\sqrt{1-x^2}}\,dx = \sin^{-1} x + c$（或 $\displaystyle\int \frac{1}{\sqrt{a^2-x^2}}\,dx = \sin^{-1}\frac{x}{a} + c$）

例 1 求下列的積分值〔基本函數的積分〕

(a) 求 $\displaystyle\int \left(x^2 + 2x + 3\right) dx$

(b) 求 $\displaystyle\int \left(x^2\sqrt{x} + \sin x + e^x\right) dx$

(c) 求 $\displaystyle\int \left(\frac{2}{1+x^2} + \frac{3}{\sqrt{1-x^2}} - \frac{4}{x}\right) dx$

解 (a) $\displaystyle\int \left(x^2 + 2x + 3\right) dx = \frac{1}{3}x^3 + x^2 + 3x + c$

(b) $\displaystyle\int \left(x^2\sqrt{x} + \sin x + e^x\right) dx = \int \left(x^{\frac{5}{2}} + \sin x + e^x\right) dx$

$$= \frac{1}{\frac{7}{2}} x^{\frac{7}{2}} - \cos x + e^x + c$$

$$= \frac{2}{7} x^{\frac{7}{2}} - \cos x + e^x + c$$

(c) $\int \left(\dfrac{2}{1+x^2} + \dfrac{3}{\sqrt{1-x^2}} - \dfrac{4}{x} \right) dx$

$= 2\tan^{-1} x + 3 \cdot \sin^{-1} x - 4\ln|x| + c$

例 2 求下列的積分值〔基本函數的積分〕

(a) 求 $\int (\sqrt{x} - \dfrac{4}{x^3} + 5x^4) dx$

(b) 求 $\int \dfrac{(x+3)^2}{\sqrt{x}} dx$

解 (a) $\int (\sqrt{x} - \dfrac{4}{x^3} + 5x^4) dx = \int (x^{\frac{1}{2}} - 4x^{-3} + 5x^4) dx$

$= \dfrac{1}{\frac{3}{2}} x^{\frac{3}{2}} - \dfrac{4}{-2} x^{-2} + \dfrac{5}{5} x^5 + c$

$= \dfrac{2}{3} x^{\frac{3}{2}} + 2x^{-2} + x^5 + c$

(b) $\int \dfrac{(x+3)^2}{\sqrt{x}} dx = \int x^{\frac{-1}{2}} (x^2 + 6x + 9) dx$

$= \int (x^{\frac{3}{2}} + 6x^{\frac{1}{2}} + 9x^{\frac{-1}{2}}) dx$

$= \dfrac{1}{\frac{5}{2}} x^{\frac{5}{2}} + \dfrac{6}{\frac{3}{2}} x^{\frac{3}{2}} + \dfrac{9}{\frac{1}{2}} x^{\frac{1}{2}} + c$

$= \dfrac{2}{5} x^{\frac{5}{2}} + 4x^{\frac{3}{2}} + 18x^{\frac{1}{2}} + c$

2.2　積分的方法

> 6. 〔**積分方法**〕積分常用的方法有下列五種：
>
> (1) 基本函數的積分：此也就是前一節所介紹的方法。
>
> (2) 變數變換法：積分的式子為 $\int f(g(x)) \cdot g'(x)dx$ 時，可令 $u = g(x)$ 解之。
>
> (3) 分部積分法：利用 $\int u\, dv = uv - \int v\, du$ 解之。
>
> (4) 配方法：本處只討論「分母」是二次多項式：
>
> $$\int \frac{1}{ax^2 + bx + c} dx\ 且\ b^2 - 4ac < 0。$$
>
> (5) 部分分式法：分母是多項式相乘者，可改成分母是多項式相加。
>
> 7. 〔**積分的方法—變數變換法**〕若積分的式子為 $\int f(g(x)) \cdot g'(x)dx$ 時，可令 $u = g(x)$，則 $du = g'(x)dx$，將 u 和 du 代入原積分式子，即 $\int f(g(x)) \cdot g'(x)dx = \int f(u)du$，就可以直接積分了。
>
> 　說明：它是用一個變數來取代一個多項式（或一個函式）來解題。
>
> 　例如：若 $u = g(x) = ax^2 + bx + c$，
>
> 　　　　二邊微分得 $du = (2ax + b)dx$，
>
> 　　　　此時分子必須要有 $(2ax + b)$ 的因式（即要有 $g'(x)$）才能使用此方法。

例 3　求下列的積分值〔變數變換法〕

(a) $\int \dfrac{1}{4x + 2} dx$

(b) $\int \dfrac{3}{(2x + 3)^3} dx$

(c) $\int \cos(4x + 3) dx$

(d) $\int e^{(3x+2)} dx$

解　(a) 令 $u = 4x + 2$（二邊微分）$\Rightarrow du = 4dx \Rightarrow dx = \dfrac{du}{4}$

原式 $= \int \frac{1}{u} \cdot \frac{du}{4} = \frac{1}{4}\ln|u| + c = \frac{1}{4}\ln|4x+2| + c$

(b) 令 $u = 2x + 3$（二邊微分）$\Rightarrow du = 2dx \Rightarrow dx = \frac{du}{2}$

原式 $= \int \frac{3}{u^3} \cdot \frac{du}{2} = \frac{3}{2}\int u^{-3}du = \frac{3}{2 \cdot (-2)}u^{-2} + c$

$\qquad = \frac{3}{-4(2x+3)^2} + c$

(c) 令 $u = 4x + 3$（二邊微分）$\Rightarrow du = 4dx \Rightarrow dx = \frac{du}{4}$

將 u 和 du 代入原積分，即

原式 $= \int \cos(u)\frac{du}{4} = \frac{\sin(u)}{4} + c = \frac{\sin(4x+3)}{4} + c$

(d) 令 $u = 3x + 2$（二邊微分）$\Rightarrow du = 3dx \Rightarrow dx = \frac{du}{3}$

將 u 和 du 代入原積分，即

原式 $= \int e^u \frac{du}{3} = \frac{e^u}{3} + c = \frac{e^{3x+2}}{3} + c$

例 4 求下列的積分值〔變數變換法〕

(a) $\int \frac{2x+3}{\left(x^2+3x+2\right)^2} dx$

(b) $\int (4x-6)\cos(x^2-3x+1)\, dx$

(c) $\int x^2 \cdot e^{2x^3} dx$

(d) $\int \cos x \cdot e^{\sin x} dx$

解 (a) 令 $u = x^2 + 3x + 2$（二邊微分）$\Rightarrow du = (2x+3)dx$

（註：分子要有 $(2x+3)$ 的因式，才能用變數變換法解）

將 u 和 du 代入原積分，即

原式 $= \int \frac{1}{u^2} \cdot du = \int u^{-2}du = \frac{1}{(-1)}u^{-1} + c$

$\qquad = \frac{1}{-(x^2+3x+2)} + c$

(b) 令 $u = x^2 - 3x + 1 \Rightarrow du = (2x - 3)dx$

（註：分子要有 $(2x-3)$ 的因式，才能用變數變換法解）

原式 $= \int \cos u \cdot 2du = 2\sin u + c = 2\sin(x^2 - 3x + 1) + c$

(c) 令 $u = 2x^3 \Rightarrow du = 6x^2 dx$ （註：分子要有 $6x^2$ 的因式）

原式 $= \int \frac{1}{6} e^u du = \frac{1}{6} e^u + c = \frac{1}{6} e^{2x^3} + c$

(d) $u = \sin x \Rightarrow du = \cos x dx$ （註：分子要有 $\cos x$ 的因式）

原式 $= \int e^u du = e^u + c = e^{\sin x} + c$

8.〔**變數變換法的特例**〕 特例：設 a, b 為常數，若積分式子 $\int f(g(x)) \cdot g'(x)dx$ 的 $g(x) = ax + b$ 時（也就是為一次多項式），令 $u = ax + b$，則 $du = adx$ 可解之。

但因 a 是常數，此種情況有一種比較快的解法：

因 d 是微分符號，所以

(1) $dx = \dfrac{d(ax)}{a}$。（分子分母同乘一個常數 a，等號不變）

(2) $dx = d(x + b)$。（因 d 是微分符號，後面加一常數 b，此常數微分後會變成 0，所以等號不變）

所以 $dx = \dfrac{d(ax + b)}{a}$，此時的 $d(ax + b)$ 就是前面的 $d(g(x)) = g'(x)\,dx$，就可以直接積分了。

例 5 求下列的積分值〔變數變換法〕

(a) $\int \dfrac{2}{3x + 4} dx$

(b) $\int \dfrac{5}{(2x + 5)^4} dx$

(c) $\int \cos(4x - 3) dx$

(d) $\int 3e^{(2x-5)} dx$

解 (a) $\int \dfrac{2}{3x+4}\,dx = 2\int \dfrac{1}{3x+4}\dfrac{d(3x)}{3} = 2\int \dfrac{1}{(3x+4)}\dfrac{d(3x+4)}{3}$

$\qquad\qquad = \dfrac{2}{3}\int \dfrac{1}{(3x+4)}d(3x+4) = \dfrac{2}{3}\ln|3x+4| + c$

(b) $\int \dfrac{5}{(2x+5)^4}\,dx = 5\int (2x+5)^{-4}\dfrac{d(2x)}{2}$

$\qquad\qquad = 5\int (2x+5)^{-4}\dfrac{d(2x+5)}{2}$

$\qquad\qquad = \dfrac{5}{2}\int (2x+5)^{-4}d(2x+5)$

$\qquad\qquad = -\dfrac{5}{6}(2x+5)^{-3} + c$

(c) $\int \cos(4x-3)\,dx = \int \cos(4x-3)\dfrac{d(4x)}{4}$

$\qquad\qquad = \int \cos(4x-3)\dfrac{d(4x-3)}{4} = \dfrac{\sin(4x-3)}{4} + c$

(d) $\int 3e^{(2x-5)}\,dx = 3\int e^{(2x-5)}\dfrac{d(2x)}{2}$

$\qquad\qquad = 3\int e^{(2x-5)}\dfrac{d(2x-5)}{2} = \dfrac{3e^{2x-5}}{2} + c$

---

9. 〔積分的方法—分部積分法〕由微分公式知（底下是公式推導）

$\left[f(x)\cdot g(x)\right]' = f'(x)\cdot g(x) + f(x)\cdot g'(x)$（二邊對 x 積分）

$f(x)\cdot g(x) = \int f'(x)\cdot g(x)dx + \int f(x)\cdot g'(x)dx$

（移項）$\int f'(x)g(x)dx = f(x)g(x) - \int f(x)\cdot g'(x)dx$

因 $f'(x)dx = df(x)$ 且 $g'(x)dx = dg(x)$

所以上式可改寫成 $\int g(x)df(x) = f(x)g(x) - \int f(x)dg(x)$

若將上式 $g(x)$ 改成 u，$f(x)$ 改成 v

則上式可改寫成 $\int u\,dv = uv - \int v\,du$

此公式稱為分部積分法

10.〔分部積分法的用法 (I)〕若要求二函數相乘的積分時，其作法為：

(1)找其中一個函數（dv）來積分，另一個函數不變（u 不變）（即上述的 udv 變成 uv）

(2)減去

(3)剛才積分的函數不變（v 不變），剛才不變的函數微分（u 變成 du）（即上述的 $-\int v\,du$）

也就是 $\int u\,dv = uv - \int v\,du$

11.〔分部積分法的用法 (II)〕上述的步驟中，要先找哪個函數來積分（dv），哪個來微分（u）呢？

(1)若有 $\ln x$ 或 $\tan^{-1} x$ 項時，它們二個一定要微分，因 $\dfrac{d}{dx}\ln x = \dfrac{1}{x}$ 和 $\dfrac{d}{dx}\tan^{-1} x = \dfrac{1}{1+x^2}$，可變成多項式，會很好處理。

(2)若有 x^n 項時，它要用微分，因它的積分 $\int x^n dx = \dfrac{x^{n+1}}{n+1}$，變成 x 的 $(n+1)$ 次方，會越積越大。

(3)若同時出現 (1)(2) 時，例如：$\int x \cdot \tan^{-1} x\,dx$，則 (1) 用微分，(2) 用積分（因為 (1) 不好積分）。

(4)$\sin x$、$\cos x$ 或 e^x 可拿來積分或微分。

例 6 求下列的積分值〔分部積分法〕

(a) $\int x \sin x\,dx$

(b) $\int \ln x\,dx$

解 (a) 用 $\sin x$ 來積分（$\int \sin x\,dx = -\cos x$），$x$ 來微分（$\dfrac{d}{dx}x = 1$）。所以

$$\int x \sin x\,dx = x \cdot (-\cos x) - \int (-\cos x) \cdot 1\,dx$$
$$= -x\cos x + \int \cos x\,dx$$
$$= -x\cos x + \sin x + c$$

(b) 因 $\ln x = 1 \cdot \ln x$，用 1 $(= x^0)$ 來積分（$\int 1\,dx = x$），

$\ln x$ 來微分 $(\dfrac{d}{dx}\ln x = \dfrac{1}{x})$。所以

$$\int \ln x\, dx = x\ln x - \int x \cdot \frac{1}{x}\, dx = x\ln x - \int 1\, dx$$
$$= x\ln x - x + c$$

例 7 求 $\displaystyle\int e^x \cos x dx$〔分部積分法〕

解 本題可以任意選一個函數（e^x 或 $\cos x$）來積分，另一個函數來微分，此處選用 $\cos x$ 來積分 $(\displaystyle\int \cos x dx = \sin x)$，$e^x$ 來微分 $(\dfrac{d}{dx}e^x = e^x)$。所以

$$\int e^x \cos x\, dx = e^x \sin x - \int e^x \sin x\, dx，\cdots\cdots(1)$$

上式 $\displaystyle\int e^x \sin x\, dx$ 要用分部積分法再做一次，其選的微分和積分要和第一次做時所選的微分和積分相同，也就是選用 $\sin x$ 來積分

$(\displaystyle\int \sin x\, dx = -\cos x)$，$e^x$ 來微分 $(\dfrac{d}{dx}e^x = e^x)$。即

$$\int e^x \sin x\, dx = e^x(-\cos x) - \int e^x(-\cos x)dx \quad（代入 (1) 式）$$

$$\int e^x \cos x\, dx = e^x \sin x - \left[-e^x \cos x + \int e^x \cos x dx\right]$$

$$\Rightarrow \int e^x \cos x dx = e^x \sin x + e^x \cos x - \int e^x \cos x dx$$

（等號左右兩邊均有 $\displaystyle\int e^x \cos x dx$，將它們併在一起）

$$\Rightarrow \int e^x \cos x\, dx = \frac{1}{2}\left[e^x \sin x + e^x \cos x\right] + c$$

例 8 求 $\displaystyle\int x^2 e^x dx$〔分部積分法〕

解 用 e^x 來積分 $(\displaystyle\int e^x dx = e^x)$，$x^2$ 來微分 $(\dfrac{d}{dx}x^2 = 2x)$。所以

$$\int x^2 e^x dx = x^2 e^x - \int 2xe^x dx \cdots\cdots(1)$$

$\displaystyle\int 2xe^x dx$ 要再用分部積分法做一次，用 e^x 來積分，x 來微分

$(\dfrac{d}{dx}x = 1)$。所以

$$\int 2xe^x dx = 2xe^x - \int 2e^x dx = 2xe^x - 2e^x + c \quad （代入 (1) 式）$$

$$\int x^2 e^x dx = x^2 e^x - \left(2xe^x - 2e^x + c\right) = x^2 e^x - 2xe^x + 2e^x - c$$

12.〔分部積分法的速解法〕有些題目要做二次（或以上）才能解出答案（如例 8），其可用下面快速解題法來解題（見例 9）。

例9　求 $\int x^2 e^x dx$　〔分部積分法〕

解　此題可用下法來快速解題，此題用 x^2 來微分，e^x 來積分。其中（見下圖）：

(1) x^2 的微分一直要微到 0 才停止；

(2) e^x 積分一直積上去；

(3) 下圖中箭頭的二項要相乘起來（微分第一項和積分第二項相乘，依此類推）；

(4) 正負號為：一正一負依序到最後。

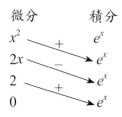

所以 $\int x^2 e^x dx = x^2 e^x - 2xe^x + 2e^x + c$（$c$ 是一常數，其正負號不影響本題的結果）。

13.〔積分的方法—配方法〕本處只討論「分母」是二次多項式：

$\int \dfrac{1}{ax^2 + bx + c} dx$ 且 $b^2 - 4ac < 0$，

分母可配方成 $\int \dfrac{1}{d^2 + (mx+n)^2} dx$，（因 $b^2 - 4ac < 0$）。

■ 解 $\int \dfrac{1}{a^2 + (bx+c)^2} dx$ 題型

(a) 由前面的公式知：$\int \dfrac{1}{a^2 + x^2} dx = \dfrac{1}{a} \tan^{-1} \dfrac{x}{a} + c$ 可解之

(b) 解題步驟為：以 $\int \dfrac{1}{a^2 + (bx+c)^2} dx$ 為例來說明

(i) 將 dx 改成 $d(bx+c)$，即 $dx = \dfrac{1}{b} \cdot d(bx+c)$，

所以原式 $\Rightarrow \int \dfrac{1}{a^2 + (bx+c)^2} \cdot \dfrac{1}{b} d(bx+c)$

(ii) 代 $\int \dfrac{1}{a^2 + x^2} dx = \dfrac{1}{a} \tan^{-1} \dfrac{x}{a} + c$ 公式直接積分，所以結果為：

$$\int \dfrac{1}{a^2 + (bx+c)^2} dx = \dfrac{1}{b} \int \dfrac{1}{a^2 + (bx+c)^2} d(bx+c)$$

$$= \dfrac{1}{ab} \tan^{-1} \left(\dfrac{bx+c}{a} \right) + c_1$$

例 10 求下列的積分值

(a) $\int \dfrac{3}{4 + x^2} dx$

(b) $\int \dfrac{3x}{4 + x^2} dx$

(c) $\int \dfrac{1}{9 + (2x+3)^2} dx$

解 (a) $\int \dfrac{3}{4 + x^2} dx = 3 \cdot \int \dfrac{1}{2^2 + x^2} dx = \dfrac{3}{2} \tan^{-1} \left(\dfrac{x}{2} \right) + c$

(b) 令 $4 + x^2 = u$，$du = 2x dx$，

原式 $= \int \dfrac{3 \cdot \dfrac{du}{2}}{u} = \dfrac{3}{2} \ln|u| + c = \dfrac{3}{2} \ln(4 + x^2) + c$

註：此題放此處的目的是要提醒大家，分子必須是常數，若分子有 x 項，要用變數變換法解

(c) 因 $dx = \dfrac{1}{2}d(2x+3)$，所以

$$\int \frac{1}{9+(2x+3)^2}dx = \int \frac{1}{3^2+(2x+3)^2} \cdot \frac{1}{2}d(2x+3)$$

$$= \frac{1}{2} \cdot \frac{1}{3}\tan^{-1}\left(\frac{2x+3}{3}\right)+c$$

$$= \frac{1}{6}\tan^{-1}\left(\frac{2x+3}{3}\right)+c$$

例 11 求下列的積分值〔配方法〕

(a) $\displaystyle\int \frac{1}{x^2+4x+6}dx$

(b) $\displaystyle\int \frac{1}{2x^2+4x+14}dx$

解 (a) $\displaystyle\int \frac{1}{x^2+4x+6}dx = \int \frac{1}{2+(x+2)^2}dx = \int \frac{1}{\left(\sqrt{2}\right)^2+(x+2)^2}dx$

因 $dx = d(x+2)$，所以

$$原式 = \int \frac{1}{\left(\sqrt{2}\right)^2+(x+2)^2}d(x+2) = \frac{1}{\sqrt{2}}\tan^{-1}\left(\frac{x+2}{\sqrt{2}}\right)+c$$

(b) $\displaystyle\int \frac{1}{2x^2+4x+14}dx = \int \frac{\dfrac{1}{2}}{x^2+2x+7}dx$

$$= \int \frac{\dfrac{1}{2}}{\left(\sqrt{6}\right)^2+(x+1)^2}dx$$

因 $dx = d(x+1)$，所以

$$原式 = \int \frac{\dfrac{1}{2}}{(\sqrt{6})^2+(x+1)^2}d(x+1) = \frac{1}{2\sqrt{6}}\tan^{-1}\left(\frac{x+1}{\sqrt{6}}\right)+c$$

14.〔積分的方法—部分分式法〕部分分式法可將分母是多項式「相乘」的分式改成多項式「相加」的式子，也就是此方法可解

$$\int \frac{g(x)}{(x+a)(x+b)^3(x^2+cx+d)(x^2+ex+f)^2} \, dx \text{ 題型。}$$

■ 其解題方法為：

(1) 先用部分分式法，將分母相乘轉換成分母相加，即

$$\frac{g(x)}{(x+a)(x+b)^3(x^2+cx+d)(x^2+ex+f)^2} \quad （分子的次方要小於$$

$$分母的次方）$$

$$= \frac{k_1}{x+a} + \frac{k_2}{(x+b)} + \frac{k_3}{(x+b)^2} + \frac{k_4}{(x+b)^3} + \frac{k_5 x + k_6}{x^2+cx+d}$$

$$+ \frac{k_7 x + k_8}{x^2+ex+f} + \frac{k_9 x + k_{10}}{(x^2+ex+f)^2}$$

其中 k_1, k_2, k_3, $\cdots k_{10}$ 是未知數，可通分後有多種方法可解之（請參閱例題說明）。

(2) 再二邊積分，即可各個擊破。

15.〔分母是二次式的積分〕分母是二次式的積分，如 $\int \frac{dx+e}{ax^2+bx+c}$ 項，

它要分成下列二種情況來討論：

(1) $b^2 - 4ac \geq 0$，則 $ax^2+bx+c = a(x-\alpha)(x-\beta)$，此時用部分分式法解

(2) $b^2 - 4ac < 0$，則 $ax^2+bx+c = a(x+\alpha)^2 + \beta^2$，

    (a) 若分子沒有 x 項（即 $d=0$），則結果為 $\tan^{-1}$ 形態（見例 10、例 11）；

    (b) 若分子有 x 項，則要分成二項（見例 15）：

$$\frac{dx+e}{ax^2+bx+c} = \frac{\frac{d}{2a} \cdot (2ax+b)}{ax^2+bx+c} + \frac{(e - \frac{d \cdot b}{2a})}{ax^2+bx+c} \text{ ，其中：}$$

> (i) 第一項的 $(2ax + b)$ 是由 $\dfrac{d}{dx}(ax^2 + bx + c)$ 求得，可令
> $u = ax^2 + bx + c$ 來解；
>
> (ii) 第二項的結果爲 $\tan^{-1}$ 形態（見例 10、例 11）。

例 12 求 $\displaystyle\int \dfrac{1}{x^2 - x - 2}\, dx$〔部分分式法〕

解 $\displaystyle\int \dfrac{1}{x^2 - x - 2}\, dx = \int \dfrac{1}{(x+1)(x-2)}\, dx$（分母判別式大於 0）

令 $\dfrac{1}{(x+1)(x-2)} = \dfrac{a}{x+1} + \dfrac{b}{x-2}$，$(a, b$ 是未知數$)$

二邊同乘 $(x+1)(x-2) \Rightarrow 1 = a(x-2) + b(x+1)$

(1) $x = -1$ 代入 $\Rightarrow 1 = a(-1-2) + b \cdot 0 \Rightarrow a = -\dfrac{1}{3}$

(2) $x = 2$ 代入 $\Rightarrow 1 = a(2-2) + b(2+1) \Rightarrow b = \dfrac{1}{3}$

解得 $a = -\dfrac{1}{3}$，$b = \dfrac{1}{3}$。

原式 $= \displaystyle\int \dfrac{-\dfrac{1}{3}}{x+1}\, dx + \int \dfrac{\dfrac{1}{3}}{x-2}\, dx = -\dfrac{1}{3}\ln|x+1| + \dfrac{1}{3}\ln|x-2| + c$

例 13 求 $\displaystyle\int \dfrac{x}{x^2 - 6x + 9}\, dx$〔部分分式法〕（分母判別式等於 0）

解 $\dfrac{x}{x^2 - 6x + 9} = \dfrac{x}{(x-3)^2} = \dfrac{a}{x-3} + \dfrac{b}{(x-3)^2}$，$(a, b$ 是未知數$)$

二邊同乘 $(x-3)^2 \Rightarrow x = a(x-3) + b$

(1) $x = 3$ 代入 $\Rightarrow 3 = a \cdot 0 + b \Rightarrow b = 3$

(2) 比較 x 的係數 $\Rightarrow a = 1$

解得 $a = 1$，$b = 3$。

原式 $= \int \dfrac{1}{x-3}\,dx + \int \dfrac{3}{(x-3)^2}\,dx$

$\qquad = \int \dfrac{1}{(x-3)}\,d(x-3) + \int 3(x-3)^{-2}\,d(x-3)$

$\qquad = \ln|x-3| - 3(x-3)^{-1} + c$

註：此題分子若是常數，則用變數變換法解。

例 14 求 $\int \dfrac{x^4 - 2x + 3}{(x-1)^5}\,dx$ 〔部分分式法〕

解 利用綜合除法，$x^4 - 2x + 3$ 除以 $x - 1$ 得：

$x^4 - 2x + 3 = (x-1)^4 + 4(x-1)^3 + 6(x-1)^2 + 2(x-1) + 2$

所以 $\dfrac{x^4 - 2x + 3}{(x-1)^5} = \dfrac{1}{x-1} + \dfrac{4}{(x-1)^2} + \dfrac{6}{(x-1)^3} + \dfrac{2}{(x-1)^4} + \dfrac{2}{(x-1)^5}$

二邊積分

$\Rightarrow \int \dfrac{x^4 - 2x + 3}{(x-1)^5}\,dx = \int \dfrac{1}{x-1}\,dx + 4\int \dfrac{1}{(x-1)^2}\,dx + 6\int \dfrac{1}{(x-1)^3}\,dx$

$\qquad\qquad + 2\int \dfrac{1}{(x-1)^4}\,dx + 2\int \dfrac{1}{(x-1)^5}\,dx$

$\qquad\qquad = \ln|x-1| - \dfrac{4}{x-1} - \dfrac{3}{(x-1)^2} - \dfrac{2}{3(x-1)^3}$

$\qquad\qquad\qquad - \dfrac{1}{2(x-1)^4} + c$

例 15 求 $\int \dfrac{2x+4}{x^2 + 6x + 11}\,dx$ （分母判別式小於 0）

解 $\int \dfrac{2x+4}{x^2 + 6x + 11}\,dx = \int \dfrac{(2x+6)-2}{x^2 + 6x + 11}\,dx$

$\qquad\qquad = \int \dfrac{2x+6}{x^2 + 6x + 11}\,dx - \int \dfrac{2\,dx}{x^2 + 6x + 11}$

(1) 第一項中，令 $x^2 + 6x + 11 = y$，則 $dy = (2x + 6)dx$

$$\Rightarrow \int \frac{2x+6}{x^2+6x+11}\,dx = \int \frac{1}{y}\,dy = \ln\left(x^2+6x+11\right)$$

(2) 第二項中，$\int \frac{2dx}{x^2+6x+11} = 2\int \frac{dx}{(x+3)^2+2}$，

$$\Rightarrow 2\int \frac{1}{(\sqrt{2})^2+(x+3)^2}\,dx = 2\int \frac{1}{(\sqrt{2})^2+(x+3)^2}\,d(x+3)$$

$$= \frac{2}{\sqrt{2}}\tan^{-1}\left(\frac{x+3}{\sqrt{2}}\right)$$

由 (1)(2) $\Rightarrow$ 原式 $= \ln\left(x^2+6x+11\right) - \frac{2}{\sqrt{2}}\tan^{-1}\left(\frac{x+3}{\sqrt{2}}\right) + c$

例 16 （本題將分母是二次式的積分做個總整理），求

(1) $\int \frac{2x}{x^2+4x+3}dx$ ；

(2) $\int \frac{x^2}{x^2+4x+3}dx$ ；

(3) $\int \frac{2}{x^2+4x+4}dx$ ；

(4) $\int \frac{2x}{x^2+4x+4}dx$ ；

(5) $\int \frac{2}{x^2+4x+5}dx$ ；

(6) $\int \frac{2x}{x^2+4x+5}dx$ ；

解 (1) 分母判別式大於 0，用部分分式法解

$$\int \frac{2x}{x^2+4x+3}dx = \int \frac{2x}{(x+1)(x+3)}dx$$

$$= \int \frac{-1}{(x+1)}dx + \int \frac{3}{(x+3)}dx$$

$$= \int \frac{-1}{(x+1)}d(x+1) + \int \frac{3}{(x+3)}d(x+3)$$

$$= -\ln|x+1| + 3\ln|x+3| + c$$

(2) 分子次方大於等於分母次方，要先化成帶分式，又分母判別式大於 0，再用部分分式法解

$$\frac{x^2}{x^2+4x+3} = 1 + \frac{-4x-3}{x^2+4x+3} = 1 + \frac{\frac{1}{2}}{(x+1)} + \frac{-\frac{9}{2}}{(x+3)}$$

（二邊積分）

$$\Rightarrow \int \frac{x^2}{x^2+4x+3} dx = \int 1 dx + \int \frac{\frac{1}{2}}{(x+1)} dx + \int \frac{-\frac{9}{2}}{(x+3)} dx$$

$$= x + \frac{1}{2}\ln|x+1| - \frac{9}{2}\ln|x+3| + c$$

(3) 分母判別式等於 0，分子為常數，用變數代換法解

$$\int \frac{2}{x^2+4x+4} dx = \int \frac{2}{(x+2)^2} dx = \int 2(x+2)^{-2} d(x+2)$$

$$= -2(x+2)^{-1} + c$$

(4) 分母判別式等於 0，分子有 x 項，用部分分式法解

$$\int \frac{2x}{x^2+4x+4} dx = \int \frac{2x}{(x+2)^2} dx = \int \frac{2}{(x+2)} dx + \int \frac{-4}{(x+2)^2} dx$$

$$= \int \frac{2}{(x+2)} d(x+2) + \int -4(x+2)^{-2} d(x+2)$$

$$= 2\ln|x+2| + 4(x+2)^{-1} + c$$

(5) 分母判別式小於 0，分子為常數，是 $\tan^{-1}$ 形式

$$\int \frac{2}{x^2+4x+5} dx = \int \frac{2}{1+(x+2)^2} d(x+2) = 2\tan^{-1}(x+2) + c$$

(6) 分母判別式小於 0，分子有 x 項，要分成二項，有 x 項的要用變數代換法解，常數項的是 $\tan^{-1}$ 形式

$$\int \frac{2x}{x^2+4x+5} dx = \int \frac{2x+4}{x^2+4x+5} dx + \int \frac{-4}{x^2+4x+5} dx$$

$$= \ln(x^2+4x+5) + \int \frac{-4}{1+(x+2)^2} d(x+2)$$

$$= \ln(x^2+4x+5) - 4\tan^{-1}(x+2) + c$$

練習題

求下列函數的積分

1. $\int (2x+3)^2 dx$。

   解 $= \dfrac{4}{3}x^3 + 6x^2 + 9x + c$

2. $\int (x+1)(x+3)dx$。

   解 $= \dfrac{1}{3}x^3 + 2x^2 + 3x + c$

3. $\int (\sqrt[4]{x^3} - \dfrac{2}{x} + \dfrac{4}{1+x^2} - \dfrac{2}{\sqrt{1-x^2}})dx$。

   解 $= \dfrac{4}{7}x^{\frac{7}{4}} - 2\ln x + 4\tan^{-1} x - 2\sin^{-1} x + c$

4. $\int \dfrac{(x+1)^2}{\sqrt{x}}dx$。

   解 $= \dfrac{2}{5}x^{\frac{5}{2}} + \dfrac{4}{3}x^{\frac{3}{2}} + 2x^{\frac{1}{2}} + c$

5. $\int \dfrac{\cos^2 x}{1+\sin x}dx$。

   解 $= x + \cos x + c$。（註：$\cos^2 x = 1 - \sin^2 x$）

6. $\int \dfrac{1}{(4x+3)^5}dx$。

   解 $= \dfrac{-1}{16(4x+3)^4} + c$

7. $\int \sin(2x-5)dx$。

   解 $= \dfrac{-1}{2}\cos(2x-5) + c$

8. $\int e^{(4x+6)}dx$。

   解 $= \dfrac{1}{4}e^{(4x+6)} + c$

9. $\displaystyle\int \frac{x^2+2x+1}{\left(x^3+3x^2+3x\right)^3}dx$。

解 $\displaystyle =\frac{-1}{6(x^3+3x^2+3x)^2}+c$

10. $\displaystyle\int (2x^3+1)\sqrt{x^4+2x}dx$。

解 $\displaystyle =\frac{1}{3}(x^4+2x)^{\frac{3}{2}}+c$

11. $\displaystyle\int (4x+2)\sin(x^2+x)dx$。

解 $\displaystyle =-2\cos(x^2+x)+c$

12. $\displaystyle\int x\cdot e^{3x^2}dx$。

解 $\displaystyle =\frac{1}{6}e^{3x^2}+c$

13. $\displaystyle\int (2+2\cos x)\cdot e^{(x+\sin x)}dx$。

解 $=2e^{(x+\sin x)}+c$

14. $\displaystyle\int (x+1)\cos(x^2+2x+3)dx$

解 $\displaystyle =\frac{1}{2}\sin(x^2+2x+3)+c$

15. $\displaystyle\int \tan^{-1}xdx$。

解 $\displaystyle =x\tan^{-1}x-\frac{1}{2}\ln(1+x^2)+c$

16. $\displaystyle\int (x+1)\ln xdx$。

解 $\displaystyle =\frac{(x+1)^2}{2}\ln x-\frac{x^2}{4}-x-\frac{\ln x}{2}+c$

17. $\displaystyle\int x\cos xdx$。

解 $=x\sin x+\cos x+c$

18. $\displaystyle\int e^x\sin xdx$。

解 $\displaystyle =\frac{1}{2}(e^x\sin x-e^x\cos x)+c$

19. $\int x^2 \cos x dx$。

　　解　$= x^2 \sin x + 2x \cos x - 2 \sin x + c$

20. $\int \dfrac{3}{9 + 4x^2} dx$。

　　解　$= \dfrac{1}{2} \tan^{-1}(\dfrac{2}{3} x) + c$

21. $\int \dfrac{3x}{9 + 4x^2} dx$。

　　解　$= \dfrac{3}{8} \ln(9 + 4x^2) + c$

22. $\int \dfrac{1}{x^2 + 4x + 8} dx$。

　　解　$= \dfrac{1}{2} \tan^{-1} \dfrac{x + 2}{2} + c$

23. $\int \dfrac{1}{2x^2 + 4x + 8} dx$。

　　解　$= \dfrac{1}{2\sqrt{3}} \tan^{-1} \dfrac{x + 1}{\sqrt{3}} + c$

24. $\int \dfrac{x + 2}{x^2 - 1} dx$。

　　解　$= -\dfrac{1}{2} \ln|x + 1| + \dfrac{3}{2} \ln|x - 1| + c$

25. $\int \dfrac{x}{x^2 - 4x + 4} dx$。

　　解　$= \ln|x - 2| - 2(x - 2)^{-1} + c$

26. $\int \dfrac{2x + 3}{x^2 + 4x + 6} dx$。

　　解　$= \ln(x^2 + 4x + 6) - \dfrac{1}{\sqrt{2}} \tan^{-1}\left(\dfrac{x + 2}{\sqrt{2}} \right) + c$

27. $\int \dfrac{x + 1}{(x - 1)^3} dx$。

　　解　$= \dfrac{-1}{x - 1} - \dfrac{1}{(x - 1)^2} + c$

微分方程式

雅各布・白努力〔Jakob Bernoulli〕

　　白努力家族代表人物之一，瑞士數學家。被公認的概率論的先驅之一。他是最早使用「積分」這個術語的人，也是較早使用極座標系的數學家之一。還較早闡明隨著試驗次數的增加，頻率穩定在概率附近。他還研究了懸鏈線，確定了等時曲線的方程。概率論中的白努力試驗與大數定理也是他提出來的。

微分方程篇簡介

　　微分方程式是方程式內有微分項者。本篇內容將介紹：

1. 一階常微分方程式：

　　此類微分方程式有一個特性，就是「滿足什麼條件，就用什麼方法解之」，此部分共有七種題型。

2. 常係數微分方程式：

　　此類微分方程式的係數是常數者，很多工程上的應用都是用此類型的方法解題，例如：電路學用 KVL 或 KCL 列出方程式後，就是用此類微分方程式解題。

3. 其他類型微分方程式：

　　本書將不屬於前二類的微分方程式，就放在此處介紹。

第 1 章　基本觀念

1.【何謂微分方程式】

(1) $y(x) = x^2 + 3x + 3$ 為一多項式函數，x 代一值進去，就可得到其對應的 y 值。

(2) $x^2 + 3x + 2 = 0$ 為一方程式，可解出 x 值，此題解為 $x = -1$ 或 $x = -2$。

(3) $\frac{dy}{dx} + x = 2$ 為一微分方程式，也就是方程式內有微分項（$\frac{dy}{dx}$）者，稱為微分方程式（Differential equation）。其可解出滿足此微分方程式的 $y(x)$ 函數。此題解為 $y = -\frac{1}{2}x^2 + 2x + c$。

2.【微分方程式】

(1) 定義：微分方程式是一個含有微分項的方程式。

例如：$\frac{dy}{dx} + x = 2$ 或 $y'' + xy' + x = 2$。其中 $\frac{dy}{dx} = y'$、$\frac{d^2y}{dx^2} = y''$。

(2) 若微分方程式的最高微分項為 n 次微分，則此微分方程式稱為 n 階微分方程式。

例如：(a) $\frac{dy}{dx} + xy^3 = 2$ 為一階微分方程式（最高次微分 y' 為一次微分）；

(b) $y'' + xy' + x = 2$ 為二階微分方程式（最高次微分 y'' 為二次微分）。

(3) 若微分方程式的最高次微分項為 n 次微分，且此 n 次微分的次冪（order）為 m 次方，則稱此微分方程式稱為 m 次微分方程式。

例如：(a) $\frac{dy}{dx} + xy^3 = 2$ 為一次微分方程式（最高次微分 y' 為一次方 $\frac{dy}{dx}$）；

(b) $(y'')^3 + x(y')^4 + x = 2$ 為三次微分方程式（最高次微分 y'' 為三次方 $(y'')^3$）。

(4) 由 (2)(3) 可得出此微分方程式稱爲 n 階 m 次微分方程式。

例如：(a) $\dfrac{dy}{dx} + xy^3 = 2$ 爲一階一次微分方程式（最高次微分 y' 爲一次方）；

(b) $(y'')^3 + x(y')^4 + x = 2$ 爲二階三次微分方程式（最高次微分 y'' 爲三次方 $(y'')^3$）。

(5) 在 x, y 的微分方程式中，沒有 y（或 y 微分）和其他 y（或 y 微分）相乘者，稱爲線性微分方程式；若有 y（或 y 微分）和其他 y（或 y 微分）相乘者，稱爲非線性微分方程式。

例如：(a) $y'' + xy' + x = 2$ 爲線性微分方程式（y'' 沒和其他 y 相乘，且 y' 也沒有）；

(b) $y \cdot y'' + xy' + x = 2$ 爲非線性微分方程式（y 和 y'' 相乘）。

(6) 由 (2)(3)(5) 可得出，微分方程式稱爲 n 階 m 次的線性或非線性微分方程式。

例如：(a) $y'' + xy' + x = 2$ 爲二階一次線性微分方程式；

(b) $(y''')^2 + xy' + x = 2$ 爲三階二次非線性微分方程式（y''' 和 y''' 相乘）。

(7) 微分方程式的解是一個「不含微分項的方程式」，將此方程式代入原微分方程式內，可使原微分方程式的等號成立。

例如：$\dfrac{dy}{dx} = 2$ 爲一微分方程式，其解爲 $y = 2x + c$，其中 c 爲任意數。

(8) n 階微分方程式的解：n 階微分方程式的解會包含 n 個任意變數。

例如：(a) 一階微分方程式：

$$\frac{dy}{dx} = 2 \text{（二邊積分）}$$

$$\Rightarrow \int \frac{dy}{dx} dx = \int 2 dx$$

$$\Rightarrow y = 2x + c$$

（含有 1 個任意數 c）。

(b) 二階微分方程式：

$$\frac{d^2y}{dx^2} = 2 \quad（二邊積分）$$

$$\Rightarrow \frac{dy}{dx} = 2x + c_1 \quad（再積分）$$

$$\Rightarrow y = x^2 + c_1 x + c_2$$

（含有 2 個任意數 c_1 和 c_2）。

(c) 依此類推，三階微分方程式含有 3 個任意數 c_1、c_2 和 c_3。

3.【顯函數與隱函數】

(1) 顯函數與隱函數的定義

(a) 函數 $y = f(x)$ 的表示法中，是將一個 y 變數表示成 x 的「多項式」，此種函數的表示法稱為「顯函數」，即很明顯地將 y 表示出來。

例如：$y = 2x^2 + 3x + 1$。

(b) 若函數寫成「方程式」的方式來表示，即 $f(x, y) = 0$，此種將變數 x, y 混在一起的表示法稱為「隱函數」。

例如：$2x^2 y^2 + 3x + y = 0$。

(2) 微分方程式解的形式可能以「顯函數」表示，也可能以「隱函數」表示。

(3) 一階微分方程式常見的表示方式為：

(a) $\frac{dy}{dx} = f(x, y)$（可將 dx 乘上來變成 $dy = f(x, y)dx$），或

(b) $M(x, y)dx + N(x, y)dy = 0$。

本篇將介紹如何將此微分方程式解出來。

第 **2** 章　一階常微分方程式

1. 若微分方程式只有一個自變數者，此微分方程式稱為「常微分方程式（Ordinary differential equation）」。例如：

   (1) $y'' + xy' + x = 2$

   (2) $y \cdot y'' + xy' + x = 2$

   上二式的 x 稱為自變數，y 稱為因變數。

2. 若微分方程式含有二個（或以上）的自變數，此微分方程式稱為「偏微分方程式（Partial differential equation）」。例如：

   (1) $\dfrac{\partial z}{\partial x} + \dfrac{\partial z}{\partial y} = z$

   (2) $\dfrac{\partial^2 z}{\partial x^2} + 2\dfrac{\partial^2 z}{\partial x \partial y} + \dfrac{\partial^2 z}{\partial y^2} = 0$

   上二式的 x、y 稱為自變數，z 稱為因變數。

3. 本章所介紹的「一階常微分方程式」的解法都是「當滿足某一條件時，就用該條件下的方法解之」，即「若滿足（條件），則（解法）」。

4. 本章有七種不同的題型，敘述如下：

2.1 變數分離法

> ・第一式：變數分離法（Variable separable）
>
> (1) 若微分方程式可分離成（若滿足）$M(x)dx + N(y)dy = 0$
>   （即 dx 前面只有 x，dy 前面只有 y），
>
>   則二邊積分 $\int M(x)\,dx + \int N(y)\,dy = c$，即可解之。
>
> (2) 一階微分方程式的解含有 1 個任意數 c，此任意數 c 可用其初始條件求得。
>
>   例如：若初始條件是 $y(1) = 2$，表示求出的解用 $x = 1, y = 2$ 代入，可求得 c。

例 1 求 $dx - 3xy^2\,dy = 0$ 之解

解 將 dy 前面的 x 除掉（即同時除以 x）

原式 $\Rightarrow \dfrac{dx}{x} - 3y^2\,dy = 0$（二邊積分）

$\Rightarrow \int \dfrac{dx}{x} - \int 3y^2\,dy = c$

$\Rightarrow \ln|x| - y^3 = c$

（註：化解到此已可以了，但有些作者會繼續往下做）

$\Rightarrow \ln x - \ln e^{y^3} = c \Rightarrow \ln \dfrac{x}{e^{y^3}} = c \Rightarrow \dfrac{x}{e^{y^3}} = e^c \Rightarrow \dfrac{x}{e^{y^3}} = c_1$

例 2 求 $\left(1 + y^2\right)dx - 2xy\,dy = 0$ 之解

解 將 dx 前面的 $\left(1 + y^2\right)$ 除掉，將 dy 前面的 x 除掉，

也就是二邊同時除以 $\left(1 + y^2\right)x$

原式 $\Rightarrow \dfrac{dx}{x} - \dfrac{2y}{1 + y^2}\,dy = 0$，（二邊積分）

$\Rightarrow \int \dfrac{dx}{x} - \int \dfrac{2y}{1 + y^2}\,dy = c \cdots\cdots$(a)

而 $\int \dfrac{2y}{1 + y^2}\,dy$，令 $u = 1 + y^2 \Rightarrow du = 2y\,dy$ 代入

$$\Rightarrow \int \frac{du}{u} = \ln|u| = \ln\left(1 + y^2\right)$$

所以 (a) 式解為 $\ln|x| - \ln\left(1 + y^2\right) = c$

（註：化解到此已可以了，但有些作者會繼續往下做）

$$\Rightarrow \ln \frac{x}{1 + y^2} = c \Rightarrow \frac{x}{1 + y^2} = e^c = c_1$$

例 3 求 $\sqrt{1 - y^2}\, dx + \left(1 + x^2\right) dy = 0$ 之解

[解] 將 dx 前面的 $\sqrt{1 - y^2}$ 除掉，將 dy 前面的 $\left(1 + x^2\right)$ 除掉，
也就是二邊同時除以 $\sqrt{1 - y^2}\left(1 + x^2\right)$

原式 $\Rightarrow \dfrac{dx}{1 + x^2} + \dfrac{dy}{\sqrt{1 - y^2}} = 0$

$$\Rightarrow \int \frac{dx}{1 + x^2} + \int \frac{dy}{\sqrt{1 - y^2}} = c$$

$$\Rightarrow \tan^{-1} x + \sin^{-1} y = c$$

例 4 $\dfrac{dy}{dx} = \dfrac{\cos x}{3y^2}$ ，$y(0) = 3$

[解] 交叉相乘，

原式 $\Rightarrow 3y^2\, dy = \cos x\, dx$

$$\Rightarrow \int 3y^2\, dy = \int \cos x\, dx + c$$

$$\Rightarrow y^3 = \sin x + c$$

因 $y(0) = 3$，將 $x = 0$，$y = 3$ 代入微分方程式的解

$$\Rightarrow 3^3 = \sin 0 + c$$

$$\Rightarrow c = 27 ，$$

所以解為 $y^3 = \sin x + 27$

註：$y(0) = 3$ 為此微分方程式的「初始條件」。

　　將初始條件代入原微分方程式可求出常數 c 之值。

2.2　正合微分方程式

・第二式：正合微分方程式（Exact differential equation）

■微分方程式 $M(x, y)dx + N(x, y)dy = 0$

（註：dx 前面是 $M(x, y)$、dy 前面是 $N(x, y)$），

若滿足 $\dfrac{\partial M}{\partial y} = \dfrac{\partial N}{\partial x}$，則此微分方程式稱為正合微分方程式（或稱為恰當微分方程式）。

■正合微分方程式可用下列二種方法之一種來解之：

(1) $f(x, y) = \displaystyle\int M(x, y)\, dx + g(y)$，

（對 x 積分，y 看成是常數，此處 $g(y)$ 為未知），

再用 $\dfrac{\partial f(x, y)}{\partial y} = N(x, y)$ 可解出 $g(y)$；

或

(2) $f(x, y) = \displaystyle\int N(x, y)\, dy + h(x)$，

（對 y 積分，x 看成是常數，此處 $h(x)$ 為未知），

再用 $\dfrac{\partial f(x, y)}{\partial x} = M(x, y)$ 可解出 $h(x)$。

■證明：$f(x, y) = c$ （全微分）$\Rightarrow df(x, y) = 0$

$$\Rightarrow \frac{\partial f}{\partial x} dx + \frac{\partial f}{\partial y} dy = 0$$

若微分方程式 $M(x, y)dx + N(x, y)dy = 0$ 滿足

$$\frac{\partial M}{\partial y} = \frac{\partial N}{\partial x},$$

因 $\dfrac{\partial^2 f}{\partial y \partial x} = \dfrac{\partial^2 f}{\partial x \partial y}$，即 $\dfrac{\partial}{\partial y}[\dfrac{\partial f}{\partial x}] = \dfrac{\partial}{\partial x}[\dfrac{\partial f}{\partial y}]$

表示 $M(x, y) = \dfrac{\partial f}{\partial x}$ 且 $N(x, y) = \dfrac{\partial f}{\partial y}$，

前項對 x 積分或後項對 y 積分，均可得到 f

■上面任何一式（即 (1) 式或 (2) 式）兩邊積分皆可得到 $f(x, y)$。

例 1 解 $xy' + y + 4 = 0$

解 原式 $\Rightarrow x \cdot \dfrac{dy}{dx} + (y + 4) = 0$

$\Rightarrow x \cdot dy + (y + 4)dx = 0$（也就是同乘 dx）

註：(a) 此題也可用「第一式變數分離法」解之。

(b) dx 前面稱為 $M(x, y)$，dy 前面稱為 $N(x, y)$。

(1) 令 $M(x, y) = y + 4$，$N(x, y) = x$，

因 $\dfrac{\partial M}{\partial y} = 1$、$\dfrac{\partial N}{\partial x} = 1$ 相同，其為正合微分方程式。

(2) 其解為 $f(x, y) = \displaystyle\int M(x, y)\, dx + g(y)$

$= \displaystyle\int (y + 4)\, dx + g(y)$

$= xy + 4x + g(y)$

（對 x 積分，y 看成是常數）

(3) 而 $\dfrac{\partial f(x, y)}{\partial y} = N(x, y)$

$\Rightarrow \dfrac{\partial}{\partial y}(xy + 4x + g(y)) = N(x, y)$

$\Rightarrow x + g'(y) = x$

$\Rightarrow g'(y) = 0$

$\Rightarrow g(y) = c$

(4) 所以其解為 $f(x, y) = xy + 4x + c = 0$。

（註：若 $g'(y)$ 有出現變數 x 時，表示計算錯誤）

例 2 解 $(2x + e^y)\, dx + xe^y\, dy = 0$

解 〔註：dx 前面稱為 $M(x, y)$，dy 前面稱為 $N(x, y)$。〕

(1) $M(x, y) = 2x + e^y$，$N(x, y) = xe^y$

$\Rightarrow \dfrac{\partial M}{\partial y} = e^y$、$\dfrac{\partial N}{\partial x} = e^y$ 相等

(2) 其解為 $f(x, y) = \int M(x, y)\, dx + g(y)$

$$= \int \left(2x + e^y\right) dx + g(y)$$

$$= x^2 + xe^y + g(y)$$

（對 x 積分，y 看成是常數）

(3) 而 $\dfrac{\partial f(x, y)}{\partial y} = N(x, y)$

$\Rightarrow xe^y + g'(y) = xe^y$

$\Rightarrow g'(y) = 0$

$\Rightarrow g(y) = c$

(4) 所以其解為 $f(x, y) = x^2 + xe^y + c = 0$。

例 3 解 $\left(\sin y + y\right) dx + \left(x \cos y + x + 2\right) dy = 0$

解 (1) 令 $M(x, y) = \sin y + y$，$N(x, y) = x \cos y + x + 2$

$\Rightarrow \dfrac{\partial M}{\partial y} = \cos y + 1$、$\dfrac{\partial N}{\partial x} = \cos y + 1$ 相等

(2) 其解為 $f(x, y) = \int M(x, y)\, dx + g(y)$

$$= \int \left(\sin y + y\right) dx + g(y)$$

$$= x \sin y + xy + g(y)$$

(3) 而 $\dfrac{\partial f(x, y)}{\partial y} = N(x, y)$

$\Rightarrow x \cos y + x + g'(y) = x \cos y + x + 2$

$\Rightarrow g'(y) = 2$

$\Rightarrow g(y) = 2y + c$

(4) 所以其解為 $f(x, y) = x \sin y + xy + 2y + c = 0$。

例 4 解 $(2xy - \cos x)dx + (x^2 - 1)dy = 0$

解 (1) 令 $M(x, y) = 2xy - \cos x$，$N(x, y) = x^2 - 1$

$$\Rightarrow \frac{\partial M}{\partial y} = 2x \cdot \frac{\partial N}{\partial x} = 2x \text{ 相等}$$

(2) 其解為 $f(x, y) = \int N(x, y)dy + h(x)$

$$= \int (x^2 - 1)dy + h(x)$$

$$= x^2y - y + h(x)$$

（對 y 積分，x 看成是常數）

(3) 而 $\dfrac{\partial f(x, y)}{\partial x} = M(x, y)$

$$\Rightarrow 2xy + h'(x) = 2xy - \cos x$$

$$\Rightarrow h'(x) = -\cos x$$

$$\Rightarrow h(x) = -\sin x + c$$

(4) 所以其解為 $f(x, y) = x^2y - y - \sin x + c = 0$。

註：若 $h'(x)$ 有 y 項，表示計算錯誤

2.3 積分因子

• 第三式：積分因子（Integrating factor）

■ 微分方程式 $M(x, y)dx + N(x, y)dy = 0$

（註：dx 前面是 $M(x, y)$、dy 前面是 $N(x, y)$），

若滿足下列二條件中的一個：

(1) $\dfrac{\dfrac{\partial M}{\partial y} - \dfrac{\partial N}{\partial x}}{N} = p(x)$（沒有變數 y），則有積分因子 $\mu = e^{\int p(x)\,dx}$

或

(2) $\dfrac{\dfrac{\partial M}{\partial y} - \dfrac{\partial N}{\partial x}}{M} = q(y)$（沒有變數 x），則有積分因子 $\mu = e^{-\int q(y)\,dy}$（多一個負號）

將「積分因子 μ」乘入原微分方程式，即

$$\mu M(x, y)dx + \mu N(x, y)dy = 0，$$

此新的微分方程式就是正合微分方程式 (即可用第二式來解)，也就是它一定滿足：

$$\frac{\partial \mu M(x, y)}{\partial y} = \frac{\partial \mu N(x, y)}{\partial x}（若不滿足，表示計算錯誤）$$

例 1　求 $\left(x^2 + x + y\right)dx - x\,dy = 0$ 之解

解　(1) $M = x^2 + x + y$，$N = -x$

$$\Rightarrow \frac{\partial M}{\partial y} = 1，\frac{\partial N}{\partial x} = -1，（不相等）$$

而 $\dfrac{\dfrac{\partial M}{\partial y} - \dfrac{\partial N}{\partial x}}{N} = \dfrac{1 - (-1)}{-x} = -\dfrac{2}{x}$

（為 x 的函數，沒有變數 y）

(2) 所以積分因子為

$$\mu = e^{\int p(x)\,dx} = e^{\int -\frac{2}{x}\,dx} = e^{-2\int \frac{1}{x}\,dx} = e^{-2\ln x}$$

$$= e^{\ln x^{-2}} = x^{-2} = \frac{1}{x^2}$$

(3) 原式兩邊同乘以 $\dfrac{1}{x^2}$

$$\Rightarrow \left(\frac{x^2 + x + y}{x^2} \right) dx - \frac{x}{x^2}\,dy = 0$$

$$\Rightarrow \left(1 + \frac{1}{x} + \frac{y}{x^2} \right) dx - \frac{1}{x}\,dy = 0 \text{，必為正合微分方程式}$$

（用正合微分方程式法解之）

(4) 令 $M' = \left(1 + \dfrac{1}{x} + \dfrac{y}{x^2} \right)$，$N' = \left(-\dfrac{1}{x} \right)$，

$$\left(\frac{\partial M'}{\partial y} = \frac{\partial N'}{\partial x} \text{一定成立} \right)$$

其解為 $f(x, y) = \displaystyle\int M'\,dx + g(y)$

$$= \int \left(1 + \frac{1}{x} + \frac{y}{x^2} \right) dx + g(y)$$

$$= x + \ln x - \frac{y}{x} + g(y)$$

(5) 而 $\dfrac{\partial f(x, y)}{\partial y} = N'(x) \Rightarrow \dfrac{\partial}{\partial y}\left[x + \ln x - \dfrac{y}{x} + g(y) \right] = -\dfrac{1}{x}$

$$\Rightarrow g'(y) = 0$$

$$\Rightarrow g(y) = c$$

(6) 所以其解為 $f(x, y) = x + \ln x - \dfrac{y}{x} + c = 0$

例2 求 $\left(x - y^2 \right) dx + 2xy\,dy = 0$ 之解

解 (1) 令 $M = x - y^2$，$N = 2xy$

$$\Rightarrow \frac{\partial M}{\partial y} = -2y \text{，} \frac{\partial N}{\partial x} = 2y \text{（不相等）}$$

而 $\dfrac{\dfrac{\partial M}{\partial y} - \dfrac{\partial N}{\partial x}}{N} = \dfrac{-2y - 2y}{2xy} = -\dfrac{2}{x}$（為 x 的函數，沒有變數 y）

(2) 所以積分因子為

$$\mu = e^{\int p(x)\,dx} = e^{\int -\frac{2}{x}\,dx} = e^{-2\int \frac{1}{x}\,dx} = e^{-2\ln x}$$

$$= e^{\ln x^{-2}} = x^{-2} = \frac{1}{x^2}$$

(3) 原式二邊同乘以 $\dfrac{1}{x^2}$

$$\Rightarrow \left(\frac{1}{x} - \frac{y^2}{x^2} \right) dx + \frac{2y}{x} dy = 0 \text{，其必為正合微分方程式}$$

(4) 令 $M' = \left(\dfrac{1}{x} - \dfrac{y^2}{x^2} \right)$，$N' = \dfrac{2y}{x}$，

其解為 $f(x, y) = \displaystyle\int N'\,dy + h(x)$

$$= \int \frac{2y}{x}\,dy + h(x)$$

$$= \frac{y^2}{x} + h(x)$$

(5) 而 $\dfrac{\partial f(x, y)}{\partial x} = M'$

$$\Rightarrow \frac{\partial}{\partial x}\left[\frac{y^2}{x} + h(x) \right] = \left(\frac{1}{x} - \frac{y^2}{x^2} \right)$$

$$\Rightarrow -\frac{y^2}{x^2} + h'(x) = \frac{1}{x} - \frac{y^2}{x^2}$$

$$\Rightarrow h'(x) = \frac{1}{x}$$

$$\Rightarrow h(x) = \ln|x| + c$$

(6) 所以其解為 $f(x, y) = \dfrac{y^2}{x} + \ln|x| + c = 0$

（註：若 $h'(x)$ 有出現變數 y，表示計算錯誤）

例3 求 $xy\,dx + (x^2 + y^2 + 2y)dy = 0$ 之解

解 (1) 令 $M = xy$，$N = x^2 + y^2 + 2y$

$\Rightarrow \dfrac{\partial M}{\partial y} = x$，$\dfrac{\partial N}{\partial x} = 2x$，（不相等）

而 $\dfrac{\dfrac{\partial M}{\partial y} - \dfrac{\partial N}{\partial x}}{M} = \dfrac{x - 2x}{xy} = -\dfrac{1}{y}$

（為 y 的函數，沒有變數 x）

(2) 所以積分因子為 $\mu = e^{-\int q(y)dy} = e^{-\int \frac{-1}{y}dy} = e^{\int \frac{1}{y}dy} = e^{\ln y} = y$

(3) 原式二邊同乘以 $y \Rightarrow xy^2dx + (x^2y + y^3 + 2y^2)dy = 0$，其必為正合微分方程式

(4) 令 $M' = xy^2$，$N' = (x^2y + y^3 + 2y^2)$，

（此時 $\dfrac{\partial M'}{\partial y}$ 一定等於 $\dfrac{\partial N'}{\partial x}$，若不相等就是計算錯誤）

其解為

$f(x, y) = \int M'\,dx + g(y)$

$= \int xy^2\,dx + g(y)$

$= \dfrac{1}{2}x^2y^2 + g(y)$

(5) 而 $\dfrac{\partial f(x, y)}{\partial y} = N' \Rightarrow \dfrac{\partial}{\partial y}\left[\dfrac{1}{2}x^2y^2 + g(y)\right] = \left(x^2y + y^3 + 2y^2\right)$

$\Rightarrow x^2y + g'(y) = x^2y + y^3 + 2y^2$

$\Rightarrow g'(y) = y^3 + 2y^2$

$\Rightarrow g(y) = \dfrac{1}{4}y^4 + \dfrac{2}{3}y^3 + c$

(6) 所以其解為 $f(x, y) = \dfrac{1}{2}x^2y^2 + \dfrac{1}{4}y^4 + \dfrac{2}{3}y^3 + c \doteq 0$

2.4 一階齊次微分方程式

• 第四式：一階齊次微分方程式（Homogeneous equation）

■ 若函數滿足 $f(kx, ky) = k^n f(x, y)$，則稱 $f(x, y)$ 為 x, y 的 n 次齊次式。

例如：(1) $f(x, y) = 3x^2 + xy + 2y^2$ 為二次齊次式，因 x^2, xy, y^2 均為二次式。

(2) $f(x, y) = x^3 + 5x^2y + 6y^3$ 為三次齊次式，因 x^3, x^2y, y^3 均為三次式。

(3) $f(x, y) = 3x^2 + xy + 2y^2 + 2$ 則不是齊次式，因 2 不是二次式。

(4) $f(x, y) = x + y + xy$ 也不是齊次式，因 x、y 是一次式，而 xy 是二次式，不相同。

■ 若 $f(x)$ 為一階齊次微分方程式，則：

(1) 令 $y = ux$（引進一個新的變數 u）$\Rightarrow dy = udx + xdu$；

(2) 再將原方程式的 y 用 $u \cdot x$ 取代，dy 用 $udx + xdu$ 取代；

(3) 則可以分離成以「第一式的分離變數法」解之。

例 1 解 $2xy\,y' - y^2 + x^2 = 0$

解 原式 $\Rightarrow 2xy \cdot \dfrac{dy}{dx} + \left(x^2 - y^2\right) = 0$

$$\Rightarrow \left(x^2 - y^2\right)dx + 2xy\,dy = 0 \cdots\cdots(a)$$

因 $(x^2 - y^2)$ 和 $2xy$ 均為二次式，其為齊次微分方程式。

(1) 令 $y = u \cdot x \Rightarrow dy = udx + xdu$ 代入 (a) 式

$\Rightarrow (x^2 - u^2x^2)dx + 2x(ux)(udx + xdu) = 0$

$\Rightarrow (x^2 - u^2x^2)dx + 2x^2u^2dx + 2x^3udu = 0$

(2) （此可用分離變數法解之）

$\Rightarrow (x^2 + u^2x^2)dx + 2x^3udu = 0$

$\Rightarrow x^2(1 + u^2)dx + 2x^3udu = 0$

(3) 將 dx 前面的 $(1 + u^2)$ 除掉，將 du 前面的 x^3 除掉，也就是二邊

同時除以 $x^3(1 + u^2)$

$\Rightarrow \dfrac{1}{x}dx + \dfrac{2u}{1+u^2}du = 0$，兩邊積分

$\Rightarrow \displaystyle\int \dfrac{1}{x}dx + \int \dfrac{2u}{1+u^2}du = c$

$\Rightarrow \ln|x| + \ln(1 + u^2) = c$

(4) 再以 $y = u \cdot x \Rightarrow u = \dfrac{y}{x}$ 代回去，

即得 $\ln|x| + \ln\left(1+\dfrac{y^2}{x^2}\right) = c$

例2 解 $(x^2 + y^2)dx - 2x^2dy = 0$

解 (1) 因 $(x^2 + y^2)$ 和 $2x^2$ 均為二次式，此題為二次齊次式

令 $y = u \cdot x \Rightarrow dy = u\,dx + x\,du$，代入原式

$\Rightarrow (x^2 + u^2x^2)dx - 2x^2[udx + xdu] = 0$

(2) (此可用分離變數法解之)

$\Rightarrow (x^2 + u^2x^2)dx - 2ux^2dx - 2x^3du = 0$

$\Rightarrow (x^2 - 2ux^2 + u^2x^2)dx - 2x^3du = 0$

$\Rightarrow x^2(1 - 2u + u^2)dx - 2x^3du = 0$

(3) 二邊同時除以 $x^3(1 - 2u + u^2)$

$\Rightarrow \dfrac{dx}{x} - \dfrac{2du}{(u-1)^2} = 0$ (兩邊積分)

$\Rightarrow \ln|x| + \dfrac{2}{u-1} = c$，

(4) 再以 $u = \dfrac{y}{x}$ 代入 $\Rightarrow \ln|x| + \dfrac{2}{\dfrac{y}{x}-1} = c$

例3 解 $y' = \dfrac{x^3 + y^3}{xy^2}$

解 原式 $\Rightarrow \dfrac{dy}{dx} = \dfrac{x^3 + y^3}{xy^2}$

$\Rightarrow (x^3 + y^3)dx - xy^2 dy = 0$，為三次齊次式

(1) 令 $y = u \cdot x \Rightarrow dy = u\,dx + x\,du$，代入原式

$\Rightarrow (x^3 + u^3 x^3)dx - x(ux)^2[u\,dx + x\,du] = 0$

(2) (此可用分離變數法解之)

$\Rightarrow (x^3 + u^3 x^3)dx - x^3 u^3 dx - x^4 u^2 du = 0$

$\Rightarrow x^3 dx - x^4 u^2 du = 0$

(3) (二邊同除以 x^4) $\Rightarrow \dfrac{1}{x}dx - u^2 du = 0$

(二邊積分) $\Rightarrow \ln|x| - \dfrac{u^3}{3} = c$

(4) ($u = \dfrac{y}{x}$ 代入)

$\Rightarrow \ln|x| - \dfrac{y^3}{3x^3} = c$

2.5 含一次式之非齊次微分方程式

- 第五式：含一次式之非齊次微分方程式（Linear but not homogeneous equation）

■ 其微分方程式的形式為

$(a_1x + b_1y + c_1)dx + (a_2x + b_2y + c_2)dy = 0$，

其中 $a_1, b_1, c_1, a_2, b_2, c_2$ 均為常數。

■ 此題可以想成有二直線

$a_1x + b_1y + c_1 = 0$ 和 $a_2x + b_2y + c_2 = 0$，

二直線的關係有三種情形：交於一點、平行和重疊。

不同的情況有不同的作法。

■ 此微分方程式可分成三個部分來討論：

(1) 交於一點，也就是 $\dfrac{a_1}{a_2} \neq \dfrac{b_1}{b_2}$：

- 其作法是：

(a) 令 $x = u + h, y = v + k$（其中 u, v 為變數、h, k 為未知數），代入原微分方程式後，將二直線的常數項令為 0（此時可求出未知數 h, k）；

(b) 經此轉換，微分方程式可變成「第四式：一階齊次微分方程式」。

- 其詳細作法是：

(a) 令 $x = u + h, y = v + k$

$\Rightarrow dx = du, dy = dv$，代入上式

$\Rightarrow [a_1u + b_1v + (a_1h + b_1k + c_1)]du$
$\quad + [a_2u + b_2v + (a_2h + b_2k + c_2)]dv = 0$

(b) 令常數項 $a_1h + b_1k + c_1 = 0$，$a_2h + b_2k + c_2 = 0$，二個方程式，二個未知數 (h, k)，可解出 h, k，且上式變成

$(a_1u + b_1v)du + (a_2u + b_2v)dv = 0$ 為齊次方程式，

(c) 就可利用「第四式：一階齊次微分方程式」來解。

(2) 平行，也就是 $\dfrac{a_1}{a_2} = \dfrac{b_1}{b_2} \neq \dfrac{c_1}{c_2}$ ，

　 即 $(a_1x + b_1y) = k(a_2x + b_2y)$

　　● 其作法是：

　　　(a) 令 $u = a_1x + b_1y \Rightarrow du = a_1dx + b_1dy$

　　　　代入原方程式，取代 y, dy；

　　　(b) 就可用變數分離法解。

(3) 重疊，也就是 $\dfrac{a_1}{a_2} = \dfrac{b_1}{b_2} = \dfrac{c_1}{c_2}$ ，

　 即 $(a_1x + b_1y + c_1) = k(a_2x + b_2y + c_2)$

　　● 其作法是：

　　　原式 $\Rightarrow k(a_2x + b_2y + c_2)dx + (a_2x + b_2y + c_2)dy = 0$

　　　$\Rightarrow (a_2x + b_2y + c_2)[kdx + dy] = 0$

　　　$\Rightarrow \begin{cases} a_2x + b_2y + c_2 = 0 \\ \text{或 } kdx + dy = 0 \Rightarrow \displaystyle\int kdx + \int 1dy = c \Rightarrow kx + y = c \end{cases}$

　　　所以解為：$a_2x + b_2y + c_2 = 0$ 或 $kx + y = c$

例 1 求 $(5x + 2y + 7)dx + (4x + y + 5)dy = 0$

解 因 $\dfrac{5}{4} \neq \dfrac{2}{1}$ ，（交於一點），所以採用上述 (1) 的作法。

令 $x = u + h$、$y = v + k$，代入原方程式，會得到二結果

(a) $5h + 2k + 7 = 0, 4h + k + 5 = 0$，解得 $h = -1, k = -1$，

　　用 $x = u-1, y = v-1, dx = du, dy = dv$ 代入原方程式，得

(b) $(5u + 2v)du + (4u + v)dv = 0 \cdots\cdots$(A)

　　(i)（用齊次微分方程式解）

　　　令 $v = t \cdot u \Rightarrow dv = tdu + udt$，

　　　（代入 (A) 式，取代 v, dv）

　　　$\Rightarrow (5u + 2tu)du + (4u + tu)(tdu + udt) = 0$

　　(ii)（可用變數分離法解）

2.5 含一次式之非齊次微分方程式 ☞ 51

$$\Rightarrow (5u + 2tu)du + (4u + tu)tdu + (4u + tu)udt = 0$$

$$\Rightarrow u(5 + 6t + t^2)du + u^2(4 + t)dt = 0$$

(iii)（同除 $u^2(5 + 6t + t^2)$）

$$\Rightarrow \frac{u}{u^2}du + \frac{4 + t}{5 + 6t + t^2}dt = 0 \;(部分分式法)$$

$$\Rightarrow \int \frac{1}{u}du + \int (\frac{\frac{3}{4}}{t + 1} + \frac{\frac{1}{4}}{t + 5})dt = c$$

$$\Rightarrow \ln u + \frac{3}{4}\ln(t + 1) + \frac{1}{4}\ln(t + 5) = c$$

(iv)（t 用 $\dfrac{v}{u}$ 代回）

$$\Rightarrow \ln u + \frac{3}{4}\ln(\frac{v}{u} + 1) + \frac{1}{4}\ln(\frac{v}{u} + 5) = c$$

(v)（u 用 $x + 1$、v 用 $y + 1$ 代回）

$$\Rightarrow \ln(x + 1) + \frac{3}{4}\ln(\frac{y + 1}{x + 1} + 1) + \frac{1}{4}\ln(\frac{y + 1}{x + 1} + 5) = c$$

例 2　求 $(x + 2y + 2)\,dx + (4x + 8y + 8)\,dy = 0$ 之解

解　因 $(4x + 8y + 8) = 4(x + 2y + 2)$（重疊），所以

原式 $\Rightarrow (x + 2y + 2)dx + 4(x + 2y + 2)dy = 0$

$$\Rightarrow (x + 2y + 2)[dx + 4dy] = 0$$

$$\Rightarrow x + 2y + 2 = 0 \text{ 或 } dx + 4dy = 0$$

而 $dx + 4dy = 0 \Rightarrow \int dx + \int 4dy = c \Rightarrow x + 4y = c$

所以解為 $x + 2y + 2 = 0$ 或 $x + 4y = c$

例 3　求 $(2x + y + 2)\dfrac{dy}{dx} + (4x + 2y + 1) = 0$

解　原式 $\Rightarrow (4x + 2y + 1)dx + (2x + y + 2)dy = 0$ ……(a)

令其係數：$a_1 = 4, b_1 = 2, c_1 = 1$，$a_2 = 2, b_2 = 1, c_2 = 2$

(1) 因 $\dfrac{a_1}{a_2} = \dfrac{b_1}{b_2} \neq \dfrac{c_1}{c_2}$，（平行）

所以令 $u = 2x + y$

$\Rightarrow du = 2dx + dy \Rightarrow dy = du - 2dx$

(2) 代入 (a) 式（可用變數分離法解）

$\Rightarrow (2u + 1)dx + (u + 2)(du - 2dx) = 0$

$\Rightarrow (2u + 1)dx + (u + 2)du - 2(u + 2)dx = 0$

$\Rightarrow (-3)dx + (u + 2)du = 0$（二邊積分）

$\Rightarrow \int -3dx + \int (u + 2)du = c$

$\Rightarrow -3x + \dfrac{1}{2}u^2 + 2u = c$

(3) 又 $u = 2x + y$ 代入

$\Rightarrow -3x + \dfrac{1}{2}(2x + y)^2 + 2(2x + y) = c$

2.6 一階線性微分方程式

• 第六式：一階線性微分方程式（Linear equation of the first order）

■ 若微分方程式的形式為：

$y' + p(x)y = q(x)$（一個 y'、一個 y、其餘均為 x），

此微分方程式就稱為「一階線性微分方程式」。

（註：y' 前面的係數要為 1）

■ 微分方程式若為一階線性微分方程式，其作法為：

(1) 若 $q(x) = 0$，則可用變數分離法解之。

(2) 若 $q(x) \neq 0$，則

    (a) 先改變外型：

$$y' + p(x)y = q(x) \quad \left(y' \text{ 用 } \frac{dy}{dx} \text{ 代入} \right)$$

$$\Rightarrow dy + p(x)y\,dx = q(x) \cdot dx$$

    (b)（兩邊同乘以 $e^{\int p(x)dx}$）

$$\Rightarrow e^{\int p(x)dx} \cdot dy + e^{\int p(x)dx} \cdot p(x)y\,dx = e^{\int p(x)dx} \cdot q(x)dx \,^{[\text{註}]}$$

$$\Rightarrow d\left[ye^{\int p(x)dx} \right] = e^{\int p(x)dx} \cdot q(x)dx \circ$$

再二邊積分，即可求得。

註：(i) 上式的 $e^{\int p(x)dx} \cdot dy + e^{\int p(x)dx} \cdot p(x)y\,dx$ 變成 $d\left[ye^{\int p(x)dx} \right]$ 不容易看

出來，可以由後面的全微分推導到前面的式子，即

$$d\left[ye^{\int p(x)dx} \right] = \frac{\partial}{\partial x}\left(ye^{\int p(x)dx} \right)dx + \frac{\partial}{\partial y}\left(ye^{\int p(x)dx} \right)dy$$

$$= \left(ye^{\int p(x)dx} \cdot p(x) \right)dx + \left(e^{\int p(x)dx} \right)dy$$

證明出來。

> (ii) 上面 (i) 式方便記法：$e^{\int p(x)dx} \cdot dy + e^{\int p(x)dx} \cdot p(x)ydx$ 二項的和等於將
>
> 第一項 dy 的 d 往前移，即為 $d\left[ye^{\int p(x)dx}\right]$。

例 1　解 $y' + y = x$

解　此為一階線性微分方程式，且 $p(x) = 1$

原方程式改成 $dy + ydx = xdx$ ……(a)，

(1) 先求出 $e^{\int p(x)dx} = e^{\int 1dx} = e^x$

(2) (a) 式二邊同時乘上 $e^x \Rightarrow e^x \cdot dy + ye^x dx = xe^x dx$

$$\Rightarrow d\left[e^x \cdot y\right] = x\,e^x dx$$

（其結果是將上一式 dy 的 d 往前移）

(3)（兩邊積分）$\Rightarrow e^x \cdot y = \int xe^x dx + c$

$$= xe^x - \int e^x dx + c$$

$$= xe^x - e^x + c$$

(4) 所以解為 $e^x \cdot y = xe^x - e^x + c$

例 2　解 $dy + \dfrac{2}{x}y\,dx = 4xdx$ …… (a)

解　原式除以 $dx \Rightarrow y' + \dfrac{2}{x} \cdot y = 4x$，

其為一階線性微分方程式，且 $p(x) = \dfrac{2}{x}$，

(1) 先求出 $e^{\int p(x)dx} = e^{\int \frac{2}{x}dx} = e^{2\int \frac{1}{x}dx} = e^{2\ln x} = e^{\ln x^2} = x^2$

（乘入 (a) 式）

(2) (a) 式 $\Rightarrow x^2 dy + 2xydx = 4x^3 dx$

$$\Rightarrow d(x^2 y) = 4x^3 dx$$

（其結果是將上一式 dy 的 d 往前移）

(3)（二邊積分）$\Rightarrow x^2 y = \int 4x^3 dx + c = x^4 + c$

(4) 所以解為 $x^2 y = x^4 + c$

例3 解 $y' - y = 3e^x$

解 此為一階線性微分方程式，且 $p(x) = -1$，

$y' - y = 3e^x \Rightarrow dy - ydx = 3e^x dx \cdots\cdots$(a)

(1) 先求 $e^{\int p(x)dx} = e^{\int -1dx} = e^{-x}$（乘入 (a) 式）

(2) (a) 式 $\Rightarrow e^{-x}dy - e^{-x}ydx = 3e^x e^{-x}dx$

$\Rightarrow d(e^{-x}y) = 3dx$

(3)（二邊積分）$\Rightarrow e^{-x}y = \int 3\,dx + c = 3x + c$

(4) 所以解為 $e^{-x}y = 3x + c$

2.7　白努力方程式

• 第七式：白努力方程式（Bernoulli's equation）

■ 若微分方程式的形式為 $y' + p(x) \cdot y = q(x) \cdot y^n$，此微分方程式稱為白努力方程式（它只比第六式最後面多乘以 y^n）。

■ 白努力方程式的解法為：

(1) 若 $n = 0$ 或 $n = 1$，則使用「第六式」的方法；

(2) 若 $n \neq 0$ 且 $n \neq 1$，則經由下面三步驟可將「白努力方程式」改成第六式的「一階線性微分方程式」，再用「一階線性微分方程式」解之

  (a) 先將白努力方程式最後一項改成一階線性微分方程式的最後一項，即：原式乘以 y^{-n}

$$\Rightarrow y^{-n} \cdot y' + p(x)y^{1-n} = q(x)$$

（將外形改成一階線性微分方程式的外型，即將 y' 改成 $\dfrac{dy}{dx}$）

$$\Rightarrow y^{-n} \cdot \frac{dy}{dx} + p(x)y^{1-n} = q(x) \quad （同乘以 \ dx）$$

$$\Rightarrow y^{-n} \cdot dy + p(x)y^{1-n}dx = q(x)dx \cdots\cdots (A)$$

  (b) 將第二項改成一階線性微分方程式的第二項

（即第二項 y^{1-n} 改成一次方），

令 $u = y^{1-n}$，則 $du = (1-n)y^{-n}dy$

（代入 (A) 式去掉 y 和 dy）

$$\Rightarrow \frac{1}{1-n} du + p(x) \cdot u dx = q(x)dx \cdots\cdots (B)$$

（此時第二項變成 u 的一次方）

  (c) 將第一項的係數改成 1，即：(B) 式二邊同乘 $(1-n)$

$$\Rightarrow du + (1-n)p(x)u dx = (1-n)q(x)dx ，$$

（此即為一階線性微分方程式）

  (d) 可用一階線性微分方程式來解，

此時新的 $p(x)$ 是 $(1-n)p(x)$（即第六式的 $p(x)$ 要代 $(1-n)p(x)$）。

例1 解 $\dfrac{dy}{dx} + \dfrac{1}{x} \cdot y = x^2 y^6$

解 其為白努力方程式

(1) 原式乘以 $y^{-6} \Rightarrow y^{-6} \cdot \dfrac{dy}{dx} + \dfrac{1}{x} \cdot y^{-5} = x^2$

$$\Rightarrow y^{-6} \cdot dy + \dfrac{1}{x} y^{-5} \cdot dx = x^2 \cdot dx$$

(2) 令 $u = y^{-5}$，則 $du = -5y^{-6}dy$（代入 (1) 式）

$$\Rightarrow -\dfrac{1}{5}du + \dfrac{u}{x}dx = x^2 dx$$

(3) 二邊同乘 $(-5) \Rightarrow du - \dfrac{5}{x}udx = -5x^2 dx$（此為一階線性微分方程式）

(4) 用一階線性微分方程式來解：此時 $p(x) = -\dfrac{5}{x}$

先求 $e^{\int p(x)dx} = e^{\int -\frac{5}{x}dx} = e^{-5\int \frac{1}{x}dx} = e^{-5\ln x}$

$$= e^{\ln x^{-5}} = x^{-5}$$（乘入 (3) 式）

$$\Rightarrow x^{-5}du - 5x^{-6}udx = -5x^{-3}dx$$

$$\Rightarrow d(x^{-5}u) = -5x^{-3}dx$$

（二邊積分）$\Rightarrow x^{-5}u = \int -5x^{-3}dx + c$

$$\Rightarrow x^{-5}u = \dfrac{5}{2}x^{-2} + c$$

(5) 將 $u = y^{-5}$ 代入 (4) 式 $\Rightarrow x^{-5}y^{-5} = \dfrac{5}{2}x^{-2} + c$

例2 解 $xy' + y = x^2 y^2$

解 原式除以 $x \Rightarrow y' + \dfrac{1}{x} \cdot y = xy^2$ ……(A)，為白努力方程式

(1) (A) 式乘以 y^{-2}

$$\Rightarrow y^{-2} \cdot y' + \dfrac{1}{x}y^{-1} = x$$

$$\Rightarrow y^{-2}dy + \dfrac{1}{x} \cdot y^{-1}dx = xdx$$

(2) 令 $u = y^{-1} \Rightarrow du = -y^{-2}dy$（代入 (1) 式）

$\Rightarrow -du + \dfrac{u}{x}dx = xdx$

(3)（乘以 -1）$\Rightarrow du - \dfrac{u}{x}dx = -xdx$（其為一階線性微分方程式）

(4) 用一階線性微分方程式來解：此時 $p(x) = -\dfrac{1}{x}$

先求 $e^{\int p(x)dx} = e^{\int -\frac{1}{x}dx} = e^{-\ln x} = e^{\ln x^{-1}} = x^{-1}$（乘入 (3) 式）

$\Rightarrow x^{-1}du - \dfrac{u}{x^2}dx = -1dx$

$\Rightarrow d\left[x^{-1}u\right] = -1dx$

（二邊積分）$\Rightarrow x^{-1}u = \int -1\,dx + c = -x + c$

(5) 將 $u = y^{-1}$ 代入 (4) 式 $\Rightarrow x^{-1}y^{-1} = -x + c$

練習題

第一式：變數分離法

1. $x^3dx + (y+1)^2dy = 0$，

   答 $\dfrac{x^4}{4} + \dfrac{(y+1)^3}{3} = c$

2. $x^2(y+1)dx + y^2(x-1)dy = 0$，

   答 $\dfrac{1}{2}x^2 + x + \ln(x-1) + \dfrac{1}{2}y^2 - y + \ln(y+1) = c$

3. $4xdy - ydx = x^2dy$，

   答 $\ln(x-4) - \ln(x) + 4\ln(y) = c$

4. $\dfrac{dy}{dx} = \dfrac{4y}{x(y-3)}$，

   答 $y - 3\ln(y) - 4\ln(x) = c$

5. $(1+x^3)dy - x^2ydx = 0$，其中 $y(1) = 2$，

   答 $\ln y - \dfrac{1}{3}\ln(1+x^3) = \dfrac{2}{3}\ln 2$

第二式：正合微分方程式

6. $(2x^3 + 3y)dx + (3x + y - 1)dy = 0$，

   答 $\dfrac{1}{2}x^4 + 3xy + \dfrac{1}{2}y^2 - y = c$

7. $(y^2 e^{xy^2} + 4x^3)dx + (2xye^{xy^2} - 3y^2)dy = 0$，

   答 $e^{xy^2} + x^4 - y^3 = c$

8. $(x^2 - y)dx - xdy = 0$，

   答 $xy = \dfrac{x^3}{3} + c$

9. $(x^2 + y^2)dx + 2xydy = 0$，

   答 $xy^2 + \dfrac{x^3}{3} = c$

10. $(x + y\cos x)dx + \sin xdy = 0$，

    答 $x^2 + 2y\sin x = c$

11. $2(x^2 + xy)dx + (x^2 + y^2)dy = 0$，

    答 $2x^3 + 3x^2 y + y^3 = c$

第三式：積分因子

12. $(x^2 + y^2 + x)dx + xydy = 0$，

    答 $\dfrac{1}{4}x^4 + \dfrac{1}{3}x^3 + \dfrac{1}{2}x^2 y^2 = c$

13. $(2xy^4 e^y + 2xy^3 + y)dx + (x^2 y^4 e^y - x^2 y^2 - 3x)dy = 0$，

    答 $x^2 e^y + \dfrac{x^2}{y} + \dfrac{x}{y^3} = c$

14. $(2x^3 y^2 + 4x^2 y + 2xy^2 + xy^4 + 2y)dx + 2(x^2 y + y^3 + x)dy = 0$，

    答 $(2x^2 y^2 + 4xy + y^4)e^{x^2} = c$

15. $xdy - ydx = x^2 e^x dx$，

    答 $\dfrac{y}{x} - e^x = c$

16.$(2y - x^3)dx + xdy = 0$，

　　答　$x^2y - \dfrac{x^5}{5} = c$

第四式：一階齊次微分方程式

17.$(x^3 + y^3)dx - 3xy^2dy = 0$，

　　答　$\ln x + \dfrac{1}{2}\ln\left(1 - 2(\dfrac{y}{x})^3\right) = c$

18.$xdy - ydx - \sqrt{x^2 - y^2}dx = 0$，

　　答　$\sin^{-1}(\dfrac{y}{x}) - \ln x = c$

19.$(2x + 3y)dx + (y - x)dy = 0$，

　　答　$\ln x + \dfrac{1}{2}\ln\left((\dfrac{y}{x})^2 + 2\dfrac{y}{x} + 2\right) - 2\tan^{-1}(\dfrac{y}{x} + 1) = c$

20.$(x^2 + y^2)dx + xydy = 0$ 且 $y(1) = -1$，

　　答　$x^4 + 2x^2y^2 = 3$

第五式：含一次式之非齊次微分方程式

21.$(x + y)dx + (3x + 3y - 4)dy = 0$，

　　答　$2x - 3(x + y) - 2\ln(2 - x - y) = c$

22.$(x - y - 1)dx + (x + 4y - 1)dy = 0$，

　　答　$\ln[x - 1] + \dfrac{1}{2}\ln[4(\dfrac{y}{x-1})^2 + 1] + \dfrac{1}{2}\tan^{-1}(\dfrac{2y}{x-1}) = c$

23.$(1 + y)dx - (1 + x)dy = 0$，

　　答　$\ln(1 + x) - \ln(1 + y) = c$

24.$(x + y + 1)dx + (2x + 2y + 1)dy = 0$，

　　答　$x + 2y + \ln(x + y) = c$

25.$\dfrac{dy}{dx} = \dfrac{y - x + 1}{y - x + 5}$，

　　答　$-\dfrac{1}{2}(y - x)^2 - 9x + 5y = c$

26. $(4x+3y+1)dx+(8x+6y+2)dy=0$，

    答 $4x+3y+1=0$ 或 $x+2y=c$

第六式：一階線性微分方程式

27. $\dfrac{dy}{dx}+2xy=4x$，

    答 $ye^{x^2}=2e^{x^2}+c$

28. $x\dfrac{dy}{dx}=y+x^3+3x^2-2x$（二邊要先除以 x），

    答 $\dfrac{y}{x}=\dfrac{1}{2}x^2+3x-2\ln x+c$

29. $(x-2)\dfrac{dy}{dx}=y+2(x-2)^3$，（二邊要先除以 $x-2$）

    答 $\dfrac{y}{x-2}=(x-2)^2+c$

30. $\dfrac{dy}{dx}+y\cot x=5e^{\cos x}$，其中 $y(\dfrac{\pi}{2})=-4$

    答   通解為 $y\sin x=-5e^{\cos x}+c$；

             特殊解為 $y\sin x=-5e^{\cos x}+1$

31. $\dfrac{dy}{dx}+y=2+2x$，

    答 $ye^x=2xe^x+c$

第七式：白努力方程式

32. $\dfrac{dy}{dx}-y=xy^5$，

    答 $y^{-4}e^{4x}=-xe^{4x}+\dfrac{1}{4}e^{4x}+c$

33. $\dfrac{dy}{dx}+2xy+xy^4=0$，

    答 $y^{-3}e^{-3x^2}=-\dfrac{1}{2}e^{-3x^2}+c$

34. $\dfrac{dy}{dx} + \dfrac{1}{3}y = \dfrac{1}{3}(1-2x)y^4$，

　　答　$y^{-3}e^{-x} = -2xe^{-x} - e^{-x} + c$

35. $\dfrac{dy}{dx} + y = (\cos x - \sin x)y^2$，

　　答　$y^{-1}e^{-x} = -e^{-x}\sin x + c$

36. $\dfrac{dy}{dx} + \dfrac{y}{x} = x^2 y^3$，

　　答　$x^{-2}y^{-2} = -2x + c$

第 3 章　常係數微分方程式

1. 微分方程式 $a_0(x)y^{(n)} + a_1(x)y^{(n-1)} + \cdots + a_n(x)y = R(x)$，

   (1) 若 $R(x) = 0$，則此微分方程式稱爲齊次（或調和）微分方程式（Homogeneous equation），其解稱爲齊次解（或調和解）（Homogeneous solution），通常以 y_h 表示之；

   (2) 若 $R(x) \neq 0$，則稱爲完全（或非齊次）微分方程式（Complete (or non-homogeneous) equation），其解稱爲完全解（Complete solution），通常以 y_c 表示之。

2. (1) 若上面微分方程式的 $a_i(x)$ 均爲常數，則稱爲常係數微分方程式；

   (2) 若上面的 $a_i(x)$ 至少有一個是 x 的函數，則稱爲變係數微分方程式。

3. n 階微分方程式 $a_0(x)y^{(n)} + a_1(x)y^{(n-1)} + \cdots + a_n(x)y = 0$ 中（其中 $a_0(x) \neq 0$），若可以找到 n 個相互獨立的 $y_i(x), i = 1, \cdots, n$，使得

   $a_0(x)y_i^{(n)} + a_1(x)y_i^{(n-1)} + \cdots + a_n(x)y_i = 0$ 均成立，

   則 $y = c_1y_1 + c_2y_2 + \cdots + c_ny_n$ 爲此微分方程式的齊次解，其中 c_i 爲任意數。

   （註：n 階微分方程式的解會有 n 個任意數）

3.1　二階常係數微分方程式的齊次解

- 第一式：二階常係數微分方程式的齊次解

■二階常係數齊次微分方程式為：

$$y'' + ay' + by = 0 \, ,$$

其中 a, b 為實數常數。

■它的 2 個獨立的 $y_i(x)$ 解，為 $y = e^{\lambda x}$（λ 可由下法求得）。

■其解法為：

(1) 令 $y = e^{\lambda x}$，則 $y' = \lambda e^{\lambda x}$、$y'' = \lambda^2 e^{\lambda x}$，

（帶入原方程式）$\Rightarrow \lambda^2 e^{\lambda x} + a\lambda e^{\lambda x} + be^{\lambda x} = 0$

（除以 $e^{\lambda x}$）$\Rightarrow \lambda^2 + a\lambda + b = 0$，

（也就是 y 的二次微分用 λ^2 代入，y 的一次微分用 λ 代入，y 用 1 代入）

本來是解微分方程式，變成解一元二次方程式。

設 $\Delta = a^2 - 4b$ 為其判別式。

(2) λ 之二根有下列三種不同的情況：

(a) $\Delta > 0 \Rightarrow$ 有二相異實根 λ_1 及 λ_2，

則原微分方程式的齊次解為：

$y_h = c_1 e^{\lambda_1 x} + c_2 e^{\lambda_2 x}$（註：$c_1, c_2$ 為任意常數）

（註：此處 y_h 的 h 是 homogeneous 的縮寫）

(b) $\Delta = 0 \Rightarrow$ 有二相等實根 λ，則其齊次解為[註1]：

$y_h = (c_1 + c_2 x)e^{\lambda x}$（註：$c_1, c_2$ 為任意常數）

(c) $\Delta < 0 \Rightarrow \lambda$ 為共軛複根 $p \pm qi$，則其齊次解為[註2]：

$y_h = e^{px}[c_1 \cos(qx) + c_2 \sin(qx)]$

註 1：當 $\Delta = 0 \Rightarrow$ 有二相等實根 λ 時，$e^{\lambda x}$ 代入原微分方程式其值為 0，而 $xe^{\lambda x}$ 代入原微分方程式其值亦為 0

註 2：當 $\Delta < 0 \Rightarrow \lambda$ 為共軛複根 $p \pm qi$，其解為

$y_h = d_1 e^{(p+qi)x} + d_2 e^{(p-qi)x}$

$$= d_1 e^{px} e^{qxi} + d_2 e^{px} e^{-qxi}$$

$$= e^{px}[d_1(\cos qx + i \sin qx) + d_2(\cos qx - i \sin qx)]$$

$$= e^{px}[(d_1 + d_2)\cos qx + (d_1 i - d_2 i)\sin qx]$$

$$= e^{px}[c_1\cos qx + c_2\sin qx] \ (令\ d_1 + d_2 = c_1,\ d_1 i - d_2 i = c_2)$$

例 1 求 $y'' - 4y' + 3y = 0$ 的解

解 y'' 用 λ^2 代，y' 用 λ 代，y 用 1 代，即

$\lambda^2 - 4\lambda + 3 = 0 \Rightarrow (\lambda - 3)(\lambda - 1) = 0 \Rightarrow \lambda = 1$ 或 $\lambda = 3$

所以齊次解為 $y_h = c_1 e^x + c_2 e^{3x}$

例 2 求 $y'' - 2y' + y = 0$ 的解

解 y'' 用 λ^2 代，y' 用 λ 代，y 用 1 代，即

$\lambda^2 - 2\lambda + 1 = 0 \Rightarrow (\lambda - 1)^2 = 0 \Rightarrow \lambda = 1, 1$

所以齊次解為 $y_h = (c_1 + c_2 x)e^x$

例 3 求 $y'' - y' + y = 0$ 的解

解 $\lambda^2 - \lambda + 1 = 0 \Rightarrow \lambda = \dfrac{1 \pm \sqrt{3}\, i}{2} = \dfrac{1}{2} \pm \dfrac{\sqrt{3}}{2} i$

所以齊次解為 $y_h = e^{\frac{1}{2}x}\left[c_1 \cos(\dfrac{\sqrt{3}}{2}x) + c_2 \sin(\dfrac{\sqrt{3}}{2}x)\right]$

例 4 求 $y'' + 4y = 0$ 之解

解 $\lambda^2 + 4 = 0 \Rightarrow \lambda = \pm 2\, i$

齊次解為 $y_h = e^{0\,x}\left[c_1 \cos(2x) + c_2 \sin(2x)\right]$

$$= c_1 \cos 2x + c_2 \sin 2x$$

3.2　二階常係數非齊次線性方程式

•第二式：二階常係數非齊次線性方程式（求 y_p）

■二階常係數非齊次線性方程式為：$y'' + ay' + by = r(x)$，其中 a, b 為常數，$r(x)$ 為 x 的函數。（和第一式比較，等號右邊多一個 $r(x)$）

■其解法為：

(1) 先求 $y'' + ay' + by = 0$ 之齊次解（用上一節方法解之），令求出來的解為 y_h。

(2) 找一個解 y_p，使得此解滿足 $y_p'' + ay_p' + by_p = r(x)$，此解稱為特殊解 y_p。

(3) 則 $y'' + ay' + by = r(x)$ 的完全解為 $y_c = y_h + y_p$。

■上面第 (2) 項中找出特殊解 y_p，是有一些方法來找的，它與 $r(x)$ 有關，如下表所示：

$r(x)$ 值	y_p 假設值 （底下的 $k, A, B, \cdots$ 均為未知數）
$r(x) = c$（c 為一常數）	設 $y_p = k$（k 為一常數）
$r(x) = a_0 + a_1 x$	設 $y_p = A + Bx$
$r(x) = x^n$（或 $a_0 x^n + a_1 x^{n-1} + \cdots + a_n$）	設 $y_p = A_0 + A_1 x + \cdots + A_n x^n$
$r(x) = e^{ax}$	設 $y_p = k e^{ax}$
$r(x) = \sin\beta x$（或 $\cos\beta x$）	設 $y_p = A\sin\beta x + B\cos\beta x$
上述任二項相加	上述任二項相加
上述任二項相乘	上述任二項相乘
例：$r(x) = x + e^{ax}$（相加）	設 $y_p = (A + Bx) + k e^{ax}$（相加）
例：$r(x) = e^{ax}\sin x$（相乘）	設 $y_p = A e^{ax}\sin x + B e^{ax}\cos x$（相乘）
例：$r(x) = x\sin\beta x$（或 $x\cos\beta x$）（相乘）	設 $y_p = A\sin\beta x + B\cos\beta x + Cx\sin\beta x + Dx\cos\beta x$（相乘）

將上述 y_p 代入原微分方程式，再利用比較係數法，就可以解出所有的未知數。

例1 求 $y'' + 4y = 12$ 之 y_c 解

解 (1) 先求 $y'' + 4y = 0$ 的齊次解，

即 $\lambda^2 + 4 = 0 \Rightarrow \lambda = \pm 2i$，

所以 $y_h = c_1 \cos 2x + c_2 \sin 2x$

(2) 因 $r(x) = 12$，

令 $y_p = k$，（其中 k 為未知數）

則 $y_p' = 0$、$y_p'' = 0$

(3) 代入原方程式 $y'' + 4y = 12$（之後比較係數可解之）

$\Rightarrow y_p'' + 4y_p = 12 \Rightarrow 4k = 12 \Rightarrow k = 3$，

所以 $y_p = 3$

(4) 完全解 $y_c = y_h + y_p = c_1 \cos(2x) + c_2 \sin(2x) + 3$

例2 求 $y'' - 2y' + y = 3x^2 - 12x + 5$ 之 y_c 解

解 (1) 先求 $y'' - 2y' + y = 0$ 的齊次解，

即 $\lambda^2 - 2\lambda + 1 = 0 \Rightarrow \lambda = 1,1$

所以 $y_h = (c_1 + c_2 x) e^x$

(2) 因 $r(x) = 3x^2 - 12x + 5$（x 最高次方為 2 次方），

令 $y_p = A + Bx + Cx^2$（假設到 x^2），（其中 A,B,C 為未知數）

則 $y_p' = B + 2Cx$，$y_p'' = 2C$

(3) 代入原微分方程式（之後比較係數可解之）

$y_p'' - 2y_p' + y_p = 3x^2 - 12x + 5$

$\Rightarrow 2C - 2(B + 2Cx) + (A + Bx + Cx^2) = 3x^2 - 12x + 5$

$\Rightarrow Cx^2 + (B - 4C)x + (2C - 2B + A) = 3x^2 - 12x + 5$

比較係數，x^2 係數：$C = 3$

x 係數：$B - 4C = -12$

常數係數：$2C - 2B + A = 5$

$\Rightarrow C = 3, B = 0, A = -1$

所以 $y_p = 3x^2 - 1$

(4) $y_c = y_h + y_p = (c_1 + c_2 x)e^x + (3x^2 - 1)$

例3 求 $y'' - y' - 6y = e^x$ 之 y_c 解

解 (1) 先求 $y'' - y' - 6y = 0$ 的齊次解，

即 $\lambda^2 - \lambda - 6 = 0 \Rightarrow \lambda = -2, 3$

所以 $y_h = c_1 e^{-2x} + c_2 e^{3x}$

(2) 因 $r(x) = e^x$，令 $y_p = Ae^x$，（其中 A 是未知數）

則 $y_p' = Ae^x$，$y_p'' = Ae^x$

(3) 代入原微分方程式

$y_p'' - y_p' - 6y_p = e^x$

$\Rightarrow Ae^x - Ae^x - 6Ae^x = e^x \Rightarrow A = -\dfrac{1}{6}$，

所以 $y_p = -\dfrac{1}{6}e^x$

(4) $y_c = y_h + y_p = c_1 e^{-2x} + c_2 e^{3x} - \dfrac{1}{6}e^x$

例4 求 $y'' - y' - 2y = 2\sin x$ 之 y_p 解

解 (1) 因 $r(x) = 2\sin x$，

令 $y_p = a\sin x + b\cos x$

（註：$r(x)$ 前面的係數（$= 2$），不必考慮，a, b 是未知數）

則 $y_p' = a\cos x - b\sin x$，

$y_p'' = -a\sin x - b\cos x$

(2) 代入原微分方程式

$y_p'' - y_p' - 2y_p = 2\sin x$

$\Rightarrow (-a\sin x - b\cos x) - (a\cos x - b\sin x) - 2(a\sin x + b\cos x) = 2\sin x$

(3) 比較 $\sin x$ 係數 $\Rightarrow -a + b - 2a = 2 \Rightarrow -3a + b = 2$ ……(a)

比較 $\cos x$ 係數 $\Rightarrow -b - a - 2b = 0 \Rightarrow a + 3b = 0$ ……(b)

由 (a)(b) 解得 $a = -\dfrac{3}{5}$，$b = \dfrac{1}{5}$

(4) 所以 $y_p = -\dfrac{3}{5}\sin x + \dfrac{1}{5}\cos x$

註：y_p 假設為 $a\sin x + b\cos x$，就比較 $\sin x$ 和 $\cos x$ 的係數

例 5 求 $y'' - y' - 2y = 2\cos x + 5$ 之 y_p 解

解 (1) 當 $r(x) = 2\cos x$ 時，令 $y_p = a\sin x + b\cos x$

當 $r(x) = 5$ 時，令 $y_p = k$

現在 $r(x) = 2\cos x + 5$（相加）

$\Rightarrow y_p = a\sin x + b\cos x + k$（相加）

則 $y_p' = a\cos x - b\sin x$，$y_p'' = -a\sin x - b\cos x$

(2) 代入原微分方程式

$y_p'' - y_p' - 2y_p = 2\cos x + 5$

$\Rightarrow (-a\sin x - b\cos x) - (a\cos x - b\sin x) - 2(a\sin x + b\cos x + k) =$

$2\cos x + 5$

(3) 比較 $\sin x$ 係數 $\Rightarrow -a + b - 2a = 0 \Rightarrow -3a + b = 0 \cdots\cdots$(a)

比較 $\cos x$ 係數 $\Rightarrow -b - a - 2b = 2 \Rightarrow a + 3b = -2 \cdots\cdots$(b)

比較常數的係數 $\Rightarrow -2k = 5 \Rightarrow k = -\dfrac{5}{2} \cdots\cdots$(c)

由 (a)(b) 解得 $a = \dfrac{-1}{5}$，$b = \dfrac{-3}{5}$

(4) 所以 $y_p = \dfrac{-1}{5}\sin x + \dfrac{-3}{5}\cos x - \dfrac{5}{2}$

註：y_p 假設為 $y_p = a\sin x + b\cos x + k$，就比較 $\sin x$，$\cos x$，常數的係數

例 6 求 $y'' + 4y = x\sin x$ 之 y_p 解

解 (1) 當 $r(x) = x$ 時，令 $y_p = A + Bx$，

當 $r(x) = \sin x$ 時，令 $y_p = C\sin x + D\cos x$，

現在 $r(x) = x\sin x$（相乘），

所以 $y_p = (A + Bx)(C\sin x + D\cos x)$

$= AC\sin x + AD\cos x + BCx\sin x + BDx\cos x$

$= A_1\sin x + A_2\cos x + A_3 x\sin x + A_4 x\cos x$

（因未知數乘以未知數還是未知數，所以設

$AC = A_1$、$AD = A_2$、$BC = A_3$、$BD = A_4$）

即令 $y_p = A_1\sin x + A_2\cos x + A_3 x\sin x + A_4 x\cos x$

$$y'_p = A_1\cos x - A_2\sin x + A_3 x\cos x + A_3\sin x - A_4 x\sin x + A_4\cos x$$

$$= (A_1 + A_4)\cos x + (A_3 - A_2)\sin x + A_3 x\cos x - A_4 x\sin x$$

$$y''_p = (-A_1 - 2A_4)\sin x + (2A_3 - A_2)\cos x - A_3 x\sin x - A_4 x\cos x$$

(2) 代入原微分方程式，

$$y''_p + 4y_p = x\sin x \Rightarrow$$

$$(-A_1 - 2A_4 + 4A_1)\sin x + (2A_3 - A_2 + 4A_2)\cos x + 3A_3 x\sin x + 3A_4 x\cos x$$

$$= x\sin x$$

(3) 比較 $\sin x$ 係數 $\Rightarrow 3A_1 - 2A_4 = 0$，

比較 $\cos x$ 係數 $\Rightarrow 2A_3 + 3A_2 = 0$，

比較 $x\sin x$ 係數 $\Rightarrow 3A_3 = 1$，

比較 $x\cos x$ 係數 $\Rightarrow 3A_4 = 0$

$$\Rightarrow A_3 = \frac{1}{3}，A_2 = -\frac{2}{9}，A_4 = 0，A_1 = 0$$

(4) 所以 $y_p = \frac{1}{3}x\sin x - \frac{2}{9}\cos x$

註：y_p 假設為 $y_p = A_1\sin x + A_2\cos x + A_3 x\sin x + A_4 x\cos x$，就比較 $\sin x$,

$\cos x$, $x\sin x$, $x\cos x$ 的係數

例 7 求 $y'' + 5y' + 4y = xe^x + 4$ 之 y_c 解

解 (1) 先求 $y'' + 5y' + 4y = 0$ 的解，

即 $\lambda^2 + 5\lambda + 4 = 0 \Rightarrow \lambda = -1, -4$

故 $y_h = c_1 e^{-x} + c_2 e^{-4x}$

(2) $r(x) = xe^x + 4$ （先相乘後再相加）

(a) 當 $r(x) = x$ 時，$y_p = (a + bx)$

(b) 當 $r(x) = e^x$ 時，$y_p = c \cdot e^x$

(c) 當 $r(x) = 4$ 時，$y_p = k$

(d) 當 $r(x) = xe^x$ 時 （相乘），

$$y_p = (a + bx)c \cdot e^x = ace^x + bcxe^x = Ae^x + Bxe^x$$

（即設 $ac = A, bc = B$）

(e) 當 $r(x) = xe^x + 4$ 時（相加），$y_p = Ae^x + Bxe^x + k$

$\Rightarrow y_p' = Ae^x + Bxe^x + Be^x$，

$\qquad y_p'' = Ae^x + Bxe^x + 2Be^x$

(3) 代入原微分方程式

$y_p'' + 5\,y_p' + 4y_p = xe^x + 4$

$\Rightarrow (Ae^x + Bxe^x + 2Be^x) + 5[Ae^x + Bxe^x + Be^x]$

$\qquad + 4[Ae^x + Bxe^x + k] = xe^x + 4$

(i) 比較 e^x 係數 $\Rightarrow 10A + 7B = 0$，

(ii) 比較 xe^x 係數 $\Rightarrow 10B = 1$，

(ii) 比較常數的係數 $\Rightarrow 4k = 4$，

由 (i)(ii)(iii) 得 $k = 1$，$B = \dfrac{1}{10}$，$A = \dfrac{-7}{100}$

所以 $y_p = \dfrac{-7}{100}e^x + \dfrac{1}{10}xe^x + 1$

(4) $y_c = y_h + y_p = c_1 e^{-x} + c_2 e^{-4x} + \dfrac{-7}{100}e^x + \dfrac{1}{10}xe^x + 1$

註：y_p 假設為 $y_p = Ae^x + Bxe^x + k$，就比較 e^x, xe^x 和常數的係數

例 8 求 $y'' - 5y' + 4y = e^x$ 之 y_c 解

解 (1) 先求 $y'' - 5y' + 4y = 0$ 的解，

即 $\lambda^2 - 5\lambda + 4 = 0 \Rightarrow \lambda = 1, 4$

故 $y_h = c_1 e^x + c_2 e^{4x}$

(2) 因 $r(x) = e^x$，令 $y_p = Ae^x$，

則 $y_p' = Ae^x$，$y_p'' = Ae^x$

(3) 代入原微分方程式

$\qquad y_p'' - 5\,y_p' + 4y_p = e^x$

$\Rightarrow Ae^x - 5Ae^x + 4Ae^x = e^x$

$\Rightarrow 0 = e^x$（無解）

(4) 此題用本方法（第二式）解不出 y_p，此題稱為「踩到狗屎」，必須要用第三式避開狗屎的方法，才能求得出 y_p。

3.3　二階常係數非齊次線性方程式的特例

> ・第三式：二階常係數非齊次線性方程式的 y_p 特例（求 y_p）
>
> ■二階常係數非齊次線性方程式若求出來的 y_h 和 $r(x)$ 有相同的項時，我們稱爲「踩到狗屎」，我們要避開狗屎，才能解得出 y_p。
>
> ■避開狗屎的方法是假設的 y_p 要多乘以 x，直到 y_p 和 y_h 不同爲止。
>
> ■例：(1) 若 $y_h = c_1 e^x + c_2 e^{2x}$，而 $r(x) = e^x$ 時，此時 y_h 有 e^x 項，$r(x)$ 亦有 e^x 項，所以 y_p 要假設成 $x(ke^x)$，即 y_p 要多乘以 x（不能和 y_h 有相同的內容）
>
> (2) 若 $y_h = (c_1 + c_2 x)e^x$，而 $r(x) = e^x$ 時，此時 y_h 有 e^x 和 xe^x 項，$r(x)$ 也 e^x 項，所以 y_p 要假設成 $x^2(ke^x)$，即 y_p 要多乘以 x^2（不能和 y_h 有相同的內容）
>
> (3) 若 $y_h = c_1 \cos x + c_2 \sin x$，而 $r(x) = \cos x$ 時，
> 則 y_p 要假設成 $x[A\cos x + B\sin x]$
>
> (4) 若 $y_h = c_1 \cos x + c_2 \sin x$，而 $r(x) = x\cos x$ 時，
> 則 y_p 要假設成 $x[A\sin x + B\cos x + Cx\sin x + Dx\cos x]$

例1　解 $y'' - 5y' + 4y = e^x$

解　(1) 先求 $y'' - 5y' + 4y = 0$ 的解：$\lambda^2 - 5\lambda + 4 = 0 \Rightarrow \lambda = 4, 1$
所以 $y_h = c_1 e^{4x} + c_2 e^x$

(2) 因 $r(x) = e^x$，而 y_h 也有 e^x，所以 y_p 要設為 $x(ke^x)$，即
$$y_p = k\,xe^x，\quad y_p' = k\,e^x + k\,xe^x$$
$$y_p'' = k\,e^x + k\,e^x + k\,xe^x = 2k\,e^x + k\,xe^x，$$

(3) 代入原微分方程式 $y_p'' - 5\,y_p' + 4y_p = e^x$
$$\Rightarrow \left[2k\,e^x + k\,xe^x\right] - 5\left[k\,e^x + k\,xe^x\right] + 4\left[k\,xe^x\right] = e^x$$

（比較 e^x 係數）$\Rightarrow -3k = 1 \Rightarrow k = -\dfrac{1}{3}$

即 $y_p = -\dfrac{1}{3}xe^x$

(4) $y_c = y_h + y_p = c_1 e^{4x} + c_2 e^x - \dfrac{1}{3}xe^x$

例2 求 $y'' - 4y' + 4y = 3e^{2x}$

解 (1) 先求 $y'' - 4y' + 4y = 0$ 的解：$\lambda^2 - 4\lambda + 4 = 0 \Rightarrow \lambda = 2, 2$

所以 $y_h = (c_1 + c_2 x)e^{2x}$

(2) 因 $r(x) = e^{2x}$，而 y_h 有 e^{2x} 和 xe^{2x} 項，所以 y_p 要設為

$x^2[Ae^{2x}] = Ax^2e^{2x}$，即設 $y_p = Ax^2e^{2x}$，

$y_p' = 2Axe^{2x} + 2Ax^2e^{2x}$，

$y_p'' = 2Ae^{2x} + 4Axe^{2x} + 4Axe^{2x} + 4Ax^2e^{2x}$

$= 2Ae^{2x} + 8Axe^{2x} + 4Ax^2e^{2x}$

(3) 代入原微分方程式 $y_p'' - 4y_p' + 4y_p = 3e^{2x}$

$\Rightarrow (2Ae^{2x} + 8Axe^{2x} + 4Ax^2e^{2x}) - 8Axe^{2x} - 8Ax^2e^{2x} + 4Ax^2e^{2x} = 3e^{2x}$

（比較 e^{2x} 係數）$\Rightarrow 2A = 3 \Rightarrow A = \dfrac{3}{2}$，

即 $y_p = \dfrac{3}{2}x^2e^{2x}$

(4) $y_c = y_h + y_p = (c_1 + c_2 x)e^{2x} + \dfrac{3}{2}x^2e^{2x}$

例3 求 $y'' + 2y' = 4x + 8$

解 (1) 先求 $y'' + 2y' = 0$ 的通解：$\lambda^2 + 2\lambda = 0 \Rightarrow \lambda = 0, -2$

所以 $y_h = c_1 + c_2e^{-2x}$

(2) 因 $r(x) = 4x + 8$，y_p 設為 $Ax + B$，

又因 $r(x)$ 有常數 8 且 y_h 有 c_1 項（同為常數項），

所以 y_p 改設為 $x[Ax + B] = Ax^2 + Bx$，即

$y_p = Ax^2 + Bx$，$y_p' = 2Ax + B$，$y_p'' = 2A$

(3) 代入原微分方程式 $y_p'' + 2y_p' = 4x + 8$

$\Rightarrow 2A + 2(2Ax + B) = 4x + 8$

（比較係數）得 $A = 1$，$B = 3$，即 $y_p = x^2 + 3x$

(4) $y_c = y_h + y_p = c_1 + c_2e^{-2x} + x^2 + 3x$

例 4　求 $y'' + y = \sin x$

解　(1) 先求 $y'' + y = 0$ 的解：$\lambda^2 + 1 = 0 \Rightarrow \lambda = 0 \pm i$

所以 $y_h = c_1 \cos x + c_2 \sin x$

(2) 因 $r(x) = \sin x$，而 y_h 有 $\sin x$ 項，

所以 y_p 要設為 $x(a\sin x + b\cos x) = ax\sin x + bx\cos x$，即

$y_p = ax\sin x + bx\cos x$，

$y'_p = a\sin x + ax\cos x + b\cos x - bx\sin x$，

$y''_p = a\cos x + a\cos x - ax\sin x - b\sin x - b\sin x - bx\cos x$，

$\quad = -2b\sin x + 2a\cos x - ax\sin x - bx\cos x$

(3) 代入原微分方程式 $y''_p + y_p = \sin x$

$\Rightarrow (-2b\sin x + 2a\cos x - ax\sin x - bx\cos x) + (ax\sin x + bx\cos x) = \sin x$

(a) 比較 $\cos x$ 係數 $\Rightarrow 2a = 0 \Rightarrow a = 0$

(b) 比較 $\sin x$ 係數 $\Rightarrow -2b = 1 \Rightarrow b = -\dfrac{1}{2}$

$\quad \Rightarrow y_p = -\dfrac{1}{2} x \cos x$

(4) $y_c = y_h + y_p = c_1 \cos x + c_2 \sin x - \dfrac{1}{2} x \cos x$

3.4 參數變換法

- **第四式：參數變換法（求 y_p）**

■第二式、第三式、第四式都是用來求特解 y_p 的方法。第二式只適用於 $r(x)$ 是某幾種類型的函數（如：無法解 $r(x) = \tan x$），第三式是用來解決「踩到狗屎」的題目，第四式則可適用於 $r(x)$ 是任何類型的函數，但其解法比較複雜。

■微分方程式 $y'' + ay' + by = r(x)$，也可以用參數變換法來求特解 y_p。

■用參數變換法來求特解的作法如下：（註：此用法的 y'' 前的係數要爲 1）

(1) 先求出 $y'' + ay' + by = 0$ 的 y_h 解。

令 $y_h(x) = c_1 y_1(x) + c_2 y_2(x)$

(2) 此方法的 y_p 則是用特定函數 $u(x)$ 和 $v(x)$ 代替上式的 c_1 和 c_2，即假設 $y_p(x) = u(x) \cdot y_1(x) + v(x) \cdot y_2(x)$（此時 $u(x)$ 和 $v(x)$ 是未知函數）

(3) 將 y_p 代入原微分方程式，可解出 $u(x)$ 和 $v(x)$。

$u(x)$ 和 $v(x)$ 的結果爲：

$$u(x) = \int \frac{m(x)}{w(x)} dx , v(x) = \int \frac{n(x)}{w(x)} dx$$

其中 $w(x) = \begin{vmatrix} y_1 & y_2 \\ y_1' & y_2' \end{vmatrix}, m(x) = \begin{vmatrix} 0 & y_2 \\ r(x) & y_2' \end{vmatrix}, n(x) = \begin{vmatrix} y_1 & 0 \\ y_1' & r(x) \end{vmatrix}$

(4) 證明請參閱本篇後面的附錄。

例 1 求 $y'' + y = \sec x$ 之解

解 (1) 先求 $y'' + y = 0$ 之解，

即 $\lambda^2 + 1 = 0 \Rightarrow \lambda = \pm i$

$\Rightarrow y_h = c_1 \cos x + c_2 \sin x$

(2) 令 $y_1(x) = \cos x, y_2(x) = \sin x$

設 $y_p(x) = u(x) \cdot y_1(x) + v(x) \cdot y_2(x)$

則 $w = \begin{vmatrix} y_1(x) & y_2(x) \\ y_1'(x) & y_2'(x) \end{vmatrix} = y_1(x) \cdot y_2'(x) - y_1'(x) \, y_2(x)$

$= \cos x \cdot \cos x - (-\sin x)\sin x = 1$

$m(x) = \begin{vmatrix} 0 & y_2(x) \\ r(x) & y_2'(x) \end{vmatrix} = -y_2(x)r(x)$

$u(x) = -\int \dfrac{y_2(x)r(x)}{w} \, dx = -\int \sin x \cdot \sec x \, dx = -\int \dfrac{\sin x}{\cos x} \, dx$

$= \ln|\cos x|$

$n(x) = \begin{vmatrix} y_1(x) & 0 \\ y_1'(x) & r(x) \end{vmatrix} = y_1(x)r(x)$

$v(x) = \int \dfrac{y_1(x)r(x)}{w} \, dx = \int \cos x \cdot \sec x \, dx = \int 1 \, dx = x$

所以 $y_p = u(x)\, y_1(x) + v(x)y_2(x)$

$= \cos x \cdot \ln|\cos x| + x \sin x$

(3) $y_c = y_h + y_p$

$= c_1 \cos x + c_2 \sin x + (\cos x \cdot \ln|\cos x| + x \cdot \sin x)$

例 2　求 $y'' + y = \tan x$ 之解

解　(1) 先求 $y'' + y = 0$ 之解

$\Rightarrow y_h = c_1 \cos x + c_2 \sin x$（同例 1 之 (1)）

(2) 令 $y_1(x) = \cos x, \; y_2(x) = \sin x$，

設 $y_p = u(x) \cdot y_1(x) + v(x)\, y_2(x)$

則 $w = \begin{vmatrix} y_1(x) & y_2(x) \\ y_1'(x) & y_2'(x) \end{vmatrix} = y_1(x) \cdot y_2'(x) - y_1'(x) \, y_2(x)$

$= \cos x \cdot \cos x - (-\sin x)\sin x = 1$

$m(x) = \begin{vmatrix} 0 & y_2(x) \\ r(x) & y_2'(x) \end{vmatrix} = -y_2(x)r(x)$

$$u(x) = -\int \frac{y_2(x) \cdot r(x)}{w} dx = -\int \sin x \cdot \tan x \, dx$$

$$= -\int \frac{\sin^2 x}{\cos x} dx = \int \frac{\cos^2 x - 1}{\cos x} dx \quad （分子分成二項）$$

$$= \int (\cos x - \sec x) dx = \sin x - \ln|\sec x + \tan x|$$

$$n(x) = \begin{vmatrix} y_1(x) & 0 \\ y_1'(x) & r(x) \end{vmatrix} = y_1(x) r(x)$$

$$v(x) = \int \frac{y_1(x) r(x)}{w} dx = \int \cos x \tan x \, dx = \int \sin x \, dx$$

$$= -\cos x$$

所以 $y_p = u(x) y_1(x) + v(x) y_2(x)$

$$= (\sin x - \ln|\sec x + \tan x|) \cdot \cos x - \sin x \cdot \cos x$$

$$= -\cos x \cdot \ln|\sec x + \tan x|$$

(3) $y_c = y_h + y_p = c_1 \cos x + c_2 \sin x - \cos x \cdot \ln|\sec x + \tan x|$

例 3 求 $2y'' - y' - y = 1$ 之解

解 (1) 求 $2y'' - y' - y = 0$ 之解 $\Rightarrow y_h = c_1 e^{\frac{-x}{2}} + c_2 e^x$

(2) 因此用法的 y'' 前的係數要為 1，即 $y'' - \frac{1}{2}y' - \frac{1}{2}y = \frac{1}{2}$，所以
本題的 $r(x)$ 要代 $\frac{1}{2}$

(3) 令 $y_1(x) = e^{\frac{-x}{2}}$，$y_2(x) = e^x$，
設 $y_p = u(x) \cdot y_1(x) + v(x) y_2(x)$

則 $w = \begin{vmatrix} y_1(x) & y_2(x) \\ y_1'(x) & y_2'(x) \end{vmatrix} = y_1(x) \cdot y_2'(x) - y_1'(x) y_2(x)$

$$= e^{\frac{-x}{2}} \cdot e^x + \frac{1}{2} e^{\frac{-x}{2}} \cdot e^x$$

$$= \frac{3}{2} e^{\frac{x}{2}}$$

$$m(x) = \begin{vmatrix} 0 & y_2(x) \\ r(x) & y_2'(x) \end{vmatrix} = -y_2(x)r(x)$$

$$u(x) = -\int \frac{y_2(x) \cdot r(x)}{w} dx = -\int \frac{e^x \cdot \dfrac{1}{2}}{\dfrac{3}{2}e^{\frac{x}{2}}} dx = \frac{-1}{3}\int e^{\frac{x}{2}} dx$$

$$= \frac{-2}{3}e^{\frac{x}{2}}$$

（註：$r(x) = \dfrac{1}{2}$，非 1）

$$n(x) = \begin{vmatrix} y_1(x) & 0 \\ y_1'(x) & r(x) \end{vmatrix} = y_1(x)r(x)$$

$$v(x) = \int \frac{y_1(x) \cdot r(x)}{w} dx = \int \frac{e^{\frac{-x}{2}} \cdot \dfrac{1}{2}}{\dfrac{3}{2}e^{\frac{x}{2}}} dx = \frac{1}{3}\int e^{-x} dx = \frac{-1}{3}e^{-x}$$

所以 $y_p = u(x)\,y_1(x) + v(x)\,y_2(x)$

$$= \frac{-2}{3}e^{\frac{x}{2}} \cdot e^{\frac{-x}{2}} + \frac{-1}{3}e^{-x} \cdot e^x = \frac{-2}{3} + \frac{-1}{3} = -1$$

(3) $y_c = y_h + y_p = c_1 e^{\frac{-x}{2}} + c_2 e^x - 1$

（註：此方法求出來的 y_p 和第二式所求出來的 y_p 相同）

3.5 含初值的二階常係數微分方程式

・第五式：含初值的二階常係數微分方程式

■最完整的二階常係數微分方程式為

$y'' + ay' + by = r(x)$，且 $y(0) = p$, $y'(0) = q$，

其中 $y(0) = p$, $y'(0) = q$ 稱為初值。

■其作法為：

(1) 先求出 $y'' + ay' + by = 0$ 的齊次解 y_h，令 $y_h = c_1 y_1(x) + c_2 y_2(x)$

(2) 再求出 $y'' + ay' + by = r(x)$ 的特殊解，令其為 y_p

(3) 則 $y'' + ay' + by = r(x)$ 的完全解為 $y_c = y_h + y_p$

(4) 再以初值 $y(0) = p$, $y'(0) = q$ 代入 y_c，可求出 c_1 和 c_2 值

例 1 解 $y'' - 2y' = e^x$，其中 $y(0) = -1, y(1) = 0$

解 (1) 先解 $y'' - 2y' = 0 \Rightarrow \lambda^2 - 2\lambda = 0 \Rightarrow \lambda = 0, 2$

$\Rightarrow y_h = c_1 e^{0 \cdot x} + c_2 e^{2x} = c_1 + c_2 e^{2x}$

(2) 找出 $y'' - 2y' = e^x$ 的 y_p，

令 $y_p = ke^x$，

則 $y_p' = ke^x$，$y_p'' = ke^x$，

所以 $y_p'' - 2y_p' = e^x$

$\Rightarrow ke^x - 2ke^x = e^x \Rightarrow k = -1 \Rightarrow y_p = -e^x$

(3) $y_c = y_h + y_p = c_1 + c_2 e^{2x} - e^x$

(4) 因 $y(0) = -1 \Rightarrow x = 0, y = -1$ 代入 (3) 式

$\Rightarrow -1 = c_1 + c_2 \cdot e^0 - e^0 \Rightarrow c_1 + c_2 = 0 \cdots$(a)

$y(1) = 0 \Rightarrow x = 1$ 時，y = 0 代入 (3) 式

$\Rightarrow 0 = c_1 + c_2 \cdot e^2 - e^1 \Rightarrow c_1 + e^2 c_2 = e \cdots$(b)

由 (a)(b) 解得 $c_1 = \dfrac{-e}{e^2 - 1}$，$c_2 = \dfrac{e}{e^2 - 1}$，

(5) 所以 $y_c = c_1 + c_2 e^{2x} - e^x = \dfrac{-e}{e^2 - 1} + \dfrac{e}{e^2 - 1} \cdot e^{2x} - e^x$

例 2 解 $y'' + 2y' + 2y = 5\cos x$，其中 $y(0) = 0$，$y(\dfrac{\pi}{2}) = 0$

解 (1) 先解 $y'' + 2y' + 2y = 0 \Rightarrow \lambda^2 + 2\lambda + 2 = 0 \Rightarrow \lambda = -1 \pm i$

$\Rightarrow y_h = e^{-x}(c_1 \cos x + c_2 \sin x)$

(2) 找出 $y''_p + 2y'_p + 2y_p = 5\cos x$ 的 y_p，

令 $y_p = a \sin x + b \cos x$，

則 $y'_p = a \cos x - b \sin x$，$y''_p = -a \sin x - b \cos x$

$y''_p + 2y'_p + 2y_p = 5 \cos x$

$\Rightarrow (-a \sin x - b \cos x) + 2(a \cos x - b \sin x)$

$\quad + 2(a \sin x + b \cos x) = 5\cos x$

(i) 比較 $\sin x$ 係數 $\Rightarrow -a - 2b + 2a = 0 \Rightarrow a = 2b$

(ii) 比較 $\cos x$ 係數 $\Rightarrow -b + 2a + 2b = 5 \Rightarrow 2a + b = 5$

解聯立方程式 $\Rightarrow a = 2, b = 1$

$y_p = 2\sin x + \cos x$

(3) $y_c = y_h + y_p = e^{-x}(c_1 \cos x + c_2 \sin x) + 2\sin x + \cos x$

(4) (i) $y(0) = 0 \Rightarrow x = 0, y = 0$ 代入 (3) 式

$\Rightarrow 0 = e^{-0}(c_1 \cos 0 + c_2 \sin 0) + 2 \sin 0 + \cos 0$

$\Rightarrow 0 = c_1 + 1 \Rightarrow c_1 = -1$

(ii) $y(\dfrac{\pi}{2}) = 0 \Rightarrow x = \dfrac{\pi}{2}, y = 0$ 代入 (3) 式

$\Rightarrow 0 = e^{\frac{-\pi}{2}}[c_1 \cos(\dfrac{\pi}{2}) + c_2 \sin(\dfrac{\pi}{2})] + 2\sin(\dfrac{\pi}{2}) + \cos(\dfrac{\pi}{2})$

$\Rightarrow 0 = c_2 e^{\frac{-\pi}{2}} + 2 \Rightarrow c_2 = -2e^{\frac{\pi}{2}}$

(5) $y_c = y_h + y_p = e^{-x}\left(-\cos x - 2e^{\frac{\pi}{2}} \sin x\right) + 2\sin x + \cos x$

3.6 高階微分方程式

• 第六式：高階微分方程式

■可以將「第二式」的二階常係數非齊次微分方程式，推廣到 n 階微分方程式，即

$$y^{(n)} + a_{n-1} y^{(n-1)} + a_{n-2} y^{(n-2)} + \cdots\cdots + a_1 y' + a_0 y = r(x) ，$$

其求 y_h 作法也是用 λ 代入，即：$y^{(n)}$ 用 λ^n 代入、$y^{(n-1)}$ 用 λ^{n-1} 代入、…、y' 用 λ 代入、y 用 1 代入。

■其作法為：

(1) 先求出齊次解 y_h

　　即 $\lambda^n + a_{n-1} \lambda^{n-1} + a_{n-2} \lambda^{n-2} + \cdots\cdots + a_1 \lambda + a_0 = 0$ ，

　　(a)若解得的 λ 是 $\lambda_1, \lambda_2, \cdots\cdots, \lambda_n$ 相異根，則其解為：

$$y_h = c_1 e^{\lambda_1 x} + c_2 e^{\lambda_2 x} + \cdots + c_n e^{\lambda_n x} ；$$

　　(b)若解得的 λ 有 $\lambda_1, \lambda_1, \lambda_1, \lambda_1$ 四重根，則其解為：

$$y_h = (c_1 + c_2 x + c_3 x^2 + c_4 x^3) e^{\lambda_1 x} ；$$

　　(c)若解得的 λ 有 $a \pm bi, c \pm di$ 雙共軛複數，則其解為：

$$y_h = e^{ax}(c_1 \cos bx + c_2 \sin bx) + e^{cx}(c_3 \cos dx + c_4 \sin dx)$$

　　(d)其他情況，依此類推。

(2) 再找出滿足 $y^{(n)} + a_{n-1} \cdot y^{(n-1)} + \cdots + a_1 y' + a_0 y = r(x)$

　　的特殊解，令為 y_p 。

(3) 此微分方程式的完全解為：$y_c = y_h + y_p$ 。

■例如：

(1) 若解出的 λ 值是 1, 2, 3, 4 ，

　　則 $y_h = c_1 e^x + c_2 e^{2x} + c_3 e^{3x} + c_4 e^{4x}$ ；

(2) 若解出的 λ 值是 1, 2, 2, 2, 2 ，

　　則 $y_h = c_1 e^x + (c_2 + c_3 x + c_4 x^2 + c_5 x^3) e^{2x}$ ；

(3) 若解出的 λ 值是 $1, 2 \pm 3i, 4 \pm 5i$ ，

　　則 $y_h = c_1 e^x + e^{2x}(c_2 \cos 3x + c_3 \sin 3x) + e^{4x}(c_4 \cos 5x + c_5 \sin 5x)$

> (4) 若解出的 λ 值是 1，則 $y_h = c_1 e^x$。
>
> ■ 和二階的作法相同，若要求 y_p，可使用第二式的方法來求，若「踩到狗屎」，可用第三式的方法來解決。

例 1 解 $y''' - 3y'' - y' + 3y = 0$

[解] $\lambda^3 - 3\lambda^2 - \lambda + 3 = 0 \Rightarrow (\lambda + 1)(\lambda - 1)(\lambda - 3) = 0$
$$\Rightarrow \lambda = -1, 1, 3$$

所以 $y_h = c_1 e^{-x} + c_2 e^x + c_3 e^{3x}$

例 2 解 $y''' - 3y'' + 4y = 0$

[解] $\lambda^3 - 3\lambda^2 + 4 = 0 \Rightarrow (\lambda + 1)(\lambda - 2)^2 = 0 \Rightarrow \lambda = -1, 2, 2$

因有重根，所以解 $y_h = c_1 e^{-x} + (c_2 + c_3 x)e^{2x}$

例 3 解 $y''' - y = 0$

[解] $\lambda^3 - 1 = 0 \Rightarrow (\lambda - 1)(\lambda^2 + \lambda + 1) = 0$

$$\Rightarrow (\lambda - 1)(\lambda - \frac{-1 \pm \sqrt{3}\,i}{2}) \Rightarrow \lambda = 1,\ \lambda = -\frac{1}{2} \pm \frac{\sqrt{3}}{2}i$$

因有共軛複根，所以解為

$$y_h = c_1 e^x + e^{\frac{-1}{2}x}\left[c_2 \cos(\frac{\sqrt{3}x}{2}) + c_3 \sin(\frac{\sqrt{3}}{2}x) \right]$$

例 4 解 $y''' - 4y'' + 3y' = x^2$

[解] (1) 先解 $y''' - 4y'' + 3y' = 0 \Rightarrow \lambda^3 - 4\lambda^2 + 3\lambda = 0$
$$\Rightarrow \lambda(\lambda - 1)(\lambda - 3) = 0$$
$$\Rightarrow \lambda = 0 \text{ 或 } \lambda = 1 \text{ 或 } \lambda = 3$$
$$\Rightarrow y_h = c_1 + c_2 e^x + c_3 e^{3x}$$

(2) 找出 $y''' - 4y'' + 3y' = x^2$ 的 y_p，
令 $y_p = ax^2 + bx + c$，因 y_h 有 c_1（踩到狗屎）
改令 $y_p = x(ax^2 + bx + c) = ax^3 + bx^2 + cx$

則 $y'_p = 3ax^2 + 2bx + c$，$y''_p = 6ax + 2b$，$y'''_p = 6a$

(3) 代入 $y'''_p - 4y''_p + 3y'_p = x^2$

$\Rightarrow 6a - 4(6ax + 2b) + 3(3ax^2 + 2bx + c) = x^2$

$\Rightarrow (6a - 8b + 3c) + (-24a + 6b)x + 9ax^2 = x^2$

(i) 比較 x^2 係數 $\Rightarrow 9a = 1 \Rightarrow a = \dfrac{1}{9}$

(ii) 比較 x 係數 $\Rightarrow -24a + 6b = 0 \Rightarrow b = \dfrac{4}{9}$

(iii) 比較 x^0 係數 $\Rightarrow 6a - 8b + 3c = 0 \Rightarrow c = \dfrac{26}{27}$

$$y_p = \frac{1}{9}x^3 + \frac{4}{9}x^2 + \frac{26}{27}x$$

(4) $y_c = y_h + y_p = c_1 + c_2 e^x + c_3 e^{3x} + \dfrac{1}{9}x^3 + \dfrac{4}{9}x^2 + \dfrac{26}{27}x$

3.7　常係數線性微分方程組

• 第八式：常係數線性微分方程組

■ 微分方程組是含有二個（或以上）有互相關連的微分方程式，例如：

（底下 $y_1 = y_1(x)$，$y_2 = y_2(x)$）

$$\begin{cases} a_{11}y'_1 + a_{12}y'_2 + a_{13}y_1 + a_{14}y_2 = r_1(x)\cdots(a) \\ a_{21}y'_1 + a_{22}y'_2 + a_{23}y_1 + a_{24}y_2 = r_2(x)\cdots(b) \end{cases}$$

其中：若 a_{11}、a_{12}、a_{13}、a_{14}、a_{21}、a_{22}、a_{23}、a_{24} 均為常數，則此微分方程組就稱為常係數微分方程組。

■ 常係數微分方程組的解法可用「解聯立方程式」的方法解之，其作法如下：

(1) 用消去法將 (a) 式或 (b) 式的 y'_1 或 y'_2 其中一個消去（假設消去 (a) 式的 y'_2），可得到沒有 y'_2 的微分方程式，

令為 $b_1 y'_1 + b_2 y_1 + b_3 y_2 = r_3(x)\cdots(c)$；

(2) 因 (c) 式已無 y'_2，由 (c) 式可將 y_2 隔離出來

$$\Rightarrow y_2 = \frac{1}{b_3}[r_3(x) - b_1 y'_1 - b_2 y_1]\cdots(d)；$$

(3) 再將 (d) 式代入 (a) 式或 (b) 式，可得到只有 y_1 的微分方程式；

(4) 利用第二式求 y_1 的微分方程式，解出 y_1 的完全解；

(5) 再將 y_1 的完全解代入 (d) 式，可解出 y_2 的完全解。

■ 註：求出 y_1 後要再求 y_2 時，不可以再用消去法消去 y'_1 重新做過，而是要將 y_1 代回第 (d) 式，求出 y_2。

例 1　解 $\begin{cases} y'_1 = 6y_1 - 7y_2\cdots(a) \\ y'_2 = y_1 - 2y_2\cdots(b) \end{cases}$

解 (1) 因 (a) 式沒有 y'_2、(b) 式沒有 y'_1，

此題可以從 (a) 式隔離出 y_2 或由 (b) 式隔離出 y_1

(2) 由 (b) 式 $\Rightarrow y_1 = y'_2 + 2y_2$，

兩邊微分 $\Rightarrow y'_1 = y''_2 + 2y'_2$（代入 (a) 式）

$$\Rightarrow y_2'' + 2y_2' = 6[y_2' + 2y_2] - 7y_2$$

$$\Rightarrow y_2'' - 4y_2' - 5y_2 = 0$$

解 $\lambda^2 - 4\lambda - 5 = 0$ 得 $\lambda = -1, 5$，

所以 $y_2 = c_1 e^{-x} + c_2 e^{5x}$

(3) 由 (b) 式 $y_2' = y_1 - 2y_2 \Rightarrow y_1 = 2y_2 + y_2' \cdots$ (c)

(4) 而 $y_2 = c_1 e^{-x} + c_2 e^{5x}$，$y_2' = -c_1 e^{-x} + 5c_2 e^{5x}$ 代入 (c) 式

所以 $y_1 = 2[c_1 e^{-x} + c_2 e^{5x}] + [-c_1 e^{-x} + 5c_2 e^{5x}]$

$$= c_1 e^{-x} + 7c_2 e^{5x}$$

(5) 最後結果為

$$\begin{cases} y_1 = c_1 e^{-x} + 7c_2 e^{5x} \\ y_2 = c_1 e^{-x} + c_2 e^{5x} \end{cases}$$

註：不可以重新解聯立的方程組，來求出 y_1

例 2 已知 $x(t), y(t)$ 滿足 $\begin{bmatrix} x' + 2x + y' + 6y = 2e^t & \cdots \text{(a)} \\ 2x' + 3x + 3y' + 8y = -1 & \cdots \text{(b)} \end{bmatrix}$，

求 $x(t), y(t)$

解 因此題 (a) 式和 (b) 式均有 x' 和 y'，必須用消去法先消去 x' 或 y'（底下消去 x'）

(1) 由 (a)(b) 消去 x'，

即 (a)×2 − (b) $\Rightarrow x - y' + 4y = 4e^t + 1$（隔離 x）

$\Rightarrow x = y' - 4y + 4e^t + 1 \cdots$ (c)

(c) 式二邊微分 $\Rightarrow x' = y'' - 4y' + 4e^t \cdots$ (d)

(2) 將 (c)(d) 二式代入 (a) 式，得到 y 的微分方程式

$\Rightarrow (y'' - 4y' + 4e^t) + 2(y' - 4y + 4e^t + 1) + y' + 6y = 2e^t$

$\Rightarrow y'' - y' - 2y = -10e^t - 2$

(3) 解 $y'' - y' - 2y = -10e^t - 2 \cdots$ (e)

先解 $y'' - y' - 2y = 0 \Rightarrow \lambda^2 - \lambda - 2 = 0 \Rightarrow \lambda = -1, 2$

$$\Rightarrow y_h = c_1 e^{-t} + c_2 e^{2t}$$

令 $y_p = c_3 e^t + c_4$ 代入 (e) 式後比較係數，

得 $c_3 = 5$，$c_4 = 1$

$\Rightarrow y_p = 5e^t + 1$

所以 $y = y_h + y_p = c_1 e^{-t} + c_2 e^{2t} + 5e^t + 1$

(二邊對 t 微分) $\Rightarrow y' = -c_1 e^{-t} + 2c_2 e^{2t} + 5e^t$

(4) (將 y 和 y' 代回原方程式求出 x)

由 (c) $\Rightarrow x = y' - 4y + 4e^t + 1$

$$= \left[-c_1 e^{-t} + 2c_2 e^{2t} + 5e^t \right]$$

$$- 4\left[c_1 e^{-t} + c_2 e^{2t} + 5e^t + 1 \right] + 4e^t + 1$$

所以 $x = -5c_1 e^{-t} - 2c_2 e^{2t} - 11e^t - 3$

(5) 最後結果 $\begin{cases} x = -5c_1 e^{-t} - 2c_2 e^{2t} - 11e^t - 3 , \\ y = c_1 e^{-t} + c_2 e^{2t} + 5e^t + 1 \end{cases}$

3.8 電路學的應用

• 第九式：電路學的應用

■電子元件上的電壓（v）與電流（i）間的關係如下：

(1) 電阻器（R）：$v = i \cdot R$，或 $i = \dfrac{v}{R}$；

(2) 電容器（C）：$i = C\dfrac{dv}{dt}$，或 $v = \dfrac{1}{C}\int i\,dt$

　　電容器上的初值以電壓表示，即 $v_c(0)$；

(3) 電感器（L）：$v = L\dfrac{di}{dt}$，或 $i = \dfrac{1}{L}\int v\,dt$

　　電感器上的初值以電流表示，即 $i_L(0)$

■解電路的步驟通常為：

(1) (a)電流源（I_0）或並聯電路通常用克西荷夫電流定律（KCL）來列式

　　(b)電壓源（V_0）或串聯迴路通常用克西荷夫電壓定律（KVL）來列式

　　(c)例：解RLC串聯迴路之迴路電流（電源通常是電壓源（V_0））用 KVL 來列方程式，即 $v_R + v_L + v_C = V_0$

(2) (a)若以KCL列式，則將電流改成電壓（因其元件的電壓均相同）

　　(b)若以KVL列式，則將電壓改成電流（因其元件的電流均相同）

　　(c)上例（1(c)）中，將 $v_R + v_L + v_C = V_0$ 的 v_R，v_L 和 v_C，改成「電流」，因其電流均相同。

　　即 $v_R + v_L + v_C = V_0 \Rightarrow iR + L\dfrac{di}{dt} + \dfrac{1}{C}\int i\,dt = V_0$

(3) (a)若第 (2) 步驟列出的方程式有積分符號，則二邊微分

　　(b)上例中，二邊微分 $\Rightarrow R\dfrac{di}{dt} + L\dfrac{d^2i}{dt^2} + \dfrac{i}{C} = V_0'$

(4) 由 $L\dfrac{d^2i}{dt^2} + R\dfrac{di}{dt} + \dfrac{i}{C} = 0$，算出 i_h，令 $i_h = c_1i_1 + c_2i_2$

(5) 由 $L\dfrac{d^2i}{dt^2} + R\dfrac{di}{dt} + \dfrac{i}{C} = V_0'$，算出 i_p

(6) $i_c = i_h + i_p = c_1i_1 + c_2i_2 + i_p$

(7) 代入初值，求出 c_1 和 c_2：

例：若第 (6) 步驟求出來的是電流 i_c

(a) 且初值是電流 $i_L(0)$，則直接將 $i_L(0)$ 代入 i_c 內可解出 c_1 和 c_2；

(b) 但若初值是電壓 $v_C(0)$（電壓電流不相同，此情況發生在有做步驟 (3) 時），則由 (2) 式

$$v_R(t) + v_L(t) + v_C(t) = V_0 \quad ,$$

$$\Rightarrow i(t)R + L\dfrac{di(t)}{dt} + v_C(t) = V_0$$

（積分項要保留原來的 $v_C(t)$）

將 $t = 0$ 和 $v_C(0)$ 代入，可解出新的初值 $\dfrac{di(0)}{dt}$，

再代入 $i_c = i_h + i_p = c_1i_1 + c_2i_2 + i_p$ 內，可解出 c_1 和 c_2。

(8) 求出來的 i_h 是暫態電流，i_p 是穩態電流

例 1　求電壓源（$V_0 = \sin(t)$）與 $R = 1\Omega$ 和 $L = 1H$ 串聯的迴路電流，其中 $i_L(0) = 0$

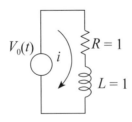

解　(1) 由 KVL 知，$v_R + v_L = V_0$

(2)（改以「電流」列出方程式）

$$\Rightarrow iR + L\frac{di}{dt} = \sin(t) \ (R = 1, L = 1 \ 代入)$$

（串聯迴路的電流相同）

$$\Rightarrow i' + i = \sin(t)$$

(3) 先求 i_h，即 $i' + i = 0 \Rightarrow \lambda + 1 = 0 \Rightarrow \lambda = -1$

$$\Rightarrow i_h = c_1 e^{-t}$$

(4) 再求 i_p，令 $i_p = a\sin(t) + b\cos(t)$

$$\Rightarrow i'_p = a\cos(t) - b\sin(t)$$

$$\Rightarrow i'_p + i_p = \sin(t)$$

$$\Rightarrow [a\cos(t) - b\sin(t)] + [a\sin(t) + b\cos(t)] = \sin(t)$$

比較 $\sin x, \cos x$ 係數 $\Rightarrow$

$a - b = 1$ 且 $a + b = 0$

$$\Rightarrow a = 0.5, \ b = -0.5$$

$$\Rightarrow i_p = 0.5\sin(t) - 0.5\cos(t)$$

(5) $i = i_h + i_p = c_1 e^{-t} + 0.5\sin(t) - 0.5\cos(t)$

(6) 代入初值 $i_L(0) = 0$（因串聯，i_L 值等於 i 值）

$$\Rightarrow 0 = c_1 e^{-0} + 0.5 \times 0 - 0.5 \times 1$$

$$\Rightarrow c_1 = 0.5$$

(7) 所以 $i = i_h + i_p = 0.5e^{-t} + 0.5\sin(t) - 0.5\cos(t)$

註：i_h 是暫態電流，i_p 是穩態電流

例 2 求電流源（$I_0 = t$）與 $R = 1\Omega$ 和 $L = 1H$ 並聯的並聯電壓，其中 $i_L(0) = 0$

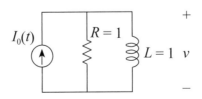

解 (1) 由 KCL 知，$i_R + i_L = I_0$

(2)（改以「電壓」列出方程式）

$$\Rightarrow \frac{v}{R} + \frac{1}{L}\int vdt = t \quad (R = 1 \, , \, L = 1 \text{ 代入})$$

（並聯電路的電壓相同）

$$\Rightarrow v + \int vdt = t$$

(3)（若微分方程式中有積分項，要二邊微分）

$$\Rightarrow v' + v = 1$$

(4) 先求 v_h ，

即 $v' + v = 0 \Rightarrow \lambda + 1 = 0 \Rightarrow \lambda = -1$

$$\Rightarrow v_h = c_1 e^{-t}$$

(5) 再求 v_p ，令 $v_p = a \Rightarrow v'_p = 0$

$$\Rightarrow v'_p + v_p = 1 \Rightarrow 0 + a = 1 \Rightarrow a = 1$$

$$\Rightarrow v_p = 1$$

(6) $v = v_h + v_p = c_1 e^{-t} + 1$

(7) 代入初值 $i_L(0) = 0$ 求出 c_1 ，

因已知 $i_L(0)$ ，但第 (6) 項求出的是 v ，

所以由 (2) 式 $i_R + i_L = I_0 \Rightarrow \frac{v(t)}{R} + i_L(t) = I_0 (= t)$

（積分項要保留原來的 $i_L(t)$ ）

$t = 0$ 代入 $\Rightarrow \frac{v(0)}{R} + i_L(0) = 0 \Rightarrow v(0) + 0 = 0$

$\Rightarrow v(0) = 0$ （代入 (6) 式）

$v\big|_{t=0} = v_h\big|_{t=0} + v_p \Rightarrow 0 = c_1 e^{-0} + 1 \Rightarrow c_1 = -1$

(8) 所以 $v = v_h + v_p = -e^{-t} + 1$

註：v_h 是暫態電壓，v_p 是穩態電壓

例 3 求 $R = 1\Omega$ 、$L = 1H$ 和 $C = 1F$ 串聯的迴路電流（沒有電源），其中 $i_L(0) = 0$ 且 $v_C(0) = 1$

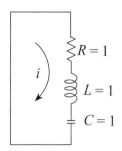

解 (1) 由 KVL 知，$v_R + v_L + v_C = 0$（串聯迴路的電流相同）

(2)（改以「電流」列出方程式）

$$\Rightarrow iR + L\frac{di}{dt} + \frac{1}{C}\int i\,dt = 0 \cdots\cdots(m)$$

（二邊微分）$\Rightarrow Ri' + Li'' + \frac{i}{C} = 0$

（$R = 1$，$L = 1$，$C = 1$ 代入）$\Rightarrow i'' + i' + i = 0$

(3) 先求 i_h，即

$$i'' + i' + i = 0 \Rightarrow \lambda^2 + \lambda + 1 = 0 \Rightarrow \lambda = \frac{-1 \pm \sqrt{3}i}{2}$$

$$i_h = e^{\frac{-1}{2}t}[c_1 \cos(\frac{\sqrt{3}t}{2}) + c_2 \sin(\frac{\sqrt{3}t}{2})]$$

(4) $i_p = 0$

(5) $i(t) = i_h = e^{\frac{-1}{2}t}[c_1 \cos(\frac{\sqrt{3}t}{2}) + c_2 \sin(\frac{\sqrt{3}t}{2})]$

(6) 代入初值 $i_L(0) = 0$、$v_C(0) = 0$：

   (a) $i_L(0) = 0 \Rightarrow 0 = e^0[c_1 \cos(0) + c_2 \sin(0)] \Rightarrow c_1 = 0$

      代入 (5) 式 $\Rightarrow i(t) = c_2 e^{\frac{-1}{2}t} \sin(\frac{\sqrt{3}t}{2})$

   (b) 因已知 $v_C(0) = 1$，但第 (5) 項求出的是 i，所以由 (m)

      $iR + L\frac{di}{dt} + v_c(t) = 0(t = 0$代入$)$

      $\Rightarrow i(0) \cdot 1 + 1 \cdot \frac{di(0)}{dt} + 1 = 0$（因串聯，$i(0) = i_L(0)$）

$$\Rightarrow \frac{di(0)}{dt} = -1 \text{（新的初值）}$$

(c) 由 (a) 式 $i = c_2 e^{\frac{-1}{2}t} \sin(\frac{\sqrt{3}t}{2})$

$$\Rightarrow \frac{di}{dt} = \frac{-1}{2} c_2 e^{\frac{-1}{2}t} \sin(\frac{\sqrt{3}t}{2}) + \frac{\sqrt{3}}{2} c_2 e^{\frac{-1}{2}t} \cos(\frac{\sqrt{3}t}{2})$$

(d) $t = 0$ 代入 $\Rightarrow \dfrac{di(0)}{dt} = \dfrac{\sqrt{3}}{2} c_2 e^0 \cos(0) \Rightarrow -1 = \dfrac{\sqrt{3}}{2} c_2$

$$\Rightarrow c_2 = \frac{-2}{\sqrt{3}}$$

(7) 代入 (a) 式 $\Rightarrow i = \dfrac{-2}{\sqrt{3}} e^{\frac{-1}{2}t} \sin(\dfrac{\sqrt{3}t}{2})$

註：此題沒有電源，所以 $i_p = 0$

例 4　求電流源（$I_0 = \sin(t)$）與 $R = 1\Omega$、$L = 1H$ 和 $C = 1F$ 並聯的並聯電壓，其中 $i_L(0) = 0$ 且 $v_C(0) = 0$

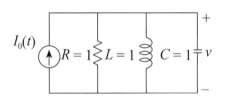

解　(1) 由 KCL 知，$i_R + i_L + i_C = I_0$（並聯電路的電壓相同）

(2)（改以「電壓」列出方程式）

$$\Rightarrow \frac{v}{R} + \frac{1}{L}\int v\,dt + C\frac{dv}{dt} = \sin(t) \cdots\cdots \text{(m)}$$

（二邊微分）$\Rightarrow \dfrac{v'}{R} + \dfrac{v}{L} + Cv'' = \cos(t)$

（$R = 1$，$L = 1$，$C = 1$ 代入）$\Rightarrow v'' + v' + v = \cos(t)$

(3) 先求 v_h，即 $v'' + v' + v = 0 \Rightarrow \lambda^2 + \lambda + 1 = 0$

$$\Rightarrow \lambda = \frac{-1 \pm \sqrt{3}i}{2}$$

$$v_h = e^{\frac{-1}{2}t}[c_1 \cos(\frac{\sqrt{3}t}{2}) + c_2 \sin(\frac{\sqrt{3}t}{2})]$$

(4) 再求 v_p，令 $v_p = a\sin(t) + b\cos(t)$

$$\Rightarrow v'_p = a\cos(t) - b\sin(t)$$

$$v''_p = -a\sin(t) - b\cos(t)$$

$$\Rightarrow v''_p + v'_p + v_p = \cos(t)$$

$$\Rightarrow [-a\sin(t) - b\cos(t)] + [a\cos(t) - b\sin(t)]$$

$$+ [a\sin(t) + b\cos(t)] = \cos(t)$$

（比較 $\sin x, \cos x$ 係數）$\Rightarrow a = 1, \ b = 0$

$$\Rightarrow v_p = \sin(t)$$

(5) $v(t) = v_h + v_p = e^{\frac{-1}{2}t}[c_1 \cos(\frac{\sqrt{3}t}{2}) + c_2 \sin(\frac{\sqrt{3}t}{2})] + \sin(t)$

(6) 代入初值：

(a) $v_C(0) = 0 \Rightarrow 0 = e^0[c_1 \cos(0) + c_2 \sin(0)] + \sin(0)$

$$\Rightarrow c_1 = 0$$

代入 (5) 式 $\Rightarrow v(t) = c_2 e^{\frac{-1}{2}t} \sin(\frac{\sqrt{3}t}{2}) + \sin(t)$

(b) 因已知 $i_L(0) = 0$，但第 (3) 式求出的是 v，所以由 (m)

$$\frac{v}{R} + i_L(t) + C\frac{dv}{dt} = \sin(t) \ (t = 0 \ 代入)$$

$$\Rightarrow \frac{v(0)}{1} + 0 + 1 \cdot \frac{dv(0)}{dt} = \sin 0 = 0$$

（因並聯，$v(0) = v_c(0)$）$\Rightarrow \frac{dv(0)}{dt} = 0$

(c) 由 (a) $\Rightarrow v = c_2 e^{\frac{-1}{2}t} \sin(\frac{\sqrt{3}t}{2}) + \sin(t)$

$$\Rightarrow \frac{dv}{dt} = \frac{-1}{2}c_2 e^{\frac{-1}{2}t} \sin(\frac{\sqrt{3}t}{2}) + \frac{\sqrt{3}}{2}c_2 e^{\frac{-1}{2}t} \cos(\frac{\sqrt{3}t}{2}) + \cos(t)$$

(d) $t = 0$ 代入

$$\Rightarrow \frac{dv(0)}{dt} = 0 + \frac{\sqrt{3}}{2}c_2 e^0 \cos(0) + \cos(0)$$

$$\Rightarrow 0 = \frac{\sqrt{3}}{2}c_2 + 1$$

$$\Rightarrow c_2 = \frac{-2}{\sqrt{3}}$$

(7) 代入 (a) 式 $\Rightarrow v = \frac{-2}{\sqrt{3}}e^{\frac{-1}{2}t}\sin(\frac{\sqrt{3}t}{2}) + \sin(t)$

練習題

第一式：二階常係數微分方程式的齊次解

1. $y'' + 4y' + 3y = 0$，

   答 $y_h = c_1 e^{-3x} + c_2 e^{-x}$

2. $y'' + 4y' + 4y = 0$，

   答 $y_h = (c_1 + c_2 x)e^{-2x}$

3. $y'' + 2y' + 5y = 0$，

   答 $y_h = e^{-x}(c_1 \cos 2x + c_2 \sin 2x)$

4. $y'' + y' - 2y = 0$，

   答 $y_h = c_1 e^{-2x} + c_2 e^{x}$

5. $y'' - 2y' + 10y = 0$，

   答 $y_h = e^{x}(c_1 \cos 3x + c_2 \sin 3x)$

6. $4y'' + y = 0$，

   答 $y_h = c_1 \cos \frac{1}{2}x + c_2 \sin \frac{1}{2}x$

7. $25y'' + 2y = 0$，

   答 $y_h = c_1 \cos \frac{\sqrt{2}}{5}x + c_2 \sin \frac{\sqrt{2}}{5}x$

8. $y'' - 10y' + 25y = 0$，

   答 $y_h = (c_1 + c_2 x)e^{5x}$

9. $y'' - 8y' + 4y = 0$，

   答 $y_h = c_1 e^{(4+2\sqrt{3})x} + c_2 e^{(4-2\sqrt{3})x}$

第二式：二階常係數非齊次線性方程式

10. $y'' - 3y' + 2y = e^{5x}$，

    答　$y = c_1 e^x + c_2 e^{2x} + \dfrac{1}{12} e^{5x}$

11. $y'' + 5y' + 4y = 3 - 2x$，

    答　$y = c_1 e^{-x} + c_2 e^{-4x} - \dfrac{1}{2} x + \dfrac{11}{8}$

12. $y'' + 9y = x \cos x$，

    答　$y = c_1 \cos 3x + c_2 \sin 3x + \dfrac{1}{8} x \cos x + \dfrac{1}{32} \sin x$

13. $y'' - 4y' + 3y = 1$，

    答　$y = c_1 e^x + c_2 e^{3x} + \dfrac{1}{3}$

14. $y'' + y' - 2y = 2(1 + x - x^2)$，

    答　$y = c_1 e^x + c_2 e^{-2x} + x^2$

15. $y'' - y = \sin^2 x$（註：$\sin^2 x = \dfrac{1}{2}(1 - \cos 2x)$），

    答　$y = c_1 e^x + c_2 e^{-x} - \dfrac{1}{2} + \dfrac{1}{10} \cos 2x$

16. $y'' + 9y = 18$，

    答　$y = c_1 \cos 3x + c_2 \sin 3x + 2$

17. $y'' + 9y = 27x^2$，

    答　$y = c_1 \cos 3x + c_2 \sin 3x - \dfrac{2}{3} + 3x^2$

18. $y'' - 4y' + 4y = 3e^{3x}$，

    答　$y = (c_1 + c_2 x)e^{2x} + 3e^{3x}$

19. $y'' + 4y = x - 4e^x$，

    答　$y = c_1 \cos 2x + c_2 \sin 2x + \dfrac{1}{4} x - \dfrac{4}{5} e^x$

20. $y'' - y' - 2y = 10\cos x$，

    答　$y = c_1 e^{2x} + c_2 e^{-x} - \sin x - 3\cos x$

21. $y'' - 9y = e^{2x} + \sin x$，

    答 $\quad y = c_1 e^{3x} + c_2 e^{-3x} - \dfrac{1}{5} e^{2x} - \dfrac{1}{10} \sin x$

22. $y'' + y = (x+4)e^x$，

    答 $\quad y = c_1 \cos x + c_2 \sin x + \dfrac{1}{2} x e^x + \dfrac{3}{2} e^x$

23. $y'' + y = x + \sin x$（踩到狗屎），

    答 $\quad$ 用本節的方法解不出來

第三式：二階常係數非齊次線性方程式的特例

24. $y'' - 3y' + 2y = e^x$，

    答 $\quad y = c_1 e^x + c_2 e^{2x} - x e^x$

25. $y'' - 4y' = 5$，

    答 $\quad y = c_1 + c_2 e^{4x} - \dfrac{5x}{4}$

26. $y'' - y = 4x e^x$，

    答 $\quad y = c_1 e^x + c_2 e^{-x} + e^x (x^2 - x)$

27. $y'' - 2y' + y = e^x + x$，

    答 $\quad y = (c_1 + c_2 x) e^x + \dfrac{1}{2} x^2 e^x + x + 2$

28. $y'' - 4y' + 4y = 2e^{2x} + \cos x$，

    答 $\quad y = (c_1 + c_2 x) e^{2x} + x^2 e^{2x} - \dfrac{4}{25} \sin x + \dfrac{3}{25} \cos x$

29. $y'' + 3y' + 2y = 2e^{-x}$，

    答 $\quad y = c_1 e^{-x} + c_2 e^{-2x} + 2x e^{-x}$

30. $y'' - 6y' + 9y'' = 3e^{3x}$，

    答 $\quad y = (c_1 + c_2 x) e^{3x} + \dfrac{3}{2} x^2 e^{3x}$

第四式：參數變換法

31. $y'' + y = \csc x$，

    答 $\quad y = c_1 \cos x + c_2 \sin x - x \cos x + \sin x \ln |\sin x|$

32. $y'' - 3y' + 2y = -\dfrac{e^{2x}}{e^x + 1}$,

   答 $y = c_1 e^x + c_2 e^{2x} + e^x \ln(e^x + 1) + e^{2x} \ln \dfrac{e^x + 1}{e^x}$

33. $y'' + 4y = \sec 2x$,

   答 $y = c_1 \cos 2x + c_2 \sin 2x + \dfrac{1}{4} \cos 2x \ln |\cos 2x| + \dfrac{1}{2} x \sin 2x$

34. $y'' - y = \dfrac{2}{e^x + 1}$,

   答 $y = c_1 e^x + c_2 e^{-x} + e^x[\ln(1 + \dfrac{1}{e^x}) - \dfrac{1}{e^x}] - e^{-x} \ln(e^x + 1)$

第五式：含初值的二階常係數微分方程式

35. $y'' - 2y' + y = 1$，其中 $y(0) = 0, y(1) = 0$，

   答 $y = (-1 + \dfrac{e - 1}{e} x)e^x + 1$

36. $y'' + y = 1$，其中 $y(0) = 0, y(\dfrac{\pi}{2}) = 2$，

   答 $y = -\cos x + \sin x + 1$

第六式：高階微分方程式

37. 若 4 階微分方程式算出來的 λ 值如下，則其 y_h 為何？

   (a) $\lambda = 1, 2, 3, 4$，(b) $\lambda = 2, 2, 3, 3$，(c) $\lambda = 1, 2, 3 \pm 4i$

   答 (a) $y_h = c_1 e^x + c_2 e^{2x} + c_3 e^{3x} + c_4 e^{4x}$，
   (b) $y_h = (c_1 + c_2 x)e^{2x} + (c_3 + c_4 x)e^{3x}$，
   (c) $y_h = c_1 e^x + c_2 e^{2x} + e^{3x}(c_3 \cos 4x + c_4 \sin 4x)$

38. $y''' + 3y'' - 4y = 0$，

   答 $y = c_1 e^x + c_2 e^{-2x} + c_3 x e^{-2x}$

39. $y''' - 5y'' + 8y' - 4y = 0$，

   答 $y = c_1 e^x + c_2 e^{2x} + c_3 x e^{2x}$

40. $y''' - 4y'' = 5$，

   答 $y = c_1 + c_2 x + c_3 e^{4x} - \dfrac{5x^2}{8}$

41. $y''' - 4y' = x$ ，

　　答　$y = c_1 + c_2 e^{2x} + c_3 e^{-2x} - \dfrac{x^2}{8}$

42. $y''' - 3y'' + 3y' - y = 0$ ，

　　答　$y = (c_1 + c_2 x + c_3 x^2) e^x$

第八式：常係數線性微分方程組

43. $\begin{cases} x' - x + y' = 2t + 1 \\ 2x' + x + 2y' = t \end{cases}$ ，

　　答　$\begin{cases} x = -t - 2/3 \\ y = t^2/2 + 4t/3 + c_1 \end{cases}$

44. $\begin{cases} x' + 2x + 3y = 0 \\ 3x + y' + 2y = 2e^{2t} \end{cases}$ ，

　　答　$\begin{cases} x = c_1 e^t + c_2 e^{-5t} - \dfrac{6}{7} e^{2t} \\ y = -c_1 e^t + c_2 e^{-5t} + \dfrac{8}{7} e^{2t} \end{cases}$

第九式：電路學的應用

45. 求電流源（$I_0 = \sin(t)$）與 $R = 1\Omega$ 和 $C = 1\text{F}$ 並聯電路的電壓，其中 $v_C(0) = 0$

　　答　$v(t) = 0.5 e^{-t} - 0.5\cos(t) + 0.5\sin(t)$

46. 求電壓源（$V_0 = t$）與 $R = 1\Omega$ 和 $C = 1\text{F}$ 串聯電路的電流，其中 $v_C(0) = 0$

　　答　$i(t) = 1 - e^{-t}$

47. 求 $R = 1\Omega$、$L = 1\text{H}$ 和 $C = 1\text{F}$ 並聯（沒有電源）電路的電壓，其中 $i_L(0) = 0$ 且 $v_C(0) = 1$

　　答　$v(t) = \left[\cos(\dfrac{\sqrt{3}}{2} t) - \dfrac{1}{\sqrt{3}} \sin(\dfrac{\sqrt{3}}{2} t) \right] \cdot e^{-\frac{1}{2}t}$

48. 求電壓源（$V_0 = \sin(t)$）與 $R = 1\Omega$、$L = 1\mathrm{H}$ 和 $C = 1\mathrm{F}$ 串聯電路的電流，其中 $i_L(0) = 0$ 且 $v_C(0) = 0$

答　$i(t) = -\dfrac{2}{\sqrt{3}} e^{-\frac{1}{2}t} \sin\left(\dfrac{\sqrt{3}}{2}t\right) + \sin(t)$

第 4 章　其他類型微分方程式

4.1 Euler-Cauchy 微分方程式

• 第一式：Euler-Cauchy 微分方程式

■Euler-Cauchy 微分方程式的型式為 $x^2 y'' + axy' + by = r(x)$。

■其解法為：（此題型是 y'' 多乘上 x^2，y' 多乘上 x）

（註：其解法類似解 $y'' + ay' + by = r(x)$ 的方法，本節解的形式為 x^m，而非前面介紹的 $e^{\lambda x}$）

(1) 先解 $x^2 y'' + axy' + by = 0$，其方法為

　　令 $y = x^m$、$y' = mx^{m-1}$、$y'' = m(m-1)x^{m-2}$ 代入，

　　$\Rightarrow m(m-1)x^m + amx^m + bx^m = 0$（除以 x^m）

　　得 $m(m-1) + am + b = 0$，

　　（即 $x^2 y''$ 用 $(x^m)'' = m(m-1)$ 代入、xy' 用 $(x^m)' = m$ 代入、y 用 1 代入）

　　解出的 m 有下列三種形況：

　　(a) 若為二相異實根，m_1 和 m_2，則 $y_h = c_1 x^{m_1} + c_2 x^{m_2}$

　　(b) 若為相同實根，m_1，則 $y_h = (c_1 + c_2 \cdot \ln x) \cdot x^{m_1}$

　　(c) 若為共軛複數，$p \pm qi$，

　　　　則 $y_h = x^p [c_1 \cdot \cos(q \cdot \ln x) + c_2 \cdot \sin(q \cdot \ln x)]$

(2) 求 $x^2 y'' + axy' + by = r(x)$ 的特殊解 y_p，其方法有二：

　　(a) 若 $r(x) = x^n + \cdots$，可用「第三章第二式」的求特解的方式來解。

　　　　即令 $y_p = a_0 + a_1 x + a_2 x^2 + \cdots + a_n x^n$

　　(b) 不論 $r(x)$ 為何值，均可用「第三章第四式」的變數變換法來解，即用 $u(x)$ 和 $v(x)$ 取代 y_h 的 c_1, c_2（註：此用法的 y'' 的係數要為 1），也就是

　　　　(i) 先求出 $x^2 y'' + axy' + by = 0$ 的解。

令為 $y_h(x) = c_1 y_1(x) + c_2 y_2(x)$

(ii) 用特定函數 $u(x)$ 和 $v(x)$ 代替上式 y_h 的 c_1 和 c_2，即

$$y_p(x) = u(x) \cdot y_1(x) + v(x) \cdot y_2(x)$$

(iii) 因此用法的 y'' 前的係數要為 1，

即 $y'' + \dfrac{ax}{x^2} y' + \dfrac{b}{x^2} y = \dfrac{r(x)}{x^2}$

「所以底下的 $r(x)$ 要用 $\dfrac{r(x)}{x^2}$ 代入」

(iv) 將 y_p 代入原方程式，可解出 $u(x)$ 和 $v(x)$，

$u(x)$ 和 $v(x)$ 的結果為：

$$u(x) = \int \frac{m(x)}{w(x)} \, dx \ , \ v(x) = \int \frac{n(x)}{w(x)} \, dx$$

其中 $w(x) = \begin{vmatrix} y_1 & y_2 \\ y_1' & y_2' \end{vmatrix}, m(x) = \begin{vmatrix} 0 & y_2 \\ r(x) & y_2' \end{vmatrix}, n(x) = \begin{vmatrix} y_1 & 0 \\ y_1' & r(x) \end{vmatrix}$

(3) 最後完全解 $y_c = y_h + y_p$

例 1 解 $x^2 y'' - 3xy' + 4y = 0$

解 其為 Euler-Cauchy 方程式，

令 $y = x^m$ 代入得：$m(m-1) - 3m + 4 = 0$

$\Rightarrow m^2 - 4m + 4 = 0 \Rightarrow m = 2, 2$

所以解為 $y = (c_1 + c_2 \cdot \ln x) x^2$

例 2 解 $x^2 y'' - xy' + 5y = 0$

解 其為 Euler-Cauchy 方程式，

令 $y = x^m$ 代入得：$m(m-1) - m + 5 = 0$

$\Rightarrow m^2 - 2m + 5 = 0 \Rightarrow m = 1 \pm 2i$

所以解為 $y = x\big[c_1 \cdot \cos(2\ln x) + c_2 \cdot \sin(2\ln x) \big]$

$\qquad\qquad = c_1 x \cos(2\ln x) + c_2 x \sin(2\ln x)$

例3 解 $x^2 y'' - xy' - 3y = x^2 + 2x + 3$

解 (1) 先求 y_h，令 $y = x^m$ 代入得：$m(m-1) - m - 3 = 0$

$\Rightarrow m^2 - 2m - 3 = 0 \Rightarrow m = 3, -1$

所以解為 $y_h = c_1 x^3 + c_2 x^{-1}$

(2) 再求 y_p，因 $r(x) = x^2 + 2x + 3$

令 $y_p = ax^2 + bx + c \Rightarrow y'_p = 2ax + b \Rightarrow y''_p = 2a$

代入原方程式 $x^2 y''_p - xy'_p - 3y_p = x^2 + 2x + 3$

$\Rightarrow x^2(2a) - x(2ax + b) - 3(ax^2 + bx + c) = x^2 + 2x + 3$

$\Rightarrow -3ax^2 - 4bx - 3c = x^2 + 2x + 3$

（比較 $x^2, x, 1$ 的係數）$\Rightarrow a = \dfrac{-1}{3}, \; b = \dfrac{-1}{2}, \; c = -1$

$\Rightarrow y_p = \dfrac{-1}{3}x^2 - \dfrac{1}{2}x - 1$

(3) 所以解為 $y = y_h + y_p = c_1 x^3 + c_2 x^{-1} - \dfrac{1}{3}x^2 - \dfrac{1}{2}x - 1$

例4 解 $x^2 y'' - 2xy' + 2y = x^3 e^x$

解 (1) 先求 y_h，令 $y = x^m$ 代入得：$m(m-1) - 2m + 2 = 0$

$\Rightarrow m^2 - 3m + 2 = 0 \Rightarrow m = 1, 2$

所以解為 $y_h = c_1 x^1 + c_2 x^2$

(2) 再求 y_p，因 y'' 前的係數要為 1，兩邊除以 x^2

原式 $\Rightarrow y'' - \dfrac{2}{x}y' + \dfrac{2}{x^2}y = \dfrac{x^3 e^x}{x^2} = xe^x$

$\Rightarrow$ 底下的 $r(x)$ 要代 xe^x

令 $y_1(x) = x$，$y_2(x) = x^2$，即 $y_p(x) = u(x) \cdot x + v(x) \cdot x^2$

$w = y_1(x) \cdot y'_2(x) - y'_1(x) \cdot y_2(x) = x \cdot 2x - 1 \cdot x^2 = x^2$

$u(x) = -\displaystyle\int \dfrac{y_2(x)r(x)}{w}dx = -\int \dfrac{x^2 \cdot xe^x}{x^2}dx = -\int xe^x dx$

$= -xe^x + e^x$

（註：$r(x)$ 要代 xe^x）

$$v(x) = \int \frac{y_1(x)r(x)}{w}\, dx = \int \frac{x \cdot xe^x}{x^2}\, dx = \int e^x\, dx = e^x$$

所以 $y_p(x) = u(x) \cdot x + v(x) \cdot x^2$

$$= x(-xe^x + e^x) + x^2 \cdot e^x$$

$$= xe^x$$

(3) 解 $y = y_h + y_p = c_1 x^1 + c_2 x^2 + xe^x$

4.2 冪級數法

• 第四式：冪級數法

(1) $f(x)$ 若以 $(x-x_0)$ 的冪次展開，則

$$f(x) = \sum_{n=0}^{\infty} a_n (x-x_0)^n = a_0 + a_1(x-x_0) + a_2(x-x_0)^2 + \cdots\cdots$$

其中 x 為變數。$a_0, a_1, a_2, \cdots$ 為常數，此級數為 Taylor 展開式。

(2) 若 $x_0 = 0$，則 $f(x)$ 可表為

$$f(x) = \sum_{n=0}^{\infty} a_n x^n = a_0 + a_1 x + a_2 x^2 + a_3 x^3 + \cdots\cdots$$

此級數稱為 Maclaurin 展開式。

(3) 常見的 Maclaurin 展開式有：

(a) $\dfrac{1}{1-x} = \sum_{n=0}^{\infty} x^n = 1 + x + x^2 + x^3 + \cdots\cdots$，$|x| < 1$

(b) $e^x = \sum_{n=0}^{\infty} \dfrac{x^n}{n!} = 1 + \dfrac{x}{1!} + \dfrac{x^2}{2!} + \dfrac{x^3}{3!} + \cdots\cdots$，$-\infty < x < \infty$

(c) $\cos x = \sum_{n=0}^{\infty} \dfrac{(-1)^n x^{2n}}{(2n)!} = 1 - \dfrac{x^2}{2!} + \dfrac{x^4}{4!} - + \cdots\cdots$，$-\infty < x < \infty$

(d) $\sin x = \sum_{n=0}^{\infty} \dfrac{(-1)^n x^{2n+1}}{(2n+1)!} = x - \dfrac{x^3}{3!} + \dfrac{x^5}{5!} - + \cdots\cdots$，$-\infty < x < \infty$

(e) $\ln(1+x) = \sum_{n=0}^{\infty} \dfrac{(-1)^n x^{n+1}}{n+1} = x - \dfrac{x^2}{2} + \dfrac{x^3}{3} - + \cdots\cdots$，$|x| < 1$

(4) 若要用冪級數解 $y'' + p(x)y' + q(x)y = 0$，其作法為：

(a) 將 $p(x)$ 和 $q(x)$ 以 x 的冪級數表示（通常 $p(x)$ 和 $q(x)$ 為多項式）。

(b) 令 $y = \sum_{n=0}^{\infty} a_n x^n = a_0 + a_1 x + a_2 x^2 + a_3 x^3 + \cdots\cdots$

得 $y' = \sum_{n=1}^{\infty} n a_n x^{n-1} = a_1 + 2a_2 x + 3a_3 x^2 + \cdots\cdots$

得 $y'' = \sum_{n=2}^{\infty} n(n-1) a_n x^{n-2} = 2a_2 + 3 \cdot 2 a_3 x + 4 \cdot 3 a_4 x^2 + \cdots\cdots$

(c) 將 y, y' 和 y'' 代入 $y'' + p(x)y' + q(x)y = 0$，再將 x 的冪次相同的項收集在一起。

(d) 令 x^i 項的係數為 0（因等號右邊為 0），再從常數項開始，找出 $a_0, a_1, a_2, \cdots$ 的值。

例 1 用冪級數法解 $y' = 2xy$

解 令 $y = \displaystyle\sum_{n=0}^{\infty} a_n x^n = a_0 + a_1 x + a_2 x^2 + a_3 x^3 + \cdots\cdots$

得 $y' = \displaystyle\sum_{n=1}^{\infty} n a_n x^{n-1} = a_1 + 2a_2 x + 3a_3 x^2 + \cdots\cdots$

代入 $y' = 2xy$

$\Rightarrow a_1 + 2a_2 x + 3a_3 x^2 + \cdots\cdots = 2x(a_0 + a_1 x + a_2 x^2 + \cdots\cdots)$

$\Rightarrow a_1 + 2a_2 x + 3a_3 x^2 + 4a_4 x^3 \cdots = 2a_0 x + 2a_1 x^2 + 2a_2 x^3 + \cdots$

$\Rightarrow a_1 = 0$，$2a_2 = 2a_0$，$3a_3 = 2a_1$，$4a_4 = 2a_2$

因此 $a_3 = 0$，$a_5 = 0$，$a_7 = 0$，$\cdots\cdots$

而 $a_2 = a_0$，$a_4 = \dfrac{a_2}{2} = \dfrac{a_0}{2!}$，$a_6 = \dfrac{a_4}{3} = \dfrac{a_0}{3!}$，$\cdots\cdots$

所以 $y = a_0(1 + x^2 + \dfrac{x^4}{2!} + \dfrac{x^6}{3!} + \cdots\cdots) = a_0 e^{x^2}$

另解 $y' = 2xy$

$\Rightarrow 1 \cdot a_1 x^0 + \displaystyle\sum_{n=2}^{\infty} n a_n x^{n-1} = 2x \sum_{n=0}^{\infty} a_n x^n = \sum_{n=0}^{\infty} 2a_n x^{n+1}$

令上式的左邊 $n = s+2$、右邊 $n = s$，

上式 $\Rightarrow a_1 + \displaystyle\sum_{s=0}^{\infty} (s+2) a_{s+2} x^{s+1} = \sum_{s=0}^{\infty} 2a_s x^{s+1}$

$\Rightarrow a_1 = 0$ 且 $(s+2)a_{s+2} = 2a_s$ 或 $a_{s+2} = \dfrac{2}{s+2} a_s$

也就是 $a_1 = 0$，$a_3 = 0$，$a_5 = 0$，$a_7 = 0$，$\cdots\cdots$

且 $a_2 = a_0$，$a_4 = \dfrac{a_2}{2} = \dfrac{a_0}{2!}$，$a_6 = \dfrac{a_4}{3} = \dfrac{a_0}{3!}$，$\cdots\cdots$

（同上解）

例 2 用冪級數法解 $y'' + y = 0$

解 令 $y = \sum_{n=0}^{\infty} a_n x^n = a_0 + a_1 x + a_2 x^2 + a_3 x^3 + \cdots\cdots$

得 $y' = \sum_{n=1}^{\infty} n a_n x^{n-1}$ ；

$y'' = \sum_{n=2}^{\infty} n(n-1) a_n x^{n-2}$

$y'' + y = 0 \Rightarrow \sum_{n=2}^{\infty} n(n-1) a_n x^{n-2} + \sum_{n=0}^{\infty} a_n x^n = 0$

令上式的左邊 $n = s + 2$、右邊 $n = s$，

上式 $\Rightarrow \sum_{s=0}^{\infty} (s+2)(s+1) a_{s+2} x^s = -\sum_{s=0}^{\infty} a_s x^s$，

左右相同 x^s 的係數要相同

$\Rightarrow (s+2)(s+1) a_{s+2} = -a_s$

$\Rightarrow a_{s+2} = -\dfrac{a_s}{(s+2)(s+1)}$ ， $s = 0, 1, 2, 3 \cdots\cdots$

$\Rightarrow a_2 = -\dfrac{a_0}{2 \cdot 1} = -\dfrac{a_0}{2!}$ ， $a_3 = -\dfrac{a_1}{3 \cdot 2} = -\dfrac{a_1}{3!}$ ，

$a_4 = -\dfrac{a_2}{4 \cdot 3} = \dfrac{a_0}{4!}$ ， $a_5 = -\dfrac{a_3}{5 \cdot 4} = \dfrac{a_1}{5!}$ ， $\cdots\cdots$

所以 $y = a_0 + a_1 x - \dfrac{a_0}{2!} x^2 - \dfrac{a_1}{3!} x^3 + \dfrac{a_0}{4!} x^4 + \dfrac{a_1}{5!} x^5 - \cdots\cdots$

$= a_0 \left(1 - \dfrac{x^2}{2!} + \dfrac{x^4}{4!} - \cdots \right) + a_1 \left(x - \dfrac{x^3}{3!} + \dfrac{x^5}{5!} - \cdots \right)$

$\Rightarrow y = a_0 \cos x + a_1 \sin x$

練習題

第一式：Euler-Cauchy 微分方程式

1. $x^2 y'' - xy' + 4y = 0$ ，

   答 $y = x[c_1 \cos \sqrt{3} \ln x + c_2 \sin \sqrt{3} \ln x]$

2. $x^2 y'' - 3xy' + 4y = 0$，

　　[答]　$y = x^2[c_1 + c_2 \ln x]$

3. $x^2 y'' - 2xy' + 2y = 0$，

　　[答]　$y = c_1 x + c_2 x^2$

附錄：證明用參數變換法求特解（求 y_p）

試證：用參數變換法來求 $y'' + ay' + by = r(x)$ 特解。

　　　（註：此用法的 y'' 前的係數要為 1）

證明：

(1) 先求 $y'' + ay' + by = r(x)$……(a) 的 y_h，

　　即求 $y'' + ay' + by = 0$ 的解。

　　令為 $y_h(x) = c_1 y_1(x) + c_2 y_2(x)$

(2) 假設 $y_p(x) = u(x)y_1 + v(x)y_2$……(b)

　　（此時 $u(x)$ 和 $v(x)$ 是未知函數）

　　$y'_p(x) = u'y_1 + uy'_1 + v'y_2 + vy'_2$

(3) 因有二個未知數 $u(x)$ 和 $v(x)$，而只有一條件方程式（a 式）

　　必須要再有一條件方程式才可解出 $u(x)$ 和 $v(x)$，可令

　　$u'y_1 + v'y_2 = 0$……(c)

　　即 $y'_p(x) = uy'_1 + vy'_2$……(d)

　　$\Rightarrow y''_p(x) = u'y'_1 + uy''_1 + v'y'_2 + vy''_2$……(e)

(4) 將 (b), (d), (e) 代入 (a) 式，且將有 $u(x)$ 放一起，有 $v(x)$ 放一起

　　$\Rightarrow u(y''_1 + ay'_1 + by_1) + v(y''_2 + ay'_2 + by_2) + u'y'_1 + v'y'_2 = r$……(f)

　　因 y_1 和 y_2 是 $y'' + ay' + by = 0$ 的解（即代入後為 0）

　　(f) $\Rightarrow u'y'_1 + v'y'_2 = r$……(g)

(5) 由 (c) 和 (g) $\begin{cases} u'y_1 + v'y_2 = 0 \\ u'y'_1 + v'y'_2 = r \end{cases}$，可解得

　　$u'(x) = \dfrac{m(x)}{w(x)}$，$v'(x) = \dfrac{n(x)}{w(x)}$

　　其中 $w(x) = \begin{vmatrix} y_1 & y_2 \\ y'_1 & y'_2 \end{vmatrix}$，$m(x) = \begin{vmatrix} 0 & y_2 \\ r(x) & y'_2 \end{vmatrix}$ 和 $n(x) = \begin{vmatrix} y_1 & 0 \\ y'_1 & r(x) \end{vmatrix}$

(6) 二邊積分

　　$u(x) = \displaystyle\int \frac{m(x)}{w(x)}\,dx$，$v(x) = \displaystyle\int \frac{n(x)}{w(x)}\,dx$

第 3 篇

拉普拉斯轉換

拉普拉斯（Pierre Simon Laplace）

　　法國著名數學家和天文學家，拉普拉斯是天體力學的主要奠基人，天體演化學的創立者之一，分析概率論的創始人，應用數學的先驅。拉普拉斯用數學方法證明了行星的軌道大小有週期性變化，這就是著名拉普拉斯的定理。他發表的天文學、數學和物理學的論文有 270 多篇，專著合計有 4000 多頁。其中最有代表性的專著有《天體力學》、《宇宙體系論》和《概率分析理論》。1796 年，他發表《宇宙體系論》。因研究太陽系穩定性的動力學問題被譽爲法國的牛頓和天體力學之父。

1. 〔何謂拉氏轉換〕拉普拉斯轉換（Laplace Transforms）簡稱為拉氏轉換，它是將在時間 (t) 域下的函數（$f(t)$），轉換成在 s 域（複數頻率）下的函數（$F(s)$）。

2. 〔拉氏轉換的表示法〕拉氏轉換的符號表示法：在「時間域」下的函數，習慣用小寫英文字母，如 $f(t)$、$g(t)$ 等，轉換成在「s 域」下的相對應值，習慣用大寫英文字母，如 $F(s)$、$G(s)$ 等。

3. 〔拉氏轉換的時間範圍〕拉氏轉換是處理時間 $t \geq 0$ 的情況，不考慮 $t < 0$ 的部分。

4. 〔拉氏轉換的目的〕拉氏轉換是一個很有用的工具，因有些應用在 s 域下會比較好處理，如圖一中，一般在解電路時，會利用：

   (1) 柯西荷夫電壓定律（KVL）或柯西荷夫電流定律（KCL）列出 $i(t)$ 或 $v(t)$ 的微分方程式；

   (2) 再利用解微分方程式的方法將 $i(t)$ 或 $v(t)$ 解出來。

   也可以用

   (3) 將 (1) 列出 $i(t)$ 或 $v(t)$ 的微分方程式取拉氏轉換，就會變成 $I(s)$ 或 $V(s)$ 的方程式；

   (4) 此時只要利用加、減、乘、除的運算，就可以把 $I(s)$ 或 $V(s)$ 解出來；

   (5) 再將 $I(s)$ 或 $V(s)$ 取反拉氏轉換，就可以將 $i(t)$ 或 $v(t)$ 解出來。

   後面的方法（步驟(3)、(4)、(5)）雖然步驟比較多，但方法會比較簡單。

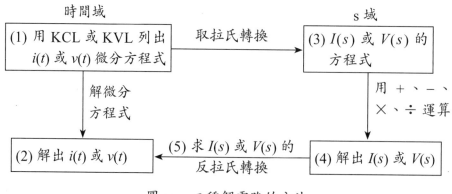

圖一　二種解電路的方法

第 1 章　拉普拉斯轉換

1.1　拉氏轉換的定義

- 第一式：拉氏轉換的定義

  ■ **定義**：設 $f(t)$ 為 t 之函數，$t > 0$，則 $f(t)$ 的拉氏轉換以 $L[f(t)]$ 表示。其為

  $$L\left[f(t)\right] = \int_0^\infty e^{-st} \cdot f(t)\, dt = F(s)\ (s > 0)$$

  ■ 利用上面的定義可以推導出下列的公式（其中 $s > 0$）：

  (1) $L[1] = \dfrac{1}{s}$

  (2) $L[t] = \dfrac{1}{s^2}$

  (3) $L[t^n] = \dfrac{n!}{s^{n+1}}$

  (4) $L[e^{at}] = \dfrac{1}{s-a}\ (s > a)$

  (5) $L[\cos(wt)] = \dfrac{s}{s^2 + w^2}$

  (6) $L[\sin(wt)] = \dfrac{w}{s^2 + w^2}$

  (7) $L[\delta(t)] = 1$，$\delta(t) = \begin{cases} \lim\limits_{\varepsilon \to 0} \dfrac{1}{\varepsilon}, & \text{當 } 0 < t < \varepsilon \text{ 時} \\ 0, & \text{當 } t \text{ 不在上面區間內時} \end{cases}$

  (8) $L[\cosh(wt)] = L\left[\dfrac{e^{wt} + e^{-wt}}{2}\right] = \dfrac{s}{s^2 - w^2}$，$s > |w|$

  (9) $L[\sinh(wt)] = L\left[\dfrac{e^{wt} - e^{-wt}}{2}\right] = \dfrac{w}{s^2 - w^2}$，$s > |w|$

例 1　設 $t \geq 0$，且 $f(t) = 1$，求 $L[f(t)]$。

解　$L[f(t)] = \int_0^\infty 1 \cdot e^{-st}\, dt = \lim\limits_{b \to \infty} (-\dfrac{1}{s}) \cdot e^{-st} \Big|_{t=0}^{b} = \dfrac{1}{s}$，$s > 0$

例 2　設 $f(t) = t$，求 $L[f(t)]$。

解　$L[f(t)] = \int_0^\infty t \cdot e^{-st} dt = \lim_{b \to \infty} \int_0^b t \cdot e^{-st} dt$

$\qquad = \lim_{b \to \infty} \left[t \cdot \dfrac{-e^{-st}}{s} \bigg|_{t=0}^{b} + \int_0^b \dfrac{e^{-st}}{s} dt \right]$（分部積分）

$\qquad = \lim_{b \to \infty} \left[t \cdot \dfrac{-e^{-st}}{s} - \dfrac{e^{-st}}{s^2} \right]_{t=0}^{b}$

$\qquad = \lim_{b \to \infty} \left[\dfrac{-be^{-sb}}{s} - \dfrac{e^{-sb}}{s^2} + \dfrac{1}{s^2} \right]$

$\qquad = \dfrac{1}{s^2}$，$s > 0$

例 3　設 $f(t) = \begin{cases} 5, & 0 < t < 3 \\ 0, & t > 3 \end{cases}$，求 $L[f(t)]$。

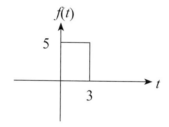

解　因它沒辦法代公式，所以用定義來做：

$L[f(t)] = \int_0^\infty f(t) \cdot e^{-st} dt = \int_0^3 5e^{-st} dt + \int_3^\infty 0 \cdot e^{-st} dt$

$\qquad = \int_0^3 5e^{-st} \dfrac{d(-st)}{-s}$

$\qquad = \dfrac{5}{-s} e^{-st} \big|_{t=0}^{3} = \dfrac{5(1 - e^{-3s})}{s}$

例 4　設 $f(t) = e^{at}$，$t \geq 0$，求 $L[f(t)]$。

解　$L[f(t)] = \int_0^\infty e^{at} \cdot e^{-st} dt = \lim_{b \to \infty} \int_0^b e^{-(s-a)t} dt$

$\qquad = \lim_{b \to \infty} \dfrac{e^{-(s-a)t}}{-(s-a)} \bigg|_{t=0}^{b} = \lim_{b \to \infty} \dfrac{1 - e^{-(s-a)b}}{s-a}$

$\qquad = \dfrac{1}{s-a}$，$s > a$

例 5 設 $f(t) = \sin(wt)$，求 $L[f(t)]$。

解 $L[f(t)] = \int_0^\infty e^{-st} \cdot \sin(wt)\,dt$（用分部積分法）

$$= -\frac{1}{s}e^{-st}\sin(wt)\Big|_{t=0}^{\infty} + \int_0^\infty \frac{1}{s}e^{-st} \cdot w\cos(wt) \cdot dt$$

$$= 0 + \int_0^\infty \frac{1}{s}e^{-st} \cdot w\cos(wt) \cdot dt \text{---------(a)}$$

$\int_0^\infty \frac{1}{s}e^{-st} \cdot w\cos(wt) \cdot dt$（用分部積分法）

$$= -\frac{w}{s^2}e^{-st} \cdot \cos wt\Big|_{t=0}^{\infty} - \frac{w^2}{s^2}\int_0^\infty e^{-st}\sin wt\,dt$$

$$= \frac{w}{s^2} - \frac{w^2}{s^2}\int_0^\infty e^{-st}\sin wt\,dt \text{（代入 (a)）}$$

$$\Rightarrow (1 + \frac{w^2}{s^2})\int_0^\infty e^{-st}\sin wt \cdot dt = \frac{w}{s^2}$$

$$\Rightarrow \int_0^\infty e^{-st}\sin wt\,dt = \frac{w}{s^2 + w^2}$$

例 6 設 $f(t) = \begin{cases} 1, & 0 < t < 1 \\ 2, & 1 < t < 2 \\ 3, & 2 < t < 3 \\ 0, & t > 3 \end{cases}$，求 $L[f(t)] = $?

解 $L[f(t)] = \int_0^\infty e^{-st}f(t)\,dt$

$$= \int_0^1 e^{-st} \cdot 1\,dt + \int_1^2 e^{-st} \cdot 2\,dt + \int_2^3 e^{-st} \cdot 3\,dt + \int_3^\infty e^{-st} \cdot 0\,dt$$

$$= 1 \cdot \frac{1}{-s}e^{-st}\Big|_0^1 + 2 \cdot \frac{1}{-s}e^{-st}\Big|_1^2 + 3 \cdot \frac{1}{-s}e^{-st}\Big|_2^3 + 0$$

$$= \frac{1}{-s}\left[(e^{-s} - 1) + 2(e^{-2s} - e^{-s}) + 3(e^{-3s} - e^{-2s})\right]$$

$$= \frac{1}{-s}\left[-1 - e^{-s} - e^{-2s} + 3e^{-3s}\right]$$

$$= \frac{1}{s}\left[1 + e^{-s} + e^{-2s} - 3e^{-3s}\right]$$

例 7 (1) 求 $L[\delta(t)]=$ ？；(2) 求 $L[\delta(t-1)]=$ ？

解 (1) $L[\delta(t)]=\int\limits_0^\infty e^{-st}\delta(t)dt=\lim\limits_{\varepsilon\to0}\int\limits_0^\varepsilon e^{-st}\cdot\dfrac{1}{\varepsilon}dt$

$$=\lim\limits_{\varepsilon\to0}\int\limits_0^\varepsilon e^0\cdot\dfrac{1}{\varepsilon}dt=1$$

〔註：t 在 $0\sim\varepsilon$ 之間 $\delta(t)$ 為 $\dfrac{1}{\varepsilon}$，其餘地方為 0，所以 t 代 0〕

(2) $L[\delta(t-1)]=\int\limits_0^\infty e^{-st}\delta(t-1)dt=\lim\limits_{\varepsilon\to0}\int\limits_1^{1+\varepsilon}e^{-st}\cdot\dfrac{1}{\varepsilon}dt$

$$=\lim\limits_{\varepsilon\to0}\int\limits_1^{1+\varepsilon}e^{-s\cdot1}\cdot\dfrac{1}{\varepsilon}dt=e^{-s}$$

〔註：t 在 $1\sim1+\varepsilon$ 之間 $\delta(t)$ 為 $\dfrac{1}{\varepsilon}$，其餘地方為 0，所以 t 代 1〕

1.2 線性性質

> • 第二式：線性性質
>
> ■若函數 $f(t)$ 及 $g(t)$ 的拉氏轉換分別爲 $F(s)$ 及 $G(s)$，且 a、b 爲常數，則
>
> $$L[af(t) + bg(t)] = aF(s) + bG(s)$$
>
> （即：相加後再取拉氏轉換的結果等於取完拉氏轉換後再相加）
>
> ■證明：
>
> $$L[af(t) + bg(t)] = \int_0^\infty e^{-st}[af(t) + bg(t)]dt$$
>
> $$= a\int_0^\infty e^{-st}f(t)dt + b\int_0^\infty e^{-st}g(t)dt$$
>
> $$= aF(s) + bG(s)$$

例 1 設 $f(t) = 2 + 3t + 4t^2 - 3\cos2t$，求 $L[f(t)]$。

解 $L[f(t)] = L[2 + 3t + 4t^2 - 3\cos2t]$

$$= 2 \cdot L[1] + 3 \cdot L[t] + 4 \cdot L[t^2] - 3 \cdot L[\cos(2t)]$$

$$= 2 \cdot \frac{1}{s} + 3 \cdot \frac{1}{s^2} + 4 \cdot \frac{2!}{s^3} - 3 \cdot \frac{s}{s^2 + 4}$$

$$= \frac{2}{s} + \frac{3}{s^2} + \frac{8}{s^3} - \frac{3s}{s^2 + 4} \quad (s > 0)$$

例 2 設 $f(t) = \delta(t) + 3 + 4e^{5t} + 6t^3 - 3\sin4t + 2\cos2t$，求 $L[f(t)]$。

解 $L[f(t)] = L[\delta(t) + 3 + 4e^{5t} + 6t^3 - 3\sin4t + 2\cos2t]$

$$= L[\delta(t)] + 3L[1] + 4L[e^{5t}] + 6L[t^3] - 3L[\sin4t] + 2L[\cos2t]$$

$$= 1 + 3 \cdot \frac{1}{s} + 4 \cdot \left(\frac{1}{s-5}\right) + 6 \cdot \frac{3!}{s^4} - 3 \cdot \left(\frac{4}{s^2 + 16}\right) + 2 \cdot \left(\frac{s}{s^2 + 4}\right)$$

$$= 1 + \frac{3}{s} + \frac{4}{s-5} + \frac{36}{s^4} - \frac{12}{s^2 + 16} + \frac{2s}{s^2 + 4} \quad (s > 5)$$

例 3 已知 $\sinh(wt) = \dfrac{e^{wt} - e^{-wt}}{2}$，求 $L[\sinh(wt)]$。

解
$$L(\sinh(wt)) = L\left[\frac{e^{wt} - e^{-wt}}{2}\right] = \frac{1}{2} L\left[e^{wt} - e^{-wt}\right]$$

$$= \frac{1}{2}\left[L\left(e^{wt}\right) - L\left(e^{-wt}\right)\right]$$

$$= \frac{1}{2}\left[\frac{1}{s-w} - \frac{1}{s+w}\right]$$

$$= \frac{w}{s^2 - w^2} \qquad (s > w)$$

1.3　第一移位性質：s 軸的移位

> • 第三式：第一移位性質：s 軸的移位
>
> ■設 $L[f(t)] = F(s)$，則 $L[e^{at}f(t)] = F(s-a)$（此處 $s > a$）。
>
> ■證明：$L[e^{at}f(t)] = \int_0^\infty e^{-st}[e^{at}f(t)]dt = \int_0^\infty e^{-(s-a)t}f(t)dt = F(s-a)$（此處 $s > a$）。
>
> ■說明：若要求 $L[e^{at}f(t)]$ 時（二個函數相乘有一個是 e^{at}），我們可以
> >　(1) 先求出 $L[f(t)] = F(s)$，
> >　(2) 則 e^{at} 乘上 $f(t)$ 的拉氏轉換是將 (1) 的 $F(s)$ 中的 s 改成 $(s-a)$ 即可，
> >　(3) 即 $L[e^{at}f(t)] = F(s-a)$。

例1　設 $f(t) = e^{-t}\cos(2t)$，求 $L[f(t)]$。

解　(1) 先求 $L[\cos 2t] = \dfrac{s}{s^2+4}$

　　(2) 再將 e^{-t} 加入（此題 $a = -1$），則 (1) 的 s 要改成 $s-(-1) = s+1$，

　　　即 $L[e^{-t}\cos 2t] = \dfrac{(s+1)}{(s+1)^2+4}$

例2　求 $L[e^{-2t}\sin 5t]$。

解　(1) 先求 $L[\sin 5t] = \dfrac{5}{s^2+5^2}$

　　(2) 再將 e^{-2t} 加入（此題 $a = -2$），s 要改成 $s-(-2) = s+2$，

　　　即 $L[e^{-2t}\sin 5t] = \dfrac{5}{(s+2)^2+25}$

例3　求 $L[e^{3t}t^2]$。

解　(1) 先求 $L[t^2] = \dfrac{2!}{s^{2+1}} = \dfrac{2}{s^3}$

　　(2) 再加入 e^{3t}，s 要改成 $s-3$，即

　　　$L[e^{3t}t^2] = \dfrac{2}{(s-3)^3}$

1.4　微分的拉氏轉換

- 第四式：微分的拉氏轉換

  ■ 設 $f(t)$ 在 $t > 0$ 為連續函數，且 $f'(t)$、$f''(t)$、$f'''(t)$ 存在，則

  　$L[f'(t)] = sF(s) - f(0)$（求一次微分的拉氏轉換）

  　$L[f''(t)] = s^2 F(s) - sf(0) - f'(0)$（求二次微分的拉氏轉換）

  　$L[f'''(t)] = s^3 F(s) - s^2 f(0) - sf'(0) - f''(0)$

  ■ 證明：$L[f'(t)] = \int_0^\infty e^{-st} f'(t) dt$

  　　　　　　　　 $= e^{-st} f(t) \big|_0^\infty + s\int_0^\infty e^{-st} f(t) dt$（分部積分）

  　　　　　　　　 $= sF(s) - f(0)$

  ■ 說明：(1) 若直接求 $L[f(t)]$ 不好算時，可先求 $f(t)$ 微分後的拉氏轉換

  　　　　　　　 值，即先求 $L[f'(t)]$；

  　　　　　　　 則由上面微分公式知：

  　　　　　　　 $L[f(t)] = F(s)$ 值就是 $\dfrac{L[f'(t)] + f(0)}{s}$

  　　　　　 (2) 要求微分的拉氏轉換（$L[f'(t)]$）時，可用下列二方法之一

  　　　　　　　 種來求：

  　　　　　　　 方法一：

  　　　　　　　 (a) 先求出沒有微分的拉氏轉換，即 $L[f(t)] = F(s)$。

  　　　　　　　 (b) 再求出 $f(t)\big|_{t=0} = f(0)$ 之值。

  　　　　　　　 (c) 則 $L[f'(t)] = sF(s) - f(0)$。

  　　　　　　　 方法二：

  　　　　　　　 (a) 先求出 $f(t)$ 的微分 $f'(t)$。

  　　　　　　　 (b) 再求出 $f'(t)$ 的拉氏轉換。

例 1　若 $f(t) = \sin(t)$，求 $(1)L[f'(t)]$，$(2)L[f''(t)]$。

解　(1) 求 $L[f'(t)]$

　　　 方法一：

　　　　 (a) 先求出 $L[f(t)] = L[\sin t] = \dfrac{1}{s^2 + 1} = F(s)$

(b) 再求出 $f(0) = f(t)|_{t=0} = \sin(0) = 0$

(c) $L[f'(t)] = sF(s) - f(0) = s\dfrac{1}{s^2+1} - 0 = \dfrac{s}{s^2+1}$

方法二：

(a) 先求出 $f(t)$ 的微分 $f'(t) = \dfrac{d}{dt}\sin t = \cos t$

(b) 再求出 $f'(t)$ 的拉氏轉換$= L[\cos t] = \dfrac{s}{s^2+1}$

(2) 求 $L[f''(t)]$

　　方法一：

(a) $L[f(t)] = L[\sin t] = \dfrac{1}{s^2+1} = F(s)$

(b) $f(0) = f(t)|_{t=0} = \sin(0) = 0$

(c) $f'(0) = f'(t)|_{t=0} = \cos(0) = 1$

(d) $L[f''(t)] = s^2 F(s) - sf(0) - f'(0)$

$\qquad = s^2\dfrac{1}{s^2+1} - s\cdot 0 - 1 = \dfrac{-1}{s^2+1}$

　　方法二：

(a) $f''(t) = \dfrac{d^2}{dt^2}\sin t = -\sin t$

(b) $f''(t)$ 的拉氏轉換$= L[-\sin t] = \dfrac{-1}{s^2+1}$

例 2 求 $L[\sin^2 t]$ 之值。

解 方法一：

(a) $\sin^2 t = \dfrac{1-\cos 2t}{2}$

(b) 再求 $L\left[\dfrac{1-\cos 2t}{2}\right] = \dfrac{1}{2}\left[L(1) - L(\cos 2t)\right]$

$\qquad = \dfrac{1}{2}\left[\dfrac{1}{s} - \dfrac{s}{s^2+4}\right]$

$\qquad = \dfrac{2}{s(s^2+4)}$

方法二：

用本節方式解之，令 $f(t) = \sin^2 t$

$\Rightarrow f'(t) = 2\sin t \cos t = \sin(2t)$，

而 $f(0) = 0$

$L[f'(t)] = L[\sin 2t] = \dfrac{2}{s^2 + 2^2} = s\,F(s) - f(0)$

$\Rightarrow F(s) = \dfrac{2}{s(s^2 + 4)}$

例 3 已知 $f'(t) = \dfrac{\sin t}{t}$ 且 $f(0) = -\dfrac{\pi}{2}$，求 $L[f(t)]$ 之值。（註：由第七式的

例 1 知，$L\left[\dfrac{\sin t}{t}\right] = \dfrac{\pi}{2} - \tan^{-1} s$）

解 $L[f'(t)] = sF(s) - f(0)$

$\Rightarrow \dfrac{\pi}{2} - \tan^{-1} s = sF(s) + \dfrac{\pi}{2}$

$\Rightarrow F(s) = -\dfrac{\tan^{-1} s}{s}$

1.5 積分的拉氏轉換

·第五式：積分的拉氏轉換

■若 $L[f(t)] = F(s)$，則 $L\left[\int_0^t f(u)du\right] = \dfrac{F(s)}{s}$（註：積分的上下限是從 0

積到 t）

■證明：$L\left[\int_0^t f(u)du\right] = \int_0^\infty e^{-st}[\int_0^t f(u)du]dt$

$$= -\frac{1}{s}e^{-st}[\int_0^t f(u)du]\Big|_0^\infty$$

$$+ \frac{1}{s}\int_0^\infty e^{-st}f(t)dt \quad (\text{分部積分})$$

$$= \frac{F(s)}{s}$$

■說明：若要求一個函數的積分的拉氏轉換時，

(1) 可先求該函數的拉氏轉換 $L[f(t)] = F(s)$，

(2) $f(t)$ 加入積分符號時，只要將 (1) 的結果 $F(s)$ 除以 s 即可。

例1 求 $L\left[\int_0^t \cos(2u)\,du\right]$。

解 (1) 先求 $L[\cos(2t)] = \dfrac{s}{s^2 + 2^2}$，$s > 0$

(2) 加入積分符號，(1) 的結果多除以 s

$$\Rightarrow L\left[\int_0^t \cos(2u)\,du\right] = \frac{1}{s} \cdot \frac{s}{s^2 + 2^2} = \frac{1}{s^2 + 4}$$

例2 求 $L\left[\int_0^t \sin 3t\,dt\right]$。

解 (1) 先求 $L[\sin 3t] = \dfrac{3}{s^2 + 3^2}$

(2) 再加入積分符號，(1) 的結果多除以 s

$$\Rightarrow L\left[\int_0^t \sin 3t\, dt\right] = \frac{1}{s} \cdot \frac{3}{s^2 + 3^2}$$

$$= \frac{3}{s(s^2 + 9)}$$

例 3　求 $L\left[\int_0^t (5 + 2t + 6e^{-3t})\, dt\right]$。

解　(1) 先求 $L\left[5 + 2t + 6e^{-3t}\right] = \frac{5}{s} + \frac{2}{s^2} + \frac{6}{s+3}$

(2) 加入積分符號 $\Rightarrow L\left[\int_0^t (5 + 2t + 6e^{-3t})\, dt\right]$

$$= \frac{1}{s}\left[\frac{5}{s} + \frac{2}{s^2} + \frac{6}{s+3}\right]$$

$$= \frac{5}{s^2} + \frac{2}{s^3} + \frac{6}{s(s+3)}$$

例 4　求 $L[\int_0^t e^{2t} \sin 3t\, dt] = ?$

解　(1) 先求 $L[e^{2t} \sin 3t]$

(a) $L[\sin 3t] = \dfrac{3}{s^2 + 9}$

(b) 加入 e^{2t}，只要將上面的 s 改成 $s - 2$，即

$$L[e^{2t} \sin 3t] = \frac{3}{(s-2)^2 + 9}$$

(2) 加入積分，只要將上面多除以 s，即

$$L[\int_0^t e^{2t} \sin 3t\, dt] = \frac{1}{s} \cdot \frac{3}{(s-2)^2 + 9}$$

例 5　求 $L[\int_\pi^t \sin t\, dt] = ?$

解　(1) $\displaystyle\int_0^t \sin t\, dt = \int_0^\pi \sin t\, dt + \int_\pi^t \sin t\, dt$

(2) 二邊取拉氏

$$\Rightarrow L[\int_0^t \sin t dt] = L[\int_0^\pi \sin t dt] + L[\int_\pi^t \sin t dt]$$

$$\Rightarrow L[\int_\pi^t \sin t dt] = L[\int_0^t \sin t dt] - L[\int_0^\pi \sin t dt]$$

$$= \frac{1}{s} \frac{1}{s^2+1} - L[-\cos t \mid_0^\pi]$$

$$= \frac{1}{s(s^2+1)} + L[-1-1]$$

$$= \frac{1}{s(s^2+1)} + \frac{-2}{s} = \frac{-2s^2-1}{s(s^2+1)}$$

1.6　拉氏轉換的微分

第六式：拉氏轉換的微分（或乘以 t^n 的拉氏轉換）

■若 $L[f(t)] = F(s)$，則

$$
\begin{cases}
\dfrac{d}{ds}F(s) = (-1)L\big[t \cdot f(t)\big] \Rightarrow L\big[t \cdot f(t)\big] = -\dfrac{d}{ds}F(s) \\[2mm]
\dfrac{d^2}{ds^2}F(s) = (-1)^2 L\big[t^2 f(t)\big] \Rightarrow L\big[t^2 f(t)\big] = (-1)^2 \dfrac{d^2}{ds^2}F(s) \\[2mm]
\dfrac{d^n}{ds^n}F(s) = (-1)^n L\big[t^n f(t)\big] \Rightarrow L\big[t^n f(t)\big] = (-1)^n \dfrac{d^n}{ds^n}F(s)
\end{cases}
$$

■證明：
$$
\begin{aligned}
\frac{d}{ds}F(s) &= \frac{d}{ds}\int_0^\infty e^{-st} f(t)\,dt \\
&= \int_0^\infty \frac{d}{ds} e^{-st} f(t)\,dt \\
&= \int_0^\infty -t e^{-st} f(t)\,dt \\
&= -\int_0^\infty e^{-st} t \cdot f(t)\,dt \\
&= -L[t f(t)]
\end{aligned}
$$

■說明：(1) 若要求 $L[t f(t)]$（二個函數相乘有一個是 t）時，

(a) 可先求 $L[f(t)] = F(s)$，

(b) 則 $L[t f(t)]$ 是將 $F(s)$ 對 s 微分，再乘以 (-1) 的結果。

(2) 若要求 $L[t^2 f(t)]$（二個函數相乘有一個是 t^2）時，

(a) 可先求 $L[f(t)] = F(s)$，

(b) 則 $L[t^2 f(t)]$ 是將 $F(s)$ 對 s 二次微分，再乘以 $(-1)^2$ 的結果。

例 1　求 $L[t \cos t]$ 之值。

解　(1) 先求 $L[\cos t] = \dfrac{s}{s^2 + 1} = F(s)$

(2) $\dfrac{d}{ds}F(s) = \dfrac{d}{ds}\left[\dfrac{s}{s^2+1}\right] = \dfrac{(s^2+1) - s \cdot 2s}{(s^2+1)^2} = \dfrac{-(s^2-1)}{(s^2+1)^2}$

(3) 所以 $L[t \cos t] = -\dfrac{d}{ds}F(s) = \dfrac{s^2-1}{(s^2+1)^2}$

例2 求 $L[t^2 e^{2t}]$。

解 (註：本題可用第三式或第六式解，此處用第六式解)

(1) 先求 $L[e^{2t}] = \dfrac{1}{s-2} = F(s)$

(2) $\dfrac{d^2}{ds^2}F(s) = \dfrac{d}{ds}\left[\dfrac{d}{ds}\left[\dfrac{1}{s-2}\right]\right] = \dfrac{d}{ds}\left[\dfrac{d}{ds}(s-2)^{-1}\right]$

$\qquad = -\dfrac{d}{ds}(s-2)^{-2} = 2(s-2)^{-3}$

(3) 所以 $L\left[t^2 e^{2t}\right] = \dfrac{d^2}{ds^2}F(s) = \dfrac{2}{(s-2)^3}$

例3 求 $L[t^2 \sin t]$。

解 (1) 先求 $L[\sin t] = \dfrac{1}{s^2+1}$

(2) $\dfrac{d^2}{ds^2}F(s) = \dfrac{d^2}{ds^2}\left(\dfrac{1}{s^2+1}\right)$

$\qquad = \dfrac{d}{ds}\left[\dfrac{d}{ds}(s^2+1)^{-1}\right]$

$\qquad = \dfrac{d}{ds}\left[-2s(s^2+1)^{-2}\right]$

$\qquad = -2(s^2+1)^{-2} + 4s(s^2+1)^{-3}\cdot 2s$

$\qquad = \dfrac{6s^2-2}{(s^2+1)^3}$

(3) 所以 $L\left[t^2 \sin t\right] = \dfrac{d^2}{ds^2}F(s) = \dfrac{6s^2-2}{(s^2+1)^3}$

例4 求 $L[t\cdot e^{-t}\cos t]$ 之值 (註：此題是第十式例6的拉氏轉換)

註 此題有二種做法：

方法一：(1) 先做 $L[\cos t]$；

$\qquad\quad$ (2) 再加入 t，即做 $L[t\cdot\cos t]$；

$\qquad\quad$ (3) 最後加入 e^{-t}，即做 $L[e^{-t}\cdot t\cdot\cos t]$

方法二：(1) 先做 $L[\cos t]$；

(2) 再加入 e^{-t}，即做 $L[e^{-t} \cdot \cos t]$；

(3) 最後加入 t，即做 $L[t \cdot e^{-t} \cos t]$

解 方法一：(1) 先做 $L[\cos t] = \dfrac{s}{s^2 + 1}$；

(2) 再加入 t，$L[t \cdot \cos t] = \dfrac{s^2 - 1}{(s^2 + 1)^2}$；（同本節例 1）

(3) 最後加入 e^{-t}，

$$L[e^{-t} \cdot t \cdot \cos t] = \frac{(s+1)^2 - 1}{[(s+1)^2 + 1]^2} = \frac{s^2 + 2s}{[(s+1)^2 + 1]^2}$$

方法二：

(1) 先做 $L[\cos t] = \dfrac{s}{s^2 + 1}$；

(2) 再加入 e^{-t}，即做 $L[e^{-t} \cos t] = \dfrac{s+1}{(s+1)^2 + 1}$；

(3) 最後加入 t，

$$L[t \cdot e^{-t} \cos t] = -\frac{d}{ds} \frac{s+1}{(s+1)^2 + 1}$$

$$= -\frac{(s+1)^2 + 1 - (s+1) \cdot 2(s+1)}{[(s+1)^2 + 1]^2}$$

$$= \frac{s^2 + 2s}{[(s+1)^2 + 1]^2}$$

1.7 拉氏轉換的積分（或除以 t 的拉氏轉換）

- 第七式：拉氏轉換的積分（或除以 t 的拉氏轉換）

■若 $L[f(t)] = F(s)$，則 $L\left[\dfrac{f(t)}{t}\right] = \int_s^\infty F(u)du$

■證明：令 $g(t) = \dfrac{f(t)}{t} \Rightarrow f(t) = t \cdot g(t)$（兩邊取拉氏轉換）

$\Rightarrow L[f(t)] = L[t \cdot g(t)]$

$\Rightarrow F(s) = -\dfrac{d}{ds}G(s)$（二邊積分）

$\Rightarrow \int_\infty^s F(u)du = -G(u)\big|_\infty^s = -G(s) + \lim_{u \to \infty} G(u)$

因 $\lim_{u \to \infty} G(u) = 0$（拉氏轉換的性質），所以

$\Rightarrow \int_\infty^s F(u)du = -G(s)$

$\Rightarrow G(s) = -\int_\infty^s F(u)du = \int_s^\infty F(u)du$

$\Rightarrow L\left[\dfrac{f(t)}{t}\right] = \int_s^\infty F(u)du$

■說明：若要求 $L\left[\dfrac{f(t)}{t}\right]$ 時（一個函數除以 t），

(a) 可先求 $L[f(t)] = F(s)$，

(b) 則 $f(t)$ 除以 t 的拉氏轉換，只要對 $F(s)$ 做積分即可。

例 1 求 $L\left[\dfrac{\sin t}{t}\right]$ 之值。

解 (1) 先求 $L[\sin t] = \dfrac{1}{s^2 + 1}$

(2) 除以 $t \Rightarrow L\left[\dfrac{\sin t}{t}\right] = \int_s^\infty \dfrac{1}{u^2 + 1} du = \tan^{-1} u\big|_s^\infty$

$= \tan^{-1} \infty - \tan^{-1} s$

$= \dfrac{\pi}{2} - \tan^{-1} s$

例 2 求 $L\left[\dfrac{\sinh(t)}{t}\right]$ 之值。

解 (1) 先求 $L\left[\sinh(t)\right] = \dfrac{1}{s^2-1}$

(2) 除以 $t \Rightarrow L\left[\dfrac{\sinh(t)}{t}\right] = \displaystyle\int_s^\infty \dfrac{1}{u^2-1}\, du$

$$= \int_s^\infty \dfrac{\frac{1}{2}}{u-1} - \dfrac{\frac{1}{2}}{u+1}\, du$$

$$= \dfrac{1}{2}\ln\dfrac{u-1}{u+1}\Big|_s^\infty$$

$$= \dfrac{1}{2}\left(\ln\dfrac{1-\frac{1}{u}}{1+\frac{1}{u}}\right)_{u=\infty} - \dfrac{1}{2}\ln\dfrac{s-1}{s+1}$$

$$= -\dfrac{1}{2}\ln\dfrac{s-1}{s+1}$$

練習題

第一式：拉氏轉換的定義

求下列題目 $f(t)$ 的拉氏轉換：

1. 設 $f(t) = \begin{cases} 0, & 0 < t < 2 \\ 4, & t > 2 \end{cases}$。

   解 $\dfrac{4e^{-2s}}{s}$

2. 設 $f(t) = \begin{cases} 2t, & 0 < t < 5 \\ 1, & t > 5 \end{cases}$。

   解 $\dfrac{2}{s^2}(1-e^{-5s}) - \dfrac{9}{s}e^{-5s}$

3. 設 $f(t) = \sin(3t)$。

   解 $\dfrac{3}{s^2+9}$

4. 設 $f(t) = \cos(5t)$。

　　解　$\dfrac{s}{s^2 + 25}$

5. 設 $f(t) = e^{2t}$。

　　解　$\dfrac{1}{s - 2}$

6. 設 $f(t) = t^3$。

　　解　$\dfrac{6}{s^4}$

7. 設 $f(t) = \sin h(3t)$。

　　解　$\dfrac{3}{s^2 - 9}$

8. 設 $f(t) = \cosh(5t)$。

　　解　$\dfrac{s}{s^2 - 25}$

第二式：線性性質

求下列各題的拉氏轉換，其中 a、b、θ 均為常數。

1. $at + b$。

　　解　$\dfrac{a}{s^2} + \dfrac{b}{s}$

2. $(a + bt)^2$。

　　解　$\dfrac{2b^2}{s^3} + \dfrac{2ab}{s^2} + \dfrac{a^2}{s}$

3. $e^{at + b}$。

　　解　$\dfrac{e^b}{s - a}$

4. $6\sin 2t - 5\cos 3t$。

　　解　$\dfrac{12}{s^2 + 4} - \dfrac{5s}{s^2 + 9}$

5. $3\sin(2t + 60°)$。

　　解　$\dfrac{3}{(s^2 + 4)} + \dfrac{3\sqrt{3}s}{2(s^2 + 4)}$

6. $\sin^2 t$。（註：$\cos(2t) = 2\cos^2(t) - 1 = 1 - 2\sin^2(t)$）

解　$\dfrac{1}{2s} - \dfrac{s}{2(s^2 + 4)}$

7. $\cos^2(2t)$。（註：$\cos(4t) = 2\cos^2(2t) - 1$）

解　$\dfrac{1}{2s} + \dfrac{s}{2(s^2 + 16)}$

8. $\delta(t) + 2 + 4e^{5t} + 6t^3 - 3\sin(4t) + 2\cos(2t)$
$- 4\sinh(2t) + 2\cosh(3t)$。

解　$1 + \dfrac{2}{s} + \dfrac{4}{s-5} + \dfrac{36}{s^4} - \dfrac{12}{s^2 + 16} + \dfrac{2s}{s^2 + 4} - \dfrac{8}{s^2 - 4} + \dfrac{2s}{s^2 - 9}$

第三式：第一移位性質

求下列函數的拉氏轉換：

1. $2te^t$。

解　$\dfrac{2}{(s-1)^2}$

2. $e^{-t}\cos 2t$。

解　$\dfrac{(s+1)}{(s+1)^2 + 4}$

3. $e^{-2t}t^2$。

解　$\dfrac{2}{(s+2)^3}$

4. $e^{-t}\sin(wt + \theta)$。

解　$\dfrac{w \cdot \cos\theta}{(s+1)^2 + w^2} + \dfrac{(s+1) \cdot \sin\theta}{(s+1)^2 + w^2}$

5. $e^{-2t}(3\cos(6t) - 5\sin(6t))$。

解　$3\left(\dfrac{s+2}{(s+2)^2 + 36}\right) - 5\left(\dfrac{6}{(s+2)^2 + 36}\right)$

第四式：微分的拉氏轉換

求下列函數的拉氏轉換：

1. $f(t) = \cos(t)$，求 (a)$L[f'(t)]$；(b)$L[f''(t)]$。

    解　(a) $\dfrac{-1}{s^2+1}$；(b) $\dfrac{-s}{s^2+1}$

2. 已知 $f'(t) = \dfrac{\sinh t}{t}$ 且 $f(0) = \dfrac{\pi}{2}$，求 $L[f(t)]$ 之值。（註：由第七式的

    例 2 知，$L\left[\dfrac{\sinh t}{t}\right] = -\dfrac{1}{2}\ln\dfrac{s-1}{s+1}$）

    解　$\dfrac{1}{2s}\left(\pi - \ln\dfrac{s-1}{s+1}\right)$

第五式：積分的拉氏轉換

求下列函數的拉氏轉換：

1. 求 $L\left[\int_0^t \cos 4t\, dt\right]$。

    解　$\dfrac{1}{s^2+16}$

2. 求 $L\left[\int_0^t (3 + 2e^{-2t} - 3\sin 2t + 4\cos 3t)\, dt\right]$。

    解　$\dfrac{1}{s}\left[\dfrac{3}{s} + \dfrac{2}{s+2} - \dfrac{6}{s^2+4} + \dfrac{4s}{s^2+9}\right]$

第六式：拉氏轉換的微分

求下列函數的拉氏轉換：

1. $L\left[t^2\, e^{-3t}\right]$。

    解　$\dfrac{2}{(s+3)^3}$

2. $L[t \sin 2t]$。

    解　$\dfrac{4s}{(s^2+4)^2}$

3. $L[t^2 \cos 2t]$。

    解　$\dfrac{2s^3 - 24s}{(s^2+4)^3}$

4. $L[(t^2 - 3t + 2)\sin 3t]$。

解 $\dfrac{18s^2 - 54}{(s^2 + 9)^3} - \dfrac{18s}{(s^2 + 9)^2} + \dfrac{6}{s^2 + 9}$

5. $L[(t\cos t - t\sin t)\,e^{2t}]$（比較第十式習題 (12)）

解 $\dfrac{s^2 - 6s + 7}{(s^2 - 4s + 5)^2}$

6. $L[\dfrac{1}{2}t\cos t + \dfrac{1}{2}\sin t]$（比較第 11 式習題 (5)）

解 $\dfrac{s^2}{(s^2 + 1)^2}$

第七式：拉氏轉換的積分

求下列函數的拉氏轉換：

1. $L\left[\dfrac{e^{-at} - e^{-bt}}{t}\right]$。

解 $\ln\dfrac{s + b}{s + a}$

2. $L\left[\dfrac{\cos(at) - \cos(bt)}{t}\right]$。

解 $\dfrac{1}{2}\ln\dfrac{s^2 + b^2}{s^2 + a^2}$

3. $L\left[\dfrac{e^{-t}\sin t}{t}\right]$。

解 $\dfrac{\pi}{2} - \tan^{-1}(s + 1)$

4. $L\left[\dfrac{1 - \cos(2t)}{t}\right]$。

解 $\dfrac{1}{2}\ln\dfrac{s^2 + 4}{s^2}$

第 2 章　反拉氏轉換

2.1　反拉氏轉換

・第八式：反拉氏轉換（Inverse Laplace Transforms）

■反拉氏轉換是拉氏轉換的相反運算，也就是若 $f(t)$ 的拉氏轉換是 $F(s)$（即 $L[f(t)] = F(s)$），則 $F(s)$ 的反拉氏轉換即爲 $f(t)$，記成 $L^{-1}[F(s)] = f(t)$。

■到目前爲止，求反拉氏轉換的方法有：

(1) 用「第一式」拉氏轉換的定義，直接代公式做轉換。例如：

(a) $L[e^{at}] = \dfrac{1}{s-a} \Rightarrow L^{-1}\left(\dfrac{1}{s-a}\right) = e^{at}$

(b) $L[\cos(wt)] = \dfrac{s}{s^2 + w^2} \Rightarrow L^{-1}\left(\dfrac{s}{s^2 + w^2}\right) = \cos(wt)$

(2) 用「第二式」線性性質，

$L[a\,f(t) + b\,g(t)] = a\,F(s) + bG(s)$

$\Rightarrow L^{-1}[a\,F(s) + b\,G(s)] = af(t) + bg(t)$

(3) 用「第三式」第一移位性質，

$L[e^{at}f(t)] = F(s-a) \Rightarrow L^{-1}[F(s-a)] = e^{at}f(t)$，

其做法爲：要求 $L^{-1}[F(s-a)]$ 時，

(a) 先把 $F(s-a)$ 的所有 $(s-a)$ 改成 s，即變成 $F(s)$，

(b) 再求出改成 s 的反拉氏轉換，即 $L^{-1}[F(s)] = f(t)$，

(c) 把 $F(s)$ 的所有 s 改回 $(s-a)$（我們的題目），只要將 (b) 的結果 $f(t)$ 再乘以 e^{at}。（見例 5）

(4) 用「第六式」拉氏轉換的微分，

$L[tf(t)] = -\dfrac{d}{ds}F(s) \Rightarrow tf(t) = L^{-1}[-\dfrac{d}{ds}F(s)]$

其做法爲：要求 $L^{-1}[F(s)]$ 時，

(a) 令 $L^{-1}[F(s)] = f(t)$

> (b) 又公式 $tf(t) = L^{-1}[-\dfrac{d}{ds}F(s)]$，即
>
> 　　將 $F(s)$ 微分再乘以 (–1)，再取反拉氏可求得 $tf(t)$
>
> (c) 最後再除以 t 可求得 $f(t)$（見例 8）
>
> （註：如果將 $F(s)$ 微分後的反拉氏會比較好解，就用此法解）

例 1 若 $F(s) = \dfrac{1}{s+3}$，求 $L^{-1}[F(s)]$。

解 用「第一式」解，

因 $L[e^{at}] = \dfrac{1}{s-a}$，所以 $F(s) = \dfrac{1}{s-(-3)}$，

$\Rightarrow L^{-1}\left[\dfrac{1}{s+3}\right] = L^{-1}\left[\dfrac{1}{s-(-3)}\right] = e^{-3t}$

例 2 若 $F(s) = \dfrac{5s}{s^2+3}$，求 $L^{-1}[F(s)]$。

解 用「第一式」，因 $L[\cos wt] = \dfrac{s}{s^2+w^2}$，

所以 $F(s) = \dfrac{5s}{s^2+3} = 5 \cdot \dfrac{s}{s^2+\left(\sqrt{3}\right)^2}$

$\Rightarrow L^{-1}\left[\dfrac{5s}{s^2+3}\right] = 5 \cdot L^{-1}\left[\dfrac{s}{s^2+\left(\sqrt{3}\right)^2}\right] = 5\cos\left(\sqrt{3}\,t\right)$

例 3 若 $F(s) = \dfrac{5}{s^4}$，求 $L^{-1}[F(s)]$。

解 用「第一式」，因 $L[t^n] = \dfrac{n!}{s^{n+1}}$，

所以 $F(s) = \dfrac{5}{s^4} = 5 \cdot \dfrac{\frac{1}{3!} \cdot 3!}{s^{3+1}} = \dfrac{5}{3!} \cdot \dfrac{3!}{s^{3+1}}$

$\Rightarrow L^{-1}\left[\dfrac{5}{s^4}\right] = \dfrac{5}{3!} \cdot L^{-1}\left[\dfrac{3!}{s^{3+1}}\right] = \dfrac{5}{6}t^3$

例 4 若 $F(s) = 1 + \dfrac{3}{s^3} + \dfrac{1}{s-2} + \dfrac{3}{s^2+4} - \dfrac{3s}{s^2+16}$，求 $L^{-1}[F(s)]$。

解 用「第一式」和「第二式」來解

$$L^{-1}[F(s)] = L^{-1}\left[1 + \frac{3}{s^3} + \frac{1}{s-2} + \frac{3}{s^2+4} - \frac{3s}{s^2+16}\right]$$

$$= L^{-1}[1] + L^{-1}\left[\frac{3}{s^3}\right] + L^{-1}\left[\frac{1}{s-2}\right] + L^{-1}\left[\frac{3}{s^2+4}\right] - L^{-1}\left[\frac{3s}{s^2+16}\right]$$

$$= L^{-1}[1] + L^{-1}\left[\frac{3 \cdot \frac{1}{2!} \cdot 2!}{s^{2+1}}\right] + L^{-1}\left[\frac{1}{s-2}\right] + L^{-1}\left[\frac{\frac{3}{2} \cdot 2}{s^2+2^2}\right] - L^{-1}\left[\frac{3 \cdot s}{s^2+4^2}\right]$$

$$= \delta(t) + \frac{3}{2}t^2 + e^{2t} + \frac{3}{2}\sin(2t) - 3\cos(4t)$$

例 5 若 $F(s) = \dfrac{5}{(s+2)^3}$，求 $f(t)$。

解 用「第三式」來解

(1) 將 $s+2$ 改成 s，再求其反拉氏，即

$$L^{-1}\left[\frac{5}{s^3}\right] = L^{-1}\left[\frac{\frac{5}{2!} \cdot 2!}{s^{2+1}}\right] = \frac{5}{2}t^2$$

(2) 將 (1) 的 s 改回 $(s+2) = s-(-2)$，只要將 (1) 的結果再乘以 e^{-2t}，

所以 $L^{-1}\left[\dfrac{5}{(s+2)^3}\right] = \dfrac{5}{2}t^2 \cdot e^{-2t}$

例 6 若 $F(s) = \dfrac{5}{(s-3)^2+2}$，求 $f(t)$。

解 用「第三式」來解

(1) 將 $s-3$ 改成 s，再求其反拉氏，即

$$L^{-1}\left[\frac{5}{s^2+2}\right] = L^{-1}\left[\frac{5 \cdot \frac{1}{\sqrt{2}} \cdot \sqrt{2}}{s^2+(\sqrt{2})^2}\right] = \frac{5}{\sqrt{2}}\sin(\sqrt{2}t)$$

(2) 將 (1) 的 s 改回 $(s-3)$，只要將 (1) 的結果再乘以 e^{3t}，

所以 $L^{-1}\left[\dfrac{5}{(s-3)^2+2}\right] = \dfrac{5}{\sqrt{2}}\sin(\sqrt{2}t) \cdot e^{3t}$

例 7 若 $F(s) = \dfrac{5(s+2)}{(s+2)^2+3}$，求 $f(t)$

解 (1) 將 $s+2$ 改成 s，再求其反拉氏，即

$$L^{-1}\left[\frac{5s}{s^2+(\sqrt{3})^2}\right] = 5\cos(\sqrt{3}t)$$

(2) 將 (1) 的 s 改回 $(s+2)$，只要將 (1) 的結果再乘以 e^{-2t}，

所以 $L^{-1}[\dfrac{5(s+2)}{(s+2)^2+3}] = 5\cos(\sqrt{3}t)e^{-2t}$

例 8 若 $F(s) = \ln\dfrac{s+a}{s+b}$，求 $f(t)$

解 用「第六式」來解

(1) 令 $L^{-1}[F(s)] = f(t)$

(2) $tf(t) = L^{-1}[-\dfrac{d}{ds}F(s)]$，而

$$\frac{d}{ds}F(s) = \frac{d}{ds}\ln\frac{s+a}{s+b}$$

$$= \frac{s+b}{s+a} \cdot \frac{d}{ds}\left(\frac{s+a}{s+b}\right)$$

$$= \frac{s+b}{s+a} \cdot \frac{b-a}{(s+b)^2}$$

$$= \frac{(b-a)}{(s+a)(s+b)}$$

(3) $tf(t) = -L^{-1}[\dfrac{(b-a)}{(s+a)(s+b)}]$

$\qquad = L^{-1}[\dfrac{1}{s+b} - \dfrac{1}{s+a}]$

$\qquad = e^{-bt} - e^{-at}$

(4) $f(t) = \dfrac{1}{t}(e^{-bt} - e^{-at})$

2.2　分母是二次式的反拉氏轉換

• 第九式：分母是二次式的反拉氏轉換

■ 分母是二次式，求反拉氏轉換的方法和求積分的方法相似，即：

要求 $F(s) = \dfrac{cs+d}{s^2+as+b}$ 的反拉氏轉換時，要先看分母的判別式

(1) 若分母的判別式 $(a^2-4b) > 0$，則用部分分式法解（見下一式（第十式）說明）。

(2) 若分母的判別式 $(a^2-4b) = 0$ 且 $c \neq 0$，則用部分分式法解（見下一式（第十式）說明）。

(3) 若分母的判別式 $(a^2-4b) = 0$ 且 $c = 0$，則用「第三式」解（見例1）。

(4) 若分母的判別式 $(a^2-4b) < 0$，則

　　(a) 將分母 s^2+as+b 改成 $(s+\alpha)^2+\beta^2$ 的形式（見例2）

　　(b) 若 $c \neq 0$，還要將分子分成二項，即「$(s+\alpha)$ 的倍數」再加一「常數」（見例3）。

例 1　若 $F(s) = \dfrac{5}{s^2+4s+4}$，求 $f(t)$。

解　此題是分母是二次式且判別式等於 0 的情況，

用前一節「第三式」來解（見前一節例5）

$$L^{-1}[F(s)] = L^{-1}\left[\frac{5}{s^2+4s+4}\right] = L^{-1}\left[\frac{5}{(s+2)^2}\right]$$

(1) 將 $s+2$ 改成 s，再求其反拉氏轉換，即 $L^{-1}\left[\dfrac{5}{s^2}\right] = 5t$

(2) 將 s 改回 $s-(-2)$ 時，結果要多乘以 e^{-2t}

　　即 $L^{-1}\left[\dfrac{5}{(s+2)^2}\right] = 5t \cdot e^{-2t}$

例 2　若 $F(s) = \dfrac{5}{s^2+2s+5}$，求 $f(t)$。

解 此題是分母是二次式且判別式小於 0 的情況，分母先改成

$(s+\alpha)^2 + \beta^2$，再用前一節「第三式」來解

$$L^{-1}[F(s)] = L^{-1}\left[\frac{5}{s^2+2s+5}\right] = L^{-1}\left[\frac{5}{(s+1)^2+4}\right]$$

(1) 將 $s+1$ 改成 s，再求其反拉氏轉換，即

$$L^{-1}\left[\frac{5}{s^2+4}\right] = L^{-1}\left[\frac{\frac{5}{2}\cdot 2}{s^2+2^2}\right] = \frac{5}{2}\sin(2t)$$

(2) 將 s 改回 $s-(-1)$ 時，結果要多乘以 e^{-t}

即 $L^{-1}\left[\dfrac{5}{(s+1)^2+4}\right] = \dfrac{5}{2}e^{-t}\sin(2t)$

例 3 若 $F(s) = \dfrac{s+5}{s^2+2s+5}$，求 $f(t)$。

解 此題也是分母是二次式且判別式小於 0 的情況

$$F(s) = \frac{s+5}{s^2+2s+5} = \frac{s+1+4}{(s+1)^2+2^2}$$

$$= \frac{(s+1)}{(s+1)^2+2^2} + \frac{2\cdot 2}{(s+1)^2+2^2}$$

〔註：第一項的分子也要表成 $(s+1)$，以便分子、分母可同時改成 s〕

(1) 將 $s+1$ 改成 s，再求其反拉氏轉換，即

$$L^{-1}\left[\frac{s}{s^2+2^2} + \frac{2\cdot 2}{s^2+2^2}\right] = \cos(2t) + 2\sin(2t)$$

(2) 將 s 改回 $s-(-1)$ 時，結果要多乘以 e^{-t}

所以 $L^{-1}[F(s)] = L^{-1}\left[\dfrac{(s+1)}{(s+1)^2+2^2} + \dfrac{2\cdot 2}{(s+1)^2+2^2}\right]$

$$= e^{-t}[\cos(2t) + 2\sin(2t)]$$

例 4　若 $F(s) = \dfrac{2s}{s^2 - 4s + 5}$，求 $f(t)$。

解　此題也是分母是二次式且判別式小於 0 的情況

$$F(s) = \frac{2s}{s^2 - 4s + 5}$$

$$= \frac{2(s-2) + 4}{(s-2)^2 + 1^2}$$

$$= \frac{2(s-2)}{(s-2)^2 + 1^2} + \frac{4 \cdot 1}{(s-2)^2 + 1^2}$$

〔註：第一項的分子也要表成 $(s-2)$，以便分子、分母可同時改成 s〕

(1) 將 $s-2$ 改成 s，再求其反拉氏轉換，即

$$L^{-1}[\frac{2s}{s^2 + 1^2} + \frac{4 \cdot 1}{s^2 + 1^2}] = 2\cos(t) + 4\sin(t)$$

(2) 將 s 改回 $s-(2)$ 時，結果要多乘以 e^{2t}

所以 $L^{-1}[F(s)] = L^{-1}[\dfrac{2(s-2)}{(s-2)^2 + 1^2} + \dfrac{4 \cdot 1}{(s-2)^2 + 1^2}]$

$$= e^{2t}[2\cos(t) + 4\sin(t)]$$

2.3 用部分分式法解反拉氏轉換

• 第十式：用部分分式法解反拉氏轉換

■ 設 $Y(s) = \dfrac{G(s)}{H(s)}$，$G(s)$ 和 $H(s)$ 均為實係數 s 的多項式，且無公因式，且 $G(s)$ 的 s 次方數低於 $H(s)$ 的 s 次方數。

■ 若分母 $H(s)$ 可分解成

$$H(s) = (s+a)(s+b)^3(s^2+cs+d)(s^2+es+f)^2$$

其中上式的二次式的判別式都小於 0，即

$c^2 - 4d < 0$，且 $e^2 - 4f < 0$，則

$$Y(s) = \frac{A_1}{s+a} + \frac{A_2}{s+b} + \frac{A_3}{(s+b)^2} + \frac{A_4}{(s+b)^3} + \frac{A_5 s + A_6}{(s^2+cs+d)}$$
$$+ \frac{A_7 s + A_8}{(s^2+es+f)} + \frac{A_9 s + A_{10}}{(s^2+es+f)^2}$$

其中 $A_1 \sim A_{10}$ 是未知數

（也就是分母是多項式相乘的分式，可以變成分母是多項式相加的式子）

■ 我們可以求出上式的 $A_1, A_2, \cdots, A_{10}$ 等未知數，再一一的求出其反拉氏轉換。

即 (1) $L^{-1}\left[\dfrac{A_1}{s+a}\right]$ 可用「第八式」的例 1 解。

   (2) $L^{-1}\left[\dfrac{A_4}{(s+b)^3}\right]$ 可用「第八式」的例 5 解。

   (3) $L^{-1}\left[\dfrac{A_5 s + A_6}{s^2+cs+d}\right]$ 可用「第九式」的例 3 解。

   (4) $L^{-1}\left[\dfrac{A_9 s + A_{10}}{(s^2+es+f)^2}\right]$ 可用第 11 式的「旋捲（convolution）」來解，或直接代下面的公式。

$$\begin{cases} L^{-1}\left[\dfrac{1}{(s^2+w^2)^2}\right] = \dfrac{1}{2w^3}\left[\sin(wt) - wt \cdot \cos(wt)\right] \\[3mm] L^{-1}\left[\dfrac{s}{(s^2+w^2)^2}\right] = \dfrac{t}{2w}\sin(wt) \end{cases}$$

■ 何時分成二項？

若分式的分子次方大於等於分母括號內的次方時，如：

$\dfrac{mx^2+nx+p}{(x^2+ax+b)^2}$ 或 $\dfrac{mx+n}{(ax+b)^2}$，此時要用部分分式法分成多項；反

之，若分式的分子次方小於分母括號內的次方時，就不需要，如：

$\dfrac{mx+n}{(x^2+ax+b)^2}$ 或 $\dfrac{m}{(ax+b)^2}$。

例1 若 $F(s)=\dfrac{s^2+2}{s(s+1)(s+2)}$，求 $f(t)$。

解 (1) 因 $\dfrac{s^2+2}{s(s+1)(s+2)}=\dfrac{a}{s}+\dfrac{b}{s+1}+\dfrac{c}{s+2}$ （a,b,c 是未知數）

(2) 同乘 $s(s+1)(s+2)$

$\Rightarrow s^2+2=a(s+1)(s+2)+bs(s+2)+cs(s+1)$

(a)$s=0$ 代入 $\Rightarrow 2=2a \Rightarrow a=1$

(b) $s=-1$ 代入 $\Rightarrow 3=-b \Rightarrow b=-3$

(c)$s=-2$ 代入 $\Rightarrow 6=2c \Rightarrow c=3$

$\Rightarrow \dfrac{s^2+2}{s(s+1)(s+2)}=\dfrac{1}{s}+\dfrac{-3}{s+1}+\dfrac{3}{s+2}$

(3) 所以 $L^{-1}\big[F(s)\big]=1-3e^{-t}+3e^{-2t}$

例2 若 $F(s)=\dfrac{5s^2-15s-11}{(s-2)^3(s+1)}$，求 $f(t)$。

解 (1) 因 $\dfrac{5s^2-15s-11}{(s-2)^3(s+1)}=\dfrac{a}{s+1}+\dfrac{b}{s-2}+\dfrac{c}{(s-2)^2}+\dfrac{d}{(s-2)^3}$

（a,b,c,d 是未知數）

(2) 同乘 $(s-2)^3(s+1)$

$\Rightarrow 5s^2-15s-11=a(s-2)^3+b(s+1)(s-2)^2$

$\qquad\qquad\qquad\qquad +c(s+1)(s-2)+d(s+1)$

(a)$s=-1$ 代入 $\Rightarrow 9=-27a \Rightarrow a=\dfrac{-1}{3}$

(b) $s = 2$ 代入 $\Rightarrow -21 = 3d \Rightarrow d = -7$

(c) 比較 s^3 的係數 $\Rightarrow 0 = a + b \Rightarrow b = -a = \dfrac{1}{3}$

(d) 比較常數的係數（或 $s = 0$ 代入）

$$\Rightarrow -11 = -8a + 4b - 2c + d \Rightarrow c = 4$$

(3) 所以 $\dfrac{5s^2 - 15s - 11}{(s-2)^3(s+1)} = \dfrac{-\dfrac{1}{3}}{s+1} + \dfrac{\dfrac{1}{3}}{s-2} + \dfrac{4}{(s-2)^2} + \dfrac{-7}{(s-2)^3}$

$$\Rightarrow L^{-1}[F(s)] = -\dfrac{1}{3}e^{-t} + \dfrac{1}{3}e^{2t} + 4te^{2t} - \dfrac{7}{2}t^2 e^{2t}$$

例 3 若 $F(s) = \dfrac{s}{(s+1)(s^2+2s+2)}$，求 $f(t)$。

解 (1) $\dfrac{s}{(s+1)(s^2+2s+2)} = \dfrac{a}{s+1} + \dfrac{bs+c}{s^2+2s+2}$

（a, b, c 是未知數）

(2) 同乘 $(s+1)(s^2+2s+2)$

$$\Rightarrow s = a(s^2 + 2s + 2) + (bs + c)(s+1)$$

(a) $s = -1$ 代入 $\Rightarrow -1 = a \Rightarrow a = -1$

(b) 比較 s^2 的係數 $\Rightarrow 0 = a + b \Rightarrow b = -a = 1$

(c) 比較常數的係數（或 $s = 0$ 代入）

$$\Rightarrow 0 = 2a + c \Rightarrow c = -2a = 2$$

(3) 所以 $\dfrac{s}{(s+1)(s^2+2s+2)} = \dfrac{-1}{s+1} + \dfrac{s+2}{s^2+2s+2}$

$$= \dfrac{-1}{s+1} + \dfrac{(s+1)}{(s+1)^2+1} + \dfrac{1}{(s+1)^2+1}$$

$$\Rightarrow L^{-1}[F(s)] = -e^{-t} + e^{-t}\cos(t) + e^{-t}\sin(t)$$

例 4 若 $F(s) = \dfrac{2}{(s^2+2s+5)^2}$，求 $f(t)$。

做法 此題的解法和解 $F(s) = \dfrac{2}{s^2+2s+5}$ 的反拉氏大致相同，只是最後代

的公式為 $L^{-1}\left[\dfrac{1}{(s^2+w^2)^2}\right]$ 而非 $L^{-1}\left[\dfrac{1}{s^2+w^2}\right]$

[解] 因 $\dfrac{2}{(s^2+2s+5)^2} = \dfrac{2}{(s^2+2s+1+4)^2} = \dfrac{2}{\left[(s+1)^2+2^2\right]^2}$

(1) 將 $(s+1)$ 改成 s，求其反拉氏轉換

$$L^{-1}\left[\dfrac{2}{\left(s^2+2^2\right)^2}\right] = 2 \cdot \dfrac{1}{2 \cdot 2^3}\left[\sin(2t) - 2t\cos(2t)\right] \text{（代入公式）}$$

(2) 將 s 改回 $(s+1)$，上式要多乘以 e^{-t}

$$\Rightarrow L^{-1}\left[\dfrac{2}{\left[(s+1)^2+2^2\right]^2}\right] = \dfrac{1}{8}e^{-t}\left[\sin(2t) - 2t\cos(2t)\right]$$

例 5 若 $F(s) = \dfrac{s}{(s^2+2s+5)^2}$，求 $f(t)$。

做法 此題是代 $L^{-1}\left[\dfrac{s}{(s^2+w^2)^2}\right]$ 公式，而非 $L^{-1}\left[\dfrac{s}{s^2+w^2}\right]$

[解] 因 $\dfrac{s}{(s^2+2s+5)^2} = \dfrac{s}{(s^2+2s+1+4)^2}$

$$= \dfrac{(s+1)}{\left[(s+1)^2+2^2\right]^2} - \dfrac{1}{\left[(s+1)^2+2^2\right]^2}$$

(1) 將 $(s+1)$ 改成 s，求其反拉氏轉換

$$L^{-1}\left[\dfrac{s}{\left(s^2+2^2\right)^2} - \dfrac{1}{\left(s^2+2^2\right)^2}\right]$$

$$= \dfrac{t}{2 \cdot 2}\sin(2t) - \dfrac{1}{2 \cdot 2^3}\left[\sin(2t) - 2t\cos(2t)\right] \text{（代入公式）}$$

(2) 將 s 改回 $(s+1)$，上式要多乘以 e^{-t}

$$L^{-1}\left[\dfrac{s+1}{\left((s+1)^2+2^2\right)^2} - \dfrac{1}{\left((s+1)^2+2^2\right)^2}\right]$$

$$= e^{-t}\left\{\dfrac{t}{4}\sin(2t) - \dfrac{1}{16}\left[\sin(2t) - 2t\cos(2t)\right]\right\}$$

例 6 若 $F(s) = \dfrac{s^2 + 2s}{(s^2 + 2s + 2)^2}$，求 $f(t)$。

做法 此題的分子的次方是 s^2，而分母括號內也是 s^2，所以要用部分分式法分成 2 項

解 (1) $\dfrac{s^2 + 2s}{(s^2 + 2s + 2)^2} = \dfrac{as + b}{s^2 + 2s + 2} + \dfrac{cs + d}{(s^2 + 2s + 2)^2}$

(2) 同乘 $(s^2 + 2s + 2)^2 \Rightarrow s^2 + 2s = (as + b)(s^2 + 2s + 2) + (cs + d)$

   (a) 比較 s^3 的係數 $\Rightarrow 0 = a \Rightarrow a = 0$

   (b) 比較 s^2 的係數 $\Rightarrow 1 = 2a + b \Rightarrow b = 1$

   (c) 比較 s^1 的係數 $\Rightarrow 2 = 2a + 2b + c \Rightarrow c = 2 - 2b = 0$

   (d) 比較常數的係數 $\Rightarrow 0 = 2b + d \Rightarrow d = -2b = -2$

(3) 所以 $\dfrac{s^2 + 2s}{(s^2 + 2s + 2)^2} = \dfrac{1}{s^2 + 2s + 2} + \dfrac{-2}{(s^2 + 2s + 2)^2}$

$$= \dfrac{1}{(s+1)^2 + 1} + \dfrac{-2 \cdot 1}{\left[(s+1)^2 + 1\right]^2}$$

(4) 而 $L^{-1}\left[\dfrac{1}{(s+1)^2 + 1}\right] = e^{-t}\sin t$

$$L^{-1}\left[\dfrac{-2 \cdot 1}{(s^2 + 1^2)^2}\right] = \dfrac{-2}{2}\left[\sin(t) - t\cos(t)\right] \text{（代入公式）}$$

$$\Rightarrow L^{-1}\left[\dfrac{-2 \cdot 1}{\left[(s+1)^2 + 1^2\right]^2}\right] = \dfrac{-2}{2}e^{-t}\left[\sin(t) - t\cos(t)\right]$$

(5) 所以 $L^{-1}\left[F(s)\right] = e^{-t}\sin t - e^{-t}\left[\sin(t) - t\cos(t)\right]$

$$= te^{-t}\cos(t)$$

例 7 求下列函數的反拉氏轉換（分母是二次式的總整理）

(1) $\dfrac{2s}{s^2+4s+3}$　(2) $\dfrac{2}{s^2+4s+4}$　(3) $\dfrac{2s+3}{s^2+4s+4}$

(4) $\dfrac{2}{s^2+4s+5}$　(5) $\dfrac{2s+3}{s^2+4s+5}$

解 (1) 分母判別式大於 0，用部分分式法解之

$$\frac{2s}{s^2+4s+3}=\frac{2s}{(s+1)(s+3)}=\frac{-1}{s+1}+\frac{3}{s+3}$$

$$\Rightarrow L^{-1}[\frac{2s}{s^2+4s+3}]=L^{-1}[\frac{-1}{s+1}]+L^{-1}[\frac{3}{s+3}]$$

$$=-e^{-t}+3e^{-3t}$$

(2) 分母判別式等於 0 且分子為常數，用第三式解之

$$L^{-1}[\frac{2}{s^2+4s+4}]=2L^{-1}[\frac{1}{(s+2)^2}]=2te^{-2t}$$

(3) 分母判別式等於 0 且分子為 s 的一次方，用部分分式法解之

$$L^{-1}[\frac{2s+3}{s^2+4s+4}]=L^{-1}[\frac{2(s+2)}{(s+2)^2}+\frac{-1}{(s+2)^2}]$$

$$=2L^{-1}[\frac{1}{(s+2)}]-L^{-1}[\frac{1}{(s+2)^2}]=2e^{-2t}-te^{-2t}$$

(4) 分母判別式小於 0 且分子為常數，用第三式解之

$$L^{-1}[\frac{2}{s^2+4s+5}]=L^{-1}[\frac{2}{(s+2)^2+1}]=2e^{-2t}\sin t$$

(5) 分母判別式等於 0 且分子為 s 的一次方，分子要分成二項

$$L^{-1}[\frac{2s+3}{s^2+4s+5}]=L^{-1}[\frac{2(s+2)-1}{(s+2)^2+1}]$$

$$=L^{-1}[\frac{2(s+2)}{(s+2)^2+1}-\frac{1}{(s+2)^2+1}]$$

$$=(2\cos t-\sin t)e^{-2t}$$

2.4 旋捲——求二函數相乘的反拉氏轉換

> • 第 11 式：旋捲 (convolution) —— 求二函數相乘的反拉氏轉換
>
> ■若 $L^{-1}[F(s)] = f(t)$，$L^{-1}[G(s)] = g(t)$，則
>
> $$L^{-1}[F(s) \cdot G(s)] = \int_0^t f(u)\, g(t-u)\, du$$
>
> ■說明：要求二函數相乘的反拉氏轉換，可先將二函數的反拉氏轉換
>   個別求出來，相乘〔參數 t 一個改成 u，另一個改成 $(t-u)$〕
>   後再積分即可得到。
>
> 〔註：哪一個函數的 t 改成 u，哪一個函數的 t 改成 $(t-u)$，算出來
>   的答案均相同〕
>
> ■公式：$\begin{bmatrix} L^{-1}\left[\dfrac{1}{(s^2+w^2)^2}\right] = \dfrac{1}{2w^3}\left[\sin(wt) - wt\cos(wt)\right] \\[3mm] L^{-1}\left[\dfrac{s}{(s^2+w^2)^2}\right] = \dfrac{t}{2w}\sin(wt) \end{bmatrix}$
>
>   可以用此旋捲法來證明。

例 1 用旋捲解 $L^{-1}\left[\dfrac{1}{(s-1)(s-2)}\right]$。

解 (1) 因 $L^{-1}\dfrac{1}{(s-1)} = e^t$，$L^{-1}\dfrac{1}{(s-2)} = e^{2t}$

(2) 將第一項的 t 改成 u，第二項的 t 改成 $(t-u)$

(3) 所以 $L^{-1}\left[\dfrac{1}{(s-1)(s-2)}\right] = \int_0^t e^u \cdot e^{2(t-u)} du$

$$= \int_0^t e^{2t} \cdot e^{-u} du = e^{2t}\left[\int_0^t e^{-u} du\right]$$

$$= e^{2t} \cdot \left[-e^{-u}\Big|_{u=0}^t\right] = e^{2t}\left[1 - e^{-t}\right]$$

註：本題用部分分式法解會比較簡單，放在這裏的目的是要練習旋捲
   的用法

例 2 用旋捲解 $L^{-1}\left[\dfrac{1}{s(s+1)^2}\right]$。

解 (1) 因 $L^{-1}\left[\dfrac{1}{s}\right] = 1$，$L^{-1}\left[\dfrac{1}{(s+1)^2}\right] = te^{-t}$

(2) 將第二項的 t 改成 u，第一項的 t 改成 $(t-u)$（因沒有 t，所以不用換）

(3) $L^{-1}\left[\dfrac{1}{s(s+1)^2}\right] = \displaystyle\int_0^t ue^{-u} \cdot (1)du$

$\qquad\qquad\qquad\quad = \displaystyle\int_0^t ue^{-u}du$ （用分部積分法解）

$\qquad\qquad\qquad\quad = (-ue^{-u} - e^{-u})\Big|_{u=0}^t$

$\qquad\qquad\qquad\quad = (-te^{-t} - e^{-t}) - (0 - e^0)$

$\qquad\qquad\qquad\quad = -te^{-t} - e^{-t} + 1$

註：用部分分式法解會比較簡單

例 3 證明：$L^{-1}\left[\dfrac{s}{(s^2+w^2)^2}\right] = \dfrac{t}{2w}\sin wt$。

解 (1) 因 $L^{-1}\left[\dfrac{s}{s^2+w^2}\right] = \cos(wt)$，

$\qquad L^{-1}\left[\dfrac{1}{s^2+w^2}\right] = \dfrac{1}{w}\sin(wt)$

(2) 所以 $L^{-1}\left[\dfrac{s}{(s^2+w^2)^2}\right] = \dfrac{1}{w}\displaystyle\int_0^t \sin wu \cdot \cos[w(t-u)]du$

$\qquad\qquad = \dfrac{1}{2w}\displaystyle\int_0^t \big[\sin(wt) + \sin[w(2u-t)]\big]du$ （積化和差）

$\qquad\qquad = \dfrac{1}{2w}\left[\displaystyle\int_0^t \sin wt\, du + \int_0^t \sin[w(2u-t)]du\right] \cdots\cdots(a)$

(i) 先求 $\displaystyle\int_0^t \sin wt\, du = \sin(wt) \cdot u\Big|_{u=0}^t = t\sin(wt)$

(ii) 再求 $\displaystyle\int_0^t \sin[w(2u-t)]du$，

$\qquad$ 令 $p = w(2u-t) \Rightarrow dp = 2w\, du$，

當 $u = 0$ 時，$p = -wt$；

當 $u = t$ 時，$p = wt$

所以 $\int_0^t \sin[w(2u-t)]du = \int_{-wt}^{wt} \sin(p)\dfrac{dp}{2w}$

$$= \dfrac{-\cos(p)}{2w}\bigg|_{p=-wt}^{wt} = 0$$

(3) 由 (a) $\Rightarrow L^{-1}\left[\dfrac{s}{(s^2+w^2)^2}\right] = \dfrac{1}{2w} \cdot t\sin(wt) = \dfrac{t}{2w}\sin(wt)$

例 4 證明：$L^{-1}\left[\dfrac{1}{(s^2+w^2)^2}\right] = \dfrac{1}{2w^3}\left[\sin(wt) - wt\cos(wt)\right]$。

解 (1) 因 $L^{-1}\left[\dfrac{1}{(s^2+w^2)}\right] = \dfrac{1}{w}\sin wt$，

(2) 所以 $L^{-1}\left[\dfrac{1}{(s^2+w^2)^2}\right] = \dfrac{1}{w^2}\int_0^t \sin(wu)\cdot\sin[w(t-u)]du$

$= \dfrac{1}{w^2}\int_0^t \sin(wu)\cdot\sin(wt-wu)du$ （積化和差）

$= \dfrac{1}{w^2}\int_0^t \dfrac{1}{2}\left[\cos(2wu-wt) - \cos(wt)\right]du$

$= \dfrac{1}{2w^2}\left[\int_0^t \cos(2wu-wt)du - \int_0^t \cos(wt)\cdot du\right]\cdots\cdots(a)$

(i) 先求 $\int_0^t \cos(2wu-wt)du$

令 $p = (2wu-wt) \Rightarrow dp = 2w\,du$，

當 $u = 0 \Rightarrow p = -wt$；當 $u = t \Rightarrow p = wt$

所以 $\int_0^t \cos(2wu-wt)du = \int_{-wt}^{wt} \cos(p)\cdot\dfrac{dp}{2w}$

$$= \dfrac{1}{2w}\sin p\bigg|_{p=-wt}^{wt}$$

$$= \dfrac{2\sin(wt)}{2w}$$

$$= \dfrac{\sin(wt)}{w}$$

(ii) 再求 $\int_0^t \cos(wt) \cdot du = u \cdot \cos(wt)\Big|_{u=0}^t = t\cos(wt)$

(3) 代入 (a) $\Rightarrow L^{-1}\left[\dfrac{1}{\left(s^2+w^2\right)^2}\right]$

$$= \dfrac{1}{2w^2}\left[\dfrac{\sin(wt)}{w} - t\cos(wt)\right]$$

$$= \dfrac{1}{2w^3}\left[\sin(wt) - wt\cos(wt)\right]$$

練習題

第八式：反拉氏轉換

求下列函數的反拉氏轉換：

1. (1) $L^{-1}\left\{\dfrac{1}{s^4}\right\}$；(2) $L^{-1}\left\{\dfrac{6s}{s^2-16}\right\}$；(3) $L^{-1}\left\{\dfrac{1}{s^2-3}\right\}$；(4) $L^{-1}\left[\dfrac{4}{s-2}\right]$；

(5) $L^{-1}\left[\dfrac{1}{s^2+9}\right]$；(6) $L^{-1}\left[\dfrac{9}{s^3}\right]$；(7) $L^{-1}\left[\dfrac{s}{s^2+2}\right]$；(8) $L^{-1}\left[\dfrac{5s+4}{s^3} - \dfrac{2s-18}{s^2+9}\right]$；

(9) $L^{-1}\left\{\dfrac{6}{2s-3} - \dfrac{3+4s}{9s^2-16} + \dfrac{8-6s}{16s^2+9}\right\}$；(10) $L^{-1}\left[\ln\dfrac{s-1}{s}\right]$；

(11) $L^{-1}\left[\ln\dfrac{s^2-1}{s^2}\right]$

解 (1) $\dfrac{t^3}{6}$；(2) $6\cosh(4t)$；(3) $\dfrac{\sinh(\sqrt{3}t)}{\sqrt{3}}$；(4) $4e^{2t}$；(5) $\dfrac{\sin(3t)}{3}$；

(6) $\dfrac{9}{2}\cdot t^2$；(7) $\cos(\sqrt{2}t)$；(8) $5t+2t^2-2\cos 3t+6\sin 3t$；

(9) $3e^{\frac{3t}{2}} - \dfrac{1}{4}\sinh(\dfrac{4t}{3}) - \dfrac{4}{9}\cosh(\dfrac{4t}{3}) + \dfrac{2}{3}\sin(\dfrac{3t}{4}) - \dfrac{3}{8}\cos(\dfrac{3t}{4})$；

(10) $\dfrac{1}{t}(1-e^t)$；(11) $\dfrac{2}{t}[1-\cosh(t)]$

第九式：分母是二次式的反拉氏轉換

求下列函數的反拉氏轉換。

2. (1) $\dfrac{1}{s^2-2s+5}$；(2) $\dfrac{s+2}{s^2+4s+5}$；(3) $\dfrac{6s-4}{s^2-4s+20}$；(4) $\dfrac{2s+3}{s^2+2s+2}$

解 (1) $\dfrac{1}{2}e^t \sin 2t$；(2) $e^{-2t}\cos t$；(3) $6e^{2t}\cos 4t + 2e^{2t}\sin 4t$；

　　(4) $\left[2\cos t + \sin t\right]e^{-t}$

第十式：用部分分式法解反拉氏轉換

求下列函數的反拉氏轉換。

3. (1) $\dfrac{s+12}{s^2+4s}$；(2) $\dfrac{3s}{s^2+2s-8}$；(3) $\dfrac{1}{s(s^2+1)}$；(4) $\dfrac{1}{s^2(s^2+9)}$；

　　(5) $L^{-1}\left\{\dfrac{4s+12}{s^2+8s+16}\right\}$

　　解 (1) $3-2e^{-4t}$；(2) $e^{2t}+2e^{-4t}$；(3) $1-\cos t$；(4) $\dfrac{1}{9}t - \dfrac{1}{27}\sin 3t$；

　　　(5) $4e^{-4t} - 4te^{-4t}$

4. $L^{-1}\left\{\dfrac{3s+7}{s^2-2s-3}\right\}$。

　　解　$3e^t\cosh 2t + 5e^t\sinh 2t = 4e^{3t} - e^{-t}$

5. $L^{-1}\left\{\dfrac{5s^2-15s-11}{(s+1)(s-2)^3}\right\}$。

　　解　$\dfrac{-1}{3}e^{-t} - \dfrac{7}{2}t^2 e^{2t} + 4te^{2t} + \dfrac{1}{3}e^{2t}$

6. $L^{-1}\left\{\dfrac{3s+1}{(s-1)(s^2+1)}\right\}$。

　　解　$2e^t - 2\cos t + \sin t$

7. $L^{-1}\left\{\dfrac{2s^2-4}{(s+1)(s-2)(s-3)}\right\}$。

　　解　$\dfrac{-1}{6}e^{-t} - \dfrac{4}{3}e^{2t} + \dfrac{7}{2}e^{3t}$

8. $L^{-1}\left\{\dfrac{s^2+2s+3}{(s^2+2s+2)(s^2+2s+5)}\right\}$。

　　解　$\dfrac{1}{3}e^{-t}\sin t + \dfrac{1}{3}e^{-t}\sin 2t$

9. $\dfrac{3s^2 - 6s + 7}{(s^2 - 2s + 5)^2}$。

　　解　$\dfrac{3}{2} e^t \sin 2t - \dfrac{1}{2} e^t (\sin 2t - 2t \cos 2t)$

10. $\dfrac{s^2 - 6s + 7}{(s^2 - 4s + 5)^2}$。（比較第 6 式習題 (5)）

　　解　$(t \cos t - t \sin t) e^{2t}$

第 11 式：旋捲

以下各題，請用「旋捲」定理來求其反拉氏轉換。

1. $L^{-1} \left[\dfrac{1}{(s+3)(s+1)} \right]$。

　　解　$\dfrac{1}{2} \left[e^{-t} - e^{-3t} \right]$

2. $L^{-1} \left[\dfrac{1}{(s+1)(s^2+1)} \right]$。

　　解　$\dfrac{1}{2} \left[e^{-t} - \cos t + \sin t \right]$

3. $L^{-1} \left[\dfrac{1}{(s+2)^2(s-2)} \right]$。

　　解　$e^{2t} \left(-\dfrac{1}{4} t e^{-4t} - \dfrac{1}{16} e^{-4t} + \dfrac{1}{16} \right)$

4. $L^{-1} \left[\dfrac{1}{s^2(s-1)} \right]$。

　　解　$e^t - 1 - t$

5. $L^{-1} \left[\dfrac{s^2}{(s^2+1)^2} \right]$。（比較第 6 式練習 (6)）

　　解　$\dfrac{1}{2} t \cos t + \dfrac{1}{2} \sin t$

第 3 章　其他類型的拉氏轉換

3.1　t 軸之移位（第二移位性質）

• 第 12 式：t（時間）軸之移位（第二移位性質）

■本篇「第三式」$L[e^{at}f(t)] = F(s-a)$ 爲第一移位性質，它是移動 s 軸，本式爲第二移位性質，它是移動 t 軸。

■介紹一個新函數，稱爲「單位階梯函數」（unit step functiom，或翻譯成「步階函數」）：

$$u_a(t) = u(t-a) = \begin{cases} 0, \text{當 } t < a \\ 1, \text{當 } t > a \end{cases} \quad (a \geq 0) \quad （見下圖）。$$

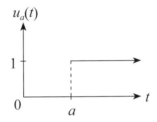

所以 $f(t)u(t-a)$ 的值爲

(1) 當 $t < a$ 時，$f(t)u(t-a) = 0$

(2) 當 $t > a$ 時，$f(t)u(t-a) = f(t)$

■以前介紹的拉氏轉換因都在 $t > 0$ 時，所以會直接寫成

$L[f(t)] = F(s)$，其實更嚴謹的寫法應該寫成

$$L[f(t)u(t)] = F(s)，$$

也就是

(1) $L[u(t)] = \dfrac{1}{s}$，

(2) $L[tu(t)] = \dfrac{1}{s^2}$，

(3) $L[t^n u(t)] = \dfrac{n!}{s^{n+1}}$，

(4) $L[e^{at}u(t)] = \dfrac{1}{s-a}$ （$s > a$）等。

■本節爲第二移位性質，其爲：

$$f(t-a)u(t-a) = \begin{cases} f(t-a), & t > a \\ 0, & t < a \end{cases}$$

其拉氏轉換 $L[f(t-a)u(t-a)] = e^{-as}F(s)$

證明：$L[f(t-a)u(t-a)] = \int_0^\infty e^{-st} f(t-a)u(t-a)dt$

$= \int_0^a e^{-st} f(t-a)u(t-a)dt + \int_a^\infty e^{-st} f(t-a)u(t-a)dt$

$= \int_0^a e^{-st} f(t-a) \cdot 0 \, dt + \int_a^\infty e^{-st} f(t-a) \cdot 1 \, dt$

$= \int_a^\infty e^{-st} f(t-a)dt$　……(1)

令 $t - a = x \Rightarrow t = x + a$ 且 $dt = dx$

當 $t = a \Rightarrow x = 0$，當 $t = \infty \Rightarrow x = \infty$

$(1) \Rightarrow \int_0^\infty e^{-s(x+a)} f(x)dx = e^{-sa}\int_0^\infty e^{-sx} f(x)dx = e^{-as}F(s)$

■說明：它有二種用途：

(1) 求拉氏轉換：$L[f(t-a)u(t-a)] = e^{-as}F(s)$

要求 $f(t-a)u(t-a)$ 的拉氏轉換時，

(a) 先將 $f(t-a)u(t-a)$ 內的 t 用 $(t+a)$ 取代〔此處的 a 是 $u(t-a)$ 內的 a〕，得到 $f(t)u(t)$。

〔註：它是將函數 $f(t-a)u(t-a)$ 往左平移 a 單位，也就是函數從原點其值就出現〕。

(b) 求出 (a) 的 $f(t)u(t)$ 的拉氏轉換爲 $F(s)$（此時可直接代拉氏轉換的公式）。

(c) 將 (b) 的 t 改回 $t-a$，即 $f(t-a)u(t-a)$，它的拉氏轉換爲 (b) 的結果多乘以 e^{-as}，即

$$L[f(t-a)u(t-a)] = e^{-as}F(s)$$

(2) 求反拉氏轉換：$L^{-1}[e^{-as}F(s)] = f(t-a)u(t-a)$

要求 $e^{-as}F(s)$ 的反拉氏轉換時，

(a) 先求 $F(s)$ 的反拉氏轉換，爲 $f(t)$，即

$L^{-1}[F(s)] = f(t)u(t)$（要嚴謹寫出 $u(t)$）。

(b) 將 e^{-as} 加到 $F(s)$ 前，只要將 (a) 結果的 t 改成 $(t-a)$，即

$L^{-1}[e^{-as}F(s)] = f(t-a)u(t-a)$。

例 1　求 $L[u(t-a)]$，（其中 $u(t-a) = \begin{cases} 0\,,當\ t < a \\ 1\,,當\ t > a \end{cases}$）。

解　用定義來做 $L[u(t-a)] = \int_0^\infty e^{-st} u_a(t)\,dt$

$\qquad\qquad\qquad\qquad = \int_0^a 0 \cdot e^{-st}\,dt + \int_a^\infty 1 \cdot e^{-st}\,dt$

$\qquad\qquad\qquad\qquad = -\dfrac{1}{s} e^{-st} \Big|_{t=a}^\infty = \dfrac{e^{-as}}{s}$

$$\boxed{公式：L[u(t-a)] = \dfrac{e^{-as}}{s}}$$

例 2　求 $f(t) = \begin{cases} (t-2)^3\,,\ t > 2 \\ 0 \qquad\,,\ t < 2 \end{cases}$ 的拉氏轉換。

解　原式即為：$f(t) = (t-2)^3 u(t-2)$ 所以

(1) 先將 $(t-2)^3 u(t-2)$ 內的 t 用 $(t+2)$ 取代 $\Rightarrow t^3 u(t) = t^3$

(2) 解 $L[t^3] = \dfrac{3!}{s^4} = \dfrac{6}{s^4}$

(3) 將 t 改回 $t-2$，即 $f(t) = (t-2)^3 u(t-2)$，

　　它的拉氏轉換為 (2) 的結果多乘以 e^{-2s}，

　　即 $L[(t-2)^3 u(t-2)] = e^{-2s} \cdot \dfrac{6}{s^4} = \dfrac{6e^{-2s}}{s^4}$

例 3　求 $f(t) = t^2 u(t-3)$ 的拉氏轉換。

解　(1) 先將 $t^2 u(t-3)$ 內的 t 用 $(t+3)$ 取代

$\qquad \Rightarrow (t+3)^2 u(t) = t^2 + 6t + 9$

(2) 解 $L[t^2 + 6t + 9] = \dfrac{2}{s^3} + \dfrac{6}{s^2} + \dfrac{9}{s}$

(3) 將 t 改回 $t-3$，即 $f(t) = t^2 u(t-3)$，

　　它的拉氏轉換為 (2) 的結果多乘以 e^{-3s}，

　　即 $L\left[t^2 u(t-3)\right] = e^{-3s} \cdot \left(\dfrac{2}{s^3} + \dfrac{6}{s^2} + \dfrac{9}{s}\right)$

例 4　求 $L^{-1}\left[\dfrac{e^{-3s}}{s^3}\right]$。

解　(1) 先求 $L^{-1}\left[\dfrac{1}{s^3}\right] = \dfrac{t^2}{2} u(t)$（要嚴謹寫出 $u(t)$）

　　(2) 加入 e^{-3s}，只要將 (1) 的 t 改成 $(t-3)$

　　　$\Rightarrow L^{-1}\left[\dfrac{e^{-3s}}{s^3}\right] = \dfrac{(t-3)^2}{2} u(t-3)$

例 5　求下圖的表示法及其拉氏轉換。

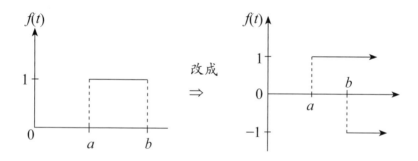

解

　(1) 左圖的表示法為 $f(t) = u(t-a) - u(t-b)$，

　(2) 所以 $L[f(t)] = L[u(t-a)] - L[u(t-b)] = \dfrac{e^{-as}}{s} - \dfrac{e^{-bs}}{s}$

例 6　求下圖的函數及其拉氏轉換。

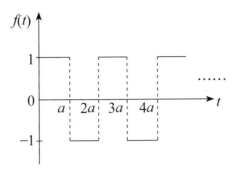

解 (1) $f(t) = 1 - 2u(t-a) + 2u(t-2a) - 2u(t-3a) + \cdots\cdots$

(2) $L[f(t)] = \left[\dfrac{1}{s} - \dfrac{2e^{-as}}{s} + \dfrac{2e^{-2as}}{s} - \dfrac{2e^{-3as}}{s} + \cdots\cdots \right]$

$\qquad = \dfrac{1}{s} - \dfrac{2}{s}\left[e^{-as} - e^{-2as} + e^{-3as} - \cdots\cdots \right]$ （等比級數）

$\qquad = \dfrac{1}{s} - \dfrac{2}{s} \cdot \dfrac{e^{-as}}{1+e^{-as}} = \dfrac{1}{s}\left[1 - \dfrac{2e^{-as}}{1+e^{-as}} \right] = \dfrac{1}{s} \cdot \dfrac{1-e^{-as}}{1+e^{-as}}$

例 7 若 $f(t) = \begin{cases} 0, & t < 0 \\ t, & 0 < t < 1 \\ 2t, & 1 < t < 2 \\ 0, & t > 2 \end{cases}$ ，求其拉氏轉換。

解 (1) $f(t) = t[u(t) - u(t-1)] + 2t[u(t-1) - u(t-2)]$

$\qquad = tu(t) + tu(t-1) - 2tu(t-2)$

(2) $L[f(t)] = L[tu(t) + tu(t-1) - 2tu(t-2)]$

$\qquad\qquad = \dfrac{1}{s^2} + \left(\dfrac{1}{s^2} + \dfrac{1}{s} \right)e^{-s} - \left(\dfrac{2}{s^2} + \dfrac{4}{s} \right)e^{-2s}$

例 8 求 $L^{-1}\left[\dfrac{1-e^{-s}}{s(s^2+1)} \right]$

解 (1) $\dfrac{1}{s(s^2+1)} = \dfrac{1}{s} - \dfrac{s}{s^2+1}$

(2) $L^{-1}\left[\dfrac{1-e^{-s}}{s(s^2+1)} \right] = L^{-1}\left[\dfrac{1}{s} - \dfrac{s}{s^2+1} \right] - L^{-1}\left[\left(\dfrac{1}{s} - \dfrac{s}{s^2+1} \right)e^{-s} \right]$

$\qquad\qquad = (1 - \cos t)u(t) - [1 - \cos(t-1)]u(t-1)$

3.2　週期函數的拉氏轉換

• 第 13 式：週期函數的拉氏轉換

■若函數 $f(t)$ 是週期為 T 的週期函數，則 $f(t+T)=f(t)$（對所有 $t>0$）

■$f(t)$ 是週期為 T 的週期函數，其拉氏轉換為

$$L[f(t)] = \frac{1}{1-e^{-Ts}} \int_0^T e^{-st} f(t)\, dt \quad (s>0),$$

也就是要求週期為 T 的函數的拉氏轉換，只要積分積一個週期，再乘以 $\dfrac{1}{1-e^{-Ts}}$。

■證明：

$L[f(t)] = \int_0^\infty e^{-st} \cdot f(t)\, dt$

$\quad = \int_0^T e^{-st} \cdot f(t)\, dt + \int_T^{2T} e^{-st} \cdot f(t)\, dt + \int_{2T}^{3T} e^{-st} \cdot f(t)\, dt + \cdots$　(1)

因 $f(t)$ 是週期為 T 函數，$f(T+t)=f(t)$、$f(2T+t)=f(t)$、……

$(1) = \int_0^T e^{-st} f(t)\, dt + \int_0^T e^{-s(T+t)} f(T+t)\, dt + \int_0^T e^{-s(2T+t)} f(2T+t)\, dt + \cdots$

$\quad = \int_0^T e^{-st} f(t)\, dt + e^{-sT} \int_0^T e^{-st} f(t)\, dt + e^{-2sT} \int_0^T e^{-st} f(t)\, dt + \cdots$

$\quad = (1 + e^{-sT} + e^{-2sT} + \cdots) \int_0^T e^{-st} f(t)\, dt$

　　（第一項為等比級數，公比為 e^{-sT}）

$\quad = \frac{1}{1-e^{-sT}} \int_0^T e^{-st} f(t)\, dt$

例 1　若下圖的週期為 $T=2$，求其拉氏轉換。

$$f(t) = \begin{cases} 1, & \text{當 } 0<t<1 \\ -1, & \text{當 } 1<t<2 \end{cases}$$

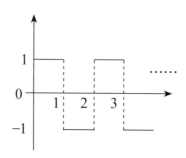

解 (1) 利用週期函數公式 $\Rightarrow L[f(t)] = \dfrac{1}{1-e^{-2s}} \cdot \int_0^2 e^{-st} f(t)\, dt$

(2) 而 $\displaystyle\int_0^2 e^{-st} f(t)\, dt = \int_0^1 1 \cdot e^{-st} dt + \int_1^2 (-1) \cdot e^{-st} dt$

$$= \frac{1}{-s}[e^{-st} \mid_{t=0}^{1} - e^{-st} \mid_{t=1}^{2}]$$

$$= -\frac{1}{s}[2e^{-s} - e^{-2s} - 1]$$

$$= \frac{1}{s}[e^{-2s} + 1 - 2e^{-s}]$$

(3) 所以 $L[f(t)] = \dfrac{1}{1-e^{-2s}} \cdot \dfrac{1}{s}[e^{-2s} + 1 - 2e^{-s}]$

$$= \frac{1}{s(1-e^{-2s})}\left[1 - 2e^{-s} + e^{-2s}\right]$$

例2 求下圖鋸齒波形的拉氏轉換。

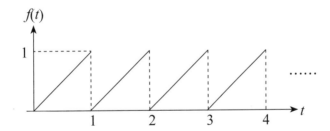

即 $f(t) = t,\ (0 < t < 1)$

解 (1) 週期為 1 $\Rightarrow L[f(t)] = \dfrac{1}{1-e^{-s}} \displaystyle\int_0^1 te^{-st} dt$

(2) 而 $\displaystyle\int_0^1 t \cdot e^{-st} dt = -\frac{t}{s} e^{-st}\bigg|_{t=0}^{1} + \frac{1}{s}\int_0^1 e^{-st} dt$ （分部積分法）

$$= -\frac{1}{s} e^{-s} - \frac{1}{s^2}(e^{-s} - 1)$$

(3) 所以 $L[f(t)] = \dfrac{1}{1-e^{-s}}\left[-\dfrac{1}{s} e^{-s} - \dfrac{1}{s^2}\left(e^{-s} - 1\right)\right]$

$$= -\frac{e^{-s}}{s(1-e^{-s})} + \frac{1}{s^2}$$

3.3　利用拉氏轉換法來解線性常係數微分方程式

・第 14 式：利用拉氏轉換法來解線性常係數微分方程式

■利用拉氏轉換法來解線性常係數微分方程式的方法為：

（即解 $y'' + ay' + by = r(t)$ 且已知 $y(0), y'(0)$）

(1) 將微分方程式逐項取拉氏轉換

(2) 將微分方程式的初值代入 (1) 的結果

(3) 用加、減、乘、除，可求出 $Y(s)$

(4) 求出 $L^{-1}[Y(s)] = y(t)$

■定理複習：(1) $L[f'(t)] = sF(s) - f(0)$

　　　　　　(2) $L[f''(t)] = s^2F(s) - sf(0) - f'(0)$

例 1　解 $y'' + 9y = 0$，且 $y(0) = 0$，$y'(0) = 2$。

解　(1) 取拉氏轉換 $\Rightarrow s^2Y(s) - sy(0) - y'(0) + 9Y(s) = 0$

(2) 代入初值 $y(0) = 0$，$y'(0) = 2 \Rightarrow s^2Y(s) - 2 + 9Y(s) = 0$

(3) 解出 $Y(s)$，(2) $\Rightarrow Y(s) = \dfrac{2}{s^2 + 9}$

(4) 求出 $y(t) = L^{-1}\left[Y(s)\right] = L^{-1}\left[\dfrac{2}{s^2 + 9}\right]$

$$= L^{-1}\left[\dfrac{\frac{2}{3} \cdot 3}{s^2 + 3^2}\right] = \dfrac{2}{3}\sin(3t)$$

例 2　解 $y'' - 3y' + 2y = 4$，且 $y(0) = 1$，$y'(0) = 2$。

解　(1) 取拉氏轉換

$$\Rightarrow s^2Y(s) - sy(0) - y'(0) - 3sY(s) + 3y(0) + 2Y(s) = \dfrac{4}{s}$$

(2) 代入初值 $y(0) = 1, y'(0) = 2$

$$\Rightarrow s^2Y(s) - s - 2 - 3sY(s) + 3 + 2Y(s) = \dfrac{4}{s}$$

(3) 求出 $Y(s)$，(2) 式

$\Rightarrow Y(s)(s^2 - 3s + 2) - s + 1 = \dfrac{4}{s}$

$\Rightarrow Y(s) = \dfrac{s^2 - s + 4}{s(s^2 - 3s + 2)}$

$\Rightarrow Y(s) = \dfrac{s^2 - s + 4}{s(s-1)(s-2)} = \dfrac{a}{s} + \dfrac{b}{s-1} + \dfrac{c}{s-2}$

$\Rightarrow a = 2,\ b = -4,\ c = 3$

(4) 求出 $y(t) = L^{-1}[Y(s)] = L^{-1}\left[\dfrac{2}{s} + \dfrac{-4}{s-1} + \dfrac{3}{s-2}\right]$

$\qquad\qquad = 2 - 4e^t + 3e^{2t}$

例3 解 $y'' + 4y' + 3y = f(t)$，且 $y(0) = 0,\ y'(0) = 0$ 而 $f(t)$ 如下圖

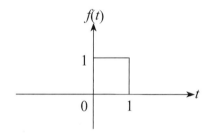

解 $f(t) = u(t) - u(t - 1)$，即解 $y'' + 4y' + 3y = u(t) - u(t - 1)$

(1) 取拉氏轉換

$\Rightarrow [s^2 Y(s) - sy(0) - y'(0)] + 4[sY(s) - y(0)] + 3Y(s)$

$= \dfrac{1}{s} - \dfrac{e^{-s}}{s}$

(2) 代入初值 $\Rightarrow s^2 Y(s) + 4sY(s) + 3y(s) = \dfrac{1}{s} - \dfrac{e^{-s}}{s}$

(3) 解出 $Y(s)$，(2) $\Rightarrow Y(s) = \dfrac{1}{s(s+1)(s+3)}\left(1 - e^{-s}\right)$

(4) 求出 $y(t) = L^{-1}[Y(s)] = L^{-1}\left[\dfrac{1}{s(s+1)(s+3)}\left(1 - e^{-s}\right)\right]$

因 $\dfrac{1}{s(s+1)(s+3)} = \dfrac{\frac{1}{3}}{s} + \dfrac{-\frac{1}{2}}{s+1} + \dfrac{\frac{1}{6}}{s+3}$

$L^{-1}[\dfrac{1}{s(s+1)(s+3)}\left(1-e^{-s}\right)]$

$= L^{-1}[\dfrac{\frac{1}{3}}{s} + \dfrac{-\frac{1}{2}}{s+1} + \dfrac{\frac{1}{6}}{s+3}] - L^{-1}[(\dfrac{\frac{1}{3}}{s} + \dfrac{-\frac{1}{2}}{s+1} + \dfrac{\frac{1}{6}}{s+3})e^{-s}]$

$= \left(\dfrac{1}{3} - \dfrac{1}{2}e^{-t} + \dfrac{1}{6}e^{-3t}\right)u(t) - \left(\dfrac{1}{3} - \dfrac{1}{2}e^{-(t-1)} + \dfrac{1}{6}e^{-3(t-1)}\right)u(t-1)$

3.4 拉氏轉換在電路學的應用

• 第 15 式：拉氏轉換在電路學的應用

■電子元件上的電壓 (v) 與電流 (i) 間的關係如下：

(1) 電阻器 (R)：$v(t) = i(t) \cdot R$，

取拉氏轉換 $\Rightarrow V(s) = I(s) \cdot R$

(2) 電容器 (C)：$i(t) = C\dfrac{dv(t)}{dt}$

取拉氏轉換 $\Rightarrow I(s) = C[sV(s) - v_C(0)]$

$$或\ V(s) = \frac{1}{s}\left[\frac{I(s)}{C} + v_C(0)\right]$$

電容器上的初值以電壓表示，即 $v_C(0)$

(3) 電感器 (L)：$v(t) = L\dfrac{di(t)}{dt}$

取拉氏轉換 $\Rightarrow V(s) = L[sI(s) - i_L(0)]$

$$或\ I(s) = \frac{1}{s}\left[\frac{V(s)}{L} + i_L(0)\right]$$

電感器上的初值以電流表示，即 $i_L(0)$

■(1) 電流源（I_0）或並聯電路通常用克西荷夫電流定律（KCL）來解

(2) 電壓源（V_0）或串聯迴路通常用克西荷夫電壓定律（KVL）來解

■用拉氏轉換解 RLC 串聯的方法〔電源通常是電壓源 (V_0)〕：

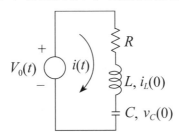

(1) 用克西荷夫電壓定律（KVL）來列方程式，即

$v_R(t) + v_L(t) + v_C(t) = V_0(t)$

(2) 將 (1) 的式子兩邊取拉氏，即

$$V_R(s) + V_L(s) + V_C(s) = V_0(s)$$

(3) 將 (2) 式的 $V(s)$ 改成用 $I(s)$ 表示；（因串聯元件上的電流均相同）

即 $R \cdot I(s) + L[sI(s) - i_L(0)] + \dfrac{1}{s}\left[\dfrac{I(s)}{C} + v_C(0)\right] = V_0(s)$

(4) 將初值 $v_C(0)$ 或 $i_L(0)$ 代入 (3) 式

(5) 解出 $I(s)$；（用 +，－，*，/ 即可解出）

(6) 解出 $L^{-1}[I(s)] = i(t)$ 即為所求

■ 用拉氏轉換解 RLC 並聯的方法〔電源通常是電流源（I_0）〕：

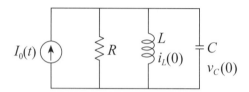

(1) 用克西荷夫電流定律（KCL）來列方程式，即

$i_R(t) + i_L(t) + i_C(t) = I_0(t)$

(2) 將 (1) 的式子兩邊取拉氏，即 $I_R(s) + I_L(s) + I_C(s) = I_0(s)$

(3) 將 (2) 的 $I(s)$ 改成用 $V(s)$ 表示（因並聯元件上的電壓均相同），

即 $\dfrac{V(s)}{R} + \dfrac{1}{s}\left[\dfrac{V(s)}{L} + i_L(0)\right] + C[sV(s) - v_C(0)] = I_0(s)$

(4) 將初值 $v_C(0)$ 或 $i_L(0)$ 代入 (3) 式

(5) 解出 $V(s)$；（用 +，－，*，/ 即可解出）

(6) 解出 $L^{-1}[V(s)] = v(t)$ 即為所求

例 1 求電壓源（$V_0(t) = \sin(t)$）與 $R = 1\Omega$ 和 $L = 1H$ 串聯的迴路電流，其中 $i_L(0) = 0$。

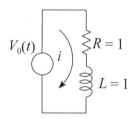

解 (1) 由 KVL 知，$v_R(t) + v_L(t) = V_0(t)$

(2) 取拉氏轉換 $\Rightarrow V_R(s) + V_L(s) = V_0(s)$

(3)（以「電流」列出方程式）

$$\Rightarrow R \cdot I(s) + L[sI(s) - i_L(0)] = L(\sin t)$$

(4) 代入初值 $\Rightarrow I(s) + sI(s) = \dfrac{1}{s^2 + 1}$

(5) 解出 $I(s) \Rightarrow I(s)[1 + s] = \dfrac{1}{s^2 + 1}$

$$\Rightarrow I(s) = \frac{1}{(s+1)(s^2+1)}$$

$$= \frac{0.5}{s+1} + \frac{-0.5s + 0.5}{s^2 + 1}$$

(6) 解出 $L^{-1}[I(s)] = i(t)$

$$i(t) = L^{-1}\left[\frac{0.5}{s+1} + \frac{-0.5s + 0.5}{s^2 + 1}\right] = 0.5e^{-t} - 0.5\cos t + 0.5\sin t$$

例2 求電流源（$I_0(t) = t$）與 $R = 1\Omega$ 和 $L = 1H$ 並聯的並聯電壓，其中 $i_L(0) = 0$。

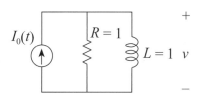

解 (1) 由 KCL 知，$i_R(t) + i_L(t) = I_0(t)$

(2) 取拉氏轉換 $\Rightarrow I_R(s) + I_L(s) = I_0(s)$

(3)（以「電壓」列出方程式）

$$\Rightarrow \frac{V(s)}{R} + \frac{1}{s}\left[\frac{V(s)}{L} + i_L(0)\right] = L(t)$$

(4) 代入初值 $\Rightarrow V(s) + \dfrac{V(s)}{s} = \dfrac{1}{s^2}$

(5) 解出 $V(s) \Rightarrow V(s)\left[1 + \dfrac{1}{s}\right] = \dfrac{1}{s^2}$

$$\Rightarrow V(s) = \frac{1}{s(s+1)} = \frac{1}{s} + \frac{-1}{s+1}$$

(6) 解出 $L^{-1}[V(s)] = v(t)$

$$\Rightarrow v(t) = L^{-1}[V(s)] = L^{-1}\left[\frac{1}{s}\right] + L^{-1}\left[\frac{-1}{s+1}\right] = 1 - e^{-t}$$

例 3 求 $R = 1\Omega$、$L = 1\text{H}$ 和 $C = 1\text{F}$ 串聯（沒有電源）的迴路電流，其中 $i_L(0) = 1$ 且 $v_C(0) = 0$。

解 (1) 由 KVL 知，$v_R(t) + v_L(t) + v_C(t) = 0$

(2) 取拉氏轉換 $\Rightarrow V_R(s) + V_L(s) + V_C(s) = 0$

(3)（以電流列出方程式）

$$\Rightarrow R \cdot I(s) + L[sI(s) - i_L(0)] + \frac{1}{s}\left[\frac{I(s)}{C} + v_C(0)\right] = 0$$

(4) 代入初值 $\Rightarrow I(s) + sI(s) - 1 + \frac{I(s)}{s} = 0$

(5) 解出 $I(s) \Rightarrow I(s)\left[1 + s + \frac{1}{s}\right] = 1$

$$\Rightarrow I(s) = \frac{s}{s^2 + s + 1}$$

$$= \frac{(s + \frac{1}{2})}{(s + \frac{1}{2})^2 + (\frac{\sqrt{3}}{2})^2} - \frac{\frac{1}{2}}{(s + \frac{1}{2})^2 + (\frac{\sqrt{3}}{2})^2}$$

(6) 解出 $L^{-1}[I(s)] = i(t)$

$$\Rightarrow i(t) = L^{-1}[I(s)] = \left[\cos(\frac{\sqrt{3}}{2}t) - \frac{1}{\sqrt{3}}\sin(\frac{\sqrt{3}}{2}t)\right] \cdot e^{-\frac{1}{2}t}$$

例 4 求電流源〔$I_0(t) = \sin(t)$〕與 $R = 1\Omega$、$L = 1\mathrm{H}$ 和 $C = 1\mathrm{F}$ 並聯的並聯電壓，其中 $i_L(0) = 0$ 且 $v_C(0) = 0$。

解 (1) 由 KCL 知，$i_R(t) + i_L(t) + i_C(t) = I_0(t)$

(2) 取拉氏轉換 $\Rightarrow I_R(s) + I_L(s) + I_C(s) = I_0(s)$

(3)（以電壓列出方程式）

$$\Rightarrow \frac{V(s)}{R} + \frac{1}{s}\left[\frac{V(s)}{L} + i_L(0)\right] + C[sV(s) - v_C(0)] = L(\sin t)$$

(4) 代入初值 $\Rightarrow V(s) + \frac{V(s)}{s} + sV(s) = \frac{1}{s^2 + 1}$

(5) 解出 $V(s)$

$$\Rightarrow V(s) = \frac{s}{(s^2 + s + 1)(s^2 + 1)} = \frac{-1}{s^2 + s + 1} + \frac{1}{s^2 + 1}$$

$$= \frac{-\dfrac{2}{\sqrt{3}} \cdot \dfrac{\sqrt{3}}{2}}{\left(s + \dfrac{1}{2}\right)^2 + \left(\dfrac{\sqrt{3}}{2}\right)^2} + \frac{1}{s^2 + 1}$$

(6) 解出 $L^{-1}[V(s)] = v(t)$

$$\Rightarrow v(t) = L^{-1}[V(s)]$$

$$= -\frac{2}{\sqrt{3}} e^{-\frac{1}{2}t} \sin\left(\frac{\sqrt{3}}{2}t\right) + \sin(t)$$

3.5　拉氏轉換在積分上的應用

・第 16 式：拉氏轉換在積分上的應用

■ 若要求積分 $\int_0^\infty e^{-at} f(t)dt$，$a > 0$ 時，（其中：積分上下限是從 0 積到 ∞，被積分項有 e^{-at}，$a > 0$），此種積分可用拉氏轉換來解。

■ 其做法為：

(1) 先將其 a 改成 s，即先求 $\int_0^\infty e^{-st} f(t)dt$

(2) 用拉氏轉換的公式，將其值求出來，即

$$\int_0^\infty e^{-st} f(t)dt = L[f(t)] = F(s)$$

(3) 再將 s 改成 a，即 $\int_0^\infty e^{-at} f(t)dt = F(a)$（即：$F(s)$ 的 s 用 a 代入），可求出此積分

例 1　求 $\int_0^\infty e^{-t} \sin 2t\, dt$

解　(1) 先求 $\int_0^\infty e^{-st} \sin 2t\, dt = L(\sin 2t) = \dfrac{2}{s^2+4}$

(2) $s = 1$ 代入 (1) 式 $\Rightarrow \int_0^\infty e^{-t} \sin 2t\, dt = \dfrac{2}{1^2 + 4} = \dfrac{2}{5}$

另解　也可用分部積分法來解

$$\int e^{-t} \sin 2t\, dt = -e^{-t} \sin 2t + 2\int e^{-t} \cos 2t\, dt \cdots\cdots\cdots (a)$$

而 $\int e^{-t} \cos 2t\, dt = -e^{-t} \cos 2t - 2\int e^{-t} \sin 2t\, dt$（代入 (a) 式）

$(a) \Rightarrow \int e^{-t} \sin 2t\, dt = -e^{-t} \sin 2t + 2\left[-e^{-t} \cos 2t - 2\int e^{-t} \sin 2t\, dt\right]$

$\Rightarrow 5\int e^{-t} \sin 2t\, dt = -e^{-t} \sin 2t - 2e^{-t} \cos 2t$

（代入積分上下限）

$\Rightarrow 5\int_0^\infty e^{-t} \sin 2t\, dt = [-e^{-t} \sin 2t - 2e^{-t} \cos 2t]_0^\infty$

$\qquad\qquad = [0 - 0] - [-0 - 2] = 2$

$\Rightarrow \int_0^\infty e^{-t} \sin 2t\, dt = \dfrac{2}{5}$（與前面答案同）

例2　由第六式例 3 的結果，求 $\int_0^\infty e^{-2t}t^2\sin t\,dt$

解　(1) 由第六式例 3 知，$L(t^2\sin t)=\dfrac{6s^2-2}{(s^2+1)^3}=F(s)$

(2) $s=2$ 代入 (1) 式 $\Rightarrow \int_0^\infty e^{-2t}t^2\sin t\,dt=\dfrac{6\cdot 2^2-2}{(2^2+1)^3}=\dfrac{22}{125}$

練習題

第 12 式：t 軸的移位

求下列函數的拉氏或反拉氏轉換。

1. 求下列各函數的拉氏轉換：

(1) $t\,u(t-1)$；(2) $t^2u(t-2)$；(3) $e^{2t}u(t-1)$；(4) $\cos(t)u(t-\pi)$；

(5) $\dfrac{e^{-\frac{1}{2}(t-\pi)}}{\sqrt{3}}\left[\sqrt{3}\cos\dfrac{\sqrt{3}}{2}(t-\pi)+\sin\dfrac{\sqrt{3}}{2}(t-\pi)\right]u(t-\pi)$

解　(1) $\left(\dfrac{1}{s^2}+\dfrac{1}{s}\right)e^{-s}$；(2) $\left(\dfrac{2}{s^3}+\dfrac{4}{s^2}+\dfrac{4}{s}\right)e^{-2s}$；(3) $\dfrac{e^2}{s-2}e^{-s}$；

(4) $\dfrac{-s}{s^2+1}e^{-\pi s}$；(5) $\dfrac{(s+1)\cdot e^{-\pi\cdot s}}{s^2+s+1}$

2. 求下列各函數的反拉氏轉換：

(1) $\dfrac{e^{-s}}{s^3}$；(2) $\dfrac{e^{-2s}}{s-2}$；(3) $\dfrac{e^{-s}}{s^2+\pi}$；(4) $\dfrac{e^{-\pi s}}{s^2+2s+2}$；(5) $L^{-1}\left\{\dfrac{e^{-5s}}{(s-2)^4}\right\}$；

(6) $L^{-1}\left\{\dfrac{s\cdot e^{-4\pi\cdot s/5}}{s^2+25}\right\}$

解　(1) $\dfrac{1}{2}(t-1)^2u(t-1)$；(2) $e^{2(t-2)}u(t-2)$；

(3) $\dfrac{1}{\sqrt{\pi}}\sin\left(\sqrt{\pi}\,(t-1)\right)u(t-1)$；(4) $-\sin t\cdot e^{(\pi-t)}u(t-\pi)$；

(5) $\dfrac{1}{6}(t-5)^3e^{2(t-5)}u(t-5)$；(6) $\cos(5t)u(t-\dfrac{4\pi}{5})$

第 13 式：週期函數的拉氏轉換

3. 求下列圖形的函數及其拉氏轉換：

(a) 無窮多組（y 座標值為 1）。

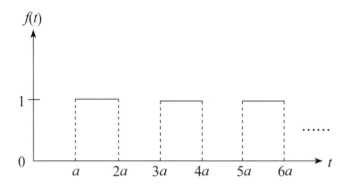

[解]　$f(t) = u(t-a) - u(t-2a) + u(t-3a) - u(t-4a) + \cdots\cdots$

$$L^{-1}[f(t)] = \frac{e^{-as}}{s(1+e^{-as})}$$

(b) 只有三段。

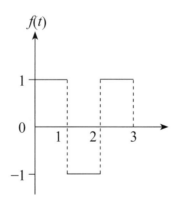

[解]　$f(t) = 1 - 2u(t-1) + 2u(t-2) - u(t-3)$

$$\Rightarrow L^{-1}(f(t)) = \frac{1}{s} - \frac{2e^{-s}}{s} + \frac{2e^{-2s}}{s} - \frac{e^{-3s}}{s}$$

4. 求下列之拉氏轉換（週期函數）：

(a) $f(t) = \begin{cases} 1, & 0 < t < 2 \\ 0, & 2 < t < 4 \end{cases}$。

〔解〕 $\dfrac{1-e^{-2s}}{s\left(1-e^{-4s}\right)}$

(b) $f(t) = \pi - t$，$0 < t < 2\pi$。

〔解〕 $\dfrac{1}{1-e^{-2\pi s}}\left(\dfrac{1}{s^2}e^{-2\pi s} + \dfrac{\pi}{s}e^{-2\pi s} + \dfrac{\pi}{s} - \dfrac{1}{s^2}\right)$

5. 若半波整流器的週期為 $T = 2\pi$，求其拉氏轉換。

$f(t) = \begin{cases} \sin(t), & \text{當 } 0 < t < \pi \\ 0 & \text{，當 } \pi < t < 2\pi \end{cases}$

〔解〕 $\dfrac{1}{1-e^{-2\pi s}} \cdot \dfrac{1}{s^2+1}\left[1 + e^{-s\pi}\right]$

第 14 式：用拉氏轉換解常係數微分方程式：

6. $y'' - 4y = 0$，$y(0) = 0$，$y'(0) = -6$。

〔解〕 $y(t) = \dfrac{3}{2}e^{-2t} - \dfrac{3}{2}e^{2t}$

7. $y'' + y = t$，$y(0) = 1$，$y'(0) = -2$。

〔解〕 $y(t) = t + \cos t - 3\sin t$

8. $y'' - 3y' + 2y = 4e^{2t}$，$y(0) = -3$，$y'(0) = 5$。

〔解〕 $y(t) = -7e^t + 4e^{2t} + 4te^{2t}$

9. $y'' + y = 8\cos t$，$y(0) = 1$，$y'(0) = -1$。

〔解〕 $y(t) = 4t\sin t + \cos t - \sin t$

第 15 式：拉氏轉換在電路學的應用

求下列電路的電壓值或電流值：

10. 求電流源〔$I_0 = \sin(t)$〕與 $R = 1\Omega$ 和 $C = 1F$ 並聯電路的電壓，其中 $v_C(0) = 0$。

〔解〕 $v(t) = 0.5e^{-t} - 0.5\cos(t) + 0.5\sin(t)$

11. 求電壓源（$V_0 = t$）與 $R = 1\Omega$ 和 $C = 1F$ 串聯電路的電流，其中 $v_C(0) = 0$。

〔解〕 $i(t) = 1 - e^{-t}$

12.求 $R = 1\Omega$、$L = 1H$ 和 $C = 1F$ 並聯（沒有電源）電路的電壓，其中 $i_L(0) = 0$ 且 $v_C(0) = 1$。

解 $v(t) = \left[\cos(\dfrac{\sqrt{3}}{2}t) - \dfrac{1}{\sqrt{3}} \sin(\dfrac{\sqrt{3}}{2}t) \right] \cdot e^{-\frac{1}{2}t}$

13.求電壓源〔$V_0 = \sin(t)$〕與 $R = 1\Omega$、$L = 1H$ 和 $C = 1F$ 串聯電路的電流，其中 $i_L(0) = 0$ 且 $v_C(0) = 0$。

解 $i(t) = -\dfrac{2}{\sqrt{3}} e^{-\frac{1}{2}t} \sin\left(\dfrac{\sqrt{3}}{2}t \right) + \sin(t)$

第 16 式：拉氏轉換在積分上的應用

14.$\displaystyle\int_0^\infty e^{-3t} t \sin 2t\, dt$

解 $\dfrac{12}{169}$

15.$\displaystyle\int_0^\infty \dfrac{e^{-t} \sin t}{t} dt$（用第七式例 1 的結果解）

解 $\dfrac{\pi}{2} - \tan^{-1} 1 = \dfrac{\pi}{4}$

第 4 篇

傅立葉級數

By Louis-Léopold Boilly - https://www.gettyimages.com.au/license/169251384, Public Domain, https://commons.wikimedia.org/w/index.php?curid=3308441

傅立葉（Jean Baptiste Joseph Fourier）

傅立葉出生於法國的歐塞爾，可以說一生都是爲科學而努力。傅立葉很早就表現出對於科學和物理方面的興趣。1807 年，他寫出了關於熱傳導的一篇論文，期望得到巴黎科學院的重視，但是被拒絕了，然而他沒有放棄，做了修改，後來竟然獲得了科學院的大獎。之後的函數研究，更使他成爲受關注的對象。1817 年，傅立葉擔任巴黎科學院的院士，他的科學研究眞正開始了，成果也非常的多，包括以他自己的名字命名的傅立葉變換和傅立葉級數，這一切的一切，都與他本人的科學態度是分不開的。也正因爲如此，1822 年，傅立葉成爲巴黎科學院的終身祕書。

出處：https://kknews.cc/zh-tw/news/o9v9e5.html

■本章將介紹傅立葉級數和傅立葉積分。其中：

(1) 傅立葉級數是將週期函數表示成由多個（或無窮多個）不同頻率的正弦函數和餘弦函數的線性組合，這些不同的頻率是不連續的，例如：若傅立葉級數

$$f(x) = \frac{1}{2} + \frac{2}{\pi}\left(\sin x + \frac{1}{3}\sin 3x + \frac{1}{5}\sin 5x + \cdots\cdots\right),$$

其 sin 內的 x、$3x$、$5x$ 是不連續的。

(2) 傅立葉積分是將傅立葉級數延伸到非週期函數，但這些不同的頻率是連續的，例如：

若 $f(x)$ 的傅立葉積分 $= \dfrac{2}{\pi}\displaystyle\int_0^\infty \frac{\cos(wx)\sin(w)}{w}\,dw$，

其 cos 內的 wx 是連續的（因 w 積分從 0 積到 ∞）。

■本章傅立葉級數（第二式到第六式）內容為：

第二式：傅立葉級數：週期為 2π 的函數，求其傅立葉級數。

第三式：偶函數與奇函數的傅立葉級數：此節的目的是要簡化計算傅立葉係數的過程。

第四式：任意週期函數之傅立葉級數：週期為 $2L$ 的函數（註：L 是半週期），求其傅立葉級數。

第五式：半週期展開：已知「半週期」函數，求其傅立葉級數。

第六式：複數傅立葉級數：也可以用複數的方法來求傅立葉級數，其與用前面的方法求出來的答案相同。

■本章傅立葉積分（第七式）內容為：

第七式：傅立葉積分：若函數 $f(x)$ 為非週期性函數或考慮整個 x 軸時，就要使用傅立葉積分。

第 1 章　傅立葉級數

1.1　週期函數

• 第一式：週期函數

(1) 若函數 $f(x)$ 的定義域爲實數集合 R 且存在一正數 T，使得 $f(x + T) = f(x)$，$x \in R$，則稱 $f(x)$ 爲週期函數，且此正的數值 T 稱爲 $f(x)$ 的週期。

(2) 若 $f(x)$ 和 $g(x)$ 的週期均爲 T 且 a, b 爲常數，則 $h(x) = af(x) \pm bg(x)$ 亦爲週期 T 的函數。

(3) 若 $f(x)$ 的週期爲 T，則 $f(kx)$ 的週期爲 $\dfrac{T}{k}$。

(4) 若 $f(x)$ 的週期爲 mT，$g(x)$ 的週期爲 nT，則 $h(x) = af(x) \pm bg(x)$ 的週期爲 m, n 的最小公倍數乘以 T。（若 m, n 爲分數，則先通分後再取分子的最小公倍數）

(5) 常數函數 $f(x) = c$，亦爲週期函數，其週期爲任意數。

(6) 級數 $a_0 + a_1 \cos x + b_1 \sin x + a_2 \cos 2x + b_2 \sin 2x + \cdots\cdots$

$= a_0 + \displaystyle\sum_{n=1}^{\infty} (a_n \cos nx + b_n \sin nx)$，其中 a_0、a_1、b_1、a_2、b_2、$\cdots\cdots$ 均爲常數，則此級數稱爲三角級數，而 a_i、b_i 稱爲此級數的係數。

(7) 三角級數的週期爲 2π。

例 1　(1) $\sin(x)$、$\cos(x)$ 的週期均爲 2π。

(2) $\sin(2x)$、$\cos(2x)$ 的週期均爲 π。

(3) $\sin(nx)$、$\cos(nx)$ 的週期均爲 $\dfrac{2\pi}{n}$。

例 2　求 $\sin(x) + \cos(2x)$ 的週期？

解 (1) $\sin(x)$ 的週期爲 2π

(2) $\cos(2x)$ 的週期爲 $\dfrac{2\pi}{2} = \pi$

而 π 和 2π 的最小公倍數是 2π

所以 $\sin(x) + \cos(2x)$ 的週期是 2π。

例 3　求 $\sin(2x) + \cos(3x)$ 的週期？

解　(1) $\sin(2x)$ 的週期為 $\dfrac{2\pi}{2} = \pi$

(2) $\cos(3x)$ 的週期為 $\dfrac{2\pi}{3}$

而 $\pi = \dfrac{3\pi}{3}$，二週期的分子 3 和 2 的最小公倍數是 6，

所以 $\sin(2x) + \cos(3x)$ 的週期是 $\dfrac{6\pi}{3} = 2\pi$。

例 4　求 $\sin\left(\dfrac{2\pi}{3}x\right) + \cos\left(\dfrac{\pi}{5}x\right)$ 的週期？

解　(1) $\sin\left(\dfrac{2\pi}{3}x\right)$ 的週期為 $\dfrac{2\pi}{\frac{2\pi}{3}} = 3$

(2) $\cos\left(\dfrac{\pi}{5}x\right)$ 的週期為 $\dfrac{2\pi}{\frac{\pi}{5}} = 10$

3 和 10 的最小公倍數是 30，

所以 $\sin\left(\dfrac{2\pi}{3}x\right) + \cos\left(\dfrac{\pi}{5}x\right)$ 的週期是 30。

1.2　週期為 2π 的傅立葉級數

• 第二式：週期為 2π 的傅立葉級數

(1) 若函數 $f(x)$ 是週期為 2π 的週期函數，則其可以用下面的三角級數表示：

$$f(x) = a_0 + \sum_{n=1}^{\infty} \left(a_n \cos nx + b_n \sin nx \right)$$

(2) 在上式中，若 $f(x)$ 已知，則其 a_0、a_n、b_n 可由下法求得：

$$a_0 = \frac{1}{2\pi} \int_{-\pi}^{\pi} f(x)dx$$

$$a_n = \frac{1}{\pi} \int_{-\pi}^{\pi} f(x) \cdot \cos nx dx，n = 1, 2, 3 \cdots\cdots$$

$$b_n = \frac{1}{\pi} \int_{-\pi}^{\pi} f(x) \cdot \sin nx dx，n = 1, 2, 3 \cdots\cdots$$

（證明在本篇後面的附錄一處）

(3) 用法：要求週期為 2π 的週期函數 $f(x)$ 的傅立葉級數時，

　　(a) 抄下 $f(x) = a_0 + \sum_{n=1}^{\infty} \left(a_n \cos nx + b_n \sin nx \right)$

　　(b) 抄下 $a_0 = \frac{1}{2\pi} \int_{-\pi}^{\pi} f(x)dx$

　　(c) 將題目的 $f(x)$ 代入 (b) 式

　　(d) 將 (b) 式積分出來，求出 a_0

　　(e) 重複 (b)～(d) 式，算出 a_n、b_n

　　(f) 最後將 a_0、a_n、b_n 代入 (a) 式

　　(g) a_n、b_n 求出前三項之值（$n = 1, 2, 3$ 代入），找出其規律

(4) 若 $f(x) = a_0 + \sum_{n=1}^{\infty} \left(a_n \cos nx + b_n \sin nx \right)$，則右式稱為 $f(x)$ 的傅立葉級數，而 a_0、a_n、b_n 稱為 $f(x)$ 的傅立葉係數。

例 1 若 $f(x)$ 的週期為 2π，且 $f(x) = \begin{cases} 0, & -\pi < x < 0 \\ 1, & 0 < x < \pi \end{cases}$，求 $f(x)$ 的傅立葉級數。

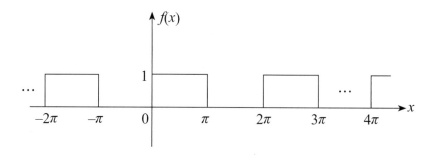

解 由傅立葉級數公式知

(1) $f(x) = a_0 + \sum\limits_{n=1}^{\infty} (a_n \cos nx + b_n \sin nx)$

(2) $a_0 = \dfrac{1}{2\pi} \int\limits_{-\pi}^{\pi} f(x)dx = \dfrac{1}{2\pi}\left(\int\limits_{-\pi}^{0} 0 \cdot dx + \int\limits_{0}^{\pi} 1 \cdot dx \right) = \dfrac{1}{2}$

(3) $a_n = \dfrac{1}{\pi} \int\limits_{-\pi}^{\pi} f(x) \cdot \cos nx \, dx$

$= \dfrac{1}{\pi}\left[\int\limits_{-\pi}^{0} 0 \cdot \cos nx \, dx + \int\limits_{0}^{\pi} 1 \cdot \cos nx \, dx \right]$

$= \dfrac{1}{n\pi}\left[\sin nx \Big|_{x=0}^{\pi} \right] = \dfrac{1}{n\pi}\left[\sin n\pi - \sin 0 \right] = 0$

（註：n 是正整數，不論 n 是何值，$\sin n\pi$ 均為 0）

(4) $b_n = \dfrac{1}{\pi} \int\limits_{-\pi}^{\pi} f(x) \cdot \sin nx \, dx$

$= \dfrac{1}{\pi}\left[\int\limits_{-\pi}^{0} 0 \cdot \sin nx \, dx + \int\limits_{0}^{\pi} 1 \cdot \sin nx \, dx \right]$

$= \dfrac{-1}{n\pi}\left[\cos nx \Big|_{x=0}^{\pi} \right] = \dfrac{-1}{n\pi}\left(\cos n\pi - 1 \right)$

(5) 所以 $f(x)$ 的傅立葉級數為

$$f(x) = a_0 + \sum_{n=1}^{\infty} \left(a_n \cos nx + b_n \sin nx \right)$$

$$= \frac{1}{2} + \sum_{n=1}^{\infty} \left(0 \cdot \cos nx - \frac{1}{n\pi} (\cos n\pi - 1) \sin nx \right)$$

$$= \frac{1}{2} + \sum_{n=1}^{\infty} \frac{1}{n\pi} (1 - \cos n\pi) \sin nx$$

(6) n 代前 3 項（可找出其規律性）

　(a) 當 $n = 1$，則 $b_1 = \dfrac{-1}{\pi}(\cos \pi - 1) = \dfrac{-1}{\pi}(-1 - 1) = \dfrac{2}{\pi}$

　(b) 當 $n = 2$，則 $b_2 = \dfrac{-1}{2\pi}(\cos 2\pi - 1) = \dfrac{-1}{2\pi}(1 - 1) = 0$

　(c) 當 $n = 3$，則 $b_3 = \dfrac{-1}{3\pi}(\cos 3\pi - 1) = \dfrac{-1}{3\pi}(-1 - 1) = \dfrac{2}{3\pi}$

(7) 所以 $f(x) = \dfrac{1}{2} + \dfrac{2}{\pi} \left(\sin x + \dfrac{1}{3} \sin 3x + \dfrac{1}{5} \sin 5x + \cdots\cdots \right)$

例 2　若 $f(x)$ 的週期為 2π，且 $f(x) = \begin{cases} -k, & -\pi < x < 0 \\ k, & 0 < x < \pi \end{cases}$，求 $f(x)$ 的傅立葉級數。

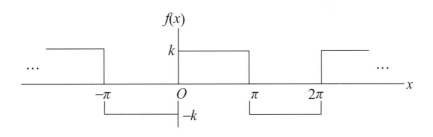

解　由傅立葉級數公式知

(1) $f(x) = a_0 + \sum_{n=1}^{\infty} \left(a_n \cos nx + b_n \sin nx \right)$

(2) $a_0 = \dfrac{1}{2\pi} \int\limits_{-\pi}^{\pi} f(x)dx = \dfrac{1}{2\pi}\left(\int\limits_{-\pi}^{0}(-k)dx + \int\limits_{0}^{\pi}kdx\right)$

$= \dfrac{1}{2\pi}\left[(-kx)\Big|_{x=-\pi}^{0} + kx\Big|_{x=0}^{\pi}\right] = 0$

(3) $a_n = \dfrac{1}{\pi} \int\limits_{-\pi}^{\pi} f(x)\cdot\cos nx\, dx$

$= \dfrac{1}{\pi}\left[\int\limits_{-\pi}^{0}(-k)\cos nx\, dx + \int\limits_{0}^{\pi}k\cdot\cos nx\, dx\right]$

$= \dfrac{1}{\pi}\left[(-k)\dfrac{\sin nx}{n}\bigg|_{x=-\pi}^{0} + k\cdot\dfrac{\sin nx}{n}\bigg|_{x=0}^{\pi}\right] = 0$

(4) $b_n = \dfrac{1}{\pi} \int\limits_{-\pi}^{\pi} f(x)\cdot\sin nx\, dx$

$= \dfrac{1}{\pi}\left[\int\limits_{-\pi}^{0}(-k)\sin nx\, dx + \int\limits_{0}^{\pi}k\cdot\sin nx\, dx\right]$

$= \dfrac{1}{\pi}\left[(k)\dfrac{\cos nx}{n}\bigg|_{x=-\pi}^{0} - k\cdot\dfrac{\cos nx}{n}\bigg|_{x=0}^{\pi}\right]$

$= \dfrac{1}{\pi}\left[\dfrac{k}{n}\big(\cos 0 - \cos(-n\pi)\big) - \dfrac{k}{n}\big(\cos n\pi - \cos 0\big)\right]$

因 $\cos(-\theta) = \cos(\theta)$，且 $\cos 0 = 1$

所以 $b_n = \dfrac{2k}{n\pi}\left(1 - \cos n\pi\right)$

(5) 所以 $f(x)$ 的傅立葉級數為

$f(x) = a_0 + \sum\limits_{n=1}^{\infty}\big(a_n\cos nx + b_n\sin nx\big)$

$= 0 + \sum\limits_{n=1}^{\infty}\left(0\cdot\cos nx + \dfrac{2k}{n\pi}(1-\cos n\pi)\sin nx\right)$

$= \sum\limits_{n=1}^{\infty}\dfrac{2k}{n\pi}(1-\cos n\pi)\sin nx$

(6) n 代 3 項（可找出其規律性）

即 $b_1 = \dfrac{4k}{\pi}$、$b_2 = 0$、$b_3 = \dfrac{4k}{3\pi}$

(7) 故 $f(x)$ 的傅立葉級數為

$$f(x) = \frac{4k}{\pi}\left(\sin x + \frac{1}{3}\sin 3x + \frac{1}{5}\sin 5x + \cdots\cdots\right)$$

註：下頁圖中（只繪出一週期的圖形），

圖 (a) 實線繪出 $f(x) = \begin{cases} -k, & -\pi < x < 0 \\ k, & 0 < x < \pi \end{cases}$ 和傅立葉級數第一項

$S_1 = \dfrac{4k}{\pi}(\sin x)$ 二函數一個週期圖。

圖 (b) 實線繪出 $f(x) = \begin{cases} -k, & -\pi < x < 0 \\ k, & 0 < x < \pi \end{cases}$ 和傅立葉級數前二項和

$S_2 = \dfrac{4k}{\pi}\left(\sin x + \dfrac{1}{3}\sin 3x\right)$ 二函數一個週期圖。

圖 (c) 實線繪出 $f(x) = \begin{cases} -k, & -\pi < x < 0 \\ k, & 0 < x < \pi \end{cases}$ 和傅立葉級數前三項和

$S_3 = \dfrac{4k}{\pi}\left(\sin x + \dfrac{1}{3}\sin 3x + \dfrac{1}{5}\sin 5x\right)$ 二函數一個週期圖。

由上可知，當 $f(x)$ 傅立葉級數的項數越多時，其圖形就越接近原圖。

(a)

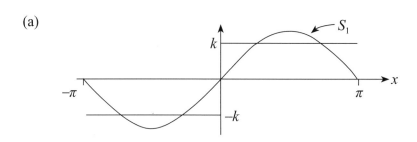

(b)

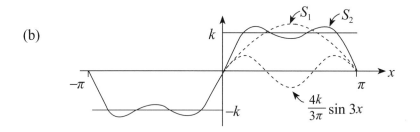

(c)

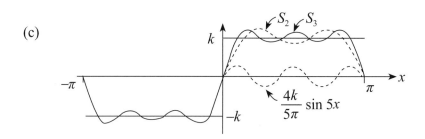

例 3 利用例 2 的結果，證明 $\dfrac{\pi}{4} = 1 - \dfrac{1}{3} + \dfrac{1}{5} - \dfrac{1}{7} + \cdots\cdots$。

做法 此種題型大多是將 x 代 0，$\pm\dfrac{\pi}{2}$ 或 $\pm\pi$ 進去，看傅立葉級數是否變成題目的形式

解 (1) 因 $f(x) = \begin{cases} -k, & -\pi < x < 0 \\ k, & 0 < x < \pi \end{cases}$

其傅立葉級數 $f(x) = \dfrac{4k}{\pi}\left(\sin x + \dfrac{1}{3}\sin 3x + \dfrac{1}{5}\sin 5x + \cdots\cdots\right)$，

(2) x 用 $\dfrac{\pi}{2}$ 代入，（註：$\dfrac{\pi}{2}$ 介於 0 和 π 之間，所以 $f\left(\dfrac{\pi}{2}\right) = k$）

得 $f\left(\dfrac{\pi}{2}\right) = k = \dfrac{4k}{\pi}\left(1 - \dfrac{1}{3} + \dfrac{1}{5} - \dfrac{1}{7} + \cdots\cdots\right)$

$\Rightarrow \dfrac{\pi}{4} = 1 - \dfrac{1}{3} + \dfrac{1}{5} - \dfrac{1}{7} + \cdots\cdots$

1.3 偶函數與奇函數的傅立葉級數

• 第三式：偶函數與奇函數的傅立葉級數

(0) 此節的目的是要簡化計算傅立葉係數的過程。

(1) 若函數 $f(x)$ 滿足 $f(-x) = f(x)$，則 $f(x)$ 稱爲偶函數，例如：x^2，$\cos(x)$ 等，或圖形沿 y 軸對摺，左右二邊圖形會重疊在一起，如下圖。

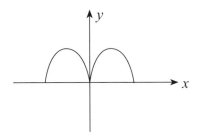

(2) 若函數 $g(x)$ 滿足 $g(-x) = -g(x)$，則 $g(x)$ 稱爲奇函數，例如：x^3，$\sin(x)$ 等，或圖形沿 y 軸對摺，再沿 x 軸對摺，右上圖形與左下圖形會重疊在一起，如下圖。

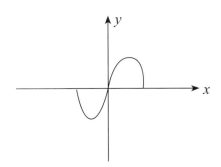

(3) (a) 偶函數與偶函數的乘積爲偶函數，
例如：$x^2 \cdot x^4 = x^6$ 爲偶函數；

(b) 偶函數與奇函數的乘積爲奇函數，
例如：$x^2 \cdot x^1 = x^3$ 爲奇函數；

(c) 奇函數與奇函數的乘積爲偶函數，
例如：$x^1 \cdot x^3 = x^4$ 爲偶函數。

(4) 偶函數積分積一個週期等於積半個週期的 2 倍，即若函數 $f(x)$ 是週期爲 2π 的偶函數，則 $\int\limits_{-\pi}^{\pi} f(x)dx = 2\int\limits_{0}^{\pi} f(x)dx$。

（見第(1)點圖形，積分是求曲線下的面積，而圖形左右二面積相同）

(5) 奇函數積分積一個週期的值爲 0，即若函數 $g(x)$ 是週期爲 2π 的奇函數，則 $\int\limits_{-\pi}^{\pi} g(x)dx = 0$。

（見第(2)點圖形，曲線右上圖和左下圖面積相同，但正負符號相反）

(6) 若函數 $f(x)$ 是週期爲 2π 的週期函數，且爲偶函數，則

(a) $f(x)$ 和 $f(x)\cos nx$ 爲偶函數，其積分積一個週期值等於積半個週期的 2 倍：

(b) $f(x)\sin nx$ 爲奇函數，其積分積一個週期值爲 0。

所以 $f(x)$ 的傅立葉級數爲

$$f(x) = a_0 + \sum_{n=1}^{\infty}\left(a_n \cos nx\right)$$

其中：$a_0 = \dfrac{1}{2\pi}\int\limits_{-\pi}^{\pi} f(x)dx = \dfrac{1}{\pi}\int\limits_{0}^{\pi} f(x)dx$

$a_n = \dfrac{1}{\pi}\int\limits_{-\pi}^{\pi} f(x)\cdot\cos nxdx$

$= \dfrac{2}{\pi}\int\limits_{0}^{\pi} f(x)\cdot\cos nxdx,\ n = 1, 2, 3, \cdots\cdots$

（二種積分均可用）

$b_n = 0$

(7) 若函數 $f(x)$ 是週期爲 2π 的週期函數，且爲奇函數，則

(a) $f(x)$ 和 $f(x)\cos nx$ 爲奇函數，其積分積一個週期值爲 0：

(b) $f(x)\sin nx$ 爲偶函數，其積分積一個週期值等於積半個週期的 2 倍。

所以 $f(x)$ 的傅立葉級數爲

$f(x) = \sum_{n=1}^{\infty}\left(b_n \sin nx\right)$，

$$其中：b_n = \frac{1}{\pi}\int_{-\pi}^{\pi} f(x)\cdot\sin nx\,dx$$

$$= \frac{2}{\pi}\int_{0}^{\pi} f(x)\cdot\sin nx\,dx,\ n = 1, 2, 3, \cdots\cdots$$

（二種積分均可用）

$$a_0 = 0，a_n = 0$$

例 1 若 $f(x)$ 的週期為 2π，且 $f(x) = \begin{cases} 1, & -\pi/2 < x < \pi/2 \\ 0 & \pi/2 < x < 3\pi/2 \end{cases}$，求其傅立葉級數。

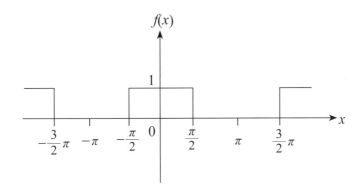

解 $f(x)$ 可改寫成 $f(x) = \begin{cases} 0, & -\pi < x < -\dfrac{\pi}{2} \\ 1, & -\dfrac{\pi}{2} < x < \dfrac{\pi}{2} \\ 0, & \dfrac{\pi}{2} < x < \pi \end{cases}$，

因它是偶函數，所以

(1) $f(x) = a_0 + \sum_{n=1}^{\infty}(a_n \cos nx)$

(2) $a_0 = \dfrac{1}{\pi}\int_{0}^{\pi} f(x)dx = \dfrac{1}{\pi}\left(\int_{0}^{\frac{\pi}{2}} 1\,dx + \int_{\frac{\pi}{2}}^{\pi} 0\,dx\right) = \dfrac{1}{\pi}\cdot(\dfrac{\pi}{2} - 0) = \dfrac{1}{2}$

(3) $a_n = \dfrac{2}{\pi}\int_{0}^{\pi} f(x)\cdot\cos nx\,dx$

$$= \frac{2}{\pi}\left(\int_0^{\frac{\pi}{2}} 1 \cdot \cos nx \, dx + \int_{\frac{\pi}{2}}^{\pi} 0 \cdot \cos nx \, dx \right)$$

$$= \frac{2}{\pi} \cdot \frac{1}{n} \sin nx \Big|_{x=0}^{\frac{\pi}{2}} = \frac{2}{n\pi} \sin \frac{n\pi}{2}$$

(4) $f(x) = a_0 + \sum_{n=1}^{\infty} (a_n \cos nx)$

$$= \frac{1}{2} + \sum_{n=1}^{\infty} \frac{2}{n\pi} \sin(\frac{n\pi}{2}) \cdot \cos(nx)$$

$$(n = 1, 2, 3, 4, 5 \text{ 代入})$$

$$= \frac{1}{2} + \frac{2}{\pi} \cdot \cos(x) - \frac{2}{3\pi} \cdot \cos(3x) + \frac{2}{5\pi} \cdot \cos(5x) + \cdots\cdots$$

例 2 $f(x)$ 的週期為 2π，且 $f(x) = \begin{cases} -1, & -\pi < x < 0 \\ 1 & 0 < x < \pi \end{cases}$，求其傅立葉級數。

解 函數 $f(x)$ 為奇函數，所以 $f(x)$ 的傅立葉級數為

(1) $f(x) = \sum_{n=1}^{\infty} (b_n \sin nx)$

(2) $b_n = \frac{2}{\pi} \int_0^{\pi} f(x) \cdot \sin nx \, dx$

$$= \frac{2}{\pi} \int_0^{\pi} 1 \cdot \sin nx \, dx$$

$$= \frac{2}{\pi} \cdot \frac{-1}{n} \cos nx \Big|_0^{\pi}$$

$$= \frac{-2}{n\pi} \big(\cos(n\pi) - 1 \big)$$

(3) 所以 $f(x) = \sum_{n=1}^{\infty} (b_n \sin nx)$

$$= \sum_{n=1}^{\infty} \left[\frac{-2}{n\pi} \big(\cos(n\pi) - 1 \big) \cdot \sin(nx) \right]$$

$$(n = 1, 2, 3, 4, 5 \text{ 代入})$$

$$= \frac{4}{\pi} \sin(x) + \frac{4}{3\pi} \sin(3x) + \frac{4}{5\pi} \sin(5x) + \cdots\cdots$$

1.4 任意週期函數之傳立葉級數

• 第四式：任意週期函數之傳立葉級數

(1) 週期為 $2L$ 的週期函數 $f(x)$（註：L 是半週期），其傳立葉級數為：

$$f(x) = a_0 + \sum_{n=1}^{\infty} \left(a_n \cos(n \cdot \frac{\pi}{L} x) + b_n \sin(n \cdot \frac{\pi}{L} x) \right) ,$$

其中：$a_0 = \dfrac{1}{2L} \int_{-L}^{L} f(x) dx$,

$\quad\quad a_n = \dfrac{1}{L} \int_{-L}^{L} f(x) \cos(n \cdot \frac{\pi}{L} x) dx$,

$\quad\quad b_n = \dfrac{1}{L} \int_{-L}^{L} f(x) \sin(n \cdot \frac{\pi}{L} x) dx$　（證明請參本篇後面附錄二）

說明：週期為 $2L$ 的傳立葉級數，只要將週期為 2π 的傳立葉級數做下
　　　列二項修改，

　　　(a) 將週期 2π 的公式的所有 π 改成 L；

　　　(b) 將 sin 和 cos 內的 x 改成 $\dfrac{\pi}{L} \cdot x$。

(2) 週期為 $2L$ 的偶函數 $f(x)$，其傳立葉級數為：

$$f(x) = a_0 + \sum_{n=1}^{\infty} a_n \cos(n \cdot \frac{\pi}{L} x) ,$$

其中：$a_0 = \dfrac{1}{L} \int_{0}^{L} f(x) dx$, $a_n = \dfrac{2}{L} \int_{0}^{L} f(x) \cos \dfrac{n\pi x}{L} dx$

(3) 週期為 $2L$ 的奇函數 $f(x)$，其傳立葉級數為：

$$f(x) = \sum_{n=1}^{\infty} b_n \sin(n \cdot \frac{\pi}{L} x) ,$$

其中：$b_n = \dfrac{2}{L} \int_{0}^{L} f(x) \sin \dfrac{n\pi x}{L} dx$

例 1 週期為 4 的 $f(t) = \begin{cases} 0, & -2 < t < 0 \\ 1, & 0 < t < 2 \end{cases}$，求其傅立葉級數。

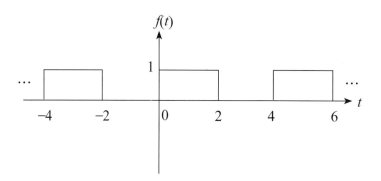

解 週期 $2L = 4 \Rightarrow L = 2$，所以

(1) $f(t) = a_0 + \sum\limits_{n=1}^{\infty} \left(a_n \cos(n \cdot \frac{\pi}{L} t) + b_n \sin(n \cdot \frac{\pi}{L} t) \right)$

(2) $a_0 = \dfrac{1}{2L} \int\limits_{-L}^{L} f(t) dt = \dfrac{1}{4} \int\limits_{0}^{2} 1 \cdot dt = \dfrac{1}{2}$

(3) $a_n = \dfrac{1}{L} \int\limits_{-L}^{L} f(t) \cos \dfrac{n\pi}{L} t dt$

$= \dfrac{1}{2} \int\limits_{0}^{2} \cos \dfrac{n\pi}{2} t dt = \dfrac{1}{2} \cdot \dfrac{2}{n\pi} \cdot \sin\left(\dfrac{n\pi t}{2} \right)\Big|_{t=0}^{2}$

$= \dfrac{1}{n\pi} [\sin(n\pi) - \sin 0]$

$= 0$

(4) $b_n = \dfrac{1}{L} \int\limits_{-L}^{L} f(t) \sin \dfrac{n\pi}{L} t dt = \dfrac{1}{2} \int\limits_{0}^{2} \sin \dfrac{n\pi}{2} t dt$

$= \dfrac{1}{2} \left(-\dfrac{2}{n\pi} \cos \dfrac{n\pi \cdot t}{2} \right)\Big|_{t=0}^{2}$

$= \dfrac{1}{n\pi} (1 - \cos n\pi) = \begin{cases} \dfrac{2}{n\pi}, & n = 1, 3, 5 \cdots\cdots \\ 0 & n = 2, 4, 6 \cdots\cdots \end{cases}$

(5) 所以 $f(t) = a_0 + \sum\limits_{n=1}^{\infty} \left(a_n \cos(n \cdot \frac{\pi}{L} t) + b_n \sin(n \cdot \frac{\pi}{L} t) \right)$

$\qquad = \frac{1}{2} + \sum\limits_{n=1}^{\infty} \left(\frac{1}{n\pi}(1 - \cos n\pi) \right) \left(\sin(\frac{n\pi}{2} t) \right)$

$\qquad = \frac{1}{2} + \frac{2}{\pi} \left(\sin\frac{\pi}{2} t + \frac{1}{3}\sin\frac{3\pi}{2} t + \cdots \cdots \right)$

例2 週期為 4 的 $f(t) = \begin{cases} 0, & -2 < t < -1 \\ k, & -1 < t < 1 \\ 0, & 1 < t < 2 \end{cases}$ ，求其傅立葉級數。

解 週期 $2L = 4 \Rightarrow L = 2$，因為它是偶函數，所以

(1) $f(t) = a_0 + \sum\limits_{n=1}^{\infty} a_n \cos(n \cdot \frac{\pi}{L} t)$

(2) $a_0 = \frac{1}{2L} \int_{-L}^{L} f(t)dt = \frac{1}{4} \int_{-1}^{1} k \cdot dt = \frac{k}{2}$ （也可以積分積半個週期）

(3) $a_n = \frac{1}{L} \int_{-L}^{L} f(t) \cos\frac{n\pi}{L} t dt$

$\qquad = \frac{1}{2} \int_{-1}^{1} k \cdot \cos\frac{n\pi}{2} t dt$

$\qquad = \frac{1}{2} \cdot \frac{2k}{n\pi} \cdot \sin\left(\frac{n\pi t}{2} \right)\Big|_{t=-1}^{1}$

$\qquad = \frac{k}{n\pi} \left[\sin\frac{n\pi}{2} - \sin\frac{-n\pi}{2} \right]$

$\qquad = \frac{2k}{n\pi} \sin\frac{n\pi}{2}$ （也可以積分積半個週期）

(4) 所以 $f(t) = a_0 + \sum\limits_{n=1}^{\infty} a_n \cos(n \cdot \frac{\pi}{L} t)$

$\qquad = \frac{k}{2} + \sum\limits_{n=1}^{\infty} \left(\frac{2k}{n\pi} \sin\frac{n\pi}{2} \right) \left(\cos(n \cdot \frac{\pi}{2} t) \right)$

$\qquad = \frac{k}{2} + \frac{2k}{\pi} \left(\cos\frac{\pi}{2} t - \frac{1}{3}\cos\frac{3\pi}{2} t + \frac{1}{5}\cos\frac{5\pi}{2} t - \cdots \cdots \right)$

例 3 週期為 6 的 $f(x) = \begin{cases} 2, & 0 < x < 3 \\ -2, & -3 < x < 0 \end{cases}$，求其傅立葉級數。

解 它是週期為 6 的奇函數，$2L = 6 \Rightarrow L = 3$，
所以其傅立葉級數為

(1) $f(x) = \sum\limits_{n=1}^{\infty} b_n \sin(\frac{n\pi}{L}x)$

(2) $b_n = \dfrac{2}{L}\int\limits_{0}^{L} f(x)\sin\dfrac{n\pi x}{L}dx$

$\quad = \dfrac{2}{3}\left[\int\limits_{0}^{3} 2\sin(\dfrac{n\pi x}{3})dx\right]$

$\quad = \dfrac{4}{3}\cdot\dfrac{3}{n\pi}\left[-\cos\dfrac{n\pi x}{3}\right]\Big|_{x=0}^{3}$

$\quad = \dfrac{-4}{n\pi}[\cos(n\pi) - 1]$

$n = 1, 2, 3, \cdots\cdots$ 代入，得 $b_1 = \dfrac{-4}{\pi}[\cos(\pi) - 1] = \dfrac{8}{\pi}$，

$b_2 = \dfrac{-4}{2\pi}[\cos(2\pi) - 1] = 0$，$b_3 = \dfrac{-4}{3\pi}[\cos(3\pi) - 1] = \dfrac{8}{3\pi}$

(3) 所以 $f(x)$ 傅立葉級數為

$f(x) = \sum\limits_{n=1}^{\infty} b_n \sin(\dfrac{n\pi}{L}x)$

$\quad = \sum\limits_{n=1}^{\infty} \dfrac{-4}{n\pi}\big(\cos(n\pi) - 1\big)\sin\left(\dfrac{n\pi x}{3}\right)$

$\quad = \dfrac{8}{\pi}\left[\sin(\dfrac{\pi x}{3}) + \dfrac{1}{3}\sin(\dfrac{3\pi x}{3}) + \dfrac{1}{5}\sin(\dfrac{5\pi x}{3}) + \cdots\cdots\right]$

1.5 半週期展開（或稱為半程展開）

> • 第五式：半週期展開（或半程展開）
>
> (1) 若給定「一半週期」函數，如，週期是 $2L$ 的函數，$f(x)$ 只在 $[0, L]$ 內有定義，現要將函數 $f(x)$ 的定義擴展到 $(-\infty, \infty)$，其擴展的方式有二種：
>
>   (a) 偶函數擴展：即先擴展到 $[-L, L]$ 一週期的「偶函數」，再擴展到 $(-\infty, \infty)$
>
>   (b) 奇函數擴展：即先擴展到 $[-L, L]$ 一週期的「奇函數」，再擴展到 $(-\infty, \infty)$
>
>   函數本來定義在 $[0, L]$ 半週期內，經以上的擴展方式，週期均變爲 $2L$，稱爲「半週期展開」。
>
> (2) 要求半週期展開的傅立葉級數時，可以使用本章第四式的方法求得，即若是偶函數擴展或奇函數擴展，則代偶函數或奇函數的傅立葉級數公式。

例 1 求下列函數的偶函數和奇函數半週期展開。

$$f(x) = \begin{cases} 1, & 0 < x < 2/3 \\ 0, & 2/3 < x < 2 \end{cases}$$

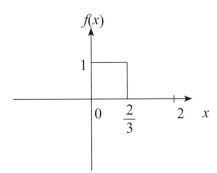

解 半週期 $L = 2$

(1) 展開成一週期（偶函數）

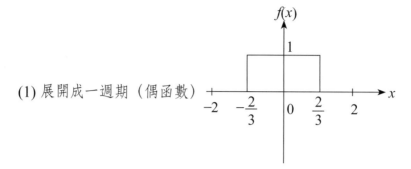

(a) 偶函數擴展 $f(x) = a_0 + \sum_{n=1}^{\infty} a_n \cos(\frac{n\pi}{L} x)$

(b) $a_0 = \frac{1}{L} \int_0^L f(x) dx = \frac{1}{2} \int_0^{\frac{2}{3}} 1 dx = \frac{1}{3}$

(c) $a_n = \frac{2}{L} \int_0^L f(x) \cos \frac{n\pi x}{L} dx$

$= \frac{2}{2} \int_0^{\frac{2}{3}} 1 \cdot \cos(\frac{n\pi x}{2}) dx$

$= \frac{2}{n\pi} \sin(\frac{n\pi}{3})$

$n = 1, 2, 3, \cdots\cdots$

(d) $n = 1, 2, 3, \cdots\cdots$代入，得

$a_1 = \frac{2}{\pi} \sin(\frac{\pi}{3}) = \frac{\sqrt{3}}{\pi}$、$a_2 = \frac{2}{2\pi} \sin(\frac{2\pi}{3}) = \frac{\sqrt{3}}{2\pi}$

$a_3 = \frac{2}{3\pi} \sin(\frac{3\pi}{3}) = 0$、$a_4 = \frac{2}{4\pi} \sin(\frac{4\pi}{3}) = -\frac{\sqrt{3}}{4\pi}$

$a_5 = \frac{2}{5\pi} \sin(\frac{5\pi}{3}) = -\frac{\sqrt{3}}{5\pi}$、$a_6 = \frac{2}{6\pi} \sin(\frac{6\pi}{3}) = 0$

$\cdots\cdots$

(e) 所以 $f(x) = a_0 + \sum_{n=1}^{\infty} a_n \cos(\frac{n\pi}{L} x)$

$= \frac{1}{3} + \sum_{n=1}^{\infty} \left(\frac{2}{n\pi} \sin(\frac{n\pi}{3}) \right) \left(\cos(\frac{n\pi x}{2}) \right)$

$= \frac{1}{3} + \frac{\sqrt{3}}{\pi} \cos(\frac{\pi x}{2}) + \frac{\sqrt{3}}{2\pi} \cos(\frac{2\pi x}{2})$

$- \frac{\sqrt{3}}{4\pi} \cos(\frac{4\pi x}{2}) - \frac{\sqrt{3}}{5\pi} \cos(\frac{5\pi x}{2}) + \cdots\cdots$

(2) 展開成一週期（奇函數）

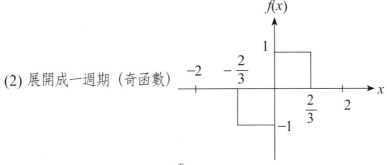

(a) 奇函數擴展 $f(x) = \sum\limits_{n=1}^{\infty} b_n \sin(\frac{n\pi}{L}x)$

(b) $b_n = \dfrac{2}{L}\int\limits_0^L f(x)\sin\dfrac{n\pi x}{L}\,dx = \dfrac{2}{2}\int_0^{\frac{2}{3}} 1 \cdot \sin(\dfrac{n\pi x}{2})\,dx$

$= -\dfrac{2}{n\pi}[\cos(\dfrac{n\pi}{3})-1]$，$n = 1, 2, 3, \cdots\cdots$

(c) $n = 1, 2, 3, \cdots\cdots$ 代入，得

$b_1 = -\dfrac{2}{\pi}[\cos(\dfrac{\pi}{3})-1] = \dfrac{1}{\pi}$

$b_2 = -\dfrac{2}{2\pi}[\cos(\dfrac{2\pi}{3})-1] = \dfrac{3}{2\pi}$

$b_3 = -\dfrac{2}{3\pi}[\cos(\dfrac{3\pi}{3})-1] = \dfrac{4}{3\pi}$

$b_4 = -\dfrac{2}{4\pi}[\cos(\dfrac{4\pi}{3})-1] = \dfrac{3}{4\pi}$

$b_5 = -\dfrac{2}{5\pi}[\cos(\dfrac{5\pi}{3})-1] = \dfrac{1}{5\pi}$

$b_6 = -\dfrac{2}{6\pi}[\cos(\dfrac{6\pi}{3})-1] = 0$

(d) 所以 $f(x) = \sum\limits_{n=1}^{\infty} b_n \sin(\dfrac{n\pi}{L}x)$

$= \sum\limits_{n=1}^{\infty}\left[-\dfrac{2}{n\pi}\left(\cos(\dfrac{n\pi}{3})-1\right)\sin(\dfrac{n\pi x}{2})\right]$

$= \dfrac{1}{\pi}\sin\left(\dfrac{\pi x}{2}\right) + \dfrac{3}{2\pi}\sin\left(\dfrac{2\pi x}{2}\right) + \dfrac{4}{3\pi}\sin\left(\dfrac{3\pi x}{2}\right)$

$\qquad + \dfrac{3}{4\pi}\sin\left(\dfrac{4\pi x}{2}\right) + \dfrac{1}{5\pi}\sin\left(\dfrac{5\pi x}{2}\right) + \cdots\cdots$

例 2　求下列函數的偶函數和奇函數半週期展開：

$f(t) = t$, $0 < t < 1$。

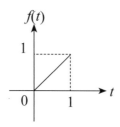

解　半週期 $L = 1$

(1) 展開成一週期（偶函數）

(a) 偶函數擴展 $f(t) = a_0 + \sum_{n=1}^{\infty} a_n \cos(\frac{n\pi}{L} t)$

(b) $a_0 = \dfrac{1}{L} \int_0^L f(t) dt = \int_0^1 t dt = \left. \dfrac{t^2}{2} \right|_{t=0}^1 = \dfrac{1}{2}$

(c) $a_n = \dfrac{2}{L} \int_0^L f(t) \cos \dfrac{n\pi t}{L} dt$

$= 2 \int_0^1 t \cdot \cos(n\pi \cdot t) dt$

$= 2 \left[\left. \dfrac{t}{n\pi} \sin(n\pi \cdot t) \right|_0^1 - \dfrac{1}{n\pi} \int_0^1 \sin(n\pi t) dt \right]$

（分部積分）

$= 2 \left[0 + \left. \dfrac{1}{n^2 \pi^2} \cos(n\pi \cdot t) \right|_{t=0}^1 \right]$

$= \dfrac{2}{n^2 \pi^2} (\cos(n\pi) - 1)$

所以 $a_n = \begin{cases} -\dfrac{4}{n^2 \pi^2}, & n = 1, 3, 5, \cdots\cdots \\ 0, & n = 2, 4, 6, \cdots\cdots \end{cases}$

(d) 故 $f(t)$ 的偶函數擴展為

$$f(t) = a_0 + \sum_{n=1}^{\infty} a_n \cos(\frac{n\pi}{L}t)$$

$$= \frac{1}{2} + \sum_{n=1}^{\infty} \left(\frac{2}{n^2\pi^2}(\cos(n\pi) - 1) \right) \cos(n\pi t)$$

$$= \frac{1}{2} - \frac{4}{\pi^2} \left(\cos(\pi \cdot t) + \frac{1}{3^2}\cos(3\pi \cdot t) \right.$$

$$\left. + \frac{1}{5^2}\cos(5\pi \cdot t) + \cdots \cdots \right)$$

(2) 展開成一週期（奇函數）

(a) 奇函數擴展 $f(t) = \sum_{n=1}^{\infty} b_n \sin(\frac{n\pi}{L}t)$

(b) $b_n = \frac{2}{L}\int_0^L f(t)\sin\frac{n\pi \cdot t}{L}dt$

$$= 2\int_0^1 t \cdot \sin(n\pi \cdot t)dt$$

$$= 2\left[-\frac{t}{n\pi}\cos(n\pi \cdot t)\Big|_{t=0}^1 + \frac{1}{n\pi}\int_0^1 \cos(n\pi \cdot t)dt \right]$$

$$= -\frac{2}{n\pi}\cos(n\pi) + \frac{2}{n^2\pi^2}\sin(n\pi \cdot t)\Big|_{t=0}^1$$

$$= -\frac{2}{n\pi}\cos(n\pi)$$

所以 $b_n = \begin{cases} \dfrac{2}{n\pi}, & n = 1, 3, 5, \cdots\cdots \\[4mm] -\dfrac{2}{n\pi}, & n = 2, 4, 6, \cdots\cdots \end{cases}$

(c) 故 f(t) 的奇函數擴展為

$$f(t) = \sum_{n=1}^{\infty} \left(-\frac{2}{n\pi} \cos(n\pi) \right) \sin(n\pi t)$$

$$= \frac{2}{\pi} \left(\sin(\pi \cdot t) - \frac{1}{2}\sin(2\pi \cdot t) + \frac{1}{3}\sin(3\pi \cdot t) - \cdots \cdots \right)$$

1.6 複數傅立葉級數

• **第六式：複數傅立葉級數**

(1) 也可以用複數方法來求傅立葉級數，其與用前面的方法求出來的答案相同。

(2) 函數 $f(x)$ 是週期為 2π 的函數，其複數傅立葉級數為

$$f(x) = \sum_{n=-\infty}^{\infty} c_n e^{inx} ,$$

其中：$c_n = \dfrac{1}{2\pi} \int_{-\pi}^{\pi} f(x) e^{-inx} dx$，$n = 0, \pm 1, \pm 2, \cdots\cdots$

（證明請參閱本篇後面附錄四）

(3) 要求（複數）傅立葉級數時，其做法為：

(a) 抄下 $f(x) = \sum_{n=-\infty}^{\infty} c_n e^{inx}$。

(b) 抄下 $c_n = \dfrac{1}{2\pi} \int_{-\pi}^{\pi} f(x) e^{-inx} dx$。

(c) 將題目的 $f(x)$ 代入 (b) 式。

(d) 將 (b) 式積分出來。

(e) 求出 $f(x) = \sum_{n=-\infty}^{\infty} c_n e^{inx}$ 中的第 $-k$ 項（即 $c_{-k} e^{i(-k)x}$）和第 k 項（即 $c_k e^{i(k)x}$），再將此二項相加起來，以消去虛數部分。

(f) 求出 $f(x) = \sum_{n=-\infty}^{\infty} c_n e^{inx}$ 中的第 0 項（即 $c_0 e^{i(0)x} = \hat{c}_0$）。

(g) $f(x)$ 的傅立葉級數為

$$f(x) = \sum_{n=-\infty}^{\infty} c_n e^{inx} = \hat{c}_0 + \sum_{n=1}^{\infty} \left[c_{-k} e^{i(-k)x} + c_k e^{ikx} \right]$$

答案與用前面的方法求出來的答案相同。

註：(i) 若題目要求「複數」傅立葉級數，只要做到 (d) 步驟，再將 c_n 代回 (a) 式即結束；

(ii) 若題目要求「傅立葉級數」，則還要往下做，消去虛數 i，其結果會和前面方法做出來的結果相同。

(4) 函數 $f(x)$ 是週期為 $2L$ 的函數，其複數傅立葉級數為：

$$f(x) = \sum_{n=-\infty}^{\infty} c_n e^{in\pi x / L} ,$$

其中：$c_n = \dfrac{1}{2L} \int_{-L}^{L} f(x) e^{-in\pi x / L} dx$，$n = 0, \pm 1, \pm 2, \cdots\cdots$

說明：週期為 $2L$ 的複數傅立葉級數，只要將週期為 2π 的複數傅立葉級數做下列二項修改：

(a) 將週期為 2π 的公式的所有 π 改成 L。

(b) 將 e 的指數的 x 改成 $\dfrac{\pi}{L} \cdot x$。

例 1 若 $f(x)$ 的週期為 2π，且 $f(x) = \begin{cases} 0, & -\pi < x < 0 \\ 1, & 0 < x < \pi \end{cases}$，用複數方法求 $f(x)$ 的傅立葉級數。

解 (1) $f(x) = \sum_{n=-\infty}^{\infty} c_n e^{inx}$

(2) $c_n = \dfrac{1}{2\pi} \int_{-\pi}^{\pi} f(x) e^{-inx} dx$

$= \dfrac{1}{2\pi} \left[\int_{-\pi}^{0} 0 \cdot e^{-inx} dx + \int_{0}^{\pi} 1 \cdot e^{-inx} dx \right]$

$= \dfrac{1}{2\pi} \cdot \dfrac{e^{-inx}}{-in} \Big|_{x=0}^{\pi}$

$= \dfrac{-1}{2n\pi i} \left(e^{-n\pi i} - 1 \right)$ （註：$e^{i\theta} = \cos\theta + i\sin\theta$）

$= \dfrac{i}{2n\pi} \left[\cos(-n\pi) + i\sin(-n\pi) - 1 \right]$

$= \dfrac{i}{2n\pi} \left[\cos(n\pi) - 1 \right]$

（因 n 是整數，所以 $\sin(-n\pi) = 0$）

(3) (a)$n = -k$ 代入

$\Rightarrow c_{-k} e^{i(-k)x}$

$$= \frac{i}{2(-k)\pi}\left[\cos(-k\pi) - 1\right]\left[\cos(-kx) + i\sin(-kx)\right]$$

$$= \frac{-i}{2k\pi}\left[\cos(k\pi) - 1\right]\left[\cos(kx) - i\sin(kx)\right] \qquad (-i \text{ 乘到第二項})$$

$$= \frac{1}{2k\pi}\left[\cos(k\pi) - 1\right]\left[-\sin(kx) - i\cos(kx)\right]$$

(b) $n = k$ 代入

$$\Rightarrow c_k e^{i(k)x} = \frac{i}{2(k)\pi}\left[\cos(k\pi) - 1\right]\left[\cos(kx) + i\sin(kx)\right]$$

$$= \frac{1}{2k\pi}\left[\cos(k\pi) - 1\right]\left[-\sin(kx) + i\cos(kx)\right]$$

(c) (a) + (b) $\Rightarrow c_{-k}e^{i(-k)x} + c_k e^{ikx}$ (消去虛數 i)

$$= \frac{1}{2k\pi}\left[\cos(k\pi) - 1\right]\left[-2\sin(kx)\right]$$

$$= \frac{1}{k\pi}\left[1 - \cos(k\pi)\right]\sin kx$$

(4) $n = 0$ 代入 $c_0 = \frac{1}{2\pi}\int_{-\pi}^{\pi}f(x)e^{-inx}dx\Big|_{n=0}$

$$= \frac{1}{2\pi}\left[\int_{-\pi}^{0}0 \cdot e^{-i0x}dx + \int_{0}^{\pi}1 \cdot e^{-i0x}dx\right] = \frac{1}{2}$$

(5) $f(x) = \sum_{n=-\infty}^{\infty}c_n e^{inx}$

$$= c_0 + \sum_{n=1}^{\infty}\left[c_{-k}e^{i(-k)x} + c_k e^{ikx}\right]$$

$$= \frac{1}{2} + \sum_{n=1}^{\infty}\frac{1}{n\pi}\left[1 - \cos(n\pi)\right]\sin nx$$

(答案與第二式的例 1 同)

例2 函數 $f(x)$ 是週期為 2π 的函數，且 $f(x) = e^x$，$-\pi < x < \pi$，求其複數傅立葉級數

解 (1) $f(x)$ 的複數傅立葉級數為

$$f(x) = \sum_{n=-\infty}^{\infty}c_n e^{inx},$$

其中 $c_n = \dfrac{1}{2\pi}\displaystyle\int_{-\pi}^{\pi} f(x)e^{-inx}\,dx$，$n = 0, \pm 1, \pm 2, \cdots\cdots$

(2) $c_n = \dfrac{1}{2\pi}\displaystyle\int_{-\pi}^{\pi} f(x)e^{-inx}\,dx = \dfrac{1}{2\pi}\displaystyle\int_{-\pi}^{\pi} e^{x}e^{-inx}\,dx = \dfrac{1}{2\pi}\displaystyle\int_{-\pi}^{\pi} e^{(1-in)x}\,dx$

$\qquad = \dfrac{1}{2\pi(1-in)}\displaystyle\int_{-\pi}^{\pi} e^{(1-in)x}\,d(1-in)x$

$\qquad = \dfrac{e^{(1-in)x}}{2\pi(1-in)}\Big|_{x=-\pi}^{\pi}$

$\qquad = \dfrac{1}{2\pi(1-in)}\left(e^{(1-in)\pi} - e^{-(1-in)\pi}\right)$

$\qquad = \dfrac{1}{2\pi(1-in)}\left(e\cdot e^{-in\pi} - e^{-1}\cdot e^{in\pi}\right)$

又 $e^{\pm in\pi} = \cos(\pm n\pi) + i\sin(\pm n\pi) = \cos(n\pi)$

$c_n = \dfrac{\cos(n\pi)}{2\pi(1-in)}\left(e - e^{-1}\right) = \dfrac{(1+in)\cos(n\pi)}{2\pi(1+n^2)}\left(e - e^{-1}\right)$

(3) $f(x) = \displaystyle\sum_{n=-\infty}^{\infty} c_n e^{inx}$

$\qquad = \displaystyle\sum_{n=-\infty}^{\infty} \dfrac{(1+in)\cos(n\pi)}{2\pi(1+n^2)}\left(e - e^{-1}\right) e^{inx}$

例 3 函數 $f(x)$ 是週期為 2 的函數，且 $f(x) = \begin{cases} -1, & -1 < x < 0 \\ 1, & 0 < x < 1 \end{cases}$，求其複數

傅立葉級數

解 函數 $f(x)$ 是週期為 2，所以 $L = 1$

(1) $f(x)$ 的複數傅立葉級數為

$\qquad f(x) = \displaystyle\sum_{n=-\infty}^{\infty} c_n e^{in\pi x/L}$，

其中 $c_n = \dfrac{1}{2L}\displaystyle\int_{-L}^{L} f(x)e^{-in\pi x/L}\,dx$，$n = 0, \pm 1, \pm 2, \cdots\cdots$

(2) $c_n = \dfrac{1}{2L}\displaystyle\int_{-L}^{L} f(x)e^{-in\pi x/L}dx$

$\qquad = \dfrac{1}{2}[\displaystyle\int_{-1}^{0} -1 \cdot e^{-in\pi x}dx + \int_{0}^{1} 1 \cdot e^{-in\pi x}dx]$

$\qquad = \dfrac{1}{-2 \cdot in\pi}[\displaystyle\int_{-1}^{0} -1 \cdot e^{-in\pi x}d(-in\pi x) + \int_{0}^{1} 1 \cdot e^{-in\pi x}d(-in\pi x)]$

$\qquad = \dfrac{1}{-2 \cdot in\pi}[-e^{-in\pi x}\big|_{x=-1}^{0} + e^{-in\pi x}\big|_{x=0}^{1}]$

$\qquad = \dfrac{1}{-2 \cdot in\pi}[-(e^{0} - e^{in\pi}) + (e^{-in\pi} - e^{0})]$

又 $e^{\pm in\pi} = \cos(\pm n\pi) + i\sin(\pm n\pi) = \cos(n\pi)$

$c_n = \dfrac{i}{2n\pi}[-(1 - \cos n\pi) + (\cos n\pi - 1)]$

$\qquad = \dfrac{i}{n\pi}[\cos n\pi - 1]$，$n \neq 0$

$c_0 = \dfrac{1}{2L}\displaystyle\int_{-L}^{L} f(x)dx = \dfrac{1}{2}[\int_{-1}^{0} -1dx + \int_{0}^{1} 1dx] = 0$

(3) $f(x) = \displaystyle\sum_{\substack{n=-\infty \\ n\neq 0}}^{\infty} c_n e^{in\pi x/L}$

$\qquad = \displaystyle\sum_{\substack{n=-\infty \\ n\neq 0}}^{\infty} \dfrac{i}{n\pi}[\cos n\pi - 1]e^{in\pi x}$

1.7　傅立葉積分

・第七式：傅立葉積分

(1) 若函數 $f(x)$ 為非週期性函數或考慮整個 x 軸時，就要使用傅立葉積分。

(2) $f(x)$ 的傅立葉積分為

$$f(x) = \int_0^\infty \left[A(w)\cos(wx) + B(w)\sin(wx) \right] dw$$

其中： $A(w) = \dfrac{1}{\pi} \int_{-\infty}^{\infty} f(u)\cos(wu)\,du$

$\qquad\quad B(w) = \dfrac{1}{\pi} \int_{-\infty}^{\infty} f(u)\sin(wu)\,du$

（證明請參閱本篇後面附錄三）

〔註：(1) $A(w)$ 可類比成前面的 a_n

　　　(2) $B(w)$ 可類比成前面的 b_n

　　　(3) 積分符號 ($\int$) 可類比成前面的 $\sum\limits_{n=1}^{\infty}$ 〕

(3) 若 $f(x)$ 是偶函數，則 $B(w) = 0$；

若 $f(x)$ 是奇函數，則 $A(w) = 0$。

例 1　若 $f(x) = \begin{cases} 1, & \text{若 } |x| < 1 \\ 0, & \text{若 } |x| > 1 \end{cases}$，求其傅立葉積分。

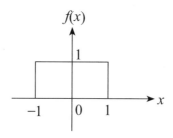

解 (1) $f(x) = \int_0^\infty [A(w)\cos(wx) + B(w)\sin(wx)]dw$

(2) $A(w) = \dfrac{1}{\pi} \int\limits_{-\infty}^{\infty} f(u)\cos(wu)\,du$

$= \dfrac{1}{\pi} \int\limits_{-1}^{1} \cos(wu)\,du$

$= \dfrac{\sin(wu)}{\pi \cdot w} \bigg|_{u=-1}^{1} = \dfrac{2\sin(w)}{\pi \cdot w}$

(3) $B(w) = \dfrac{1}{\pi} \int\limits_{-\infty}^{\infty} f(u)\sin(wu)\,du$

$= \dfrac{1}{\pi} \int\limits_{-1}^{1} \sin(wu)\,du$

$= -\dfrac{\cos(wu)}{\pi \cdot w} \bigg|_{u=-1}^{1} = 0$

（註：因它是偶函數，所以 $B(w) = 0$）

(4) 所以 $f(x)$ 的傅立葉積分 $= \dfrac{2}{\pi} \int\limits_{0}^{\infty} \dfrac{\cos(wx)\sin(w)}{w}\,dw$

例 2 求函數 $f(x) = \begin{cases} e^{-x}, & x > 0 \\ -e^{x}, & x < 0 \end{cases}$ ，求其傅立葉積分

解 因 $f(x) = -f(-x)$，所以其為奇函數

(1) $f(x) = \int\limits_{0}^{\infty} B(w)\sin(wx)\,d\omega$

(2) $B(w) = \dfrac{1}{\pi} \int\limits_{-\infty}^{\infty} f(u)\sin(wu)\,du$

$= \dfrac{2}{\pi} \int\limits_{0}^{\infty} f(u)\sin(wu)\,du$

$= \dfrac{2}{\pi} \int\limits_{0}^{\infty} e^{-u}\sin(wu)\,du$

又 $\int e^{-u}\sin(wu)\,du = -e^{-u}\sin(wu) + w\int e^{-u}\cos(wu)\,du \cdots\cdots\cdots (a)$

$\int e^{-u}\cos(wu)\,du = -e^{-u}\cos(wu) - w\int e^{-u}\sin(wu)\,du$

（代入 (a)）

$$\int e^{-u} \sin(wu)du$$

$$= -e^{-u} \sin(wu) + w \left[-e^{-u} \cos(wu) - w \int e^{-u} \sin(wu)du \right]$$

$$\Rightarrow \int e^{-u} \sin(wu)du = \frac{-e^{-u}}{1+w^2}[\sin(wu) + w\cos(wu)]$$

所以 $B(w) = \dfrac{2}{\pi} \cdot \dfrac{-e^{-u}}{1+w^2}[\sin(wu) + w\cos(wu)]_{u=0}^{\infty}$

$$= \frac{2}{\pi} \cdot \frac{1}{1+w^2}[\sin(0) + w\cos(0)] = \frac{2\omega}{\pi(1+w^2)}$$

(3) $f(x) = \displaystyle\int_0^{\infty} B(w)\sin(wx)dw$

$$= \int_0^{\infty} \frac{2\omega}{\pi(1+w^2)}\sin(wx)dw$$

練習題

第一式：週期函數

1. 求下列函數的週期。

(1) $\sin(2x)$；(2) $\cos(2\pi x)$；(3) $\tan(x)$；(4) $\sin(x) + \sin(2x)$；

(5) $\sin(2\pi x) + \cos(\pi x)$；(6) $\sin(2x) + \cos(2\pi x)$；(7) $1 + \cos(x) + \cos(2x)$；

(8) $\displaystyle\sum_{n=1}^{10} (a_n \cos nx + b_n \sin nx)$

解 (1) π；(2) 1；(3) π；(4) 2π；(5) 2；(5) 無週期；(7) 2π；(8) 2π

第二式：週期為 2π 的傅立葉級數

下列函數的週期均為 2π，求其傅立葉級數。

2. $f(x) = \begin{cases} -4, & -\pi < x < 0 \\ 4, & 0 < x < \pi \end{cases}$。

解 $f(x) = \displaystyle\sum_{n=1}^{\infty} \frac{2k}{n\pi}(1 - \cos n\pi)\sin nx$

$$= \sum_{n=1}^{\infty} \left(\frac{16}{(2n-1)\pi}\sin(2n-1)x \right)$$

3. $f(x) = \begin{cases} 1, & -\pi < x < 0 \\ 2, & 0 < x < \pi \end{cases}$。

　　[解]　$f(x) = \dfrac{3}{2} + \displaystyle\sum_{n=1}^{\infty} \dfrac{1}{n\pi}(1 - \cos n\pi)\sin nx$

　　　　　　　$= \dfrac{3}{2} + \displaystyle\sum_{n=1}^{\infty}\left(\dfrac{2}{(2n-1)\pi}\sin(2n-1)x\right)$

4. $f(x) = \begin{cases} 0, & -\pi < x < 0 \\ x, & 0 < x < \pi \end{cases}$。

　　[解]　$f(x) = \dfrac{\pi}{4} + \displaystyle\sum_{n=1}^{\infty}\left(\dfrac{1}{n^2\pi}(\cos(n\pi) - 1)\cos nx\right.$

　　　　　　　$\left. + \dfrac{-1}{n}\cos n\pi \sin nx\right)$

5. $f(x) = \begin{cases} 1, & -\pi/2 < x < \pi/2 \\ 0, & \pi/2 < x < 3\pi/2 \end{cases}$。

　　[解]　$f(x) = \dfrac{1}{2} + \displaystyle\sum_{n=1}^{\infty}\left(\dfrac{2}{n\pi}\sin\dfrac{n\pi}{2}\cos nx\right)$

6. 利用習題 (5) 的結果，證明：
$$\dfrac{\pi}{4} = 1 - \dfrac{1}{3} + \dfrac{1}{5} - \dfrac{1}{7} + \cdots\cdots。$$

7. $f(x) = x^2$，$-\pi \le x < \pi$，求 $f(x)$ 的傅立葉級數。

　　[解]　$f(x) = \dfrac{\pi^2}{3} + \displaystyle\sum_{n=1}^{\infty}\left(\dfrac{4}{n^2}\cos n\pi \cdot \cos nx\right)$

8. 利用習題 (7) 的結果，證明：

(a) $1 + \dfrac{1}{2^2} + \dfrac{1}{3^2} + \dfrac{1}{4^2} + \cdots\cdots = \dfrac{\pi^2}{6}$；（註：$x$ 用 $-\pi$ 代入）

(b) $1 - \dfrac{1}{2^2} + \dfrac{1}{3^2} - \dfrac{1}{4^2} + \cdots\cdots = \dfrac{\pi^2}{12}$。　（註：$x$ 用 0 代入）

第三式：偶函數與奇函數的傅立葉級數

下列函數的週期均為 2π，求其傅立葉級數：

9. 鋸齒波 $f(x) = x$，$-\pi < x < \pi$。

　　[解]　$f(x) = \displaystyle\sum_{n=1}^{\infty}\left(\dfrac{-2}{n}\cos n\pi \cdot \sin nx\right)$

$$= 2\left(\sin x - \frac{1}{2}\sin 2x + \frac{1}{3}\sin 3x - \cdots\cdots\right)$$

10. $f(x) = \begin{cases} -x, & -\pi < x < 0 \\ x, & 0 < x < \pi \end{cases}$ 。

解　$f(x) = \dfrac{\pi}{2} + \displaystyle\sum_{n=1}^{\infty}\left(\dfrac{2}{n^2\pi}(\cos(n\pi) - 1)\cos nx\right)$

11. 若 $f(x) = |\sin(x)|$，求其傅立葉級數（底下附計算過程）。

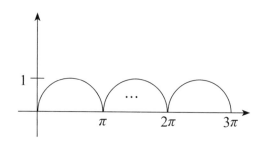

解　因 $f(x) = |\sin(x)|$ 為偶函數，所以其傅立葉級數為

$$f(x) = a_0 + \sum_{n=1}^{\infty}\left(a_n \cos nx\right)$$

$$a_0 = \frac{1}{\pi}\int_0^\pi f(x)dx = \frac{1}{\pi}\int_0^\pi \sin x\, dx = \frac{1}{\pi}(-\cos x)\Big|_0^\pi = \frac{2}{\pi}$$

$$a_n = \frac{2}{\pi}\int_0^\pi f(x)\cdot\cos nx\, dx = \frac{2}{\pi}\int_0^\pi \sin x\cdot\cos nx\, dx$$

$$= \frac{1}{\pi}\int_0^\pi \big[\sin(n+1)x - \sin(n-1)x\big]dx$$

$$= \frac{1}{\pi}\left[\frac{-\cos(n+1)x}{n+1} - \frac{-\cos(n-1)x}{n-1}\right]\Bigg|_0^\pi$$

$$= -\frac{1}{\pi}\left[\left(\frac{\cos(n+1)\pi}{n+1} - \frac{\cos(n-1)\pi}{n-1}\right) - \left(\frac{1}{n+1} - \frac{1}{n-1}\right)\right]$$

$$= -\frac{1}{\pi}\left[\left(\frac{\cos n\pi\cdot\cos\pi - \sin n\pi\cdot\sin\pi}{n+1}\right.\right.$$

$$\left.\left. - \frac{\cos n\pi\cdot\cos\pi + \sin n\pi\cdot\sin\pi}{n-1}\right) - \left(\frac{1}{n+1} - \frac{1}{n-1}\right)\right]$$

$$= -\frac{1}{\pi}\left[(\frac{-\cos n\pi}{n+1} - \frac{-\cos n\pi}{n-1}) - (\frac{1}{n+1} - \frac{1}{n-1})\right]$$

$$= -\frac{1}{\pi}\left[-\cos n\pi(\frac{1}{n+1} - \frac{1}{n-1}) - (\frac{1}{n+1} - \frac{1}{n-1})\right]$$

$$= -\frac{2}{(n^2-1)\pi} \cdot (\cos n\pi + 1) \text{（當 } n \neq 1\text{）}$$

當 $n = 1 \Rightarrow \lim_{n\to 1} -\frac{2}{(n^2-1)\pi} \cdot (\cos n\pi + 1)$

$$= \lim_{n\to 1}\frac{2 \cdot (-n\sin n\pi)}{2n\pi} = 0 \text{（分子分母微分）}$$

〔或 $a_1 = \frac{2}{\pi}\int_0^\pi \sin x \cdot \cos x\, dx = \frac{1}{\pi}\int_0^\pi [\sin(2x)]\, dx = 0$〕

所以 $a_n = \begin{cases} 0, & n = 1,3,5,\cdots\cdots \\ -\dfrac{4}{(n^2-1)\pi}, & n = 2,4,6,\cdots\cdots \end{cases}$

即 $f(x) = a_0 + \sum_{n=1}^\infty (a_n \cos nx)$

$$= \frac{2}{\pi} + \sum_{n=1}^\infty -\frac{2}{(n^2-1)\pi}[\cos(n\pi) + 1] \cdot \cos nx$$

$$= \frac{2}{\pi} - \frac{4}{\pi}\left[\frac{\cos 2x}{3} + \frac{\cos 4x}{15} + \frac{\cos 6x}{35} + \cdots\cdots\right]$$

第四式：任意週期的傅立葉級數

下列函數的週期為 T，求其傅立葉級數：

12. $f(x) = \begin{cases} -1, & -1 < x < 0 \\ 1, & 0 < x < 1 \end{cases}$, $T = 2$。

解 $f(x) = \sum_{n=1}^\infty\left[\frac{-2}{n\pi}(\cos(n\pi) - 1)\sin(n\pi x)\right]$

13. $f(x) = \begin{cases} 1, & -1 < x < 1 \\ 0, & 1 < x < 3 \end{cases}$, $T = 4$。

解 $f(x) = \frac{1}{2} + \sum_{n=1}^\infty\left[\frac{2}{n\pi}\sin\frac{n\pi}{2}\cos(\frac{n\pi x}{2})\right]$

14. $f(x) = \begin{cases} 2, & -1 < x < 1 \\ 1, & 1 < x < 3 \end{cases}$，$T = 4$。

解　$f(x) = \dfrac{3}{2} + \sum\limits_{n=1}^{\infty} \left[\dfrac{2}{n\pi} \sin\dfrac{n\pi}{2} + \dfrac{2}{n\pi} \sin(n\pi) \right] \cos\dfrac{n\pi x}{2}$

15. 週期爲 10 的 $f(x) = \begin{cases} 0, & -5 < x < 0 \\ 3, & 0 < x < 5 \end{cases}$，求其傅立葉級數。

解　$f(x) = \dfrac{3}{2} + \sum\limits_{n=1}^{\infty} \dfrac{-6}{n\pi}(\cos n\pi - 1)\sin\dfrac{n\pi x}{5}$

$\qquad = \dfrac{3}{2} + \dfrac{6}{\pi}\left[\sin(\dfrac{\pi x}{5}) + \dfrac{1}{3}\sin(\dfrac{3\pi x}{5}) + \dfrac{1}{5}\sin(\dfrac{5\pi x}{5}) + \cdots\cdots \right]$

第五式：半週期展開

12. 求下列函數的半週期奇函數展開式（半週期 $l = 2$）：

(a) $f(x) = 1, (0 < x < l)$。

解　$f(x) = \sum\limits_{n=1}^{\infty} \left(\dfrac{-2}{n\pi}[\cos(n\pi) - 1]\sin\dfrac{n\pi x}{2} \right)$

(b) $f(x) = x, (0 < x < l)$。

解　$f(x) = \sum\limits_{n=1}^{\infty} \dfrac{-4}{n\pi}[\cos(n\pi)]\sin\dfrac{n\pi x}{2}$

(c) $f(x) = \begin{cases} 1, & 0 < x < l/2 \\ 0, & l/2 < x < l \end{cases}$。

解　$f(x) = \sum\limits_{n=1}^{\infty} \dfrac{-2}{n\pi}[\cos(\dfrac{n\pi}{2}) - 1]\sin\dfrac{n\pi x}{2}$

13. 求下列函數的半週期偶函數展開式（$l = 2$）：

(a) $f(x) = x, (0 < x < l)$。

解　$f(x) = 1 + \sum\limits_{n=1}^{\infty} \dfrac{4}{n^2\pi^2}[\cos(n\pi) - 1]\cos\dfrac{n\pi x}{2}$

(b) $f(x) = \begin{cases} 1, & 0 < x < l/2 \\ 0, & l/2 < x < l \end{cases}$。

解　$f(x) = \dfrac{1}{2} + \sum\limits_{n=1}^{\infty} \dfrac{2}{n\pi}\sin\dfrac{n\pi}{2}\cos\dfrac{n\pi x}{2}$

第六式：復數傅立葉級數

14. 函數 $f(x)$ 是週期為 2π 的函數，且 $f(x) = x$，$-\pi < x < \pi$，求其複數傅立葉級數

解　$f(x) = \sum_{n=-\infty}^{\infty} \frac{i}{n} \cos(n\pi) e^{inx}$

15. 函數 $f(x)$ 是週期為 2 的函數，且 $f(x) = e^x$，$-1 < x < 1$，求其複數傅立葉級數

解　$f(x) = \sum_{n=-\infty}^{\infty} \frac{(1+in\pi)\cos(n\pi)}{2(1+n^2\pi^2)}\left(e-e^{-1}\right) e^{in\pi x}$

16. 請讀者自己用複數傅立葉級數的方法去解之前的題目，答案要一樣。

第七式：傅立葉積分

17. 若 $f(x) = \begin{cases} x, & 若 |x| < \pi \\ 0, & 若 |x| > \pi \end{cases}$，求其傅立葉積分。

解　$f(x)$ 的傅立葉積分 $= \int_0^{\infty} [\frac{2\sin(\pi w)}{\pi w^2} - \frac{2\cos(\pi w)}{w}] \cdot \sin(wx)dw$

18. 若 $f(x) = \begin{cases} -1, & -\pi < x < 0 \\ 1, & 0 < x < \pi \\ 0, & |x| > \pi \end{cases}$，求其傅立葉積分。

解　$f(x)$ 的傅立葉積分 $= \int_0^{\infty} [\frac{2}{\pi w}(1 - \cos(\pi w)]\sin(wx)dw$

19. 若 $f(x) = \begin{cases} \cos x, & \frac{-\pi}{2} < x < \frac{\pi}{2} \\ 0, & 其餘地方 \end{cases}$，求其傅立葉積分。

解　$f(x) = \int_0^{\infty} A(\omega)\cos(\omega x)d\omega$

$= \int_0^{\infty} \frac{-2}{\pi(\omega^2-1)} \cos(\frac{\omega\pi}{2}) \cos(\omega x)d\omega$

20. 若 $f(x) = \begin{cases} 1, & -1 < x < 1 \\ 0, & 其餘地方 \end{cases}$，求其傅立葉積分。

解　$f(x) = \int_0^{\infty} A(\omega)\cos(\omega x)d\omega = \int_0^{\infty} \frac{2\sin(\omega)}{\pi\omega} \cos(\omega x)d\omega$

附錄

附錄一：證明週期是 2π 的週期函數，其傅立葉級數

題目：若函數 $f(x)$ 是週期為 2π 的週期函數，則其可以用下面的三角級數表示

$$f(x) = a_0 + \sum_{n=1}^{\infty} \left(a_n \cos nx + b_n \sin nx \right)$$

其中：$a_0 = \dfrac{1}{2\pi} \int_{-\pi}^{\pi} f(x)dx$

$\qquad a_n = \dfrac{1}{\pi} \int_{-\pi}^{\pi} f(x) \cdot \cos nx\, dx$，$n = 1, 2, 3, \cdots\cdots$

$\qquad b_n = \dfrac{1}{\pi} \int_{-\pi}^{\pi} f(x) \cdot \sin nx\, dx$，$n = 1, 2, 3, \cdots\cdots$

預備知識：證明之前，先算出下面五個三角函數的積分：

(1) $\displaystyle\int_{-\pi}^{\pi} \cos nx\, dx = \int_{-\pi}^{\pi} \cos(nx) \frac{d(nx)}{n} = \frac{1}{n} \sin(nx)\Big|_{-\pi}^{\pi}$

$\qquad\qquad\qquad = \dfrac{1}{n} \left[\sin(n\pi) - \sin(-n\pi) \right] = 0$

(2) $\displaystyle\int_{-\pi}^{\pi} \sin nx\, dx = \int_{-\pi}^{\pi} \sin(nx) \frac{d(nx)}{n} = -\frac{1}{n} \cos(nx)\Big|_{-\pi}^{\pi}$

$\qquad\qquad\qquad = -\dfrac{1}{n} \left[\cos(n\pi) - \cos(-n\pi) \right] = 0$

(3) $\displaystyle\int_{-\pi}^{\pi} \cos nx \cos mx\, dx = \frac{1}{2} \int_{-\pi}^{\pi} \cos(n+m)x\, dx + \frac{1}{2} \int_{-\pi}^{\pi} \cos(n-m)x\, dx$

   (a) 若 $n \neq m$，則

$\qquad$ 上式 $= \dfrac{1}{2} \displaystyle\int_{-\pi}^{\pi} \cos(n+m)x\, dx + \frac{1}{2} \int_{-\pi}^{\pi} \cos(n-m)x\, dx = 0$

   (b) 若 $n = m$，則

$\qquad$ 上式 $= \dfrac{1}{2} \displaystyle\int_{-\pi}^{\pi} \cos(2mx)\, dx + \frac{1}{2} \int_{-\pi}^{\pi} \cos(0)\, dx = 0 + \frac{1}{2} x\Big|_{-\pi}^{\pi} = \pi$

(4) $\int\limits_{-\pi}^{\pi}\sin nx \cdot \sin mx dx = \frac{1}{2}\int\limits_{-\pi}^{\pi}\cos(n-m)x dx - \frac{1}{2}\int\limits_{-\pi}^{\pi}\cos(n+m)x dx$

 (a) 若 $n \neq m$，則

  上式 $= \frac{1}{2}\int\limits_{-\pi}^{\pi}\cos(n-m)x dx - \frac{1}{2}\int\limits_{-\pi}^{\pi}\cos(n+m)x dx = 0$

 (b) 若 $n = m$，則

  上式 $= \frac{1}{2}\int\limits_{-\pi}^{\pi}\cos(0)dx - \frac{1}{2}\int\limits_{-\pi}^{\pi}\cos(2m)dx = \frac{1}{2}x\Big|_{-\pi}^{\pi} - 0 = \pi$

(5) $\int\limits_{-\pi}^{\pi}\sin nx \cdot \cos mx dx = \frac{1}{2}\int\limits_{-\pi}^{\pi}\sin(n+m)x dx + \frac{1}{2}\int\limits_{-\pi}^{\pi}\sin(n-m)x dx$

         $= 0 + 0 = 0$

（註：此式不論是 $n \neq m$ 或 $n = m$，上式均為 0）

證明：(a) $f(x) = a_0 + \sum\limits_{n=1}^{\infty}\left(a_n \cos nx + b_n \sin nx\right)$

  (a) 式二邊積分

  $\Rightarrow \int\limits_{-\pi}^{\pi}f(x)dx = a_0\int\limits_{-\pi}^{\pi}dx + \sum\limits_{n=1}^{\infty}\left(a_n\int\limits_{-\pi}^{\pi}\cos nx dx + b_n\int\limits_{-\pi}^{\pi}\sin nx dx\right)$

  因 $\sin nx$ 和 $\cos nx$ 的週期為 $\frac{2\pi}{n}$，所以後項積分為 0

  $\Rightarrow \int\limits_{-\pi}^{\pi}f(x)dx = a_0\int\limits_{-\pi}^{\pi}dx = a_0 \cdot 2\pi \Rightarrow a_0 = \frac{1}{2\pi}\int\limits_{-\pi}^{\pi}f(x)dx$

  (b) (a) 式二邊同乘以 $\cos(mx)$ 後再積分

  $\Rightarrow \int\limits_{-\pi}^{\pi}f(x)\cos mx dx$

  $= a_0\int\limits_{-\pi}^{\pi}\cos mx dx + \sum\limits_{n=1}^{\infty}\left(a_n\int\limits_{-\pi}^{\pi}\cos nx \cdot \cos mx dx\right.$

  $\left. + b_n\int\limits_{-\pi}^{\pi}\sin nx \cdot \cos mx dx\right)$

  只有當 $m = n$ 時，$\int\limits_{-\pi}^{\pi}\cos nx \cdot \cos mx dx$ 值才不為 0 $(= \pi)$，其餘項均

  為 0，

所以 $a_n = \dfrac{1}{\pi} \displaystyle\int_{-\pi}^{\pi} f(x) \cdot \cos nx\, dx \quad (m = n)$

(c) (a) 式二邊同乘以 $\sin(mx)$ 後再積分

$\Rightarrow \displaystyle\int_{-\pi}^{\pi} f(x) \sin mx\, dx$

$= a_0 \displaystyle\int_{-\pi}^{\pi} \sin mx\, dx + \sum_{n=1}^{\infty}\left(a_n \int_{-\pi}^{\pi} \cos nx \cdot \sin mx\, dx \right.$

$\left. + b_n \displaystyle\int_{-\pi}^{\pi} \sin nx \cdot \sin mx\, dx \right)$

只有當 $m = n$ 時，$\displaystyle\int_{-\pi}^{\pi} \sin nx \cdot \sin mx\, dx$ 值才不為 $0(=\pi)$，其餘項均為 0，

所以 $b_n = \dfrac{1}{\pi} \displaystyle\int_{-\pi}^{\pi} f(x) \cdot \sin nx\, dx \quad (m = n)$

附錄二：證明週期是 $2L$ 的週期函數，其傅立葉級數

題目：週期為 $2L$ 的週期函數 $f(x)$，證明其傅立葉級數為

$$f(x) = a_0 + \sum_{n=1}^{\infty}\left(a_n \cos(n \cdot \frac{\pi}{L}x) + b_n \sin(n \cdot \frac{\pi}{L}x)\right)$$

其中：

$$a_0 = \frac{1}{2L}\int_{-L}^{L} f(x)dx$$

$$a_n = \frac{1}{L}\int_{-L}^{L} f(x)\cos\frac{n\pi x}{L}dx$$

$$b_n = \frac{1}{L}\int_{-L}^{L} f(x)\sin\frac{n\pi x}{L}dx$$

解：設 $g(v)$ 是週期為 2π 的週期函數，再將它轉換成週期為 $2L$ 的週期函數 $f(x)$：

(a) $g(v)$ 的傅立葉級數為

$$g(v) = a_0 + \sum_{n=1}^{\infty}\left(a_n \cos nv + b_n \sin nv \right),$$

其中：

$$a_0 = \frac{1}{2\pi}\int_{-\pi}^{\pi} g(v)dv$$

$$a_n = \frac{1}{\pi}\int_{-\pi}^{\pi} g(v)\cdot\cos(nv)dv$$

$$b_n = \frac{1}{\pi}\int_{-\pi}^{\pi} g(v)\cdot\sin(nv)dv$$

(b) 用變數變換法將 $g(v)$ 換成 $f(x)$，即

令 $v = \frac{2\pi}{2L}\cdot x = \frac{\pi}{L}\cdot x$

$\Rightarrow$ 當 $v = -\pi$ 時，$x = -L$；

當 $v = \pi$ 時，$x = L$；且 $dv = d\left(\frac{\pi}{L}\cdot x\right) = \frac{\pi}{L}\cdot dx$

$$g(v) = a_0 + \sum_{n=1}^{\infty}\left(a_n \cos nv + b_n \sin nv \right)$$

$$= a_0 + \sum_{n=1}^{\infty} \left(a_n \cos(n \cdot \frac{\pi}{L} x) + b_n \sin(n \cdot \frac{\pi}{L} x) \right) = f(x) \text{，}$$

其中：

$$a_0 = \frac{1}{2\pi} \int_{-\pi}^{\pi} g(v) dv = \frac{1}{2L} \int_{-L}^{L} f(x) dx \quad \text{〔註：} g(v) = f(x) \text{〕}$$

$$a_n = \frac{1}{\pi} \int_{-\pi}^{\pi} g(v) \cdot \cos(nv) dv = \frac{1}{L} \int_{-L}^{L} f(x) \cos \frac{n\pi x}{L} dx$$

$$b_n = \frac{1}{\pi} \int_{-\pi}^{\pi} g(v) \cdot \sin(nv) dv = \frac{1}{L} \int_{-L}^{L} f(x) \sin \frac{n\pi x}{L} dx$$

(c)所以週期爲 $2L$ 的週期函數 $f(x)$ 的傅立葉級數爲

$$f(x) = a_0 + \sum_{n=1}^{\infty} \left(a_n \cos(n \cdot \frac{\pi}{L} x) + b_n \sin(n \cdot \frac{\pi}{L} x) \right) \text{，}$$

其中：

$$a_0 = \frac{1}{2L} \int_{-L}^{L} f(x) dx$$

$$a_n = \frac{1}{L} \int_{-L}^{L} f(x) \cos \frac{n\pi x}{L} dx$$

$$b_n = \frac{1}{L} \int_{-L}^{L} f(x) \sin \frac{n\pi x}{L} dx$$

附錄三：證明 $f(x)$ 的傅立葉積分

題目：證明 $f(x)$ 的傅立葉積分為

$$f(x) = \int_0^\infty \left[A(w)\cos(wx) + B(w)\sin(wx) \right] dw ,$$

其中：$A(w) = \dfrac{1}{\pi} \int_{-\infty}^\infty f(u)\cos(wu)du$

$$B(w) = \dfrac{1}{\pi} \int_{-\infty}^\infty f(u)\sin(wu)du$$

解：若 $f_L(x)$ 是週期為 $T(=2L)$ 的週期函數，則其傅立葉級數為

(a) $f_L(x) = a_0 + \sum\limits_{n=1}^\infty \left(a_n \cos(w_n x) + b_n \sin(w_n x) \right)$,

其中 $w_n = \dfrac{n\pi}{L}$ ，而

$$a_0 = \dfrac{1}{2L} \int_{-L}^L f_L(x)dx$$

$$a_n = \dfrac{1}{L} \int_{-L}^L f_L(x)\cos\dfrac{n\pi x}{L}dx$$

$$b_n = \dfrac{1}{L} \int_{-L}^L f_L(x)\sin\dfrac{n\pi x}{L}dx$$

(b) 將 a_0、a_n、b_n 代入 $f_L(x)$ 內，得

$$f_L(x) = \dfrac{1}{2L} \int_{-L}^L f_L(u)du$$

$$+ \dfrac{1}{\pi} \sum_{n=1}^\infty \left(\cos(w_n x)\Delta w \int_{-L}^L f_L(u)\cos(w_n u)du \right.$$

$$\left. + \sin(w_n x)\Delta w \int_{-L}^L f_L(u)\sin(w_n u)du \right)$$

其中：$\Delta \omega = \dfrac{\pi}{L}$

(c) 令 $L \to \infty$ ，並假設 $f(x) = \lim\limits_{L\to\infty} f_L(x)$ ，

則 $\dfrac{1}{L} \to 0$ ，且 $\Delta w = \dfrac{\pi}{L} \to 0$

$$\Rightarrow f(x) = \frac{1}{\pi} \int_0^\infty \left[\cos wx \int_{-\infty}^\infty f(u)\cos(wu)du \right.$$

$$\left. + \sin wx \int_{-\infty}^\infty f(u)\sin(wu)du \right] dw$$

令 $A(w) = \frac{1}{\pi} \int_{-\infty}^\infty f(u)\cos(wu)du$ ，

$B(w) = \frac{1}{\pi} \int_{-\infty}^\infty f(u)\sin(wu)du$

所以 $f(x) = \int_0^\infty \left[A(w)\cos(wx) + B(w)\sin(wx) \right] dw$ ，

此式稱為傅立葉積分。

附錄四：證明複數傅立葉級數

題目：證明週期為 2π 的複數傅立葉級數為 $f(x) = \sum\limits_{n=-\infty}^{\infty} c_n e^{inx}$，其中

$$c_n = \frac{1}{2\pi} \int\limits_{-\pi}^{\pi} f(x) e^{-inx} dx，n = 0,\ \pm 1,\ \pm 2,\ \cdots\cdots。$$

解：

(1) 週期為 2π 的函數 $f(x)$ 的傅立葉級數為

$$f(x) = a_0 + \sum\limits_{n=1}^{\infty} \left(a_n \cos nx + b_n \sin nx \right)$$

而 $e^{it} = \cos t + i \sin t$ 且 $e^{-it} = \cos t - i \sin t$

$$\Rightarrow \cos t = \frac{1}{2}\left(e^{it} + e^{-it} \right),\ \ \sin t = \frac{1}{2i}\left(e^{it} - e^{-it} \right) = \frac{-i}{2}\left(e^{it} - e^{-it} \right),$$

$$\Rightarrow a_n \cos nx + b_n \sin nx = \frac{1}{2} a_n \left(e^{inx} + e^{-inx} \right) - \frac{i}{2} b_n \left(e^{inx} - e^{-inx} \right)$$

$$= \frac{1}{2}\left(a_n - ib_n \right) e^{inx} + \frac{1}{2}\left(a_n + ib_n \right) e^{inx}$$

令 $a_0 = c_0$，且 $\frac{1}{2}\left(a_n - ib_n \right) = c_n$，且 $\frac{1}{2}\left(a_n + ib_n \right) = k_n$，則

$$f(x) = c_0 + \sum\limits_{n=1}^{\infty} \left(c_n e^{inx} + k_n e^{-inx} \right)$$

(2) 因 $a_0 = \frac{1}{2\pi} \int\limits_{-\pi}^{\pi} f(x) dx$；$a_n = \frac{1}{\pi} \int\limits_{-\pi}^{\pi} f(x) \cdot \cos nx dx$；$b_n = \frac{1}{\pi} \int\limits_{-\pi}^{\pi} f(x) \cdot \sin nx dx$

所以 $c_n = \frac{1}{2}\left(a_n - ib_n \right) = \frac{1}{2\pi} \int\limits_{-\pi}^{\pi} f(x)\left(\cos nx - i \sin nx \right) dx$

$$= \frac{1}{2\pi} \int\limits_{-\pi}^{\pi} f(x) e^{-inx} dx$$

$$k_n = \frac{1}{2}\left(a_n + ib_n \right) = \frac{1}{2\pi} \int\limits_{-\pi}^{\pi} f(x)\left(\cos nx + i \sin nx \right) dx$$

$$= \frac{1}{2\pi} \int\limits_{-\pi}^{\pi} f(x) e^{inx} dx$$

因 $k_n = c_{-n}$，所以 $f(x)$ 的複數傅立葉級數為（從 $-\infty$ 開始加起，即 c_{-n}）

$$f(x) = \sum\limits_{n=-\infty}^{\infty} c_n e^{inx}，$$

其中 $c_n = \frac{1}{2\pi} \int\limits_{-\pi}^{\pi} f(x) e^{-inx} dx$，$n = 0,\ \pm 1,\ \pm 2,\ \cdots\cdots$

第 5 篇

線性代數

加布里爾・克拉瑪（Gabriel Cramer）

瑞士數學家，先後當選爲倫敦皇家學會、柏林研究院和法國、義大利等學會的成員。首先定義了正則、非正則、超越曲線和無理曲線等概念，第一次正式引入座標系的縱軸（Y軸），然後討論曲線變換，並依據曲線方程的階數將曲線進行分類。爲了確定經過5個點的一般二次曲線的係數，應用了著名的被後世稱爲「克拉瑪法則」的方法，即由線性方程組的係數確定方程組的解的方法。他最著名的工作是在 1750 年發表關於代數曲線方面的權威之作，最早證明一個第 n 度的曲線是由 $n(n+3)/2$ 個點來決定的。

線性代數簡介

　　線性代數（Linear algebra）對於幾乎所有數學領域都是至關重要的。例如，線性代數是幾何學的現代表示法的基礎，包括基本名詞（如直線，平面和旋轉）用線性代數的向量和矩陣來定義。而且，泛函數分析（functional analysis）基本上可以看作是線性代數在泛函數空間中的應用。

　　線性代數的方法還用在解析幾何、工程、物理、自然科學、計算機科學、計算機動畫和社會科學（尤其是經濟學）中。由於線性代數是一套完善的理論，非線性數學模型通常可以被近似為線性模型。

　　本線性代數書的內容包含有：線性方程式、矩陣、行列式、向量與向量空間、維度與基底、線性映射和特徵值與特徵向量等單元，它已包含大部分基本線性代數的內容了。

第 1 章　線性方程式

1.1　線性方程組

1. 【線性方程式】線性方程式的形式是

$$a_1x_1 + a_2x_2 + \cdots + a_nx_n = b，$$

式中 $a_i，b \in R，x_i$ 是未知數、a_i 是 x_i 的係數、b 是方程式的常數。

2. 【線性方程式的解】若有一組數值 $(k_1, k_2, \cdots\cdots, k_n)$ 分別代入未知數 $(x_1, x_2, \cdots\cdots, x_n)$ 內，使得方程式

$$a_1k_1 + a_2k_2 + \cdots + a_nk_n = b$$

成立，則 $(k_1, k_2, \cdots\cdots, k_n)$ 就稱為此線性方程式的解。

例 1　線性方程式 $x + 2y - z + w = 5$，請問：

(1) $(2,1,0,1)$ 是否為其一個解？

(2) $(0,0,0,0)$ 是否為其一個解？

解　(1) 將 $(2,1,0,1)$ 代入線性方程式內，

$2 + 2 \cdot 1 - 0 + 1 = 5$ 其值等於 5，

所以 $(2,1,0,1)$ 是其一個解。

(2) 將 $(0,0,0,0)$ 代入線性方程式內，

$0 + 2 \cdot 0 - 0 + 0 = 0$ 其值不等於 5，

所以 $(0,0,0,0)$ 不是其一個解。

---

3. 【線性方程組】考慮含有 n 個未知數 $(x_1, x_2, \cdots\cdots, x_n)$ 的一組 m 個線性方程式：

$$a_{11}x_1 + a_{12}x_2 + \cdots + a_{1n}x_n = b_1$$
$$a_{21}x_1 + a_{22}x_2 + \cdots + a_{2n}x_n = b_2$$
$$\cdots\cdots\cdots\cdots$$
$$a_{m1}x_1 + a_{m2}x_2 + \cdots + a_{mn}x_n = b_m$$

式中，$a_{ij}, b_i \in R$，

(1) 若 $(k_1, k_2, \cdots\cdots, k_n)$ 滿足每個方程式，則稱 $(k_1, k_2, \cdots\cdots, k_n)$ 是此方程組的一個解；

(2) 所有這些解所成的集合，稱爲解集合（Solution set）；

(3) 如果線性方程式的常數 b_1、b_2、$\cdots\cdots$、b_m 都是零，此方程組稱爲線性齊次（Homogeneous）方程組；

(4) 線性齊次方程組一定有一組「零」的解，即 x_i 全部是 0 的解，此組解稱爲明顯解（Trival solution）；若它還有其他解存在，這些解稱爲非明顯解（Nontrival solution）。

例 2 線性方程組 $\begin{cases} x+2y-3z=0 \\ 2x+y+z=0 \\ 3x-y-z=0 \end{cases}$ 一定有一解，請問此解爲何？

解 $(0,0,0)$ 爲其解

例 3 $(1,2,1)$ 是否爲線性方程組 $\begin{cases} x+2y-z=4 \\ 2x+y+z=5 \\ x-2y+z=0 \end{cases}$ 的解？

解 將 $(1,2,1)$ 代入線性方程組內，

$$\Rightarrow \begin{cases} 1+2\cdot 2-1=4 \\ 2\cdot 1+2+1=5 \\ 1-2\cdot 2+1\neq 0 \end{cases},$$

只要有一個等式不成立，$(1,2,1)$ 就不是此線性方程組的解。

1.2 求線性方程組的解

4. 【高斯消去法】以後會介紹多種方法來求出線性方程組的解，此處將介紹其中一種方法，就是用「高斯消去法」來求解，其步驟如下：

步驟 1：交換其中的二（橫）列（Row）方程式，使得第一個方程式內的第一個未知數 x_1 的係數不為 0，即 $a_{11} \neq 0$（若 a_{11} 已不為 0，就不需要做此步驟）；

步驟 2：對於每一個 $i > 1$，利用 $\dfrac{-a_{i1}}{a_{11}}$ 乘上第一個方程式再加到第 i 個方程式，也就是要將第二個方程式以後的 x_1 的係數消為 0。此時方程組變成：

$$a_{11}x_1 + a_{12}x_2 + \cdots + a_{1n}x_n = b_1$$
$$a'_{22}x_2 + \cdots + a'_{2n}x_n = b'_2$$
$$\cdots\cdots\cdots$$
$$a'_{m2}x_2 + \cdots + a'_{mn}x_n = b'_m$$

重複上面步驟，消去第三個方程式以後的 x_2 係數，……。最後會變成下面三種形況：

(1) 若出現 $0 \cdot x_1 + 0 \cdot x_2 + \cdots\cdots + 0 \cdot x_n = b$，且 $b \neq 0$，則此方程組無解；

(2) 若出現 $0 \cdot x_1 + 0 \cdot x_2 + \cdots\cdots + 0 \cdot x_n = b$，且 $b = 0$，則此方程式可刪除，不會影響所求出的解；

(3) 最後會化簡成下面形式的方程組：

$$a_{11}x_1 + a_{12}x_2 + \cdots + a_{1n}x_n = b_1$$
$$a_{2(j_2)}x_{j_2} + a_{2(j_2+1)}x_{(j_2+1)} + \cdots + a''_{2n}x_n = b''_2$$
$$\cdots\cdots\cdots$$
$$a_{r(j_r)}x_{j_r} + a_{r(j_r+1)}x_{(j_r+1)} + \cdots + a''_{rn}x_n = b''_r$$

其中 $1 < j_2 < \cdots\cdots < j_r$，

最後的共有 r 組線性方程式，n 個變數。

5. 【呈現階梯形狀】可以把化簡後的方程組（上面第 (3) 點的結果）稱為「呈現階梯形狀」。

6.【自由變數】在「呈現階梯形狀」的方程組中，任何沒出現在開頭的未知數 x_i，稱爲「自由變數（Free variable）」。

例 4　求呈現階梯形狀方程組 $\begin{cases} x + 2y + 3z = 7 \\ \quad\ y + z + w = 6 \\ \qquad\qquad w = 4 \end{cases}$

有幾個自由變數？變數名稱爲何？

解　沒出現在開頭的未知數只有一個，是 z 變數，
所以此方程組有 1 個自由變數，變數名稱爲 z。

例 5　求呈現階梯形狀方程組 $\begin{cases} x + 2y + 3z + 0w + 2t = 7 \\ \quad\ y + z + w + 0t = 6 \\ \qquad\qquad w = 4 \end{cases}$

有幾個自由變數？變數名稱爲何？

解　沒出現在開頭的未知數有二個，是 z 和 t 變數，
此方程組有 2 個自由變數，變數名稱爲 z 和 t。

7.【線性方程組的解（一）】若呈現階梯形狀方程組有 r 組線性方程式，n 個變數，則其解有下列二種形況：
　(1) $r = n$：即方程式的數目和未知數的數目相同，此線性方程組恰有一解；
　(2) $r < n$：即方程式的數目比未知數的數目還要少，則此線性方程組有 $(n-r)$ 個自由變數。自由變數的意思是可指定任何實數值，都是此方程組的解，也就是說，此方程組有無窮多組解。
　（註：不可能發生 $r > n$ 的情況）

8.【線性方程組的解（二）】呈現階梯形狀方程組的解，可用下法求得：

(1) 若有自由變數，則將每個自由變數指定一個不同的變數名稱，其可以是任何實數值；

(2) 先求出階梯形狀方程組的最底下一個方程式的未知數的解；

(3) 再依序往上求出其他未知數的解。

例 6 求呈現階梯形狀方程組的解 $\begin{cases} x+2y+3z+2t=7 \\ y+z+2w+t=6 \\ w+2t=4 \end{cases}$

解 (1) 此方程組有二個自由變數，分別是 z 和 t

令 $z=a$、$t=b$，其中 $a,b \in R$

(2) 由最底下一個方程式 $w+2t=4 \Rightarrow w=4-2t$（$t$ 用 b 代入）

$\Rightarrow w=4-2b$

(3) 由倒數第二個方程式 $y+z+2w+t=6$

$\Rightarrow y=6-z-2w-t$（將 z,w,t 代入）

$\Rightarrow y=6-a-2(4-2b)-b \Rightarrow y=-2-a+3b$

(4) 由第一個方程式 $x+2y+3z+2t=7 \Rightarrow x=7-2y-3z-2t$

$\Rightarrow x=7-2(-2-a+3b)-3a-2b=11-a-8b$

(5) 解為：$x=11-a-8b$、$y=-2-a+3b$、$z=a$、

$w=4-2b$、$t=b$，其中 $a,b \in R$

例 7 求 $\begin{cases} x+2y+3z=7 \\ 2x+y+z=6 \\ 3x-y-z=4 \end{cases}$，方程組之解

做法 底下符號表示法為：

(a) $L_2 \to -2L_1+L_2$（表示將第二列改成「-2 乘以第一列加上第二列」）；

(b) $L_3 \to -3L_3$（表示將第三列改成「-3 乘以第三列」）；

(c) $L_1 \leftrightarrow L_2$（表示將第一列和第二列對調）

[解] (1) 將此方程組化成階梯形狀

$$\begin{array}{l} L_2 \to -2L_1 + L_2 \\ L_3 \to -3L_1 + L_3 \\ \Rightarrow \end{array} \quad \left\{ \begin{array}{l} x + 2y + 3z = 7 \\ -3y - 5z = -8 \\ -7y - 10z = -17 \end{array} \right.$$

$$\begin{array}{l} L_2 \to -L_2 \\ L_3 \to -L_3 \\ \Rightarrow \end{array} \quad \left\{ \begin{array}{l} x + 2y + 3z = 7 \\ 3y + 5z = 8 \\ 7y + 10z = 17 \end{array} \right.$$

$$\begin{array}{l} L_3 \to -7L_2 + 3L_3 \\ L_3 \to -L_3 \\ \Rightarrow \end{array} \quad \left\{ \begin{array}{l} x + 2y + 3z = 7 \\ 3y + 5z = 8 \\ 5z = 5 \end{array} \right.$$

(2) 上式呈現階梯形狀的方程組中，有三個未知數 (x, y, z)、三個方程式，所以此方程組有一解。

(3) 由第三個方程式得 $z = 1$，

(4) 將 $z = 1$ 代入第二個方程式得 $y = 1$，

(5) 再將 $z = 1, y = 1$ 代入第一個方程式得 $x = 2$，

(6) 解為 $(2, 1, 1)$

例 8　求 $\left\{ \begin{array}{l} x + 2y - 3z = 6 \\ 2x - y + 4z = 2 \\ 4x + 3y - 2z = 14 \end{array} \right.$　，方程組之解

[解] (1) 把此方程組化成階梯形狀：

$$\begin{array}{l} L_2 \to -2L_1 + L_2 \\ L_3 \to -4L_1 + L_3 \\ \Rightarrow \end{array} \quad \left\{ \begin{array}{l} x + 2y - 3z = 6 \\ -5y + 10z = -10 \\ -5y + 10z = -10 \end{array} \right.$$

$$\text{或} \quad \left\{ \begin{array}{l} x + 2y - 3z = 6 \\ y - 2z = 2 \\ y - 2z = 2 \end{array} \right.$$

(2) 因第二個方程式和第三個方程式相同，可去掉一個。此方程組

變成

$$\begin{cases} x + 2y - 3z = 6 \\ y - 2z = 2 \end{cases}$$

(3) 上式呈現階梯形狀的方程組中，有三個未知數 (x, y, z)、二個方程式，所以此方程組有 $3 - 2 = 1$ 個自由變數（有無窮多組解），沒出現在開頭的未知數 z 為自由變數。

(4) 其解為：$z = a$（可為任意數）、

代入第二式得 $y = 2 + 2a$、

再代入第一式得 $x = 6 - 2y + 3z = 6 - 2(2 + 2a) + 3a$

$$= 2 - a，$$

(5) 解為 $(x, y, z) = (2 - a, 2 + 2a, a)$

例 9 求 $\begin{cases} x + 2y - 3z = -1 \\ 3x - y + 2z = 7 \\ 5x + 3y - 4z = 2 \end{cases}$ ，方程組之解

解 (1) 把此方程組化成階梯形狀：

$$\begin{matrix} L_2 \to -3L_1 + L_2 \\ L_3 \to -5L_1 + L_3 \\ \Rightarrow \end{matrix} \begin{cases} x + 2y - 3z = -1 \\ -7y + 11z = 10 \\ -7y + 11z = 7 \end{cases}$$

$$\begin{matrix} L_3 \to -L_2 + L_3 \\ \Rightarrow \end{matrix} \begin{cases} x + 2y - 3z = -1 \\ -7y + 11z = 10 \\ 0y + 0z = -3 \end{cases}$$

因出現第三式 $0 = -3$ 矛盾現象，所以此方程組無解

例 10 求 $\begin{cases} x + 2y - 3z + u + 2w = 1 \\ x + y - 5z + 2u + w = -1 \\ x + 2y - 3z + 4w = -2 \end{cases}$，方程組之解

解 (1) 把此方程組化成階梯形狀：

$$\begin{matrix} L_2 \to L_1 - L_2 \\ L_3 \to L_1 - L_3 \\ \Rightarrow \end{matrix} \quad \begin{cases} x + 2y - 3z + u + 2w = 1 \\ y + 2z - u + w = 2 \\ u - 2w = 3 \end{cases}$$

(2) 上式共有五個未知數、三個方程式，所以此方程組有

　　$5 - 3 = 2$ 個自由變數（有無窮多組解），沒出現在開頭的未知

　　數 z 和 w 為自由變數。

(3) 其解為：(a) $z = a$，$w = b$（可為任意數）

　　　　　　(b) 代入第三式，得 $u = 3 + 2w = 3 + 2b$

　　　　　　(c) 再代入第二式，得

$$y = 2 - 2z + u - w = 2 - 2a + (3 + 2b) - b$$
$$= 5 - 2a + b$$

　　　　　　(d) 再代入第一式，得

$$x = 1 - 2y + 3z - u - 2w$$
$$= 1 - 2(5 - 2a + b) + 3a - (3 + 2b) - 2b$$
$$= -12 + 7a - 6b$$

$$(e)\ 解為 \begin{cases} x = -12 + 7a - 6b \\ y = 5 - 2a + b \\ z = a \\ u = 3 + 2b \\ w = b \end{cases} , a, b \in R$$

例 11　求 $\begin{cases} x + y - z = 1 \\ 2x + 3y + az = 3 \\ x + ay + 3z = 2 \end{cases}$ 之 a 值，使得此方程組 (1) 有一解；(2) 有無

　　窮多解；(3) 無解

解　把此方程組化成階梯形狀：

$$\begin{matrix} L_2 \to -2L_1 + L_2 \\ L_3 \to -L_1 + L_3 \\ \Rightarrow \end{matrix} \quad \begin{cases} x + y - z = 1 \\ y + (a + 2)z = 1 \\ (a - 1)y + 4z = 1 \end{cases}$$

$$L_3 \to -(a-1)L_2 + L_3 \atop \Rightarrow \left\{ \begin{array}{l} x+y-z=1 \\ y+(a+2)z=1 \\ (3+a)(2-a)z=2-a \end{array} \right.$$

(1) 若 $a \neq 2$ 且 $a \neq -3$，第三式中的 z 係數就不為 0，其有唯一解

(2) 若 $a = 2$，第三式變成 $0 \cdot z = 0$，其有無窮多解（有一個自由變數 z）

(3) 若 $a = -3$，第三式變成 $0 \cdot z = 5$ 矛盾現象，其為無解

例 12 求 $\left\{ \begin{array}{l} x+2y-3z=a \\ 2x+6y-11z=b \\ x-2y+7z=c \end{array} \right.$ 之 a, b, c 需具備何種條件，此方程組才有解

解 (1) 把此方程組化成階梯形狀：

$$\begin{array}{l} L_2 \to -2L_1 + L_2 \\ L_3 \to -L_1 + L_3 \\ \Rightarrow \end{array} \left\{ \begin{array}{l} x+2y-3z=a \\ 2y-5z=b-2a \\ -4y+10z=c-a \end{array} \right.$$

$$L_3 \to 2L_2 + L_3 \atop \Rightarrow \left\{ \begin{array}{l} x+2y-3z=a \\ 2y-5z=b-2a \\ 0=c+2b-5a \end{array} \right.$$

(2) 上一行第三式中，

(a) 若 $c+2b-5a=0$，第三式變成 $0=0$，則此方程組有無窮多組解（即有解，有一個自由變數 z）；

(b) 若 $c+2b-5a \neq 0$（第三式矛盾），則此方程組無解。

1.3　線性齊次方程組

> 9.【線性齊次方程組】因線性齊次方程組的常數 b_1、b_2、……、b_n 都是零，此方程組化成階梯形狀會如下所示：
>
> $a_{11}x_1 + a_{12}x_2 + \cdots + a_{1n}x_n = 0$
>
> $\quad a_{2(j_2)}x_{j_2} + a_{2(j_2+1)}x_{(j_2+1)} + \cdots + a'_{2n}x_n = 0$
>
> $\quad\quad\cdots\cdots\cdots$
>
> $\quad\quad\quad a_{r(j_r)}x_{j_r} + a_{r(j_r+1)}x_{(j_r+1)} + \cdots + a'_{rn}x_n = 0$
>
> 化簡後有 n 個未知數，r 個方程式，它的解是下面二種情況之一種：
>
> (1) $r = n$：即方程式的數目和未知數的數目相同，此線性齊次方程組只有一解，且全為 0；
>
> (2) $r < n$：即方程式的數目比未知數的數目還要少，此線性齊次方程組有非零的解，也就是說，此方程組有無窮多組解。
>
> （註：不可能發生 $r > n$ 的情況）

例 13 求下列三組方程組是否有非 0 的解

$$(1)\begin{cases} x - 2y + 3z - 2w = 0 \\ 2x + 3y + 4z - w = 0 \\ 3x + y + 3z + 2w = 0 \end{cases}$$

$$(2)\begin{cases} x + 2y - 3z = 0 \\ 2x + 5y + 2z = 0 \\ 3x - y - 4z = 0 \end{cases}$$

$$(3)\begin{cases} x + 2y - z = 0 \\ 2x + 5y + 2z = 0 \\ x + 4y + 7z = 0 \\ x + 3y + 3z = 0 \end{cases}$$

解 (1) 此方程組的未知數（x, y, z, w 共 4 個）比方程式（有 3 個）來得多，所以有無窮多組解

(2) 把此方程組化成階梯形狀：

$$\begin{cases} x+2y-3z=0 \\ 2x+5y+2z=0 \\ 3x-y-4z=0 \end{cases} \Rightarrow \begin{cases} x+2y-3z=0 \\ y+8z=0 \\ -7y+5z=0 \end{cases} \Rightarrow \begin{cases} x+2y-3z=0 \\ y+8z=0 \\ 61z=0 \end{cases}$$

此方程組的未知數和方程式一樣多（都是 3 個），所以有唯一解，即 (0,0,0) 解

(3) 把此方程組化成階梯形狀：

$$\begin{cases} x+2y-z=0 \\ 2x+5y+2z=0 \\ x+4y+7z=0 \\ x+3y+3z=0 \end{cases} \Rightarrow \begin{cases} x+2y-z=0 \\ y+4z=0 \\ 2y+8z=0 \\ y+4z=0 \end{cases} \Rightarrow \begin{cases} x+2y-z=0 \\ y+4z=0 \end{cases}$$

此方程組的未知數（有 3 個）比方程式（有 2 個）來得多（有一個自由變數 z），所以有無窮多組解

練習題

1. 求下列方程組的解

(a) $\begin{cases} 2x+y-3z=5 \\ 3x-2y+2z=5 \\ 5x-3y-z=16 \end{cases}$ (b) $\begin{cases} 2x+3y-2z=5 \\ x-2y+3z=2 \\ 4x-y+4z=1 \end{cases}$

(c) $\begin{cases} x+2y+3z=3 \\ 2x+3y+8z=4 \\ 3x+2y+17z=1 \end{cases}$

答：(a) $x=1, y=-3, z=-2$

(b) 無解

(c) $x=-1-7a，y=2+2a，z=a，其中 a \in R$

2. 求下列方程組的解

(a) $\begin{cases} 2x+3y=3 \\ x-2y=5 \\ 3x+2y=7 \end{cases}$ (b) $\begin{cases} x+2y-3z+2w=2 \\ 2x+5y-8z+6w=5 \\ 3x+4y-5z+2w=4 \end{cases}$

(c) $\begin{cases} x + 2y - z + 3w = 3 \\ 2x + 4y + 4z + 3w = 9 \\ 3x + 6y - z + 8w = 10 \end{cases}$

答：(a) $x = 3, y = -1$

(b) $x = -a + 2b$，$y = 1 + 2a - 2b$，$z = a$，$w = b$，

其中 $a, b \in R$

(c) $x = 7/2 - 5b/2 - 2a$，$y = a$，$z = 1/2 + b/2$，

$w = b$，其中 $a, b \in R$

3. 求下列方程組的解

(a) $\begin{cases} x + 2y + 2z = 2 \\ 3x - 2y - z = 5 \\ 2x - 5y + 3z = -4 \\ x + 4y + 6z = 0 \end{cases}$ (b) $\begin{cases} x + 5y + 4z - 13w = 3 \\ 3x - y + 2z + 5w = 2 \\ 2x + 2y + 3z - 4w = 1 \end{cases}$

答：(a) $x = 2, y = 1, z = -1$

(b) 無解

4. 求下列方程組的 k 值，使其 (i) 有唯一解；(ii) 無解；

(iii) 無窮多組解：

(a) $\begin{cases} kx + y + z = 1 \\ x + ky + z = 1 \\ x + y + kz = 1 \end{cases}$ (b) $\begin{cases} x + 2y + kz = 1 \\ 2x + ky + 8z = 3 \end{cases}$

答：(a) (i) 有唯一解 $k \neq 1$ 且 $k \neq -2$；(ii) 無解 $k = -2$；

(iii) 無窮多組解 $k = 1$

(b) (i) 沒有唯一解；(ii) 無解 $k = 4$；

(iii) 無窮多組解 $k \neq 4$

5. 求下列方程組的 k 值，使其 (i) 有唯一解；(ii) 無解；

(iii) 無窮多組解：

(a) $\begin{cases} x + y + kz = 2 \\ 3x + 4y + 2z = k \\ 2x + 3y - z = 1 \end{cases}$ (b) $\begin{cases} x - 3z = -3 \\ 2x + ky - z = -2 \\ x + 2y + kz = 1 \end{cases}$

答：(a) (i) 有唯一解 $k \neq 3$；(ii) 沒有無解情況；

(iii) 無窮多組解 $k = 3$

(b)(i) 有唯一解 $k \neq 2$ 且 $k \neq -5$；(ii) 無解 $k = -5$；

(iii) 無窮多組解 $k = 2$

6. 求下列方程組的 a, b, c 值，使其有解（唯一解或無窮多組解）

(a) $\begin{cases} x + 2y - 3z = a \\ 3x - y + 2z = b \\ x - 5y + 8z = c \end{cases}$ (b) $\begin{cases} x - 2y + 4z = a \\ 2x + 3y - z = b \\ 3x + y + 2z = c \end{cases}$

答：(a) $2a - b + c = 0$

(b) a, b, c 任何值，都是唯一解

7. 下列方程組，是否有非 0 解

(a) $\begin{cases} x + 3y - 2z = 0 \\ x - 8y + 8z = 0 \\ 3x - 2y + 4z = 0 \end{cases}$ (b) $\begin{cases} x + 3y - 2z = 0 \\ 2x - 3y + z = 0 \\ 3x - 2y + 2z = 0 \end{cases}$

(c) $\begin{cases} x + 2y - 5z + 4w = 0 \\ 2x - 3y + 2z + 3w = 0 \\ 4x - 7y + z - 6w = 0 \end{cases}$

答：(a) 有；(b) 無；(c) 有

8. 下列方程組，是否有非 0 解

(a) $\begin{cases} x - 2y + 2z = 0 \\ 2x + y - 2z = 0 \\ 3x + 4y - 6z = 0 \\ 3x - 11y + 12z = 0 \end{cases}$ (b) $\begin{cases} 2x - 4y + 7z + 4t - 5w = 0 \\ 9x + 3y + 2z - 7t + w = 0 \\ 5x + 2y - 3z + t + 3w = 0 \\ 6x - 5y + 4z - 3t - 2w = 0 \end{cases}$

答：(a) 有；(b) 有

9. 線性方程組 $\begin{cases} x + 2y - 3z = 4 \\ 3x - y + 5z = 2 \\ 4x + y + (a^2 - 14)z = a + 2 \end{cases}$，$a$ 為何值，此線性方程組

為 (1) 無解；(2) 有唯一解；(3) 有無窮多組解

答：(1) $a = -4$，無解

(2) $a \neq 4$ 且 $a \neq -4$，唯一解

(3) $a = 4$，無窮多組解

第 **2** 章　矩陣

2.1　矩陣的基礎

1. 【矩陣的定義】一個 $m \times n$ 矩陣（Matrix）是一個排列成 m（橫）列
   （Row），n（直）行（Column）的陣列。
2. 【矩陣的元素】矩陣第 i 列、第 j 行位置的值，稱為元素 a_{ij}。若是
   3×2 矩陣常表示成 $\begin{bmatrix} a_{11} & a_{12} \\ a_{21} & a_{22} \\ a_{31} & a_{32} \end{bmatrix}_{3 \times 2}$。

例 1 $\begin{bmatrix} 2 & 1 & 3 \\ 4 & 3 & 2 \end{bmatrix}$ 為一 $m \times n$ 矩陣，m、n 各為何？

解：$m = 2$、$n = 3$。

其第一個整數 m（此例為 2）是矩陣的（橫）列個數；

其第二個整數 n（此例為 3）是矩陣的（直）行個數。

例 2 $\begin{bmatrix} 2 & 1 & 3 \\ 4 & 3 & 2 \end{bmatrix}$ 為一 2×3 矩陣。其（橫）列和其（直）行各為何？

解 其（橫）列為 [2　1　3] 和 [4　3　2]，

其（直）行為 $\begin{bmatrix} 2 \\ 4 \end{bmatrix}$、$\begin{bmatrix} 1 \\ 3 \end{bmatrix}$ 和 $\begin{bmatrix} 3 \\ 2 \end{bmatrix}$。

3. 【矩陣的表示法】
   (1) 矩陣通常以大寫英文字母表示，例如：矩陣 A、矩陣 B；而矩陣
   內的元素通常以小寫字母表示，例如：矩陣 $A = \begin{bmatrix} a & b \\ c & d \end{bmatrix}$。
   (2) 矩陣也常表示成 $A = [a_{ij}]$、$B = [b_{ij}]$。

4.【方陣】

(1) 若矩陣有相同的行數與列數，此矩陣也稱為方陣（Square matrix）。

(2) $n \times n$ 的方陣，稱為 n 階方陣。

(3) 例如：2×2 矩陣又稱為 2 階方陣、3×3 矩陣又稱為 3 階方陣。

5.【矩陣的相等】若 $A = [a_{ij}]$、$B = [b_{ij}]$ 二矩陣有相同的行數和列數，且對每一對 i、j，其 a_{ij} 均等於 b_{ij}，則稱此二矩陣相等。

例 3 $A = \begin{bmatrix} a & 1 \\ 2 & b \end{bmatrix}$, $B = \begin{bmatrix} 4 & c \\ 2 & 5 \end{bmatrix}$, 若 $A = B$,

則 $a = ?$、$b = ?$、$c = ?$

解 $a = 4$、$b = 5$、$c = 1$

6.【矩陣的相加】若 $A = [a_{ij}]$、$B = [b_{ij}]$ 二矩陣均為 $m \times n$ 矩陣，則

$A + B = [a_{ij} + b_{ij}]$（相對應位置的值相加）。

註：不同大小的二矩陣不能相加，即若 A 是 $m \times n$ 矩陣、B 是 $p \times q$ 矩陣，其中 $m \neq p$ 或 $n \neq q$（至少有一個成立），則 A、B 二矩陣不能相加。

7.【矩陣與純量的相乘】若矩陣 $A = [a_{ij}]$、純量 $c \in R$，則 $cA = [ca_{ij}]$，也就是 c 要乘到矩陣內的每個元素。

例 4 設 $A = \begin{bmatrix} 2 & 1 & 3 \\ 4 & 2 & 1 \end{bmatrix}$，求 (1) $3A$ 之值；(2) $-A$ 之值

解 (1) $3A = \begin{bmatrix} 3 \cdot 2 & 3 \cdot 1 & 3 \cdot 3 \\ 3 \cdot 4 & 3 \cdot 2 & 3 \cdot 1 \end{bmatrix} = \begin{bmatrix} 6 & 3 & 9 \\ 12 & 6 & 3 \end{bmatrix}$,

(2) $-A = \begin{bmatrix} -2 & -1 & -3 \\ -4 & -2 & -1 \end{bmatrix}$

例5 設 $A = \begin{bmatrix} 1 & 1 & 1 \\ 2 & 1 & 2 \\ 2 & 1 & 1 \end{bmatrix}$、$B = \begin{bmatrix} 2 & 1 & 0 \\ 1 & 1 & 3 \\ 1 & 1 & 1 \end{bmatrix}$、$C = \begin{bmatrix} 0 & 1 & 2 \\ 1 & 3 & 1 \\ 0 & 2 & 1 \end{bmatrix}$，

求 $2A + B - C$ 之值

解 $2A + B - C = 2\begin{bmatrix} 1 & 1 & 1 \\ 2 & 1 & 2 \\ 2 & 1 & 1 \end{bmatrix} + \begin{bmatrix} 2 & 1 & 0 \\ 1 & 1 & 3 \\ 1 & 1 & 1 \end{bmatrix} - \begin{bmatrix} 0 & 1 & 2 \\ 1 & 3 & 1 \\ 0 & 2 & 1 \end{bmatrix}$

$= \begin{bmatrix} 2 & 2 & 2 \\ 4 & 2 & 4 \\ 4 & 2 & 2 \end{bmatrix} + \begin{bmatrix} 2 & 1 & 0 \\ 1 & 1 & 3 \\ 1 & 1 & 1 \end{bmatrix} - \begin{bmatrix} 0 & 1 & 2 \\ 1 & 3 & 1 \\ 0 & 2 & 1 \end{bmatrix}$

$= \begin{bmatrix} 4 & 2 & 0 \\ 4 & 0 & 6 \\ 5 & 1 & 2 \end{bmatrix}$

例6 若 $3\begin{bmatrix} x & y \\ z & w \end{bmatrix} = \begin{bmatrix} x & 6 \\ -1 & 2w \end{bmatrix} + \begin{bmatrix} 4 & x+y \\ z+w & 3 \end{bmatrix}$，

求 x、y、z、w 之值

解 原式 $\Rightarrow \begin{bmatrix} 3x & 3y \\ 3z & 3w \end{bmatrix} = \begin{bmatrix} x+4 & 6+x+y \\ -1+z+w & 2w+3 \end{bmatrix}$

所以 $\begin{cases} 3x = x+4 \\ 3y = 6+x+y \\ 3z = -1+z+w \\ 3w = 2w+3 \end{cases}$, $\Rightarrow \begin{cases} 2x = 4 \\ 2y = 6+x \\ 2z = -1+w \\ w = 3 \end{cases}$

解得：$x = 2$，$y = 4$，$z = 1$，$w = 3$

8.【矩陣與矩陣的相乘】

(1) 若 $A = [a_{ij}]$ 是 $m \times p$ 矩陣、$B = [b_{ij}]$ 是 $p \times n$ 矩陣，則它們二個矩陣相乘 AB 為 $m \times n$ 矩陣，其第 (i, j) 元素值是 $a_{i1}b_{1j} + a_{i2}b_{2j} + a_{i3}b_{3j} + \cdots + a_{ip}b_{pj}$，也就是 $AB = \left[\sum_{k=1}^{p} a_{ik}b_{kj}\right]$。

(2) 兩矩陣 $[A]_{m \times n}$、$[B]_{p \times q}$ 要能相乘的條件是 $n = p$，其結果為 $m \times q$ 矩陣。

例7 $A = \begin{bmatrix} 2 & 1 & 3 \\ 4 & 2 & 1 \end{bmatrix}_{2\times 3}$，$B = \begin{bmatrix} 1 & 3 \\ 2 & 2 \\ 3 & 1 \end{bmatrix}_{3\times 2}$，求 $AB = ?$

$$AB = \begin{bmatrix} 2\cdot 1+1\cdot 2+3\cdot 3 & 2\cdot 3+1\cdot 2+3\cdot 1 \\ 4\cdot 1+2\cdot 2+1\cdot 3 & 4\cdot 3+2\cdot 2+1\cdot 1 \end{bmatrix}_{2\times 2} = \begin{bmatrix} 13 & 11 \\ 11 & 17 \end{bmatrix}_{2\times 2}$$

例8 若 $A = \begin{bmatrix} 1 & 2 \\ -1 & 1 \end{bmatrix}$、$B = \begin{bmatrix} 1 & 2 & 1 \\ 0 & 1 & -1 \end{bmatrix}$，求 (1) $AB = ?$ (2) $BA = ?$

解 (1) $AB = \begin{bmatrix} 1 & 2 \\ -1 & 1 \end{bmatrix}\begin{bmatrix} 1 & 2 & 1 \\ 0 & 1 & -1 \end{bmatrix} = \begin{bmatrix} 1 & 4 & -1 \\ -1 & -1 & -2 \end{bmatrix}_{2\times 3}$

(2) 因 B 是 2×3 矩陣，而 A 是 2×2 矩陣，內數 3 和 2 不相等，所以 BA 是無法相乘的

---

9. 【零矩陣】若 $m\times n$ 矩陣內的每一個元素值均為 0，此矩陣稱為零矩陣，表示成 0 或 $0_{m\times n}$。

例如：$0 = \begin{bmatrix} 0 & 0 & 0 \\ 0 & 0 & 0 \end{bmatrix}$ 為零矩陣。

10. 【對角線矩陣】若 $n\times n$ 方陣內，左上角到右下角對角線（稱為主對角線）的元素不全為 0 外，其餘的元素值均為 0，此矩陣稱為對角線矩陣。

例如：$\begin{bmatrix} 2 & 0 & 0 \\ 0 & 3 & 0 \\ 0 & 0 & 1 \end{bmatrix}$ 為對角線矩陣。

11. 【單位矩陣】在 $n\times n$ 方陣中，若對角線矩陣內，左上角到右下角對角線（稱為主對角線）的元素值均為 1，其餘的元素值均為 0，此矩陣稱為單位矩陣，以 I_n 表示之。

例9 請寫出方陣 I_2 和 I_3 的內容？

解 方陣 $I_2 = \begin{bmatrix} 1 & 0 \\ 0 & 1 \end{bmatrix}$ 為 2×2 的單位矩陣。

方陣 $I_3 = \begin{bmatrix} 1 & 0 & 0 \\ 0 & 1 & 0 \\ 0 & 0 & 1 \end{bmatrix}$ 為 3×3 的單位矩陣。

12.【三角形矩陣】

(1) 一個方陣若其主對角線以下的所有元素值均為 0，此矩陣稱為上三角形矩陣（Upper triangular）（表示上三角有值，下三角值為 0）。

例如：$\begin{bmatrix} a_{11} & a_{12} & \cdots & a_{1n} \\ 0 & a_{22} & \cdots & a_{2n} \\ \cdots & \cdots & \cdots & \cdots \\ 0 & 0 & \cdots & a_{nn} \end{bmatrix}$ 或 $\begin{bmatrix} 2 & 4 & 0 & 3 \\ 0 & 1 & 2 & 1 \\ 0 & 0 & 0 & 2 \\ 0 & 0 & 0 & 1 \end{bmatrix}$

(2) 一個方陣若其主對角線以上的所有元素值均為 0，此矩陣稱為下三角形矩陣（Lower triangular）（表示下三角有值，上三角值為 0）。

例如：$\begin{bmatrix} a_{11} & 0 & \cdots & 0 \\ a_{21} & a_{22} & \cdots & 0 \\ \cdots & \cdots & \cdots & \cdots \\ a_{n1} & a_{n2} & \cdots & a_{nn} \end{bmatrix}$ 或 $\begin{bmatrix} 2 & 0 & 0 & 0 \\ 3 & 1 & 0 & 0 \\ 0 & 2 & 3 & 0 \\ 1 & 4 & 0 & 1 \end{bmatrix}$

13.【矩陣的性質】A、B、C 三矩陣，若下列運算都有意義時，則

(1) $A + B = B + A$（矩陣加法具有交換性）

(2) $A(B + C) = AB + AC$（矩陣乘法對加法具有分配性）

(3) $A(BC) = (AB)C$（矩陣乘法具有結合性）

(5) $A + 0 = 0 + A = A$（A 是 $m \times n$ 矩陣，0 是 $m \times n$ 的零矩陣）

(6) $AI_n = I_m A = A$（A 是 $m \times n$ 矩陣，I_m 是 $m \times m$ 的單位矩陣）

(7) AB 不一定等於 BA（矩陣乘法「不具」交換性）

14.【轉置矩陣】一個 $m \times n$ 的 $A = [a_{ij}]$ 矩陣，其轉置矩陣（Transpose matrix，表示成 A^T）是將 A 的行變列、列變行的 $n \times m$ 矩陣，即 $A^T = [a_{ji}]$。

例如：$A = \begin{bmatrix} 2 & 1 & 3 \\ 4 & 2 & 1 \end{bmatrix}_{2 \times 3}$，則 $A^T = \begin{bmatrix} 2 & 4 \\ 1 & 2 \\ 3 & 1 \end{bmatrix}_{3 \times 2}$

15.【對稱矩陣】若 n 階方陣 A，其有 $A^T = A$，則方陣 A 稱為對稱矩陣。

例如：$A = \begin{bmatrix} 1 & 2 & 3 \\ 2 & 4 & 5 \\ 3 & 5 & 6 \end{bmatrix}$ 為對稱矩陣，其 $A^T = A$

16.【轉置矩陣的性質】設 A、B 為二矩陣且 $k \in R$，若下列運算都有意義時，則

(1) $(A + B)^T = A^T + B^T$

(2) $(A^T)^T = A$

(3) $(kA)^T = kA^T$

(4) $(AB)^T = B^T A^T$

例 10 若 $A = \begin{bmatrix} 1 & 2 & 1 \\ 2 & 0 & 1 \\ 3 & 2 & 1 \\ 2 & 1 & 0 \end{bmatrix}$、$B = \begin{bmatrix} 2 & 1 & 0 \\ 3 & 2 & 1 \\ 0 & 2 & 2 \\ 1 & 1 & 2 \end{bmatrix}$，求 $A^T + B^T$

解 $A + B = \begin{bmatrix} 1 & 2 & 1 \\ 2 & 0 & 1 \\ 3 & 2 & 1 \\ 2 & 1 & 0 \end{bmatrix} + \begin{bmatrix} 2 & 1 & 0 \\ 3 & 2 & 1 \\ 0 & 2 & 2 \\ 1 & 1 & 2 \end{bmatrix} = \begin{bmatrix} 3 & 3 & 1 \\ 5 & 2 & 2 \\ 3 & 4 & 3 \\ 3 & 2 & 2 \end{bmatrix}_{4 \times 3}$

$$A^T + B^T = (A + B)^T = \begin{bmatrix} 3 & 5 & 3 & 3 \\ 3 & 2 & 4 & 2 \\ 1 & 2 & 3 & 2 \end{bmatrix}_{3 \times 4}$$

例 11 若 A 是 $m \times n$ 矩陣，請問甚麼條件下 (1) AA^T 才有定義？(2) A^TA 才有定義？

解 (1) AA^T，A 是 $m \times n$ 矩陣，A^T 是 $n \times m$ 矩陣，所以任何情況下 AA^T 都有定義。

(2) A^TA，A^T 是 $n \times m$ 矩陣，A 是 $m \times n$ 矩陣，所以任何情況下 A^TA 都有定義。

例 12 若 $A = \begin{bmatrix} 1 & 2 \\ 2 & 0 \\ 1 & 1 \end{bmatrix}$，求 (1) AA^T？(2) A^TA？

解 (1) $AA^T = \begin{bmatrix} 1 & 2 \\ 2 & 0 \\ 1 & 1 \end{bmatrix} \begin{bmatrix} 1 & 2 & 1 \\ 2 & 0 & 1 \end{bmatrix} = \begin{bmatrix} 5 & 2 & 3 \\ 2 & 4 & 2 \\ 3 & 2 & 2 \end{bmatrix}$

(2) $A^TA = \begin{bmatrix} 1 & 2 & 1 \\ 2 & 0 & 1 \end{bmatrix} \begin{bmatrix} 1 & 2 \\ 2 & 0 \\ 1 & 1 \end{bmatrix} = \begin{bmatrix} 6 & 3 \\ 3 & 5 \end{bmatrix}$

17.【方陣的代數】

(1) 方陣 A 可以自我相乘，即 $AA = A^2$、$A^2A = A^3$、……，且 $A^0 = I_n$。

(2) 對於任何多項式 $f(x) = a_0 + a_1x + a_2x^2 + \cdots + a_nx^n$，式中 a_i 是純量，其變數 x 可用方陣 A 取代，得到

$$f(A) = a_0I + a_1A + a_2A^2 + \cdots + a_nA^n。$$

(3) 若 $f(A)$ 為零矩陣，即 $f(A) = 0$，則 A 就是多項式 $f(x)$ 的根。

例 13 若 $A = \begin{bmatrix} 1 & 2 \\ 0 & 1 \end{bmatrix}$，求 (1) A^2，(2) A^3，(3) $f(A)$，其中

$$f(x) = x^3 - 2x^2 + 3$$

解 (1) $A^2 = \begin{bmatrix} 1 & 2 \\ 0 & 1 \end{bmatrix}\begin{bmatrix} 1 & 2 \\ 0 & 1 \end{bmatrix} = \begin{bmatrix} 1 & 4 \\ 0 & 1 \end{bmatrix}$

(2) $A^3 = \begin{bmatrix} 1 & 4 \\ 0 & 1 \end{bmatrix}\begin{bmatrix} 1 & 2 \\ 0 & 1 \end{bmatrix} = \begin{bmatrix} 1 & 6 \\ 0 & 1 \end{bmatrix}$

(3) $f(A) = A^3 - 2A^2 + 3I = \begin{bmatrix} 1 & 6 \\ 0 & 1 \end{bmatrix} - 2\begin{bmatrix} 1 & 4 \\ 0 & 1 \end{bmatrix} + 3\begin{bmatrix} 1 & 0 \\ 0 & 1 \end{bmatrix}$

$\qquad = \begin{bmatrix} 2 & -2 \\ 0 & 2 \end{bmatrix}$

例 14 設 $A = \begin{bmatrix} 1 & 2 \\ 3 & -4 \end{bmatrix}$，(1) 求 $A^2 = ?$ (2) 若 $f(x) = 2x^2 - 3x + 5$，求 $f(A) = ?$

(3) 若 $g(x) = x^2 + 3x - 10$，證明 $g(A) = 0$

解 (1) $A^2 = \begin{bmatrix} 1 & 2 \\ 3 & -4 \end{bmatrix}\begin{bmatrix} 1 & 2 \\ 3 & -4 \end{bmatrix} = \begin{bmatrix} 7 & -6 \\ -9 & 22 \end{bmatrix}$

(2) $f(A) = 2A^2 - 3A + 5I$

$\qquad = 2\begin{bmatrix} 7 & -6 \\ -9 & 22 \end{bmatrix} - 3\begin{bmatrix} 1 & 2 \\ 3 & -4 \end{bmatrix} + 5\begin{bmatrix} 1 & 0 \\ 0 & 1 \end{bmatrix}$

$\qquad = \begin{bmatrix} 16 & -18 \\ -27 & 61 \end{bmatrix}$

(3) $g(A) = A^2 + 3A - 10I$

$\qquad = \begin{bmatrix} 7 & -6 \\ -9 & 22 \end{bmatrix} + 3\begin{bmatrix} 1 & 2 \\ 3 & -4 \end{bmatrix} - 10\begin{bmatrix} 1 & 0 \\ 0 & 1 \end{bmatrix}$

$\qquad = \begin{bmatrix} 0 & 0 \\ 0 & 0 \end{bmatrix}$

所以 A 是多項式 $g(x)$ 的根。

2.2 列階梯形矩陣

18.【列階梯形矩陣】如果矩陣內每一（橫）列的第一個非零元素是逐列往右增加，直到最後一列或剩下全爲零的列爲止，此矩陣稱爲「列階梯形矩陣（Row echelon matrix）」，其每一列的第一個非零元素稱爲「領先元（pivot，也翻譯成樞軸）」。

例如：下列兩矩陣均爲列階梯形矩陣，其中領先元以小掛號掛起來。

$$\begin{bmatrix} (3) & 2 & 5 & 0 & 1 \\ 0 & 0 & (6) & 2 & 4 \\ 0 & 0 & 0 & (3) & 7 \\ 0 & 0 & 0 & 0 & (2) \end{bmatrix} \text{或} \begin{bmatrix} (2) & 4 & 1 \\ 0 & (5) & 0 \\ 0 & 0 & (3) \\ 0 & 0 & 0 \\ 0 & 0 & 0 \end{bmatrix}$$

19.【列階梯形矩陣】若列階梯形矩陣每一列的第一個非零元素（領先元）均爲 1，且此 1 的整（直）行其他元素均爲 0，此矩陣稱爲「化簡後的列階梯形矩陣（Reduced row echelon matrix）」。

例如：$\begin{bmatrix} (1) & 2 & 0 & 0 & 1 \\ 0 & 0 & (1) & 0 & 4 \\ 0 & 0 & 0 & (1) & 7 \\ 0 & 0 & 0 & 0 & 0 \end{bmatrix}$ 爲化簡後的列階梯形矩陣，其中領先元

以小掛號掛起來，其值爲1，其整（直）行的其他元素均爲0。

20.【列基本運算】在矩陣內，底下的列運算稱爲「列基本運算（Elementary row operation）」：

$[E_1]$：第 i 列和第 j 列對調：$R_i \leftrightarrow R_j$

$[E_2]$：第 i 列乘以一個非零的純量 k：$R_i \to kR_i$，$k \neq 0$

$[E_3]$：第 j 列乘以一個非零的純量加到第 i 列：

$R_i \to kR_j + R_i$，$k \neq 0$

$[E_4]$：第 i 列和第 j 列各乘以一個非零的純量取代第 i 列：

$R_i \to k_1R_i + k_2R_j$，k_1，$k_2 \neq 0$

21.【化成列階梯形矩陣】矩陣經由下面列基本運算步驟，可以將它化
　　成列階梯形矩陣：

　　步驟 1：找出第一（直）行是非 0 的元素（設第 k 行），將此行所在
　　　　　　的列與第一列對調，即 $a_{k1} \neq 0$；（若第一（直）行全是 0 的
　　　　　　元素，則找第二行）；

　　步驟 2：將其下面所有列的第 1 行的元素利用

　　　　　　$R_i \rightarrow k_1 R_i + k_2 R_j$ 運算，變成 0；

　　步驟 3：重複步驟 1、步驟 2，將此矩陣化成列階梯形矩陣為止。

　　註：此法與 1.2 節的高斯消去法相同，只是此法以矩陣形式呈現，而
　　　　1.2 節是以方程組方式呈現

例 15 將矩陣 $\begin{bmatrix} 0 & 2 & 6 & 2 \\ 1 & 2 & 3 & 2 \\ 2 & 0 & 3 & 4 \end{bmatrix}$ 化成階梯形矩陣

解 $\begin{bmatrix} 0 & 2 & 6 & 2 \\ 1 & 2 & 3 & 2 \\ 2 & 0 & 3 & 4 \end{bmatrix} \Rightarrow (R_1 \leftrightarrow R_2) \Rightarrow \begin{bmatrix} 1 & 2 & 3 & 2 \\ 0 & 2 & 6 & 2 \\ 2 & 0 & 3 & 4 \end{bmatrix}$ （步驟 1）

$\Rightarrow (R_3 \rightarrow -2R_1 + R_3) \Rightarrow \begin{bmatrix} 1 & 2 & 3 & 2 \\ 0 & 2 & 6 & 2 \\ 0 & -4 & -3 & 0 \end{bmatrix}$ （步驟 2）

$\Rightarrow (R_3 \rightarrow 2R_2 + R_3) \Rightarrow \begin{bmatrix} 1 & 2 & 3 & 2 \\ 0 & 2 & 6 & 2 \\ 0 & 0 & 9 & 4 \end{bmatrix}$ （步驟 3）

例 16 將矩陣 $\begin{bmatrix} 0 & 2 & 6 & 2 \\ 0 & 2 & 3 & 2 \\ 0 & 0 & 3 & 4 \end{bmatrix}$ 化成階梯形矩陣

解 $\begin{bmatrix} 0 & 2 & 6 & 2 \\ 0 & 2 & 3 & 2 \\ 0 & 0 & 3 & 4 \end{bmatrix} \Rightarrow (R_2 \to R_1 - R_2) \Rightarrow \begin{bmatrix} 0 & 2 & 6 & 2 \\ 0 & 0 & 3 & 0 \\ 0 & 0 & 3 & 4 \end{bmatrix}$

$\Rightarrow (R_3 \to R_3 - R_2) \Rightarrow \begin{bmatrix} 0 & 2 & 6 & 2 \\ 0 & 0 & 3 & 0 \\ 0 & 0 & 0 & 4 \end{bmatrix}$

22.【化成化簡後的列階梯形矩陣】列階梯形矩陣化成「化簡後的列階梯形矩陣」的步驟如下：

步驟1：若每一列的第一個非零元素（領先元）為 k，則該列乘以 $\dfrac{1}{k}$〔E_2 運算〕，使領先元值變成 1；

步驟2：將在「領先元」那一（直）行的所有非 0 元素，利用〔E_3 運算〕，將它們全變成 0。

例 17 將列階梯形矩陣 $\begin{bmatrix} 1 & 2 & 3 & 2 \\ 0 & 2 & 6 & 2 \\ 0 & 0 & 3 & 9 \end{bmatrix}$，化成化簡後的列階梯形矩陣

解 階梯形矩陣 $\begin{bmatrix} 1 & 2 & 3 & 2 \\ 0 & 2 & 6 & 2 \\ 0 & 0 & 3 & 9 \end{bmatrix} \Rightarrow \begin{matrix} R_2 \to \dfrac{1}{2} R_2 \\ R_3 \to \dfrac{1}{3} R_3 \end{matrix} \Rightarrow \begin{bmatrix} 1 & 2 & 3 & 2 \\ 0 & 1 & 3 & 1 \\ 0 & 0 & 1 & 3 \end{bmatrix}$

$\Rightarrow R_1 \to -2R_2 + R_1 \Rightarrow \begin{bmatrix} 1 & 0 & -3 & 0 \\ 0 & 1 & 3 & 1 \\ 0 & 0 & 1 & 3 \end{bmatrix}$

$\Rightarrow \begin{matrix} R_1 \to 3R_3 + R_1 \\ R_2 \to -3R_3 + R_2 \end{matrix} \Rightarrow \begin{bmatrix} 1 & 0 & 0 & 9 \\ 0 & 1 & 0 & -8 \\ 0 & 0 & 1 & 3 \end{bmatrix}$

即為化簡後的列階梯形矩陣

例 18 若 $A = \begin{bmatrix} 1 & 2 & -3 & 1 & 2 \\ 1 & 2 & -4 & 2 & 1 \\ 2 & 4 & -6 & 0 & 8 \end{bmatrix}$，(1) 將 A 化成列階梯形矩陣，(2) 將 A 化

成化簡後的列階梯形矩陣

解 (1) $A = \begin{bmatrix} 1 & 2 & -3 & 1 & 2 \\ 1 & 2 & -4 & 2 & 1 \\ 2 & 4 & -6 & 0 & 8 \end{bmatrix}$

$\Rightarrow \begin{matrix} L_2 \to -L_1 + L_2 \\ L_3 \to -2L_1 + L_3 \end{matrix} \Rightarrow \begin{bmatrix} 1 & 2 & -3 & 1 & 2 \\ 0 & 0 & -1 & 1 & -1 \\ 0 & 0 & 0 & -2 & 4 \end{bmatrix}$

此為列階梯形矩陣

(2) $\Rightarrow \begin{matrix} L_2 \to -L_2 \\ L_3 \to -\frac{1}{2}L_3 \end{matrix} \Rightarrow \begin{bmatrix} 1 & 2 & -3 & 1 & 2 \\ 0 & 0 & 1 & -1 & 1 \\ 0 & 0 & 0 & 1 & -2 \end{bmatrix}$

$\Rightarrow \begin{matrix} L_1 \to L_1 + 3L_2 \\ 後再 \\ L_2 \to L_2 + L_3 \end{matrix} \Rightarrow \begin{bmatrix} 1 & 2 & 0 & -2 & 5 \\ 0 & 0 & 1 & 0 & -1 \\ 0 & 0 & 0 & 1 & -2 \end{bmatrix}$

$\Rightarrow L_1 \to L_1 + 2L_3 \Rightarrow \begin{bmatrix} 1 & 2 & 0 & 0 & 1 \\ 0 & 0 & 1 & 0 & -1 \\ 0 & 0 & 0 & 1 & -2 \end{bmatrix}$

此為化簡後的列階梯形矩陣

2.3 反矩陣

23.【反矩陣】

(1) 若方陣 A 存在另一個方陣 B，使得

$$AB = BA = I_n，$$

式中 I_n 是單位矩陣，則方陣 A 稱爲可逆的（Invertible），且方陣 B 是唯一的。

(2) 方陣 B 也可表示成 A^{-1}，稱爲 A 的反矩陣，即

$$AA^{-1} = I_n = A^{-1}A。$$

(3) 只有當行列式 $|A| \neq 0$，A 的反矩陣 A^{-1} 才存在；
   或 A 是可逆矩陣時，A^{-1} 才存在。

(4) (a) 若 $ABC = D$，則 $A^{-1}ABC = A^{-1}D \Rightarrow BC = A^{-1}D$

   (b) 若 $A\vec{x} = \vec{b}$，則 $\vec{x} = A^{-1}\vec{b}$

(5) $(AB)^{-1} = B^{-1}A^{-1}$、$(ABC)^{-1} = C^{-1}B^{-1}A^{-1}$

24.【反矩陣的求法】

(1) 求反矩陣 A^{-1} 的步驟如下：

步驟 1：將方陣 A 擴充爲 $[A|I_n]$；

步驟 2：將 $[A|I_n]$ 利用列基本運算，運算成左邊爲 I_n 矩陣，即爲 $[I_n|B]$；

步驟 3：此時的 B 就是 A 的反矩陣，即爲 $B = A^{-1}$。

(2) 求方陣 A 的反矩陣 A^{-1}，除了可使用上面的方法外，也可以用第三章行列式的方法解之。

例 19 若 $A = \begin{bmatrix} 2 & 3 \\ 1 & 2 \end{bmatrix}$，求 (1) $A^{-1} = ?$；(2) $AA^{-1} = ?$

解 (1) $\begin{bmatrix} 2 & 3 & | & 1 & 0 \\ 1 & 2 & | & 0 & 1 \end{bmatrix} \Rightarrow \begin{matrix} L_1 \to \frac{1}{2}L_1 \\ 後再 \\ L_2 \to -L_1 + L_2 \end{matrix} \Rightarrow \begin{bmatrix} 1 & \frac{3}{2} & | & \frac{1}{2} & 0 \\ 0 & \frac{1}{2} & | & -\frac{1}{2} & 1 \end{bmatrix}$

$\Rightarrow \begin{matrix} L_2 \to 2L_2 \\ 後再 \\ L_1 \to L_1 - \frac{3}{2}L_2 \end{matrix} \Rightarrow \begin{bmatrix} 1 & 0 & | & 2 & -3 \\ 0 & 1 & | & -1 & 2 \end{bmatrix}$

所以 $A^{-1} = \begin{bmatrix} 2 & -3 \\ -1 & 2 \end{bmatrix}$

(2) $AA^{-1} = \begin{bmatrix} 2 & 3 \\ 1 & 2 \end{bmatrix}\begin{bmatrix} 2 & -3 \\ -1 & 2 \end{bmatrix} = \begin{bmatrix} 1 & 0 \\ 0 & 1 \end{bmatrix}$

例 20 若 $A = \begin{bmatrix} 1 & 1 & 1 \\ 2 & 1 & 2 \\ 2 & 1 & 1 \end{bmatrix}$，求 (1) A^{-1}；(2) 證明 $AA^{-1} = I_3$

解 (1) $\left[\begin{array}{ccc|ccc} 1 & 1 & 1 & 1 & 0 & 0 \\ 2 & 1 & 2 & 0 & 1 & 0 \\ 2 & 1 & 1 & 0 & 0 & 1 \end{array}\right]$

$\Rightarrow \begin{array}{l} L_2 \to -2L_1 + L_2 \\ L_3 \to -2L_1 + L_3 \end{array} \Rightarrow \left[\begin{array}{ccc|ccc} 1 & 1 & 1 & 1 & 0 & 0 \\ 0 & -1 & 0 & -2 & 1 & 0 \\ 0 & -1 & -1 & -2 & 0 & 1 \end{array}\right]$

$\Rightarrow \begin{array}{c} L_2 \to -L_2 \\ 後再 \\ L_3 \to L_2 + L_3 \end{array} \Rightarrow \left[\begin{array}{ccc|ccc} 1 & 1 & 1 & 1 & 0 & 0 \\ 0 & 1 & 0 & 2 & -1 & 0 \\ 0 & 0 & -1 & 0 & -1 & 1 \end{array}\right]$

$\Rightarrow \begin{array}{c} L_3 \to -L_3 \\ 後再 \\ L_1 \to L_1 - L_2 - L_3 \end{array} \Rightarrow \left[\begin{array}{ccc|ccc} 1 & 0 & 0 & -1 & 0 & 1 \\ 0 & 1 & 0 & 2 & -1 & 0 \\ 0 & 0 & 1 & 0 & 1 & -1 \end{array}\right]$

所以 $A^{-1} = \begin{bmatrix} -1 & 0 & 1 \\ 2 & -1 & 0 \\ 0 & 1 & -1 \end{bmatrix}$

(2) $AA^{-1} = \begin{bmatrix} 1 & 1 & 1 \\ 2 & 1 & 2 \\ 2 & 1 & 1 \end{bmatrix}\begin{bmatrix} -1 & 0 & 1 \\ 2 & -1 & 0 \\ 0 & 1 & -1 \end{bmatrix} = \begin{bmatrix} 1 & 0 & 0 \\ 0 & 1 & 0 \\ 0 & 0 & 1 \end{bmatrix} = I_3$

例 21 對角線矩陣 $A = \begin{bmatrix} a_1 & 0 & \cdots & 0 \\ 0 & a_2 & \cdots & 0 \\ \cdots & \cdots & \cdots & \cdots \\ 0 & 0 & \cdots & a_n \end{bmatrix}$，(1) 在甚麼條件下，其反矩陣才

存在？(2) 其反矩陣值為何？

解 (1) 只有在每個 a_i 都不是 0 時，其反矩陣才存在

$$(2) \begin{bmatrix} a_1 & 0 & \cdots & 0 & 1 & 0 & \cdots & 0 \\ 0 & a_2 & \cdots & 0 & 0 & 1 & \cdots & 0 \\ 0 & 0 & \ddots & \vdots & \vdots & \vdots & \ddots & \vdots \\ 0 & 0 & \cdots & a_n & 0 & 0 & \cdots & 1 \end{bmatrix}$$

$$\Rightarrow \begin{matrix} L_1 \to L_1/a_1 \\ L_2 \to L_2/a_2 \\ \vdots \\ L_n \to L_n/a_n \end{matrix} \Rightarrow \begin{bmatrix} 1 & 0 & \cdots & 0 & a_1^{-1} & 0 & \cdots & 0 \\ 0 & 1 & \cdots & 0 & 0 & a_2^{-1} & \cdots & 0 \\ 0 & 0 & \ddots & \vdots & \vdots & \vdots & \ddots & \vdots \\ 0 & 0 & \cdots & 1 & 0 & 0 & \cdots & a_n^{-1} \end{bmatrix}$$

$$\Rightarrow A^{-1} = \begin{bmatrix} a_1^{-1} & 0 & \cdots & 0 \\ 0 & a_2^{-1} & \cdots & 0 \\ \cdots & \cdots & \cdots & \cdots \\ 0 & 0 & \cdots & a_n^{-1} \end{bmatrix}$$

2.4 矩陣與線性方程組

25.【線性方程組】下列是一組線性方程組：

$$a_{11}x_1 + a_{12}x_2 + \cdots + a_{1n}x_n = b_1$$

$$a_{21}x_1 + a_{22}x_2 + \cdots + a_{2n}x_n = b_2$$

$$\cdots\cdots\cdots$$

$$a_{m1}x_1 + a_{m2}x_2 + \cdots + a_{mn}x_n = b_m$$

26.【係數矩陣與擴大矩陣】上式線性方程組也可表示成下面的矩陣方程式

$$\begin{bmatrix} a_{11} & a_{12} & \cdots & a_{1n} \\ a_{21} & a_{22} & \cdots & a_{2n} \\ \cdots & \cdots & \cdots & \cdots \\ a_{m1} & a_{m2} & \cdots & a_{mn} \end{bmatrix} \begin{bmatrix} x_1 \\ x_2 \\ \vdots \\ x_n \end{bmatrix} = \begin{bmatrix} b_1 \\ b_2 \\ \vdots \\ b_m \end{bmatrix} \text{ 或 } A\vec{x} = \vec{b}$$

其中：(1) 矩陣 A 稱為此方程組的「係數矩陣」；

(2) 矩陣 $\begin{bmatrix} a_{11} & a_{12} & \cdots & a_{1n} & b_1 \\ a_{21} & a_{22} & \cdots & a_{2n} & b_2 \\ \cdots & \cdots & \cdots & \cdots & \vdots \\ a_{m1} & a_{m2} & \cdots & a_{mn} & b_m \end{bmatrix}$ 稱為此方程組的「擴大矩陣

（Augmented matrix）」。

27.【高斯消去法】若線性方程組有 n 個方程式，n 個未知數，將擴大矩

陣 $\begin{bmatrix} a_{11} & a_{12} & \cdots & a_{1n} & b_1 \\ a_{21} & a_{22} & \cdots & a_{2n} & b_2 \\ \cdots & \cdots & \cdots & \cdots & \vdots \\ a_{n1} & a_{n2} & \cdots & a_{nn} & b_n \end{bmatrix}$ 用列基本運算化簡成 $\begin{bmatrix} 1 & 0 & \cdots & 0 & b_1' \\ 0 & 1 & \cdots & 0 & b_2' \\ \cdots & \cdots & \cdots & \cdots & \vdots \\ 0 & 0 & \cdots & 1 & b_n' \end{bmatrix}$，

則此線性方程組之解：$x_1 = b_1', x_2 = b_2', \cdots x_n = b_n'$

此方法稱為高斯消去法。

（註：此方法與 1.2 節的方法同，只是本節是以矩陣形式呈現，而 1.2

節是以方程組的方式呈現）

例 22 求線性方程組 $\begin{cases} x - 3y + z = 1 \\ 2x + y - z = 3 \\ x - 2y + z = 2 \end{cases}$，的 (1) 係數矩陣、(2) 擴大矩陣、(3)

矩陣方程式？(4) 此線性方程組的解

解 (1) 係數矩陣為 $A = \begin{bmatrix} 1 & -3 & 1 \\ 2 & 1 & -1 \\ 1 & -2 & 1 \end{bmatrix}$

(2) 擴大矩陣為 $\begin{bmatrix} 1 & -3 & 1 & 1 \\ 2 & 1 & -1 & 3 \\ 1 & -2 & 1 & 2 \end{bmatrix}$

(3) 矩陣方程式 $A\vec{x} = \vec{b} \Rightarrow \begin{bmatrix} 1 & -3 & 1 \\ 2 & 1 & -1 \\ 1 & -2 & 1 \end{bmatrix} \begin{bmatrix} x \\ y \\ z \end{bmatrix} = \begin{bmatrix} 1 \\ 3 \\ 2 \end{bmatrix}$

(4) 將擴大矩陣化簡成 $\begin{bmatrix} 1 & 0 & 0 & b_1 \\ 0 & 1 & 0 & b_2 \\ 0 & 0 & 1 & b_3 \end{bmatrix}$

擴大矩陣為 $\begin{bmatrix} 1 & -3 & 1 & 1 \\ 2 & 1 & -1 & 3 \\ 1 & -2 & 1 & 2 \end{bmatrix}$

$\Rightarrow \begin{matrix} R_2 \to R_2 - 2R_1 \\ R_3 \to R_3 - R_1 \end{matrix} \Rightarrow \begin{bmatrix} 1 & -3 & 1 & 1 \\ 0 & 7 & -3 & 1 \\ 0 & 1 & 0 & 1 \end{bmatrix}$

$\Rightarrow \begin{matrix} R_1 \to R_1 + 3R_3 \\ R_2 \to 7R_3 - R_2 \end{matrix} \Rightarrow \begin{bmatrix} 1 & 0 & 1 & 4 \\ 0 & 0 & 3 & 6 \\ 0 & 1 & 0 & 1 \end{bmatrix}$

$\Rightarrow \begin{matrix} R_2 \leftrightarrow R_3 \\ R_3 \to \frac{1}{3} R_3 \end{matrix} \Rightarrow \begin{bmatrix} 1 & 0 & 1 & 4 \\ 0 & 1 & 0 & 1 \\ 0 & 0 & 1 & 2 \end{bmatrix}$

$$\Rightarrow R_1 \rightarrow R_1 - R_3 \Rightarrow \begin{bmatrix} 1 & 0 & 0 & 2 \\ 0 & 1 & 0 & 1 \\ 0 & 0 & 1 & 2 \end{bmatrix}$$

所以解為 $x = 2$，$y = 1$，$z = 2$

例 23 求線性方程組 $\begin{cases} x + y = 3 \\ y + z = 3 \\ z + x = 2 \end{cases}$，的 (1) 係數矩陣、(2) 擴大矩陣、(3) 矩陣

方程式？(4) 此線性方程組的解

解 線性方程組改成 $\begin{cases} x + y + 0z = 3 \\ 0x + y + z = 3 \\ x + 0y + z = 2 \end{cases}$

(1) 係數矩陣為 $A = \begin{bmatrix} 1 & 1 & 0 \\ 0 & 1 & 1 \\ 1 & 0 & 1 \end{bmatrix}$

(2) 擴大矩陣為 $\begin{bmatrix} 1 & 1 & 0 & 3 \\ 0 & 1 & 1 & 3 \\ 1 & 0 & 1 & 2 \end{bmatrix}$

(3) 矩陣方程式 $A\vec{x} = \vec{b} \Rightarrow \begin{bmatrix} 1 & 1 & 0 \\ 0 & 1 & 1 \\ 1 & 0 & 1 \end{bmatrix} \begin{bmatrix} x \\ y \\ z \end{bmatrix} = \begin{bmatrix} 3 \\ 3 \\ 2 \end{bmatrix}$

(4) 將擴大矩陣化簡成 $\begin{bmatrix} 1 & 0 & 0 & b_1 \\ 0 & 1 & 0 & b_2 \\ 0 & 0 & 1 & b_3 \end{bmatrix}$

擴大矩陣為 $\begin{bmatrix} 1 & 1 & 0 & 3 \\ 0 & 1 & 1 & 3 \\ 1 & 0 & 1 & 2 \end{bmatrix}$

$$\Rightarrow R_3 \rightarrow R_3 - R_1 \Rightarrow \begin{bmatrix} 1 & 1 & 0 & 3 \\ 0 & 1 & 1 & 3 \\ 0 & -1 & 1 & -1 \end{bmatrix}$$

$$\Rightarrow \begin{matrix} R_1 \rightarrow R_1 - R_2 \\ R_3 \rightarrow R_3 + R_2 \end{matrix} \Rightarrow \begin{bmatrix} 1 & 0 & -1 & 0 \\ 0 & 1 & 1 & 3 \\ 0 & 0 & 2 & 2 \end{bmatrix}$$

$$\Rightarrow R_2 \rightarrow \frac{1}{2} R_2 \Rightarrow \begin{bmatrix} 1 & 0 & -1 & 0 \\ 0 & 1 & 1 & 3 \\ 0 & 0 & 1 & 1 \end{bmatrix}$$

$$\Rightarrow \begin{matrix} R_1 \rightarrow R_1 + R_3 \\ R_2 \rightarrow R_2 - R_3 \end{matrix} \Rightarrow \begin{bmatrix} 1 & 0 & 0 & 1 \\ 0 & 1 & 0 & 2 \\ 0 & 0 & 1 & 1 \end{bmatrix}$$

所以解為 $x = 1$，$y = 2$，$z = 1$

例 24 底下方程組中的 b_1，b_2，b_3，b_4，要滿足那些條件其才會有解

$$(1) \begin{bmatrix} 1 & 2 \\ 2 & 4 \\ 2 & 5 \\ 3 & 9 \end{bmatrix} \begin{bmatrix} x_1 \\ x_2 \end{bmatrix} = \begin{bmatrix} b_1 \\ b_2 \\ b_3 \\ b_4 \end{bmatrix}, \quad (2) \begin{bmatrix} 1 & 2 & 3 \\ 2 & 4 & 6 \\ 2 & 5 & 7 \\ 3 & 9 & 12 \end{bmatrix} \begin{bmatrix} x_1 \\ x_2 \\ x_3 \end{bmatrix} = \begin{bmatrix} b_1 \\ b_2 \\ b_3 \\ b_4 \end{bmatrix}$$

做法 有解的條件是不能發生「不為 0 的值等於 0」的矛盾現象

解 $(1) \begin{bmatrix} 1 & 2 & b_1 \\ 2 & 4 & b_2 \\ 2 & 5 & b_3 \\ 3 & 9 & b_4 \end{bmatrix} \Rightarrow \begin{bmatrix} 1 & 2 & b_1 \\ 0 & 0 & b_2 - 2b_1 \\ 0 & 1 & b_3 - 2b_1 \\ 0 & 3 & b_4 - 3b_1 \end{bmatrix}$

$$\Rightarrow \begin{bmatrix} 1 & 2 & b_1 \\ 0 & 0 & b_2 - 2b_1 \\ 0 & 1 & b_3 - 2b_1 \\ 0 & 0 & b_4 - 3b_1 - 3(b_3 - 2b_1) \end{bmatrix} \Rightarrow \begin{bmatrix} 1 & 2 & b_1 \\ 0 & 1 & b_3 - 2b_1 \\ 0 & 0 & b_2 - 2b_1 \\ 0 & 0 & 3b_1 - 3b_3 + b_4 \end{bmatrix}$$

它要有解，必須 $b_2 - 2b_1 = 0$ 且 $3b_1 - 3b_3 + b_4 = 0$

$$(2) \begin{bmatrix} 1 & 2 & 3 & b_1 \\ 2 & 4 & 6 & b_2 \\ 2 & 5 & 7 & b_3 \\ 3 & 9 & 12 & b_4 \end{bmatrix} \Rightarrow \begin{bmatrix} 1 & 2 & 3 & b_1 \\ 0 & 0 & 0 & b_2 - 2b_1 \\ 0 & 1 & 1 & b_3 - 2b_1 \\ 0 & 3 & 3 & b_4 - 3b_1 \end{bmatrix}$$

$$\Rightarrow \begin{bmatrix} 1 & 2 & 3 & b_1 \\ 0 & 0 & 0 & b_2 - 2b_1 \\ 0 & 1 & 1 & b_3 - 2b_1 \\ 0 & 0 & 0 & b_4 - 3b_1 - 3(b_3 - 2b_1) \end{bmatrix}$$

它要有解，必須

$b_2 - 2b_1 = 0$ 且 $b_4 - 3b_1 - 3(b_3 - 2b_1) = 0$

也就是 $2b_1 - b_2 = 0$ 且 $3b_1 - 3b_3 + b_4 = 0$

練習題

1. 設 $A = \begin{bmatrix} 1 & -1 & 2 \\ 0 & 3 & 4 \end{bmatrix}$、$B = \begin{bmatrix} 4 & 0 & -3 \\ -1 & -2 & 3 \end{bmatrix}$、

$C = \begin{bmatrix} 2 & -3 & 0 & 1 \\ 5 & -1 & -4 & 2 \\ -1 & 0 & 0 & 3 \end{bmatrix}$、$D = \begin{bmatrix} 2 \\ -1 \\ 3 \end{bmatrix}$

求 (a) (1) $A + B = ?$；(2) $A + C = ?$；(3) $3A - 4B = ?$

(b) (1) $AB = ?$；(2) $AC = ?$；(3) $AD = ?$；(4) $BC = ?$；(5) $BD = ?$；

(6) $CD = ?$；

(c) (1) $A^T = ?$；(2) $A^T C = ?$；(3) $D^T A^T = ?$；

(4) $B^T A = ?$；(5) $D^T D = ?$；(6) $DD^T = ?$

答：(a) (1) $\begin{bmatrix} 5 & -1 & -1 \\ -1 & 1 & 7 \end{bmatrix}$；(2) 無定義；(3) $\begin{bmatrix} -13 & -3 & 18 \\ 4 & 17 & 0 \end{bmatrix}$

(b)(1) 無定義；(2) $\begin{bmatrix} -5 & -2 & 4 & 5 \\ 11 & -3 & -12 & 18 \end{bmatrix}$；(3) $\begin{bmatrix} 9 \\ 9 \end{bmatrix}$；

(4) $\begin{bmatrix} 11 & -12 & 0 & -5 \\ -15 & 5 & 8 & 4 \end{bmatrix}$；(5) $\begin{bmatrix} -1 \\ 9 \end{bmatrix}$；(6) 無定義

(c) (1) $\begin{bmatrix} 1 & 0 \\ -1 & 3 \\ 2 & 4 \end{bmatrix}$；(2) 無定義；(3) $[9 \quad 9]$；

(4) $\begin{bmatrix} 4 & -7 & 4 \\ 0 & -6 & -8 \\ -3 & 12 & 6 \end{bmatrix}$；(5) 14；(6) $\begin{bmatrix} 4 & -2 & 6 \\ -2 & 1 & -3 \\ 6 & -3 & 9 \end{bmatrix}$

2. 設 $A = \begin{bmatrix} 2 & 4 \\ 3 & 1 \\ 5 & -2 \\ -6 & 3 \end{bmatrix}$, $B = \begin{bmatrix} 3 & 7 \\ -7 & 2 \\ 4 & 5 \\ 2 & -1 \end{bmatrix}$，求

(1) AB^T，(2) A^TB

答：(1) $AB^T = \begin{bmatrix} 34 & -6 & 28 & 0 \\ 16 & -19 & 17 & 5 \\ 1 & -39 & 10 & 12 \\ 3 & 48 & -9 & -15 \end{bmatrix}$；(2) $A^TB = \begin{bmatrix} -7 & 51 \\ 3 & 17 \end{bmatrix}$

3. 將底下 A 矩陣 (1) 化成階梯形矩陣；(2) 再化成化簡後的列階梯形矩陣

(a) $A = \begin{bmatrix} 1 & 2 & -1 & 2 & 1 \\ 2 & 4 & 1 & -2 & 3 \\ 3 & 6 & 2 & -6 & 5 \end{bmatrix}$；

(b) $A = \begin{bmatrix} 2 & 3 & -2 & 5 & 1 \\ 3 & -1 & 2 & 0 & 4 \\ 4 & -5 & 6 & -5 & 7 \end{bmatrix}$；

(c) $A = \begin{bmatrix} 1 & 3 & -1 & 2 \\ 0 & 11 & -5 & 3 \\ 2 & -5 & 3 & 1 \\ 4 & 1 & 1 & 5 \end{bmatrix}$；(d) $A = \begin{bmatrix} 0 & 1 & 3 & -2 \\ 0 & 4 & -1 & 3 \\ 0 & 0 & 2 & 1 \\ 0 & 5 & -3 & 4 \end{bmatrix}$。

答：(a)(1) $\begin{bmatrix} 1 & 2 & -1 & 2 & 1 \\ 0 & 0 & 3 & -6 & 1 \\ 0 & 0 & 0 & -6 & 1 \end{bmatrix}$ ；(2) $\begin{bmatrix} 1 & 2 & 0 & 0 & 4/3 \\ 0 & 0 & 1 & 0 & 0 \\ 0 & 0 & 0 & 1 & -1/6 \end{bmatrix}$

(b)(1) $\begin{bmatrix} 2 & 3 & -2 & 5 & 1 \\ 0 & -11 & 10 & -15 & 5 \\ 0 & 0 & 0 & 0 & 0 \end{bmatrix}$ ；

(2) $\begin{bmatrix} 1 & 0 & 4/11 & 5/11 & 13/11 \\ 0 & 1 & -10/11 & 15/11 & -5/11 \\ 0 & 0 & 0 & 0 & 0 \end{bmatrix}$

(c)(1) $\begin{bmatrix} 1 & 3 & -1 & 2 \\ 0 & 11 & -5 & 3 \\ 0 & 0 & 0 & 0 \\ 0 & 0 & 0 & 0 \end{bmatrix}$ ；(2) $\begin{bmatrix} 1 & 0 & 4/11 & 13/11 \\ 0 & 1 & -5/11 & 3/11 \\ 0 & 0 & 0 & 0 \\ 0 & 0 & 0 & 0 \end{bmatrix}$

(d)(1) $\begin{bmatrix} 0 & 1 & 3 & -2 \\ 0 & 0 & -13 & 11 \\ 0 & 0 & 0 & 35 \\ 0 & 0 & 0 & 0 \end{bmatrix}$ ；(2) $\begin{bmatrix} 0 & 1 & 0 & 0 \\ 0 & 0 & 1 & 0 \\ 0 & 0 & 0 & 1 \\ 0 & 0 & 0 & 0 \end{bmatrix}$

4. 設 $A = \begin{bmatrix} 2 & 2 \\ 3 & -1 \end{bmatrix}$，求 (1) A^2；(2) A^3；

(3) 若 $f(x) = x^3 - 3x^2 - 2x + 4$，求 $f(A) = $；

(4) 若 $g(x) = x^2 - x - 8$，求 $g(A) = $。

答：(1) $A^2 = \begin{bmatrix} 10 & 2 \\ 3 & 7 \end{bmatrix}$；(2) $A^3 = \begin{bmatrix} 26 & 18 \\ 27 & -1 \end{bmatrix}$；

(3) $f(A) = \begin{bmatrix} -4 & 8 \\ 12 & -16 \end{bmatrix}$；(4) $g(A) = \begin{bmatrix} 0 & 0 \\ 0 & 0 \end{bmatrix}$

5. 設 $A = \begin{bmatrix} 2 & 0 \\ 0 & 3 \end{bmatrix}$，$B = \begin{bmatrix} 7 & 0 \\ 0 & 11 \end{bmatrix}$，求 (1) $A + B$；(2) AB；

(3) A^2；(4) A^3；(5) A^n；

答：(1) $A + B = \begin{bmatrix} 9 & 0 \\ 0 & 14 \end{bmatrix}$；(2) $AB = \begin{bmatrix} 14 & 0 \\ 0 & 33 \end{bmatrix}$；

(3) $A^2 = \begin{bmatrix} 4 & 0 \\ 0 & 9 \end{bmatrix}$；(4) $A^3 = \begin{bmatrix} 8 & 0 \\ 0 & 27 \end{bmatrix}$；(5) $A^n = \begin{bmatrix} 2^n & 0 \\ 0 & 3^n \end{bmatrix}$；

6. 求下列矩陣的 A^8 值

$$A = \begin{bmatrix} 2 & 3 \\ 0 & -1 \end{bmatrix}$$

答：$A^8 = \begin{bmatrix} 256 & 255 \\ 0 & 1 \end{bmatrix}$（註：先求 A^2 值、再求 A^4 值、最後求 A^8 值）

7. 求下列矩陣 A 的 A^{-1}

(1) $A = \begin{bmatrix} 3 & 2 \\ 7 & 5 \end{bmatrix}$；(2) $A = \begin{bmatrix} 2 & -3 \\ 1 & 3 \end{bmatrix}$；

(3) $A = \begin{bmatrix} -1 & 2 & -3 \\ 2 & 1 & 0 \\ 4 & -2 & 5 \end{bmatrix}$；(4) $A = \begin{bmatrix} 2 & 1 & -1 \\ 0 & 2 & 1 \\ 5 & 2 & -3 \end{bmatrix}$

答：(1) $A^{-1} = \begin{bmatrix} 5 & -2 \\ -7 & 3 \end{bmatrix}$；(2) $A^{-1} = \begin{bmatrix} 1/3 & 1/3 \\ -1/9 & 2/9 \end{bmatrix}$；

(3) $A^{-1} = \begin{bmatrix} -5 & 4 & -3 \\ 10 & -7 & 6 \\ 8 & -6 & 5 \end{bmatrix}$；(4) $A^{-1} = \begin{bmatrix} 8 & -1 & -3 \\ -5 & 1 & 2 \\ 10 & -1 & -4 \end{bmatrix}$

8. 用列縮簡矩陣法求下列矩陣的反矩陣

$$A = \begin{bmatrix} 3 & 2 & 0 & 0 \\ 4 & 3 & 0 & 0 \\ 2 & 1 & 1 & 0 \\ 1 & -1 & 2 & 1 \end{bmatrix}$$

答：$A^{-1} = \begin{bmatrix} 3 & -2 & 0 & 0 \\ -4 & 3 & 0 & 0 \\ -2 & 1 & 1 & 0 \\ -3 & 3 & -2 & 1 \end{bmatrix}$

9. 用高斯消去法解下列的線性方程組

$$\begin{cases} x_1 + x_2 + x_3 = 1 \\ 2x_1 + x_2 + 3x_3 = -1 \\ x_1 + x_2 - 2x_3 = 7 \end{cases},$$

答 ：$x_1 = 2$，$x_2 = 1$，$x_3 = -2$

第 3 章　行列式

3.1　行列式性質

1. 【行列式】

    (1) 每個方陣 A，都指定一個特定的純量，此純量稱為 A 的行列式值
    （Determinant），通常表示成 $\det(A)$ 或 $|A|$。

    (2) n 階方陣　$A = \begin{bmatrix} a_{11} & a_{12} & \cdots & a_{1n} \\ a_{21} & a_{22} & \cdots & a_{2n} \\ \cdots & \cdots & \cdots & \cdots \\ a_{n1} & a_{n2} & \cdots & a_{nn} \end{bmatrix}$，其行列式表示成

    $|A| = \begin{vmatrix} a_{11} & a_{12} & \cdots & a_{1n} \\ a_{21} & a_{22} & \cdots & a_{2n} \\ \cdots & \cdots & \cdots & \vdots \\ a_{n1} & a_{n2} & \cdots & a_{nn} \end{vmatrix}$，其結果為一純量。

    (3) 二階行列式求法：

    $\begin{vmatrix} a_{11} & a_{12} \\ a_{21} & a_{22} \end{vmatrix} = a_{11}a_{22} - a_{12}a_{21}$

    (4) 三階行列式求法：

    $\begin{vmatrix} a_{11} & a_{12} & a_{13} \\ a_{21} & a_{22} & a_{23} \\ a_{31} & a_{32} & a_{33} \end{vmatrix} = a_{11}a_{22}a_{33} + a_{12}a_{23}a_{31} + a_{13}a_{32}a_{21} - a_{13}a_{22}a_{31} \\ - a_{12}a_{21}a_{33} - a_{11}a_{23}a_{32}$

2. 【行列式的階】n 階方陣 A，其行列式稱為 n 階行列式。

3. 【行列式求法】二階或三階行列式可以直接展開求其值，但四階（或
   以上）的行列式要先降階（後面介紹）到二階或三階，再求其值。

例 1　求 (1) $\begin{vmatrix} 1 & 2 \\ 3 & 4 \end{vmatrix} =$ ；(2) $\begin{vmatrix} 1 & 0 & 2 \\ 2 & 1 & 1 \\ 1 & 2 & 1 \end{vmatrix} =$

解　(1) $\begin{vmatrix} 1 & 2 \\ 3 & 4 \end{vmatrix} = 1 \times 4 - 2 \times 3 = 4 - 6 = -2$

(2) $\begin{vmatrix} 1 & 0 & 2 \\ 2 & 1 & 1 \\ 1 & 2 & 1 \end{vmatrix} = 1 \cdot 1 \cdot 1 + 0 \cdot 1 \cdot 1 + 2 \cdot 2 \cdot 2 - 2 \cdot 1 \cdot 1 - 0 \cdot 2 \cdot 1 - 1 \cdot 2 \cdot 1$

$= 1 + 0 + 8 - 2 - 0 - 2 = 5$

例 2　求 k 之值，使得 $\begin{vmatrix} k & k \\ 4 & k+1 \end{vmatrix} = 0$

解　$\begin{vmatrix} k & k \\ 4 & k+1 \end{vmatrix} = 0 \Rightarrow k(k+1) - 4k = 0 \Rightarrow k^2 - 3k = 0$

$\Rightarrow k(k-3) = 0$

$\Rightarrow k = 0$ 或 $\Rightarrow k = 3$

4.【行列式的性質（一）】設 A 為 n 階方陣，則：

(1) A 的行列式值和 A 的轉置矩陣行列式值是相同的，即 $|A| = |A^T|$

(2) 若 A 有一行或一列全為零，則 $|A| = 0$

(3) 若 A 有二行或二列完全相同或成比例，則 $|A| = 0$

(4) 若 A 是上三角形或下三角形矩陣，則 $|A| =$ 對角線元素的乘積。

(5) 單位矩陣 $|I_n| = 1$

例 3　求 (1) $\begin{vmatrix} 1 & 2 & 3 \\ 0 & 0 & 0 \\ 3 & 2 & 1 \end{vmatrix} =$ ；(2) $\begin{vmatrix} 1 & 2 & 3 \\ 2 & 1 & 1 \\ 2 & 4 & 6 \end{vmatrix} =$ ；(3) $\begin{vmatrix} 1 & 0 & 0 \\ 2 & 2 & 0 \\ 2 & 4 & 6 \end{vmatrix} =$ ；

(4) $\begin{vmatrix} 1 & 0 & 0 \\ 0 & 1 & 0 \\ 0 & 0 & 1 \end{vmatrix} =$

解 (1) $\begin{vmatrix} 1 & 2 & 3 \\ 0 & 0 & 0 \\ 3 & 2 & 1 \end{vmatrix}$，因第二列全為 0，所以其值為 0；

(2) $\begin{vmatrix} 1 & 2 & 3 \\ 2 & 1 & 1 \\ 2 & 4 & 6 \end{vmatrix}$，因第一列和第三列成比例，所以其值為 0；

(3) $\begin{vmatrix} 1 & 0 & 0 \\ 2 & 2 & 0 \\ 2 & 4 & 6 \end{vmatrix} = 1 \cdot 2 \cdot 6 = 12$，三角形矩陣，$|A| =$ 對角線元素的乘積；

(4) $\begin{vmatrix} 1 & 0 & 0 \\ 0 & 1 & 0 \\ 0 & 0 & 1 \end{vmatrix} = 1$，單位矩陣 $|I_n| = 1$

---

5. 【行列式的性質（二）】設 A 為 n 階方陣，且方陣 B 是方陣 A 經下列運算得到的，則：

   (1) 將 A 的一行（或一列）乘以純量 k 得到，則 $|B| = k|A|$

   (2) 將 A 的二行（或二列）交換得到，則 $|B| = -|A|$

   (3) 將 A 的一行（或一列）乘以一純量再加到另一行（或一列）得到，則 $|B| = |A|$

例 4 求 (1) $\begin{vmatrix} 2 & 4 & 6 \\ 5 & 15 & 0 \\ 3 & 6 & 12 \end{vmatrix} =$ ；(2) $\begin{vmatrix} 1 & 2 & 3 \\ 10 & 21 & 32 \\ 5 & 12 & 16 \end{vmatrix} =$ ；(3) $\begin{vmatrix} \frac{1}{2} & -1 & -\frac{1}{3} \\ \frac{3}{4} & \frac{1}{2} & -1 \\ 1 & -4 & 1 \end{vmatrix} =$

解 (1) $\begin{vmatrix} 2 & 4 & 6 \\ 5 & 15 & 0 \\ 3 & 6 & 12 \end{vmatrix} = \begin{vmatrix} 2\cdot 1 & 2\cdot 2 & 2\cdot 3 \\ 5\cdot 1 & 5\cdot 3 & 5\cdot 0 \\ 3\cdot 1 & 3\cdot 2 & 3\cdot 4 \end{vmatrix} = 2\cdot 5\cdot 3 \begin{vmatrix} 1 & 2 & 3 \\ 1 & 3 & 0 \\ 1 & 2 & 4 \end{vmatrix} = 30\cdot 1 = 30$

(2) $\begin{vmatrix} 1 & 2 & 3 \\ 10 & 21 & 32 \\ 5 & 12 & 16 \end{vmatrix}$ （第一列乘以 (–10) 加到第二列）

（第一列乘以 (–5) 加到第三列）

$$= \begin{vmatrix} 1 & 2 & 3 \\ 0 & 1 & 2 \\ 0 & 2 & 1 \end{vmatrix} = -3$$

(3) 第一列乘以 6，第二列乘以 4

$$\Rightarrow 24 \mid A \mid = \begin{vmatrix} 3 & -6 & -2 \\ 3 & 2 & -4 \\ 1 & -4 & 1 \end{vmatrix} = 28 \Rightarrow \mid A \mid = \frac{28}{24} = \frac{7}{6}$$

6.【行列式的性質（三）】

(1) 二 n 階方陣 A，B 相乘的行列式等於它們的行列式相乘，即 $|AB|$ $= |A||B|$

(2) 同理，若 E 是基本矩陣，對於任何方陣 A，$|EA| = |E||A|$

(3) 若 $k \in R$，則 $|kA| = k^n|A|$（k 乘以矩陣 A 再取行列式的值 $= k^n|A|$）

例5 設 $A = \begin{bmatrix} 1 & 2 & 0 \\ 2 & 1 & 3 \\ 2 & 2 & 1 \end{bmatrix}$，$B = \begin{bmatrix} 0 & 2 & 1 \\ 3 & 1 & 2 \\ 1 & 2 & 1 \end{bmatrix}$，求 $|AB|$

解 因 $|AB| = |A||B|$，

又 $|A| = \begin{vmatrix} 1 & 2 & 0 \\ 2 & 1 & 3 \\ 2 & 2 & 1 \end{vmatrix} = 3$，$|B| = \begin{vmatrix} 0 & 2 & 1 \\ 3 & 1 & 2 \\ 1 & 2 & 1 \end{vmatrix} = 3$

所以 $|AB| = 3 \cdot 3 = 9$

例6 設 $A = \begin{bmatrix} 1 & 2 & 0 \\ 2 & 1 & 3 \\ 2 & 2 & 1 \end{bmatrix}$，求 $|5A|$

解 $|5A| = \begin{vmatrix} 5 \cdot 1 & 5 \cdot 2 & 5 \cdot 0 \\ 5 \cdot 2 & 5 \cdot 1 & 5 \cdot 3 \\ 5 \cdot 2 & 5 \cdot 2 & 5 \cdot 1 \end{vmatrix} = 5 \cdot 5 \cdot 5 \cdot \begin{vmatrix} 1 & 2 & 0 \\ 2 & 1 & 3 \\ 2 & 2 & 1 \end{vmatrix} = 125 \cdot 3 = 375$

（註：$|5A|_{3 \times 3} = 5^3 |A|_{3 \times 3}$）

3.2 行列式降階

7.【子式與餘因式】n 階方陣 $A = \begin{bmatrix} a_{11} & a_{12} & \cdots & a_{1n} \\ a_{21} & a_{22} & \cdots & a_{2n} \\ \cdots & \cdots & \cdots & \cdots \\ a_{n1} & a_{n2} & \cdots & a_{nn} \end{bmatrix}$，若 M_{ij} 是將 A 方

陣的第 i（橫）列和第 j（直）行刪掉後，所得到的 $(n-1)$ 階子方陣，即

$$M_{ij} = \begin{bmatrix} \vdots & \vdots & \vdots & \vdots & \vdots & \vdots \\ a_{(i-1)1} & \cdots & a_{(i-1)(j-1)} & a_{(i-1)(j+1)} & \cdots & a_{(i-1)n} \\ a_{(i+1)1} & \cdots & a_{(i+1)(j-1)} & a_{(i+1)(j+1)} & \cdots & a_{(i+1)n} \\ \vdots & \vdots & \vdots & \vdots & \vdots & \vdots \end{bmatrix},$$

則 (1) 行列式 $|M_{ij}|$ 稱為方陣 A 的 a_{ij} 元素的子式（Minor）；

(2) $A_{ij} = (-1)^{i+j}|M_{ij}|$ 稱為 a_{ij} 元素的餘因式（Cofactor）；

(3) A_{ij} 的符號 $(-1)^{i+j}$ 在矩陣內是呈現棋盤形式，即

$$\begin{bmatrix} + & - & + & - & \cdots \\ - & + & - & + & \cdots \\ + & - & + & - & \cdots \\ \cdots & \cdots & \cdots & \cdots & \cdots \end{bmatrix}$$

註：(1) M_{ij} 是矩陣，而 A_{ij} 是純量

(2) 子式和餘因式是為了解「行列式的降階」和「反矩陣」用

例 7　設 $A = \begin{bmatrix} 1 & 2 & 3 \\ 4 & 5 & 6 \\ 7 & 8 & 9 \end{bmatrix}$，求 (1) M_{32}，(2) A_{32}

解　(1) $M_{32} = \begin{bmatrix} 1 & 3 \\ 4 & 6 \end{bmatrix}$

(2) $A_{32} = (-1)^{3+2} \begin{vmatrix} 1 & 3 \\ 4 & 6 \end{vmatrix} = -(6-12) = 6$

註：M_{32} 是矩陣，而 A_{32} 是純量

例 8　設 $A = \begin{bmatrix} 1 & 2 & 3 & 2 \\ 2 & 3 & 1 & 4 \\ 3 & 2 & 4 & 1 \\ 2 & 3 & 4 & 5 \end{bmatrix}$，求 (1) M_{23}，(2) A_{34}

解　(1) $M_{23} = \begin{bmatrix} 1 & 2 & 2 \\ 3 & 2 & 1 \\ 2 & 3 & 5 \end{bmatrix}$

(2) $A_{34} = (-1)^{3+4} \begin{vmatrix} 1 & 2 & 3 \\ 2 & 3 & 1 \\ 2 & 3 & 4 \end{vmatrix} = -(12 + 4 + 18 - 18 - 16 - 3) = 3$

---

8. 【行列式降階】（行列式降一階）n 階方陣 $A = [a_{ij}]$ 的行列式值等於將任何一列（或任何一行）的元素乘以它們自己的餘因式後再相加起來，也就是

(1) 對第 i 列來降階

$$|A| = a_{i1}A_{i1} + a_{i2}A_{i2} + \cdots + a_{in}A_{in} = \sum_{j=1}^{n} a_{ij}A_{ij}$$

或 (2) 對第 j 行來降階

$$|A| = a_{1j}A_{1j} + a_{2j}A_{2j} + \cdots + a_{nj}A_{nj} = \sum_{i=1}^{n} a_{ij}A_{ij}$$

註：因 n 階方陣的餘因式是 $n-1$ 階方陣的行列式值，所以此法又稱為行列式降階（即從 n 階降成 $(n-1)$ 階）。

例 9　利用行列式降階求 $\begin{vmatrix} 2 & 1 & 3 \\ 3 & 2 & 2 \\ 1 & 3 & 2 \end{vmatrix} =$

解　由第二（橫）列展開

$$\begin{vmatrix} 2 & 1 & 3 \\ 3 & 2 & 2 \\ 1 & 3 & 2 \end{vmatrix} = -3 \cdot \begin{vmatrix} 1 & 3 \\ 3 & 2 \end{vmatrix} + 2 \cdot \begin{vmatrix} 2 & 3 \\ 1 & 2 \end{vmatrix} - 2 \cdot \begin{vmatrix} 2 & 1 \\ 1 & 3 \end{vmatrix}$$

$$= -3 \cdot (-7) + 2 \cdot (1) - 2 \cdot 5 = 13$$

例 10 求 (1) $\begin{vmatrix} 1 & 2 & 0 & 2 \\ 2 & 1 & 2 & 1 \\ 1 & 3 & 2 & 1 \\ 1 & 1 & 3 & 1 \end{vmatrix} = $; (2) $\begin{vmatrix} 5 & 4 & 2 & 1 \\ 2 & 3 & 1 & -2 \\ -5 & -7 & -3 & 9 \\ 1 & -2 & -1 & 4 \end{vmatrix} = $

解 (1) 由第一（橫）列展開

$$\begin{vmatrix} 1 & 2 & 0 & 2 \\ 2 & 1 & 2 & 1 \\ 1 & 3 & 2 & 1 \\ 1 & 1 & 3 & 1 \end{vmatrix} = 1 \cdot \begin{vmatrix} 1 & 2 & 1 \\ 3 & 2 & 1 \\ 1 & 3 & 1 \end{vmatrix} - 2 \cdot \begin{vmatrix} 2 & 2 & 1 \\ 1 & 2 & 1 \\ 1 & 3 & 1 \end{vmatrix} + 0 \cdot \begin{vmatrix} 2 & 1 & 1 \\ 1 & 3 & 1 \\ 1 & 1 & 1 \end{vmatrix}$$

$$- 2 \cdot \begin{vmatrix} 2 & 1 & 2 \\ 1 & 3 & 2 \\ 1 & 1 & 3 \end{vmatrix} = 1 \cdot 2 - 2 \cdot (-1) + 0 - 2 \cdot 9$$

$$= -14$$

(2) （註：降階前可利用列基本運算將某幾個元素清為 0）

$$\begin{vmatrix} 5 & 4 & 2 & 1 \\ 2 & 3 & 1 & -2 \\ -5 & -7 & -3 & 9 \\ 1 & -2 & -1 & 4 \end{vmatrix} \begin{array}{l} （第二列乘以 (-2) 加到第一列） \\ （第二列乘以 3 加到第三列） \\ （第二列加到第四例） \end{array}$$

$$= \begin{vmatrix} 1 & -2 & 0 & 5 \\ 2 & 3 & 1 & -2 \\ 1 & 2 & 0 & 3 \\ 3 & 1 & 0 & 2 \end{vmatrix} （由第三（直）行展開）$$

$$= (-1)^{2+3} \begin{vmatrix} 1 & -2 & 5 \\ 1 & 2 & 3 \\ 3 & 1 & 2 \end{vmatrix} = 38$$

3.3　反矩陣

9.【古典伴隨矩陣】n 階方陣 $A = [a_{ij}]$ 中，元素 a_{ij} 的餘因式所組成的矩陣，稱為方陣 A 的古典伴隨矩陣（Classical adjoint matrix），以 $adjA$ 表示，即

$$adjA = \begin{bmatrix} A_{11} & A_{12} & \cdots & A_{1n} \\ A_{21} & A_{22} & \cdots & A_{2n} \\ \cdots & \cdots & \cdots & \cdots \\ A_{n1} & A_{n2} & \cdots & A_{nn} \end{bmatrix}^{T} = \begin{bmatrix} A_{11} & A_{21} & \cdots & A_{n1} \\ A_{12} & A_{22} & \cdots & A_{n2} \\ \cdots & \cdots & \cdots & \cdots \\ A_{1n} & A_{2n} & \cdots & A_{nn} \end{bmatrix}$$

（註：注意 A_{12} 和 A_{21} 的位置）

10.【反矩陣】

(1) 對於任何 n 階方陣 $A = [a_{ij}]$，均有

　$A \cdot (adjA) = (adjA) \cdot A = |A|I_n$ 特性，其中 I_n 是單位矩陣。

(2) 由上知，若 $|A| \neq 0$，則 $A^{-1} = \dfrac{1}{|A|}(adjA)$，

　也就是 $|A| \neq 0$，A 的反矩陣才存在。

例 11　令 $A = \begin{bmatrix} 1 & 2 \\ 3 & 4 \end{bmatrix}$，求 (1) $A^{-1} =$；(2) $AA^{-1} =$

解 (1) $adjA = \begin{bmatrix} 4 & -3 \\ -2 & 1 \end{bmatrix}^{T} = \begin{bmatrix} 4 & -2 \\ -3 & 1 \end{bmatrix}$

$|A| = \begin{vmatrix} 1 & 2 \\ 3 & 4 \end{vmatrix} = 4 - 6 = -2$

所以 $A^{-1} = \dfrac{1}{|A|}(adjA) = \dfrac{1}{-2} \cdot \begin{bmatrix} 4 & -2 \\ -3 & 1 \end{bmatrix} = \begin{bmatrix} -2 & 1 \\ \dfrac{3}{2} & \dfrac{-1}{2} \end{bmatrix}$

(2) $AA^{-1} = \begin{bmatrix} 1 & 2 \\ 3 & 4 \end{bmatrix}\begin{bmatrix} -2 & 1 \\ \dfrac{3}{2} & \dfrac{-1}{2} \end{bmatrix} = \begin{bmatrix} 1 & 0 \\ 0 & 1 \end{bmatrix}$

例 12 令 $A = \begin{bmatrix} 1 & 1 & 1 \\ 2 & 1 & 2 \\ 2 & 1 & 1 \end{bmatrix}$，求 $(1)\ A^{-1} = $；$(2)\ AA^{-1} = $

解 (1) $adjA = \begin{bmatrix} \begin{vmatrix} 1 & 2 \\ 1 & 1 \end{vmatrix} & -\begin{vmatrix} 2 & 2 \\ 2 & 1 \end{vmatrix} & \begin{vmatrix} 2 & 1 \\ 2 & 1 \end{vmatrix} \\ -\begin{vmatrix} 1 & 1 \\ 1 & 1 \end{vmatrix} & \begin{vmatrix} 1 & 1 \\ 2 & 1 \end{vmatrix} & -\begin{vmatrix} 1 & 1 \\ 2 & 1 \end{vmatrix} \\ \begin{vmatrix} 1 & 1 \\ 1 & 2 \end{vmatrix} & -\begin{vmatrix} 1 & 1 \\ 2 & 2 \end{vmatrix} & \begin{vmatrix} 1 & 1 \\ 2 & 1 \end{vmatrix} \end{bmatrix}^T = \begin{bmatrix} -1 & 2 & 0 \\ 0 & -1 & 1 \\ 1 & 0 & -1 \end{bmatrix}^T$

$= \begin{bmatrix} -1 & 0 & 1 \\ 2 & -1 & 0 \\ 0 & 1 & -1 \end{bmatrix}$

$|A| = \begin{vmatrix} 1 & 1 & 1 \\ 2 & 1 & 2 \\ 2 & 1 & 1 \end{vmatrix} = 1$

所以 $A^{-1} = \dfrac{1}{|A|}(adjA) = \dfrac{1}{1} \cdot \begin{bmatrix} -1 & 0 & 1 \\ 2 & -1 & 0 \\ 0 & 1 & -1 \end{bmatrix}$

$= \begin{bmatrix} -1 & 0 & 1 \\ 2 & -1 & 0 \\ 0 & 1 & -1 \end{bmatrix}$

(2) $AA^{-1} = \begin{bmatrix} 1 & 1 & 1 \\ 2 & 1 & 2 \\ 2 & 1 & 1 \end{bmatrix}\begin{bmatrix} -1 & 0 & 1 \\ 2 & -1 & 0 \\ 0 & 1 & -1 \end{bmatrix} = \begin{bmatrix} 1 & 0 & 0 \\ 0 & 1 & 0 \\ 0 & 0 & 1 \end{bmatrix}$

3.4　克拉瑪法則

11.【克拉瑪法則】下面方程組有 n 個方程式含有 n 個未知數

$$a_{11}x_1 + a_{12}x_2 + \cdots + a_{1n}x_n = b_1$$
$$a_{21}x_1 + a_{22}x_2 + \cdots + a_{2n}x_n = b_2 ,$$
$$\cdots\cdots\cdots\cdots$$
$$a_{n1}x_1 + a_{n2}x_2 + \cdots + a_{nn}x_n = b_n$$

$$即\ A\vec{x} = \vec{b}$$

令 Δ 是方陣 A 的係數矩陣行列式，即

$$\Delta = |A| = \begin{vmatrix} a_{11} & a_{12} & \cdots & a_{1n} \\ a_{21} & a_{22} & \cdots & a_{2n} \\ \cdots & \cdots & \cdots & \cdots \\ a_{n1} & a_{n2} & \cdots & a_{nn} \end{vmatrix} ,$$

且 Δ_i 是將方陣 A 的第 i（直）行以常數項的（直）行替代所得到的行列式，即

$$\Delta_i = \begin{vmatrix} a_{11} & \cdots & a_{1,i,-1} & b_1 & a_{1,i+1} & \cdots & a_{1n} \\ a_{21} & \cdots & a_{2,i-1} & b_2 & a_{2,i+1} & \cdots & a_{2n} \\ \cdots & \cdots & \cdots & \cdots & \cdots & \cdots & \cdots \\ a_{n1} & \cdots & a_{n,i-1} & b_n & a_{n,i+1} & \cdots & a_{nn} \end{vmatrix}$$

上面方程組的行列式與其解之間的關係如下：

(1) 當 $\Delta \neq 0$ 時，此方程組有唯一解，此解爲：

$$x_1 = \frac{\Delta_1}{\Delta} \ , \ x_2 = \frac{\Delta_2}{\Delta} \ , \ \cdots\cdots \ , \ x_n = \frac{\Delta_n}{\Delta}$$

此性質稱爲解線性方程組的克拉瑪法則（Cramer's rule）。

(2) 當 $\Delta = 0$ 時，

　　(a) 若全部 Δ_i 均爲 0，則此方程組有無窮多組解；

　　(b) 若至少有一個 Δ_i 不爲 0，則此方程組無解。

例 13 求下面方程組的解

$$(1) \begin{cases} 2x + y = 7 \\ 3x - 5y = 4 \end{cases}, \quad (2) \begin{cases} ax - 2by = c \\ 3ax - 5by = 2c \end{cases} \quad 其中 \, a \cdot b \neq 0,$$

解 (1) $\Delta = \begin{vmatrix} 2 & 1 \\ 3 & -5 \end{vmatrix} = -13$, $\Delta_x = \begin{vmatrix} 7 & 1 \\ 4 & -5 \end{vmatrix} = -39$, $\Delta_y = \begin{vmatrix} 2 & 7 \\ 3 & 4 \end{vmatrix} = -13$,

$$x = \frac{\Delta_x}{\Delta} = \frac{-39}{-13} = 3,$$

$$y = \frac{\Delta_y}{\Delta} = \frac{-13}{-13} = 1$$

(2) $\Delta = \begin{vmatrix} a & -2b \\ 3a & -5b \end{vmatrix} = ab$, $\Delta_x = \begin{vmatrix} c & -2b \\ 2c & -5b \end{vmatrix} = -bc$, $\Delta_y = \begin{vmatrix} a & c \\ 3a & 2c \end{vmatrix} = -ac$,

$$x = \frac{\Delta_x}{\Delta} = \frac{-bc}{ab} = -\frac{c}{a},$$

$$y = \frac{\Delta_y}{\Delta} = \frac{-ac}{ab} = -\frac{c}{b}$$

例 14 求下面方程組的解

$$(1) \begin{cases} 2x + y - z = 3 \\ x + 2y + z = 6 \\ x - y + 2z = 1 \end{cases}, \quad (2) \begin{cases} 2x + y - z = 3 \\ x + 2y + z = 6 \\ x - y - 2z = -3 \end{cases}, \quad (3) \begin{cases} 2x + y - z = 3 \\ x + 2y + z = 6 \\ x + y = 2 \end{cases},$$

解 (1) $\Delta = \begin{vmatrix} 2 & 1 & -1 \\ 1 & 2 & 1 \\ 1 & -1 & 2 \end{vmatrix} = 12$, $\Delta_x = \begin{vmatrix} 3 & 1 & -1 \\ 6 & 2 & 1 \\ 1 & -1 & 2 \end{vmatrix} = 12$,

$$\Delta_y = \begin{vmatrix} 2 & 3 & -1 \\ 1 & 6 & 1 \\ 1 & 1 & 2 \end{vmatrix} = 24, \quad \Delta_z = \begin{vmatrix} 2 & 1 & 3 \\ 1 & 2 & 6 \\ 1 & -1 & 1 \end{vmatrix} = 12,$$

$$x = \frac{\Delta_x}{\Delta} = \frac{12}{12} = 1, \quad y = \frac{\Delta_y}{\Delta} = \frac{24}{12} = 2, \quad z = \frac{\Delta_z}{\Delta} = \frac{12}{12} = 1$$

所以恰有一解：$x = 1$，$y = 2$，$z = 1$

$(2)\ \Delta = \begin{vmatrix} 2 & 1 & -1 \\ 1 & 2 & 1 \\ 1 & -1 & -2 \end{vmatrix} = 0\ ,\ \Delta_x = \begin{vmatrix} 3 & 1 & -1 \\ 6 & 2 & 1 \\ -3 & -1 & -2 \end{vmatrix} = 0\ ,$

$\Delta_y = \begin{vmatrix} 2 & 3 & -1 \\ 1 & 6 & 1 \\ 1 & -3 & -2 \end{vmatrix} = 0\ ,\ \Delta_z = \begin{vmatrix} 2 & 1 & 3 \\ 1 & 2 & 6 \\ 1 & -1 & -3 \end{vmatrix} = 0\ ,$

所以有無窮多解

$(3)\ \Delta = \begin{vmatrix} 2 & 1 & -1 \\ 1 & 2 & 1 \\ 1 & 1 & 0 \end{vmatrix} = 0\ ,\ \Delta_x = \begin{vmatrix} 3 & 1 & -1 \\ 6 & 2 & 1 \\ 2 & 1 & 0 \end{vmatrix} = -3 \neq 0\ ,$

所以無解

12.【行列式的性質（四）】設 A 為 n 階方陣，下列四點是同義的：

(1) A 的行列式值不為零，即 $|A| \neq 0$；

(2) A 是可逆的，也就是 A^{-1} 是存在的；

（因 $A^{-1} = \dfrac{1}{|A|}(adjA)$，$A^{-1}$ 是存在的充要條件是 $|A| \neq 0$）

(3) A 是非奇異的（nonsingular），也就是 $A\vec{x} = \vec{0}$ 只有零的解。

(4) A 的每一列（或行）是線性獨立的充要條件是 $|A| \neq 0$

（註：線性獨立的定義請參閱第五章說明）

例 15 設 $A = \begin{bmatrix} 1 & 1 & 1 \\ 1 & 1 & 2 \\ 2 & 1 & 1 \end{bmatrix}$，求

(1) $|A|$ 之值

(2) A^{-1} 是否存在的？

(3) $\begin{cases} x + y + z = 0 \\ x + y + 2z = 0 \\ 2x + y + z = 0 \end{cases}$，是否有非零的解？

解 (1) $|A| = \begin{vmatrix} 1 & 1 & 1 \\ 1 & 1 & 2 \\ 2 & 1 & 1 \end{vmatrix} = 1$

(2) $A^{-1} = \dfrac{1}{|A|}(adjA)$，因 $|A| \neq 0$，所以 A^{-1} 存在

(3) 因其係數的行列式（$|A|$）不為 0，所以其只有零的解

例 16 若 A 是可逆矩陣，證明 $|A^{-1}| = |A|^{-1}$

證明 因 $A^{-1}A = I \Rightarrow |A^{-1}A| = |I|$

$\Rightarrow |A^{-1}||A| = 1 \Rightarrow |A^{-1}| = \dfrac{1}{|A|} = |A|^{-1}$

練習題

1. 計算下列行列式值

(1) $\begin{vmatrix} 2 & 1 & 1 \\ 0 & 5 & -2 \\ 1 & -3 & 4 \end{vmatrix}$，(2) $\begin{vmatrix} 3 & -2 & -4 \\ 2 & 5 & -1 \\ 0 & 6 & 1 \end{vmatrix}$，(3) $\begin{vmatrix} -2 & -1 & 4 \\ 6 & -3 & -2 \\ 4 & 1 & 2 \end{vmatrix}$

答：(1) 21，(2) –11，(3)100，

2. 計算下列行列式等於 0 的 t 值

(1) $\begin{vmatrix} t-2 & 4 & 3 \\ 1 & t+1 & -2 \\ 0 & 0 & t-4 \end{vmatrix} = 0$，(2) $\begin{vmatrix} t-1 & 3 & -3 \\ -3 & t+5 & -3 \\ -6 & 6 & t-4 \end{vmatrix} = 0$，

答：(1) $t = 3, 4, -2$，(2) $t = 4, -2$

3. 計算下列行列式值

(1) $\begin{vmatrix} 1 & 2 & 2 & 3 \\ 1 & 0 & -2 & 0 \\ 3 & -1 & 1 & -2 \\ 4 & -3 & 0 & 2 \end{vmatrix}$，(2) $\begin{vmatrix} 2 & 1 & 3 & 2 \\ 3 & 0 & 1 & -2 \\ 1 & -1 & 4 & 3 \\ 2 & 2 & -1 & 1 \end{vmatrix}$

答：(1) –131，(2) –55

4. 計算下列矩陣的 (a) $adjA$；(b) A^{-1}

$$(1)\begin{bmatrix} 1 & 1 & 0 \\ 1 & 1 & 1 \\ 0 & 2 & 1 \end{bmatrix}，(2)\begin{bmatrix} 1 & 2 & 2 \\ 3 & 1 & 0 \\ 1 & 1 & 1 \end{bmatrix}$$

答：(1)(a) $adjA = \begin{bmatrix} -1 & -1 & 1 \\ -1 & 1 & -1 \\ 2 & -2 & 0 \end{bmatrix}$，(b) $A^{-1} = \begin{bmatrix} \frac{1}{2} & \frac{1}{2} & \frac{-1}{2} \\ \frac{1}{2} & \frac{-1}{2} & \frac{1}{2} \\ -1 & 1 & 0 \end{bmatrix}$

(2) (a) $adjA = \begin{bmatrix} 1 & 0 & -2 \\ -3 & -1 & 6 \\ 2 & 1 & -5 \end{bmatrix}$，(b) $A^{-1} = \begin{bmatrix} -1 & 0 & 2 \\ 3 & 1 & -6 \\ -2 & -1 & 5 \end{bmatrix}$

5. 用克拉瑪法則解下列聯立方程式

$$(1)\begin{cases} 3x+5y=8 \\ 4x-2y=1 \end{cases}，(2)\begin{cases} 2x-3y=-1 \\ 4x+7y=-1 \end{cases}$$

答：(1) $x = 21/26$，$y = 29/26$；(2) $x = -5/13$，$y = 1/13$

6. 用克拉瑪法則解下列聯立方程式

$$(1)\begin{cases} 2x-5y+2z=7 \\ x+2y-4z=3 \\ 3x-4y-6z=5 \end{cases}，(2)\begin{cases} 2z+3=y+3x \\ x-3z=2y+1 \\ 3y+z=2-2x \end{cases}$$

答：(1) $x = 5$，$y = 1$，$z = 1$；(2) 因 $\Delta = 0$，無唯一解

7. 設 A 是 n 階方陣，且 $|A| = a$，求 $|kA| = ?$

答：$|kA| = k^n|A| = k^n a$

8. 若矩陣 $A = \begin{bmatrix} a & b & c \\ d & e & f \\ g & h & i \end{bmatrix}$ 的行列式值是 -3，求下列矩陣的的行列式值

$(1) -4A$　$(2) 2A^{-1}$　$(3) \begin{bmatrix} -a & -g & -d \\ b & h & e \\ 2c & 2i & 2f \end{bmatrix}$

答：(1) 192，(2) –8/3，(3) –6

9. 矩陣 A 和 B 均為 $n \times n$ 階矩陣，且其行列式
$\det(A) = a \neq 0$、$\det(B) = b \neq 0$，求 (1)$\det(AB)$；
(2)$\det((AB)^T)$；(3)$\det(\det(A)A)$；(4)$\det(\det(A)B)$；
(5)$\det(\det(B)B)/\det(\det(B)A)$；

答：(1) ab，(2) ab，(3) a^{n+1}，(4) $a^n b$，(5) $\dfrac{b}{a}$

10. 求下列矩陣的反矩陣

(1) 矩陣 $A = \begin{bmatrix} 1 & 2 & 3 \\ 2 & 6 & 1 \\ 3 & 10 & -1 \end{bmatrix}$，(2) 矩陣 $B = \begin{bmatrix} 1 & 3 & -2 \\ 2 & 8 & -3 \\ 1 & 7 & 1 \end{bmatrix}$

答：(1) 沒有反矩陣，(2) $A^{-1} = \dfrac{1}{2} \begin{bmatrix} 29 & -17 & 7 \\ -5 & 3 & -1 \\ 6 & -4 & 2 \end{bmatrix}$

11. 矩陣 $A = \begin{bmatrix} 2 & 1 & 0 \\ k & 2 & k \\ 2 & 4 & 2 \end{bmatrix}$ 為不可逆矩陣，求 k 之值？

答：$k = 1$

12. 矩陣 $A = \begin{bmatrix} 2-k & 1 \\ 3 & 4-k \end{bmatrix}$ 為不可逆矩陣，求 k 為何值？

答：$k = 1$ 或 $k = 5$

13. 利用克拉瑪法則解下列方程組的解

(a) $\begin{cases} 2x + y - 3z = 5 \\ 3x - 2y + 2z = 5 \\ 5x - 3y - z = 16 \end{cases}$ (b) $\begin{cases} 2x + 3y - 2z = 5 \\ x - 2y + 3z = 2 \\ 4x - y + 4z = 1 \end{cases}$

(c) $\begin{cases} x + 2y + 3z = 3 \\ 2x + 3y + 8z = 4 \\ 3x + 2y + 17z = 1 \end{cases}$

答：(a) $x = 1$，$y = -3$，$z = -2$　(b) 無解　(c) 無窮多組解

第 **4** 章　向量與向量空間

4.1　向量的基本觀念

1. 【何謂向量】

   (1) 日常生活中常談到的身高、體重、溫度，只有大小值，稱爲純量（Scalar）。

   (2) 向量（Vector）是有方向和大小的量，如：北方 20 公里，有方向（北方）和大小（20 公里）。

2. 【向量的表示】向量是用實數的「有序對（Ordered pair）」表示之。

   （註：有序對是有前後順序的，前後不可對調）

   例如：$[a, b]$ 是二維向量（以 R^2 表示）；

   　　　$[a, b, c]$ 是三維向量（以 R^3 表示），

   　　　$[a, b, c, \cdots, k]$（有 n 個元素）是 n 維向量（以 R^n 表示）。

   註：R^2 的 R 表示二維向量內的數是實數（R）

3. 【向量的分量】向量內的每個元素稱爲一個分量（或坐標）。

   例如：向量 $[a, b, c]$ 中，a 是 x 軸分量；b 是 y 軸分量；c 是 z 軸分量。

4. 【向量的表示】本書的「向量」符號以 $\vec{v}$ 表示（符號上方有一箭頭），「向量坐標」以中掛號掛起來，如：向量 $\vec{v} = [a, b, c]$；以區別「點坐標」以小掛號掛起來，如：點 $v = (a, b, c)$。

5. 【向量的維度】若向量內有 n 個元素，此向量的維度（Dimension）就是 n。

   例如：$[a, b]$ 是二維向量，其維度是 2；

   　　　$[a, b, c]$ 是三維向量，其維度是 3。

6. 【向量的寫法】(a) 有些章節的向量以（橫）列（row）向量表示，如：$\vec{v} = [a, b, c]$，若要將它表示成（直）行（column）向量，就要加一個 T（轉置）符號，如：$\vec{v}^T = \begin{bmatrix} a \\ b \\ c \end{bmatrix}$；

(b) 有些章節的向量以（直）行向量表示，如：$\vec{v} = \begin{bmatrix} a \\ b \\ c \end{bmatrix}$，若要將它表

示成（橫）列向量，就要加一個 T（轉置）符號，如：$\vec{v}^T = [a, b, c]$；

(c) 若有矩陣和向量相乘的章節，向量通常以（直）行向量表示；

(d) 本章節向量以（橫）列向量表示，即：$\vec{v} = [a, b, c]$

7. 【向量的性質】設 $\vec{u} = [u_1, u_2, \cdots, u_n]$ 和 $\vec{v} = [v_1, v_2, \cdots, v_n]$ 是 R^n 中的向量，則

(1) 向量的加法：$\vec{u} + \vec{v} = [u_1 + v_1, u_2 + v_2, \cdots, u_n + v_n]$（相同位置分量相加）；

(2) 純量乘以向量：$k\vec{u} = [ku_1, ku_2, \cdots, ku_n]$，$k \in R$（純量乘到每個分量上）；

(3) 向量的相等：若 $\vec{u} = \vec{v}$，表示 $u_1 = v_1, u_2 = v_2, \cdots, u_n = v_n$（相同位置分量相等）；

(4) $\vec{0} = [0, 0, \cdots, 0]$，稱為零向量。

註：0 和 $\vec{0}$ 不同，0 是純量，而 $\vec{0}$ 是向量。

例 1 設 $\vec{u} = [1, 2, 4, 5]$ 和 $\vec{v} = [2, 3, -2, -4]$，求：(1) $\vec{u} + \vec{v} = ?$；(2) $\vec{u} + \vec{0} = ?$；(3) $5\vec{u} = ?$

解 (1) $\vec{u} + \vec{v} = [1, 2, 4, 5] + [2, 3, -2, -4] = [3, 5, 2, 1]$

(2) $\vec{u} + \vec{0} = [1, 2, 4, 5] + [0, 0, 0, 0] = [1, 2, 4, 5]$

(3) $5\vec{u} = 5 \cdot [1, 2, 4, 5] = [5, 10, 20, 25]$

例 2 若 $[x-y, x+y, x+z] = [2, 4, 6]$，求 x, y, z 之值

解 $[x-y, x+y, x+z] = [2, 4, 6]$

$\Rightarrow x - y = 2$，$x + y = 4$，$x + z = 6$

解得 $x = 3$，$y = 1$，$z = 3$

例3 若 $\vec{u} = [2, -7, 1]$，$\vec{v} = [-3, 0, 4]$，$\vec{w} = [0, 5, -8]$，求 $2\vec{u} + 3\vec{v} - \vec{w} = ?$

解 $2\vec{u} + 3\vec{v} - \vec{w} = 2[2, -7, 1] + 3[-3, 0, 4] - [0, 5, -8]$
$= [4, -14, 2] + [-9, 0, 12] - [0, 5, -8] = [-5, -19, 22]$

例4 若 $[2, -3, 4] = x[1, 1, 1] + y[1, 1, 0] + z[1, 0, 0]$，求 x, y, z 之值

解 $[2, -3, 4] = x[1, 1, 1] + y[1, 1, 0] + z[1, 0, 0]$
$= [x + y + z, x + y, x]$
$\Rightarrow x + y + z = 2$，$x + y = -3$，$x = 4$
$\Rightarrow x = 4$，$y = -7$，$z = 5$

8.【向量的內積】

(1) 設 $\vec{u} = [u_1, u_2, \cdots, u_n]$ 和 $\vec{v} = [v_1, v_2, \cdots, v_n]$ 是 R^n 中的向量，則 $\vec{u}$ 和 $\vec{v}$ 的內積（Inner product）或稱為點積（Dot product），以 $\vec{u} \cdot \vec{v}$ 表示，其值為

$$\vec{u} \cdot \vec{v} = u_1v_1 + u_2v_2 + \cdots + u_nv_n \text{（結果是純量）}$$

(2) 設 $k \in R$，則

(a) $k \cdot \vec{u}$ 的「·」是「乘」的意思，即純量和向量相乘；

(b) $\vec{u} \cdot \vec{v}$ 的「·」是「內積」的意思，即二向量做內積。

例5 設 $\vec{u} = [1, 2, 4, 5]$ 和 $\vec{v} = [2, 3, -2, -4]$，求：(1) $\vec{u} \cdot \vec{v} = ?$；(2) $\vec{u} \cdot \vec{0} = ?$；
(3) $\vec{u} \cdot 0 = ?$

解 (1) $\vec{u} \cdot \vec{v} = [1, 2, 4, 5] \cdot [2, 3, -2, -4]$
$= 1 \cdot 2 + 2 \cdot 3 + 4 \cdot (-2) + 5 \cdot (-4) = -20$

(2) $\vec{u} \cdot \vec{0} = [1, 2, 4, 5][0, 0, 0, 0] = 1 \cdot 0 + 2 \cdot 0 + 4 \cdot 0 + 5 \cdot 0 = 0$

(3) $\vec{u} \cdot 0 = [1, 2, 4, 5] \cdot 0 = [0, 0, 0, 0]$

註：第 (2) 題是二向量的內積，其結果是純量；
第 (3) 題是向量和 0 相乘，其結果是向量。

例6 求下列的 $\vec{u} \cdot \vec{v} = ?$：(1) $\vec{u} = [2, 3, 4]$，$\vec{v} = [1, 2, -3]$；

(2) $\vec{u} = [2, 3, 4]$，$\vec{v} = [5, 6, 7, 8]$；(3) $\vec{u} = [1, 2, 3, 4]$，$\vec{v} = [2, 0, 1, 2]$；

解 (1) $\vec{u} \cdot \vec{v} = [2, 3, 4] \cdot [1, 2, -3] = 2 \cdot 1 + 3 \cdot 2 + 4 \cdot (-3) = -4$。

(2) $\vec{u}$ 和 $\vec{v}$ 的元素個數不同，不能做內積。

(3) $\vec{u} \cdot \vec{v} = [1, 2, 3, 4] \cdot [2, 0, 1, 2]$

$= 1 \cdot 2 + 2 \cdot 0 + 3 \cdot 1 + 4 \cdot 2 = 13$。

9.【內積的性質】設向量 $\vec{u}$、$\vec{v}$ 和 $\vec{w} \in R^n$，純量 $k \in R$，則

(1) $(\vec{u} + \vec{v}) \cdot \vec{w} = \vec{u} \cdot \vec{w} + \vec{v} \cdot \vec{w}$（向量內積對向量加法具分配性）

(2) $k(\vec{u} + \vec{v}) = k\vec{u} + k\vec{v}$（純量對向量加法具分配性）

(3) $\vec{u} \cdot \vec{v} = \vec{v} \cdot \vec{u}$（向量內積具交換性）

(4) 若 $\vec{u} \cdot \vec{v} = 0$，表示 $\vec{u} = \vec{0}$ 或 $\vec{v} = \vec{0}$ 或 $\vec{u}$ 和 $\vec{v}$ 垂直

(5) $\vec{u} \cdot \vec{u} \geq 0$，只有當 $\vec{u} = \vec{0}$ 時，$\vec{u} \cdot \vec{u}$ 才等於 0

例7 若下列二向量垂直，求其 k 值

(1) $\vec{u} = [1, 2, k]$，$\vec{v} = [2, 3, -2]$；

(2) $\vec{u} = [1, 2, k, 3]$，$\vec{v} = [2, 3, -3, k]$；

做法 向量垂直，其內積為 0

解 (1) $\vec{u} \cdot \vec{v} = [1, 2, k][2, 3, -2] = 2 + 6 - 2k = 0 \Rightarrow k = 4$

(2) $\vec{u} \cdot \vec{v} = [1, 2, k, 3][2, 3, -3, k] = 2 + 6 - 3k + 3k = 0$

$\Rightarrow 8 = 0$（無解，表示不管 k 值為何，此二向量均不會垂直）

10.【二向量間的距離】設 $\vec{u} = [u_1, u_2, \cdots, u_n]$ 和 $\vec{v} = [v_1, v_2, \cdots, v_n]$ 是 R^n 中的二向量，則 $\vec{u}$ 和 $\vec{v}$ 間的距離，表示成 $d(\vec{u}, \vec{v})$，其定義為

$$d(\vec{u}, \vec{v}) = \sqrt{(u_1 - v_1)^2 + (u_2 - v_2)^2 + \cdots + (u_n - v_n)^2}$$

11.【向量的模】向量 $\vec{u}$ 的模（Norm）（或稱為長度）以 $\|\vec{u}\|$ 或 $|\vec{u}|$ 表示，其值為

$$\|\vec{u}\| = \sqrt{\vec{u} \cdot \vec{u}} = \sqrt{u_1^2 + u_2^2 + \cdots + u_n^2}$$

12.【單位向量】

(1) 長度為 1 的向量稱為單位向量（Unit vector）。

(2) 向量 $\vec{u}$ 的單位向量是除以其長度的向量，即 $\dfrac{\vec{u}}{\|\vec{u}\|}$。

例 8 設 $\vec{u} = [1, 2, 4, 5]$，$\vec{v} = [2, 1, 2, 3]$，求 $d(\vec{u}, \vec{v})$

解 $d(\vec{u}, \vec{v}) = \sqrt{(1-2)^2 + (2-1)^2 + (4-2)^2 + (5-3)^2} = \sqrt{10}$

例 9 設 $\vec{u} = [1, 2, 4, 5]$，求 $\|\vec{u}\|$

解 $\|\vec{u}\| = \sqrt{(1)^2 + (2)^2 + (4)^2 + (5)^2} = \sqrt{46}$

例 10 設 $\vec{u} = [1, 2, 4, k]$，且 $\|\vec{u}\| = 5$，求 k 之值

解 $\|\vec{u}\| = \sqrt{(1)^2 + (2)^2 + (4)^2 + (k)^2} = 5$

$\Rightarrow 21 + k^2 = 25 \Rightarrow k = \pm 2$

例 11 設 (1) $\vec{u} = [3, 4]$；(2) $\vec{u} = [3, 4, 5]$，求其單位向量

解 (1) $\|\vec{u}\| = \sqrt{(3)^2 + (4)^2} = 5$

$\Rightarrow \dfrac{\vec{u}}{\|\vec{u}\|} = \dfrac{1}{5}[3, 4] = [\dfrac{3}{5}, \dfrac{4}{5}]$

(2) $\|\vec{u}\| = \sqrt{(3)^2 + (4)^2 + (5)^2} = \sqrt{50}$

$\Rightarrow \dfrac{\vec{u}}{\|\vec{u}\|} = \dfrac{1}{\sqrt{50}}[3, 4, 5]$

$= [\dfrac{3}{\sqrt{50}}, \dfrac{4}{\sqrt{50}}, \dfrac{5}{\sqrt{50}}]$

13.【內積的求法】設 $\vec{u} = [u_1, u_2, \cdots, u_n]$ 和 $\vec{v} = [v_1, v_2, \cdots, v_n]$ 是 R^n 中的二向量，且 θ 是二向量的夾角，則其內積的求法有下列二種：

(1) $\vec{u} \cdot \vec{v} = u_1 v_1 + u_2 v_2 + \cdots + u_n v_n$；

(2) $\vec{u} \cdot \vec{v} = \|\vec{u}\| \|\vec{v}\| \cos\theta$。

例 12 設 $\vec{u} = [3, 4]$、$\vec{v} = [5, 12]$，求 (1) $\vec{u} \cdot \vec{v} = ?$ (2) $\vec{u}$、$\vec{v}$ 夾角的 cos 值？

解 (1) $\vec{u} \cdot \vec{v} = [3, 4][5, 12] = 15 + 48 = 63$

(2) $\vec{u} \cdot \vec{v} = \| \vec{u} \| \| \vec{v} \| \cos\theta$

又 $\| \vec{u} \| = \sqrt{3^2 + 4^2} = 5$

$\| \vec{v} \| = \sqrt{5^2 + 12^2} = 13$

所以 $\vec{u} \cdot \vec{v} = \| \vec{u} \| \| \vec{v} \| \cos\theta$

$\Rightarrow 63 = 5 \cdot 13 \cdot \cos\theta$

$\Rightarrow \cos\theta = \dfrac{63}{65}$

4.2 線性組合

14.【線性組合】

(1) 設 $\vec{v}_1$, $\vec{v}_2$, $\cdots$, $\vec{v}_n$ 是 R^m 的 n 個向量，且 $a_1, a_2, \cdots, a_n \in R$，則 $a_1\vec{v}_1 + a_2\vec{v}_2 + \cdots + a_n\vec{v}_n$，稱爲 $\vec{v}_1$, $\vec{v}_2$, $\cdots$, $\vec{v}_n$ 的線性組合（Linear combination）。

(2) 若要將向量 $\vec{u}$ 表示成向量 $\vec{v}_1, \vec{v}_2, \cdots, \vec{v}_n \in R^m$ 的線性組合，其作法爲：

令 $\vec{u} = a_1\vec{v}_1 + a_2\vec{v}_2 + \cdots + a_n\vec{v}_n$，其中 a_i 是未知數。

將上式向量左右等式列出聯立方程式後，

(a) 若能找出一組 $a_1, a_2, \cdots, a_n \in R$，滿足

$$\vec{u} = a_1\vec{v}_1 + a_2\vec{v}_2 + \cdots + a_n\vec{v}_n,$$

則稱向量 $\vec{u}$ 可表示成向量 $\vec{v}_1, \vec{v}_2, \cdots, \vec{v}_n$ 的線性組合；

(b) 若找不出一組 $a_1, a_2, \cdots, a_n \in R$，滿足

$$\vec{u} = a_1\vec{v}_1 + a_2\vec{v}_2 + \cdots + a_n\vec{v}_n,$$

則稱向量 $\vec{u}$ 不可表示成向量 $\vec{v}_1, \vec{v}_2, \cdots, \vec{v}_n$ 的線性組合。

例 13 請將向量 $\vec{u} = [1, -2, 5]$ 表示成向量 $\vec{v}_1 = [1, 1, 1]$、$\vec{v}_2 = [1, 2, 3]$ 和 $\vec{v}_3 = [2, -1, 1]$ 的線性組合

解 令 $\vec{u} = a \cdot \vec{v}_1 + b \cdot \vec{v}_2 + c \cdot \vec{v}_3$，其中：未知數 $a, b, c \in R$

則 $[1, -2, 5] = a \cdot [1, 1, 1] + b \cdot [1, 2, 3] + c \cdot [2, -1, 1]$

$$= [a, a, a] + [b, 2b, 3b] + [2c, -c, c]$$

$$= [a + b + 2c, a + 2b - c, a + 3b + c]$$

$$\Rightarrow \begin{cases} a + b + 2c = 1 \\ a + 2b - c = -2 \\ a + 3b + c = 5 \end{cases} \Rightarrow a = -6, \quad b = 3, \quad c = 2$$

所以 $\vec{u} = -6 \cdot \vec{v}_1 + 3 \cdot \vec{v}_2 + 2 \cdot \vec{v}_3$

例 14 請將向量 $\vec{u} = [2, -5, 3]$ 表示成向量 $\vec{v}_1 = [1, -3, 2]$、$\vec{v}_2 = [2, -4, -1]$ 和 $\vec{v}_3 = [1, -5, 7]$ 的線性組合

[解] 令 $\vec{u} = a \cdot \vec{v}_1 + b \cdot \vec{v}_2 + c \cdot \vec{v}_3$，其中：未知數 $a, b, c \in R$

則 $[2, -5, 3] = a \cdot [1, -3, 2] + b \cdot [2, -4, -1] + c \cdot [1, -5, 7]$

$\qquad\qquad = [a, -3a, 2a] + [2b, -4b, -b] + [c, -5c, 7c]$

$\qquad\qquad = [a + 2b + c, -3a - 4b - 5c, 2a - b + 7c]$

將底下方程組做階梯形化運算

$$\Rightarrow \begin{cases} a + 2b + c = 2 \\ -3a - 4b - 5c = -5 \\ 2a - b + 7c = 3 \end{cases} \Rightarrow \begin{cases} a + 2b + c = 2 \\ 2b - 2c = 1 \\ -5b + 5c = -1 \end{cases} \Rightarrow \begin{cases} a + 2b + c = 2 \\ 2b - 2c = 1 \\ 0 = 3 \end{cases}$$

因出現 $0 = 3$ 矛盾的方程式，所以 $\vec{u}$ 不能表示成向量 $\vec{v}_1$、$\vec{v}_2$ 和 $\vec{v}_3$ 的線性組合

例 15 請將多項式 $u = t^2 + 4t - 3$ 表示成 $v_1 = t^2 - 2t + 5$、$v_2 = 2t^2 - 3t$ 和 $v_3 = t + 3$ 的線性組合

[解] 令 $u = a \cdot v_1 + b \cdot v_2 + c \cdot v_3$，其中：未知數 $a, b, c \in R$

則 $t^2 + 4t - 3 = a \cdot (t^2 - 2t + 5) + b \cdot (2t^2 - 3t) + c \cdot (t + 3)$

$\qquad\qquad\quad = (at^2 - 2at + 5a) + (2bt^2 - 3bt) + (ct + 3c)$

$\qquad\qquad\quad = (a + 2b)t^2 + (-2a - 3b + c)t + (5a + 3c)$

$$\Rightarrow \begin{cases} a + 2b = 1 \\ -2a - 3b + c = 4 \\ 5a + 3c = -3 \end{cases} \Rightarrow a = -3, \ b = 2, \ c = 4$$

所以 $u = -3v_1 + 2v_2 + 4v_3$

例 16 R^3 的向量中 $\vec{u} = [1, -2, k]$，k 要何值，$\vec{u}$ 才可以表示成向量 $\vec{v}_1 = [3, 0, -2]$、$\vec{v}_2 = [2, -1, -5]$ 的線性組合

[解] 令 $\vec{u} = a \cdot \vec{v}_1 + b \cdot \vec{v}_2$

$[1, -2, k] = a[3, 0, -2] + b[2, -1, -5] = [3a + 2b, -b, -2a - 5b]$

$\Rightarrow 3a + 2b = 1$、$-b = -2$、$-2a - 5b = k$

$\Rightarrow b = 2$、$a = -1$、

$k = -2a - 5b = 2 - 10 = -8$

例 17 請將矩陣 $D = \begin{bmatrix} 3 & 1 \\ 1 & -1 \end{bmatrix}$ 表示成 $A = \begin{bmatrix} 1 & 1 \\ 1 & 0 \end{bmatrix}$、$B = \begin{bmatrix} 0 & 0 \\ 1 & 1 \end{bmatrix}$、$C = \begin{bmatrix} 0 & 2 \\ 0 & -1 \end{bmatrix}$

的線性組合

解 令 $D = a \cdot A + b \cdot B + c \cdot C$

$$\Rightarrow \begin{bmatrix} 3 & 1 \\ 1 & -1 \end{bmatrix} = a \cdot \begin{bmatrix} 1 & 1 \\ 1 & 0 \end{bmatrix} + b \cdot \begin{bmatrix} 0 & 0 \\ 1 & 1 \end{bmatrix} + c \cdot \begin{bmatrix} 0 & 2 \\ 0 & -1 \end{bmatrix}$$

$$= \begin{bmatrix} a & a+2c \\ a+b & b-c \end{bmatrix}$$

$\Rightarrow a = 3, a+2c = 1, a+b = 1 \quad b-c = -1$

$\Rightarrow a = 3, b = -2 \quad c = -1$

所以 $D = 3A - 2B - C$

15.【組成向量空間】在 R^n 的向量中，最多要有 n 個線性獨立的向量可組成其向量空間，例如：三度空間 R^3 向量，最多要有 3 個線性獨立的向量可組成其向量空間，即任何 R^3 向量均可表示成此 3 個線性獨立向量的線性組合。

註：(1)向量的線性獨立定義，請參閱下一章說明。

　　(2)R^3 的三個向量，若其行列式不為 0，此三向量為線性獨立。

例 18 向量 $\vec{v}_1 = [1, 2, 3]$、$\vec{v}_2 = [0, 1, 2]$ 和 $\vec{v}_3 = [0, 0, 1]$ 能否產生所有 R^3 的向量？

做法 它是要求是否任意向量 $\vec{u} = [a,b,c] \in R^3$，都可表成 $\vec{v}_1$、$\vec{v}_2$、$\vec{v}_3$ 的線性組合

解 設 $\vec{u} = x \cdot \vec{v}_1 + y \cdot \vec{v}_2 + z \cdot \vec{v}_3$，$x, y, z \in R$

$\Rightarrow [a, b, c] = x \cdot [1, 2, 3] + y \cdot [0, 1, 2] + z \cdot [0, 0, 1]$

$= [x, 2x+y, 3x+2y+z]$

$\Rightarrow x = a$，$2x+y = b$，$3x+2y+z = c$

$\Rightarrow x = a$，$y = b - 2x = b - 2a$，

　　$z = c - 3x - 2y = c - 3a - 2(b - 2a) = a - 2b + c$

即 $\vec{u} = a \cdot \vec{v}_1 + (b - 2a) \cdot \vec{v}_2 + (a - 2b + c) \cdot \vec{v}_3$

所以 $\vec{u}$ 可表成 $\vec{v}_1$、$\vec{v}_2$、$\vec{v}_3$ 的線性組合

註：本題也可以用下一章的「基底」來解，即行列式不為 0 的 $\vec{v}_1$，

　　$\vec{v}_2$, $\vec{v}_3$ 可為一基底

例 19 若 $\vec{u} = [a, b, c] \in R^3$ 可由向量 $\vec{v}_1 = [2, 1, 0]$、$\vec{v}_2 = [1, -1, 2]$、

　　$\vec{v}_3 = [0, 3, -4]$ 的線性組合，則 a, b, c 有何條件？

做法 它是要求任意向量 $\vec{u} = [a, b, c] \in R^3$，都可表成 $\vec{v}_1$、$\vec{v}_2$、$\vec{v}_3$ 的線性組合，a, b, c 有何限制？

解 設 $\vec{u} = x \cdot \vec{v}_1 + y \cdot \vec{v}_2 + z \cdot \vec{v}_3$

　　$\Rightarrow [a, b, c] = x \cdot [2, 1, 0] + y \cdot [1, -1, 2] + z \cdot [0, 3, -4]$

　　　　　　　$= [2x + y, x - y + 3z, 2y - 4z]$

$$\Rightarrow \begin{cases} 2x + y = a \\ x - y + 3z = b \\ 2y - 4z = c \end{cases} \Rightarrow \begin{bmatrix} 2 & 1 & 0 & a \\ 1 & -1 & 3 & b \\ 0 & 2 & -4 & c \end{bmatrix} \Rightarrow \begin{bmatrix} 2 & 1 & 0 & a \\ 0 & 3 & -6 & a-2b \\ 0 & 2 & -4 & c \end{bmatrix}$$

$$L_3 \to 2L_2 - 3L_3 \Rightarrow \begin{bmatrix} 2 & 1 & 0 & a \\ 0 & 3 & -6 & a-2b \\ 0 & 0 & 0 & 2a-4b-3c \end{bmatrix}$$

由最後一列知，a, b, c 的條件是 $2a - 4b - 3c = 0$

（註：$\vec{v}_1$、$\vec{v}_2$、$\vec{v}_3$ 並不產生整個 R^3 空間，其所能產生的向量只限於 $2a - 4b - 3c = 0$ 的 R^3 向量）

練習題

1. 設 $\vec{u} = [3, -2, 1, 4]$、$\vec{v} = [7, 1, -3, 6]$，求 (1) $\vec{u} + \vec{v}$；(2) $4\vec{u}$；(3) $2\vec{u} - 3\vec{v}$；(4) $\vec{u} \cdot \vec{v}$；(5) $\|\vec{u}\|$ 和 $\|\vec{v}\|$；(6) $d(\vec{u}, \vec{v})$

　　答：(1) $[10, -1, -2, 10]$；(2) $[12, -8, 4, 16]$；

(3) [–15, –7, 11, –10]；(4)40；

(5)$\| \vec{u} \|= \sqrt{30}$, $\| \vec{v} \|= \sqrt{95}$；(6) $3\sqrt{5}$

2. 若下列二向量垂直，求其 k 值

(1)$\vec{u} = [3, k, –2]$，$\vec{v} = [6, –4, –3]$；(2) $\vec{u} = [5, k, –4, 2]$，

$\vec{v} = [1, –3, 2, 2k]$；(3) $\vec{u} = [1, 7, k + 2, –2]$，$\vec{v} = [3, k, –3, k]$；

答：(1) $k = 6$；(2) $k = 3$；(3) $k = 3/2$

3. 求下列 x 和 y 值

(1) $[x, x + y] = [y – 2, 6]$；(2)$x[1, 2] = –4[y, 3]$；

(3)$x[3, 2] = 2[y, –1]$；(4)$x[2, y] = y[1, –2]$

答：(1)$x = 2$，$y = 4$；(2)$x = –6$，$y = 3/2$；(3)$x = –1$，$y = –3/2$；(4)$x = 0$，$y = 0$ 或 $x = –2$，$y = –4$

4. 求下列 x、y 和 z 值

(1) $[3, –1, 2] = x[1, 1, 1] + y[1, –1, 0] + z[1, 0, 0]$；

(2) $[–1, 3, 3] = x[1, 1, 0] + y[0, 0, –1] + z[0, 1, 1]$；

答：(1)$x = 2$，$y = 3$，$z = –2$；(2)$x = –1$，$y = 1$，$z = 4$；

5. 求下列向量的 norm 和單位向量

(1)$\vec{v}_1 = [1, 2, 3]$、(2) $\vec{v}_2 = [5, 12]$

答：(1) norm $= \sqrt{14}$、單位向量 $= \dfrac{1}{\sqrt{14}}[1, 2, 3]$；

(2) norm $= 13$、單位向量 $= \dfrac{1}{13}[5, 12]$

6. 將下列的向量用 $\vec{u} = [1, –3, 2]$、$\vec{v} = [2, –1, 1]$ 的線性組合表示

(1)$[1, 7, –4]$；(2)$[2, –5, 4]$；(3)$[1, k, 5]$，k 為何值，才能表成 $\vec{u}$ 和 $\vec{v}$ 的線性組合；(4)$[a, b, c]$，a, b, c 關係為何，才能表成 $\vec{u}$ 和 $\vec{v}$ 的線性組合

答：(1) $– 3\vec{u} + 2\vec{v}$；(2) 不可能；(3)$k = –8$；(4)$a – 3b – 5c = 0$

7. 將下列的多項式用 $u = 2t^2 + 3t – 4$、$v = t^2 – 2t – 3$ 的線性組合表示

(1)$w = 3t^2 + 8t – 5$；(2)$w = 4t^2 – 6t – 1$

答：(1)$w = 2u – v$；(2) 不可能

8. 將下列的矩陣用 $A = \begin{bmatrix} 1 & 1 \\ 0 & -1 \end{bmatrix}$、$B = \begin{bmatrix} 1 & 1 \\ -1 & 0 \end{bmatrix}$、$C = \begin{bmatrix} 1 & -1 \\ 0 & 0 \end{bmatrix}$ 的線性組合表示

   (1) $D = \begin{bmatrix} 3 & -1 \\ 1 & -2 \end{bmatrix}$；(2) $D = \begin{bmatrix} 2 & 1 \\ -1 & -2 \end{bmatrix}$

   答：(1)$D = 2A - B + 2C$；(2) 不可能

9. 請問向量 $\vec{u} = [1, 1, 1]$、$\vec{v} = [0, 1, 1]$、$\vec{w} = [0, 1, -1]$、能否產生 R^3（即任何向量均可以是此三向量的線性組合）？

   答：是

10. 請問 R^3 中的 yz 平面 $V = \{(0, b, c) \mid b, c \in R\}$，是否可由下列向量產生？

    (1) $\vec{u} = [0, 1, 1]$、$\vec{v} = [0, 2, -1]$

    (2) $\vec{u} = [0, 1, 2]$、$\vec{v} = [0, 2, 3]$、$\vec{w} = [0, 3, 1]$

    答：(1) 可以；(2) 可以；

11. 請問三次以下的多項式，是否可由下列多項式產生？

    $(1 - t)^3$、$(1 - t)^2$、$(1 - t)$、1

    答：可以

第 **5** 章 　維度與基底

5.1 　線性相依與線性獨立

1.【線性相依與線性獨立】設 $\vec{v}_1, \vec{v}_2, \cdots, \vec{v}_n \in R^m$，$a_1, a_2, \cdots, a_n \in R$，在

$$a_1\vec{v}_1 + a_2\vec{v}_2 + \cdots + a_n\vec{v}_n = \vec{0} \text{ 中 ，}$$

(1) 若至少有一個 $a_i \neq 0$，則稱 $\vec{v}_1, \vec{v}_2, \cdots, \vec{v}_n$ 為線性相依（Linear dependent）。線性相依的意思是其中一個向量可以是其它向量的線性組合；

(2) 若全部的 a_i 均為 0，則稱 $\vec{v}_1, \vec{v}_2, \cdots, \vec{v}_n$ 為線性獨立（Linear independent）。線性獨立的意思是沒有一個向量是其它向量的線性組合。

■ 用法：要求 $\vec{v}_1, \vec{v}_2, \cdots, \vec{v}_n$ 是否線性相依或獨立時，就計算 $a_1\vec{v}_1 + a_2\vec{v}_2 + \cdots + a_n\vec{v}_n = \vec{0}$ 中，是否可找出一個 $a_i \neq 0$，

(1) 若能找得到，則 $\vec{v}_1, \vec{v}_2, \cdots, \vec{v}_n$ 為線性相依；

(2) 若找不到，則 $\vec{v}_1, \vec{v}_2, \cdots, \vec{v}_n$ 為線性獨立。

（註：a_i 均為 0 時，此方程式等號一定成立）

例 1 　請問向量 $\vec{u} = [1, -1, 0]$、$\vec{v} = [1, 3, -1]$、$\vec{w} = [5, 3, -2]$ 是線性相依？還是線性獨立？

解 　令 $a\vec{u} + b\vec{v} + c\vec{w} = \vec{0}$，其中 $a, b, c \in R$（看能否找出不為0的 a, b 或 c）

$\Rightarrow a[1, -1, 0] + b[1, 3, -1] + c[5, 3, -2] = \vec{0}$

$\Rightarrow [a, -a, 0] + [b, 3b, -b] + [5c, 3c, -2c] = [0, 0, 0]$

$$\Rightarrow \begin{cases} a + b + 5c = 0 \\ -a + 3b + 3c = 0 \\ -b - 2c = 0 \end{cases} \Rightarrow \begin{bmatrix} 1 & 1 & 5 \\ -1 & 3 & 3 \\ 0 & -1 & -2 \end{bmatrix} \begin{bmatrix} a \\ b \\ c \end{bmatrix} = \begin{bmatrix} 0 \\ 0 \\ 0 \end{bmatrix}$$

（化成階梯形矩陣）

$$\Rightarrow \begin{bmatrix} 1 & 1 & 5 \\ -1 & 3 & 3 \\ 0 & -1 & -2 \end{bmatrix} \Rightarrow \begin{array}{c} L_2 \to L_1 + L_2 \\ \text{後再} \\ L_3 \to L_2 + 4L_3 \end{array} \Rightarrow \begin{bmatrix} 1 & 1 & 5 \\ 0 & 4 & 8 \\ 0 & 0 & 0 \end{bmatrix}$$

$$\Rightarrow \begin{bmatrix} 1 & 1 & 5 \\ 0 & 4 & 8 \\ 0 & 0 & 0 \end{bmatrix} \begin{bmatrix} a \\ b \\ c \end{bmatrix} = \begin{bmatrix} 0 \\ 0 \\ 0 \end{bmatrix} \Rightarrow \begin{cases} a + b + 5c = 0 \\ 4b + 8c = 0 \end{cases}$$

二個方程式有三個未知數，聯立方程組有無窮多組解（或聯立方程組有非 0 的解），其為線性相依。

(另解) 在 R^3 的向量空間內，若三個向量的行列式值為0，則此三向量為線性相依

$$因 \begin{vmatrix} 1 & -1 & 0 \\ 1 & 3 & -1 \\ 5 & 3 & -2 \end{vmatrix} = 0，此三向量為線性相依$$

例 2　請問向量 $\vec{u} = [6, 2, 3, 4]$、$\vec{v} = [0, 5, -3, 1]$、$\vec{w} = [0, 0, 7, -2]$ 是線性相依？還是線性獨立？

做法　因此題是 R^4 內的三個向量，故無法用行列式來解

解　令 $a\vec{u} + b\vec{v} + c\vec{w} = \vec{0}$，其中 $a, b, c \in R$（看能否找出不為0的 a, b 或 c）

$\Rightarrow a[6, 2, 3, 4] + b[0, 5, -3, 1] + c[0, 0, 7, -2] = \vec{0}$

$\Rightarrow [6a, 2a, 3a, 4a] + [0, 5b, -3b, b] + [0, 0, 7c, -2c] = [0, 0, 0, 0]$

$$\Rightarrow \begin{cases} 6a = 0 \\ 2a + 5b = 0 \\ 3a - 3b + 7c = 0 \\ 4a + b - 2c = 0 \end{cases} \Rightarrow \begin{bmatrix} 6 & 0 & 0 \\ 2 & 5 & 0 \\ 3 & -3 & 7 \\ 4 & 1 & -2 \end{bmatrix} \begin{bmatrix} a \\ b \\ c \end{bmatrix} = \begin{bmatrix} 0 \\ 0 \\ 0 \\ 0 \end{bmatrix}$$

（化成階梯形矩陣）

$$\begin{bmatrix} 6 & 0 & 0 \\ 2 & 5 & 0 \\ 3 & -3 & 7 \\ 4 & 1 & -2 \end{bmatrix} \Rightarrow \begin{array}{c} L_1 \to \frac{1}{6}L_1 \\ \text{後再} \\ L_2 \to -2L_1 + L_2 \\ L_3 \to -3L_1 + L_3 \\ L_4 \to -4L_1 + L_4 \end{array} \Rightarrow \begin{bmatrix} 1 & 0 & 0 \\ 0 & 5 & 0 \\ 0 & -3 & 7 \\ 0 & 1 & -2 \end{bmatrix}$$

$$\begin{array}{c} L_2 \to \frac{1}{5}L_2 \\ \text{後再} \\ \Rightarrow \quad L_3 \to 3L_2 + L_3 \\ L_4 \to -L_2 + L_4 \end{array} \Rightarrow \begin{bmatrix} 1 & 0 & 0 \\ 0 & 1 & 0 \\ 0 & 0 & 7 \\ 0 & 0 & -2 \end{bmatrix} \Rightarrow L_4 \to \frac{2}{7}L_3 + L_4 \Rightarrow \begin{bmatrix} 1 & 0 & 0 \\ 0 & 1 & 0 \\ 0 & 0 & 7 \\ 0 & 0 & 0 \end{bmatrix}$$

$$\Rightarrow \begin{bmatrix} 1 & 0 & 0 \\ 0 & 1 & 0 \\ 0 & 0 & 7 \\ 0 & 0 & 0 \end{bmatrix} \begin{bmatrix} a \\ b \\ c \end{bmatrix} = \begin{bmatrix} 0 \\ 0 \\ 0 \\ 0 \end{bmatrix} \Rightarrow \begin{cases} a = 0 \\ b = 0 \\ c = 0 \end{cases}$$

因此聯立方程組 a, b, c 的解全為 0，所以其為線性獨立。

---

2. 【線性相依與線性獨立性質】在 $\vec{v}_1, \vec{v}_2, \cdots, \vec{v}_n \in R^m$ 中，

 (1) 如果至少有一個 $\vec{v}_i = \vec{0}$，則 $\vec{v}_1, \vec{v}_2, \cdots, \vec{v}_n$ 為線性相依。

　　（因 $0\vec{v}_1 + 0\vec{v}_2 + \cdots + 1 \cdot \vec{v}_i + \cdots + 0\vec{v}_n = \vec{0}$ 一定成立）

 (2) 呈階梯形矩陣的所有非零列向量是線性獨立的。

 (3) 如果有二個向量 $\vec{v}_i$ 和 $\vec{v}_j$ 相等，則 $\vec{v}_1, \vec{v}_2, \cdots, \vec{v}_n$ 為線性相依。

　　（因 $0\vec{v}_1 + \cdots + 1 \cdot \vec{v}_i + \cdots - 1 \cdot \vec{v}_j + \cdots + 0\vec{v}_n = \vec{0}$ 一定成立）

 (4) 如果有一個向量 $\vec{v}_i$ 是另一個向量 $\vec{v}_j$ 的倍數時，則

　　$\vec{v}_1, \vec{v}_2, \cdots, \vec{v}_n$ 為線性相依。

　　（因 $0\vec{v}_1 + \cdots + 1 \cdot \vec{v}_i + \cdots - k \cdot \vec{v}_j + \cdots + 0\vec{v}_n = \vec{0}$ 一定成立）

 (5) 二維平面的二個向量平行，或三維空間的三個向量在同一平面
　　上時，這二個或三個向量為線性相依。

3. 【矩陣的秩】

 (1) 矩陣 A 的秩（Rank）是該矩陣線性獨立列（或線性獨立行）的
　　個數，以 rank (A) 表示之；

(2) 矩陣 A 線性獨立列的個數和線性獨立行的個數相同；

(3) 矩陣 A 化簡成列階梯形矩陣的非零列個數，就是該矩陣的秩；

(4) 有 n 個向量，將此 n 個向量組成一個矩陣，若此矩陣的秩為 m，則

   (a) 若 $m = n$，則此 n 個向量為線性獨立；

   (b) 若 $m < n$，則此 n 個向量為線性相依。

   （註：不可能 $m > n$）

(5) 一個 $m \times n$ 矩陣，其秩一定小於或等於 m 和 n 的最小值。

例 3 求下列矩陣的秩

$$(1) \begin{bmatrix} 1 & 3 & 1 & -2 & -3 \\ 1 & 4 & 3 & -1 & -4 \\ 2 & 3 & -4 & -7 & -3 \\ 3 & 8 & 1 & -7 & -8 \end{bmatrix} ; (2) \begin{bmatrix} 1 & 2 & -3 \\ 2 & 1 & 0 \\ -2 & -1 & 3 \\ -1 & 4 & -2 \end{bmatrix} ; (3) \begin{bmatrix} 1 & 3 \\ 0 & -2 \\ 5 & -1 \\ -2 & 3 \end{bmatrix}$$

做法 利用「呈階梯形矩陣的所有非零列個數是該矩陣的秩」來解

解 (1) $\begin{bmatrix} 1 & 3 & 1 & -2 & -3 \\ 1 & 4 & 3 & -1 & -4 \\ 2 & 3 & -4 & -7 & -3 \\ 3 & 8 & 1 & -7 & -8 \end{bmatrix} \Rightarrow \begin{bmatrix} 1 & 3 & 1 & -2 & -3 \\ 0 & 1 & 2 & 1 & -1 \\ 0 & -3 & -6 & -3 & 3 \\ 0 & -1 & -2 & -1 & 1 \end{bmatrix}$

$$\Rightarrow \begin{bmatrix} 1 & 3 & 1 & -2 & -3 \\ 0 & 1 & 2 & 1 & -1 \\ 0 & 0 & 0 & 0 & 0 \\ 0 & 0 & 0 & 0 & 0 \end{bmatrix}$$

此階梯形矩陣有 2 個非零列（此 2 列線性獨立），所以其 rank = 2。

(2) 因為列的秩等於行的秩，可以利用 A^T 來求其秩

$$\begin{bmatrix} 1 & 2 & -2 & -1 \\ 2 & 1 & -1 & 4 \\ -3 & 0 & 3 & -2 \end{bmatrix} \Rightarrow \begin{bmatrix} 1 & 2 & -2 & -1 \\ 0 & -3 & 3 & 6 \\ 0 & 0 & 3 & 7 \end{bmatrix}$$

此階梯形矩陣有 3 個非零列（此 3 列線性獨立），所以其 rank = 3。

(3) 因為列的秩等於行的秩，可以利用 A^T 來求其秩

$$\begin{bmatrix} 1 & 0 & 5 & -2 \\ 3 & -2 & -1 & 3 \end{bmatrix}$$

此階梯形矩陣有 2 個非零列，所以其 rank = 2。

例 4 請問向量 $\vec{u} = [1, 2, 3, 4]$、$\vec{v} = [2, 5, -1, 1]$、$\vec{w} = [1, 2, 7, 4]$ 是線性相依？還是線性獨立？

做法 利用「呈階梯形矩陣的所有非零列是線性獨立的」來解

解
$$\begin{bmatrix} 1 & 2 & 3 & 4 \\ 2 & 5 & -1 & 1 \\ 1 & 2 & 7 & 4 \end{bmatrix} \Rightarrow \begin{matrix} L_2 \to -2L_1 + L_2 \\ L_3 \to -L_1 + L_3 \end{matrix} \Rightarrow \begin{bmatrix} 1 & 2 & 3 & 4 \\ 0 & 1 & -7 & -7 \\ 0 & 0 & 4 & 0 \end{bmatrix}$$

因它有 3 個獨立列向量，所以此三個向量是線性獨立（其 rank = 3）。

例 5 請問向量 $\vec{u} = [1, 2, 3, 4]$、$\vec{v} = [2, 3, 2, 1]$、$\vec{w} = [5, 6, -1, -8]$ 是線性相依？還是線性獨立？

做法 利用「呈階梯形矩陣的所有非零列是線性獨立的」來解

解
$$\begin{bmatrix} 1 & 2 & 3 & 4 \\ 2 & 3 & 2 & 1 \\ 5 & 6 & -1 & -8 \end{bmatrix} \Rightarrow \begin{matrix} L_2 \to -2L_1 + L_2 \\ L_3 \to -5L_1 + L_3 \end{matrix} \Rightarrow \begin{bmatrix} 1 & 2 & 3 & 4 \\ 0 & -1 & -4 & -7 \\ 0 & -4 & -16 & -28 \end{bmatrix}$$

$$\Rightarrow L_3 \to -4L_2 + L_3 \Rightarrow \begin{bmatrix} 1 & 2 & 3 & 4 \\ 0 & -1 & -4 & -7 \\ 0 & 0 & 0 & 0 \end{bmatrix}$$

(1) 因它只有 2 個獨立列向量，因此這三個向量是線性相依（其 rank = 2）；

(2) 前二個向量是線性獨立，第三個向量是前二個向量的線性組合。

5.2 維度與基底

4.【維度與基底】

(1) 在向量空間 V 內，若最多可以有 n 的線性獨立的向量 $\vec{v}_1, \vec{v}_2, \cdots,$ $\vec{v}_n$ 存在，則此向量空間 V 就是有 n 個維度（Dimension），寫成 $\dim V = n$，而這 n 個線性獨立的向量 $\vec{v}_1, \vec{v}_2, \cdots, \vec{v}_n$ 就稱爲 V 的基底（Basis）；

(2) 向量空間內，可以有很多組不同的向量所組成的基底，且每個基底的向量個數都相同。

5.【常用基底】

(1) 二維空間常用的基底是 $\vec{e}_1 = [1, 0]$、$\vec{e}_2 = [0, 1]$；

(2) 三維空間常用的基底是 $\vec{e}_1 = [1, 0, 0]$、$\vec{e}_2 = [0, 1, 0]$、$\vec{e}_3 = [0, 0, 1]$；

(3) 任何向量都可以用它的基底來表示；

(4) 例如：向量 $[2, 3, 4] = 2\vec{e}_1 + 3\vec{e}_2 + 4\vec{e}_3$。

6.【基底性質】向量空間 V 有 n 個維度，則

(1) 任何 n 個線性獨立的向量均是它的基底；

(2) 任何 $n+1$ 個向量，均是線性相依；

(3) 任何一向量 $\vec{u} \in V$，都可以表示成基底的線性組合；

(4) n 個線性獨立的向量所構成的矩陣，其秩（rank）爲 n。

例6 請將三維向量 $[a, b, c]$，用基底 $\vec{e}_1 = [1, 0, 0]$、$\vec{e}_2 = [0, 1, 0]$、$\vec{e}_3 = [0, 0, 1]$ 表示

做法 將向量 $[a, b, c]$ 以 $\vec{e}_1, \vec{e}_2, \vec{e}_3$ 表示

解 $[a, b, c] = a[1, 0, 0] + b[0, 1, 0] + c[0, 0, 1] = a\vec{e}_1 + b\vec{e}_2 + c\vec{e}_3$

例7 (1) 證明三向量 $\vec{f}_1 = [1, 1, 0]$、$\vec{f}_2 = [0, 1, 1]$、$\vec{f}_3 = [1, 1, 1]$ 線性獨立

(2) 將向量 $\vec{r} = [1, 4, 2]$，用 $\vec{f}_1$、$\vec{f}_2$、$\vec{f}_3$ 表示之

解 (1) 化成階梯形矩陣

$$\begin{bmatrix} 1 & 1 & 0 \\ 0 & 1 & 1 \\ 1 & 1 & 1 \end{bmatrix} \Rightarrow L_3 \to -L_1 + L_3 \Rightarrow \begin{bmatrix} 1 & 1 & 0 \\ 0 & 1 & 1 \\ 0 & 0 & 1 \end{bmatrix}$$

因它有 3 個獨立向量，因此這三個向量是線性獨立（其 rank = 3）。

[另解] 若此矩陣行列式不為 0，則此三向量是線性獨立

(2) 令 $\vec{r} = a \cdot \vec{f_1} + b \cdot \vec{f_2} + c \cdot \vec{f_3}$

$$[1, 4, 2] = a \cdot [1, 1, 0] + b \cdot [0, 1, 1] + c \cdot [1, 1, 1]$$
$$= [a + c, a + b + c, b + c]$$

$$\begin{cases} a + c = 1 \\ a + b + c = 4 \implies a = 2，b = 3，c = -1 \\ b + c = 2 \end{cases}$$

所以 $\vec{r} = 2 \cdot \vec{f_1} + 3 \cdot \vec{f_2} - \vec{f_3} = [2, 3, -1]_f$

（註：向量 $\vec{r}$ 是以 $\vec{e_1}, \vec{e_2}, \vec{e_3}$ 為基底的向量，若它以基底 $\vec{f_1}$、$\vec{f_2}$、$\vec{f_3}$ 表示，則為 $[2, 3, -1]_f$）

例 8 下列的向量是否是 R^3 的基底？

(1) [1, 1, 1], [1, -1, 5]

(2) [1, 2, 3], [1, 0, -1], [3, -1, 0], [2, 1, -2]

(3) [1, 1, 1], [1, 2, 3], [2, -1, 1]

(4) [1, 1, 2], [1, 2, 5], [5, 3, 4]

[解] (1) 和 (2) 不是，因 R^3 的基底必須要剛好有三個向量

(3) 用基本列運算來解

$$\begin{bmatrix} 1 & 1 & 1 \\ 1 & 2 & 3 \\ 2 & -1 & 1 \end{bmatrix} \Rightarrow \begin{bmatrix} 1 & 1 & 1 \\ 0 & 1 & 2 \\ 0 & -3 & -1 \end{bmatrix} \Rightarrow \begin{bmatrix} 1 & 1 & 1 \\ 0 & 1 & 2 \\ 0 & 0 & 5 \end{bmatrix}$$

其 rank 等於 3，因此這三個向量是線性獨立，所以是 R^3 的基底

$$\text{[另解]}\begin{vmatrix} 1 & 1 & 1 \\ 1 & 2 & 3 \\ 2 & -1 & 1 \end{vmatrix} = 2 + 6 - 1 - 4 - 1 + 3 = 5 \neq 0$$

此行列式不為 0，所以是 R^3 的基底

$$(4)\begin{vmatrix} 1 & 1 & 2 \\ 1 & 2 & 5 \\ 5 & 3 & 4 \end{vmatrix} = 8 + 25 + 6 - 20 - 15 - 4 = 0$$

此行列式為 0，所以不是 R^3 的基底

例9 求方程組

$x + 2y + 2z - s + 3t = 0$、$x + 2y + 3z + s + t = 0$、

$3x + 6y + 8z + s + 5t = 0$

所產生的解空間 W 的基底和維度？

[解] (1) 用基本列運算來解

$$\begin{bmatrix} 1 & 2 & 2 & -1 & 3 \\ 1 & 2 & 3 & 1 & 1 \\ 3 & 6 & 8 & 1 & 5 \end{bmatrix} \Rightarrow \begin{bmatrix} 1 & 2 & 2 & -1 & 3 \\ 0 & 0 & 1 & 2 & -2 \\ 0 & 0 & 2 & 4 & -4 \end{bmatrix} \Rightarrow \begin{bmatrix} 1 & 2 & 2 & -1 & 3 \\ 0 & 0 & 1 & 2 & -2 \\ 0 & 0 & 0 & 0 & 0 \end{bmatrix}$$

其所產生的解空間 W 的基底 $x + 2y + 2z - s + 3t = 0$ 和

$x + 2y + 3z + s + t = 0$，

(2) 其維度 $= 2$

註：解空間是由它的解為基底所組成的向量空間

練習題

1. 下列 $\vec{u}$ 和 $\vec{v}$ 二向量是否為線性相依

(1) $\vec{u} = [1, 2, 3, 4]$，$\vec{v} = [4, 3, 2, 1]$，**[答]**：不是

(2) $\vec{u} = [-1, 6, -12]$，$\vec{v} = [0.5, -3, 6]$，**[答]**：是

(3) $\vec{u} = [0, 1]$，$\vec{v} = [0, -3]$，**[答]**：是

(4) $\vec{u} = [1, 0, 0]$，$\vec{v} = [0, 0, -3]$，**[答]**：不是

(5) $u = \begin{bmatrix} 4 & -2 \\ 0 & -1 \end{bmatrix}$，$v = \begin{bmatrix} -2 & 1 \\ 0 & 0.5 \end{bmatrix}$，答：是

(6) $u = \begin{bmatrix} 1 & 0 \\ 0 & 1 \end{bmatrix}$，$v = \begin{bmatrix} 0 & -1 \\ -1 & 0 \end{bmatrix}$，答：不是

(7) $u = -t^3 + \dfrac{1}{2}t^2 - 16$，$v = \dfrac{1}{2}t^3 - \dfrac{1}{4}t^2 + 8$，答：是

(8) $u = t^3 + 3t + 4$，$v = t^3 + 4t + 3$，答：不是

2. 下列 R^4 的向量是線性相依或線性獨立

(1) $[1, 3, -1, 4], [3, 8, -5, 7], [2, 9, 4, 23]$，答：線性相依

(2) $[1, -2, 4, 1], [2, 1, 0, -3], [3, -6, 1, 4]$，答：線性獨立

3. 下列 A, B, C 三矩陣是線性相依或線性獨立

(1) $A = \begin{bmatrix} 1 & -2 & 3 \\ 2 & 4 & -1 \end{bmatrix}$，$B = \begin{bmatrix} 1 & -1 & 4 \\ 4 & 5 & -2 \end{bmatrix}$，$C = \begin{bmatrix} 3 & -8 & 7 \\ 2 & 10 & -1 \end{bmatrix}$，

答：線性相依

(2) $A = \begin{bmatrix} 2 & 1 & -1 \\ 3 & -2 & 4 \end{bmatrix}$，$B = \begin{bmatrix} 1 & 1 & -3 \\ -2 & 0 & 5 \end{bmatrix}$，$C = \begin{bmatrix} 4 & -1 & 2 \\ 1 & -2 & -3 \end{bmatrix}$，

答：線性獨立

4. 下列 u、v 和 w 三多項式是線性相依或線性獨立

(1) $u = t^3 - 4t^2 + 2t + 3$、$v = t^3 + 2t^2 + 4t - 1$、

$w = 2t^3 - t^2 - 3t + 5$，

答：線性獨立

(2) $u = t^3 - 5t^2 - 2t + 3$、$v = t^3 - 4t^2 - 3t + 4$、

$w = 2t^3 - 7t^2 - 7t + 9$，

答：線性相依

5. $\vec{u}$、$\vec{v}$ 和 $\vec{w}$ 三向量是線性獨立，請問下列的組合是線性相依或線性獨立

(1) $\vec{u} + \vec{v} - 2\vec{w}$、$\vec{u} - \vec{v} - \vec{w}$、$\vec{u} + \vec{w}$，答：線性獨立

(2) $\vec{u} + \vec{v} - 3\vec{w}$、$\vec{u} + 3\vec{v} - \vec{w}$、$\vec{v} + \vec{w}$，答：線性相依

6. 下列向量是否構成 R^2 的基底

(1) [1, 1]、[3, 1]，答：是

(2) [2, 1]、[1, –1]、[0, 2]，答：不是

(3) [0, 1]、[0, –3]，答：不是

(4) [2, 1]、[–3, 87]，答：是

7. 下列向量是否構成 R^3 的基底

(1) [1, 2, –1]、[0, 3, 1]，答：不是

(2) [2, 4, –3]、[0, 1, 1]、[0, 1, –1]，答：是

(3) [1, 5, –6]、[2, 1, 8]、[3, –1, 4]、[2, 1, 1]，答：不是

(4) [1, 3, –4]、[1, 4, –3]、[2, 3, –11]，答：不是

8. 設 R^2 的基底是 {[2, 1], [1, –1]}，請將下列的向量以基底向量表示之

(1)[2, 3]，(2)[4, –1]，(3)[3, –3]，(4)[a, b]，

答：(1)[5/3, –4/3]，(2)[1, 2]，(3)[0, 3]，

(4)[(a + b)/3, (a – 2b)/3]，

9. 設一元三次多項式的基底是 $\{1, (1 – t), (1 – t)^2, (1 – t)^3\}$，請將下列的多項式以基底表示之

(1)$2 – 3t + t^2 + 2t^3$，(2)$3 – 2t – t^2$

答：(1)[2, –5, 7, –2]，(2)[0, 4, –1, 0]

10.設 2×2 矩陣的基底是 $\left\{\begin{bmatrix} 1 & -1 \\ -1 & 2 \end{bmatrix}, \begin{bmatrix} 4 & 1 \\ 1 & 0 \end{bmatrix}, \begin{bmatrix} 3 & -2 \\ -2 & 1 \end{bmatrix}\right\}$，請將下列的矩陣以基底表示之

(1)$\begin{bmatrix} 1 & -5 \\ -5 & 5 \end{bmatrix}$，(2)$\begin{bmatrix} 1 & 2 \\ 2 & 4 \end{bmatrix}$

答：(1)[2, –1, 1]，(2)[3, 1, –2]

11.求下列矩陣的秩

(1) $\begin{bmatrix} 1 & 3 & -2 & 5 & 4 \\ 1 & 4 & 1 & 3 & 5 \\ 1 & 4 & 2 & 4 & 3 \\ 2 & 7 & -3 & 6 & 13 \end{bmatrix}$，(2) $\begin{bmatrix} 1 & 2 & -3 & -2 & -3 \\ 1 & 3 & -2 & 0 & -4 \\ 3 & 8 & -7 & -2 & -11 \\ 2 & 1 & -9 & -10 & -3 \end{bmatrix}$，

(3) $\begin{bmatrix} 1 & 1 & 2 \\ 4 & 5 & 5 \\ 5 & 8 & 1 \\ -1 & -2 & 2 \end{bmatrix}$，(4) $\begin{bmatrix} 2 & 1 \\ 3 & -7 \\ -6 & 1 \\ 5 & -8 \end{bmatrix}$

答：(1) 3，(2) 2，(3) 3，(4) 2

12.$A = \begin{bmatrix} 1 & 0 & -1 \\ 1 & 2 & 1 \\ 2 & 1 & 3 \end{bmatrix}$

(1) 求矩陣 A 的 rank

(2) 向量 [1, 1, 2], [0, 2, 1], [–1, 1, 3] 是否可構成 R^3 的一個基底

答：(1)rank = 3；(2) 可以

13.設矩陣 $A = \begin{bmatrix} 1 & 2 & 3 \\ 2 & 5 & 4 \\ 1 & 1 & 5 \end{bmatrix}$，

(1) 求矩陣 A 的列空間，

(2) 求矩陣 A 的 rank

答：(1){[1, 2, 3], [0, 1, –2]}；(2)rank = 2

第 **6** 章　線性映射、特徵值與特徵向量

6.1　線性映射基礎

1. 【函數定義】設 A 和 B 是二集合，對每一個 $a \in A$，都有一個且唯一一個 $b \in B$ 與之對應，若其對應方式爲函數 f，則稱 f 是由 A 映射（mapping into）B 的函數且 $f(a) = b$。其中 A 稱爲定義域，B 稱爲對應域，寫成

$$f : A \to B \text{ 或 } A \overset{f}{\longrightarrow} B$$

而所有 $f(a)$ 所成的集合，寫成 $f(A)$，稱爲 f 的值域（或像）。

2. 【線性映射定義（一）】設 U 和 V 是 R^m 內的二向量空間，若 $F : V \to U$ 滿足下列二條件：

   (1) 對於任何 $\vec{u}, \vec{v} \in V$，均有 $F(\vec{u} + \vec{v}) = F(\vec{u}) + F(\vec{v})$；

   (2) 對於任何 $k \in R$，任何 $\vec{v} \in V$，均有 $F(k\vec{v}) = kF(\vec{v})$

   則稱函數 F 是「線性」映射（Linear mapping）或「線性」轉換（Linear transformation）。

3. 【線性映射定義（二）】線性映射也可用下列的定義：

   對於任何 $a, b \in R$，任何 $\vec{u}, \vec{v} \in V$，均有

   $$F(a\vec{u} + b\vec{v}) = aF(\vec{u}) + bF(\vec{v}) \text{ 。}$$

   註：(1) 也就是若函數 F 滿足第 2 點的二個條件，或滿足第 3 點的一個條件，就稱爲「線性」映射。

   (2) 由上可推得 $F(\vec{0}) = \vec{0}$（見例 1），函數必須滿足此一條件，此函數才可能是線性映射。

   (3) 若 $\vec{u} = [x, y]$，則 $F(\vec{u}) = F([x, y])$，爲了簡化起見且不會產生誤解，本書將函數 F 內的向量 $\vec{u} = [x, y]$，改寫成 $F(\vec{u}) = F(x, y)$，省去向量 $[x, y]$ 的中掛號，即

   $$F(\vec{u}) = F([x, y]) = F(x, y) \text{ 。}$$

例 1 設函數 F 是線性映射，則 $F(\vec{0}) = ?$

解 上述定義 $F(k\vec{v}) = kF(\vec{v})$ 的 k 用 0 代入，即

$$F(k\vec{v}) = F(0 \cdot \vec{v}) = 0 \cdot F(\vec{v})$$

而 $0 \cdot \vec{v} = \vec{0}$ 且 $0 \cdot F(\vec{v}) = \vec{0}$

$\Rightarrow F(\vec{0}) = \vec{0}$

例 2 (1) 設函數 $F : R^3 \to R^3$ 且 $F(x, y, z) = [x, y, 0]$，試問 F 是否為線性映射？

(2) 設函數 $F : R^2 \to R^2$ 且 $F(x, y) = [x + 1, y + 2]$，試問 F 是否為線性映射？

(3) 設 $F : V \to U$，對每一個 $\vec{v} \in V$，均映射到 $\vec{0} \in U$，即 $F(\vec{v}) = \vec{0}$，試問 F 是否為線性映射？

做法 檢查是否滿足二條件，(a) $F(\vec{u} + \vec{v}) = F(\vec{u}) + F(\vec{v})$，(b) $F(k\vec{u}) = kF(\vec{u})$

解 (1) 令 $\vec{u} = [a_1, b_1, c_1]$、$\vec{v} = [a_2, b_2, c_2]$，則

(a) $F(\vec{u} + \vec{v}) = F([a_1 + a_2, b_1 + b_2, c_1 + c_2]) = [a_1 + a_2, b_1 + b_2, 0]$

$= [a_1, b_1, 0] + [a_2, b_2, 0] = F(\vec{u}) + F(\vec{v})$

(b) 對任何 $k \in K$

$F(k\vec{u}) = F([ka_1, kb_1, kc_1]) = [ka_1, kb_1, 0]$

$= k[a_1, b_1, 0] = kF(\vec{u})$

所以 F 是線性映射

(2) 因 $F(\vec{0}) = F([0, 0]) = [1, 2] \neq \vec{0}$

零向量沒有映射到零向量，表示它不是線性映射

(3) 對於任何 $k \in K$，任何 $\vec{u}, \vec{v} \in V$，

(a) $F(\vec{u} + \vec{v}) = \vec{0}$ 且 $F(\vec{u}) = \vec{0}, F(\vec{v}) = \vec{0} \Rightarrow F(\vec{u} + \vec{v}) = F(\vec{u}) + F(\vec{v})$

(b) $F(k\vec{u}) = \vec{0}$ 且 $kF(\vec{u}) = k \cdot \vec{0} = \vec{0} \Rightarrow F(k\vec{u}) = kF(\vec{u})$

所以 F 是線性映射

例 3 設函數 $F : R^2 \to R^2$ 且 $F(x, y) = [x + y, x]$，試問 F 是否為線性映射？

做法　檢查是否滿足二條件，(a) $F(\vec{u}+\vec{v})=F(\vec{u})+F(\vec{v})$，(b) $F(k\vec{u})=kF(\vec{u})$

解　令 $\vec{u}=[a_1,b_1]$、$\vec{v}=[a_2,b_2]$，則

(a) $F(\vec{u}+\vec{v})=F([a_1+a_2,b_1+b_2])=[a_1+a_2+b_1+b_2,a_1+a_2]$

$\qquad\qquad =[a_1+b_1,a_1]+[a_2+b_2,a_2]=F(\vec{u})+F(\vec{v})$

(b) 對任何 $k\in R$

$\qquad F(k\vec{u})=F([ka_1,kb_1])=[ka_1+kb_1,ka_1]$

$\qquad\qquad =k[a_1+b_1,a_1]=kF(\vec{u})$

所以 F 是線性映射

例 4　設函數 $T:R^2\to R$ 是線性映射，且 $T(1,1)=3$，$T(0,1)=-2$，求 $T([a,b])=$ ？

做法　因已知二向量的映射，要利用它算出映射的通式，其算法為：

(a) 先將 $[a,b]$ 表成 $[1,1]$ 和 $[0,1]$ 的線性組合，

(b) 再算出通式 $T([a,b])$。

解　依照上面的作法其值為

(1) $[a,b]=x[1,1]+y[0,1]=[x,x+y]$

$\qquad \Rightarrow x=a$、$y=b-a$

$\qquad \Rightarrow [a,b]=a[1,1]+(b-a)[0,1]$

(2) 通式 $T([a,b])=T(x[1,1]+y[0,1])=T(a[1,1]+(b-a)[0,1])$

$\qquad\qquad\qquad =aT(1,1)+(b-a)T(0,1)=3a-2(b-a)$

$\qquad\qquad\qquad =5a-2b$

例 5　若函數 $g:R^3\to R^3$ 為一線性函數，且

$g(1,1,0)=[2,0,1]$，$g(1,0,1)=[2,1,-1]$，$g(0,1,1)=[2,-1,0]$，

求 $g(5,3,0)=$ ？

做法　已知三個向量的線性映射，要求第 4 個向量的線性映射時，(a) 要先將第 4 個向量表示成前三個已知向量的線性組合，(b) 再求其線性映射。

解 (a) 設 $[5, 3, 0] = x[1, 1, 0] + y[1, 0, 1] + z[0, 1, 1]$
$= [x + y, x + z, y + z]$

$\Rightarrow x + y = 5, x + z = 3, y + z = 0$（三者相加除以 2）

$\Rightarrow x + y + z = 4$

$\Rightarrow z = -1, y = 1, x = 4$

$\Rightarrow [5, 3, 0] = 4[1, 1, 0] + [1, 0, 1] - [0, 1, 1]$

(b) $g(5, 3, 0) = 4g(1, 1, 0) + g(1, 0, 1) - g(0, 1, 1)$
$= 4[2, 0, 1] + [2, 1, -1] - [2, -1, 0] = [8, 2, 3]$

6.2 特徵值與特徵向量

本節向量以行向量（column vector）表示。

4.【特徵值與特徵向量】

(1) 設 $T : V \to V$ 爲向量空間 V 中的線性映射，若存在一個非零向量 $\vec{v} \in V$ 和一純量 $\lambda \in R$，使得 $T(\vec{v}) = \lambda\vec{v}$，則稱 λ 是 T 的特徵值（Eigenvalue）；

(2) 滿足此關係的每個向量 $\vec{v}$，稱爲屬於此特徵值 λ 的特徵向量（Eigenvector）；

(3) 同一映射（或同一矩陣）的相異特徵值所對應的非零特徵向量是線性獨立的。

■ 用法：要求矩陣 A 的特徵值和特徵向量：

(1) 令 $A\vec{v} = \lambda\vec{v} \Rightarrow (A - \lambda I)\vec{v} = \vec{0}$；

(2) $(A - \lambda I)\vec{v} = \vec{0}$ 此齊次方程組有異於 (0, 0) 解的條件是其行列式爲 0，可求出特徵值 λ；

(3) 將 λ 代入 (1) 式，可求出此 λ 所對應的特徵向量。

例 6 求矩陣 $A = \begin{bmatrix} 1 & 2 \\ 3 & 2 \end{bmatrix}$ 的所有特徵值與其對應的特徵向量

做法 特徵值是要求 $A\vec{v} = \lambda\vec{v}$ 的 λ 值，其中 $\vec{v} = \begin{bmatrix} x \\ y \end{bmatrix}$

解 (1) $\begin{bmatrix} 1 & 2 \\ 3 & 2 \end{bmatrix}\begin{bmatrix} x \\ y \end{bmatrix} = \lambda\begin{bmatrix} x \\ y \end{bmatrix} = \begin{bmatrix} \lambda x \\ \lambda y \end{bmatrix}$

$\Rightarrow \begin{cases} x + 2y = \lambda x \\ 3x + 2y = \lambda y \end{cases} \Rightarrow \begin{cases} (1-\lambda)x + 2y = 0 \\ 3x + (2-\lambda)y = 0 \end{cases}$ ...... (m)

(2) 此齊次方程組有異於 (0, 0) 解的條件是其行列式為 0

$\begin{vmatrix} 1-\lambda & 2 \\ 3 & 2-\lambda \end{vmatrix} = 0 \Rightarrow (1-\lambda)(2-\lambda) - 6 = 0$

$\Rightarrow \lambda^2 - 3\lambda - 4 = 0 \Rightarrow \lambda = 4$ 或 $\lambda = -1$ 為其特徵值

(3) 將 λ 代入 (m) 式，可求出此 λ 所對應的特徵向量

(a) $\lambda = 4$ 代入 (m) $\Rightarrow \begin{cases} -3x + 2y = 0 \\ 3x - 2y = 0 \end{cases}$

$\Rightarrow 3x - 2y = 0$（有一自由變數 y，y 可選取任意值）

令 $y = 3 \Rightarrow x = 2$，所以 $\vec{v} = \begin{bmatrix} x \\ y \end{bmatrix} = \begin{bmatrix} 2 \\ 3 \end{bmatrix}$ 為其一解

也就是特徵值 $\lambda = 4$ 所對應的特徵向量為 $\vec{v} = \begin{bmatrix} 2 \\ 3 \end{bmatrix}$

(b) $\lambda = -1$ 代入 (m) $\Rightarrow \begin{cases} 2x + 2y = 0 \\ 3x + 3y = 0 \end{cases}$

$\Rightarrow x + y = 0$（有一自由變數 y，y 可選取任意值）

令 $y = -1 \Rightarrow x = 1$，所以 $\vec{v} = \begin{bmatrix} x \\ y \end{bmatrix} = \begin{bmatrix} 1 \\ -1 \end{bmatrix}$ 為其一解

也就是特徵值 $\lambda = -1$ 所對應的特徵向量為 $\vec{v} = \begin{bmatrix} 1 \\ -1 \end{bmatrix}$

註：特徵向量 $\begin{bmatrix} 2 \\ 3 \end{bmatrix}$ 和 $\begin{bmatrix} 1 \\ -1 \end{bmatrix}$ 是線性獨立的

例 7 矩陣 $A = \begin{bmatrix} 1 & 1 & 1 \\ 0 & 2 & 1 \\ 2 & 1 & 0 \end{bmatrix}$，求矩陣 A 的特徵值和特徵向量

做法 特徵值是要求 $A\vec{v} = \lambda\vec{v}$ 的 λ 值，其中 $\vec{v} = \begin{bmatrix} x \\ y \\ z \end{bmatrix}$

解 (1) $\begin{bmatrix} 1 & 1 & 1 \\ 0 & 2 & 1 \\ 2 & 1 & 0 \end{bmatrix}\begin{bmatrix} x \\ y \\ z \end{bmatrix} = \lambda\begin{bmatrix} x \\ y \\ z \end{bmatrix} = \begin{bmatrix} \lambda x \\ \lambda y \\ \lambda z \end{bmatrix}$

$\Rightarrow \begin{cases} x + y + z = \lambda x \\ 2y + z = \lambda y \\ 2x + y = \lambda z \end{cases} \Rightarrow \begin{cases} (1-\lambda)x + y + z = 0 \\ (2-\lambda)y + z = 0 \\ 2x + y - \lambda z = 0 \end{cases} \quad \cdots\cdots \text{(m)}$

(2) 此齊次方程組有異於 (0,0,0) 解的條件是其行列式為 0

$$\begin{vmatrix} 1-\lambda & 1 & 1 \\ 0 & 2-\lambda & 1 \\ 2 & 1 & -\lambda \end{vmatrix} = 0$$

$$\Rightarrow -\lambda(1-\lambda)(2-\lambda) + 2 - 2(2-\lambda) - (1-\lambda) = 0$$

$$\Rightarrow \lambda^3 - 3\lambda^2 - \lambda + 3 = 0$$

$$\Rightarrow \lambda = 3 \ \text{或} \ \lambda = 1 \ \text{或} \ \lambda = -1 \ \text{為其特徵值}$$

(3) 將 λ 代入 (m) 式，可求出此 λ 所對應的特徵向量

(a) $\lambda = 3$ 代入 (m) $\Rightarrow \begin{cases} -2x+y+z=0 \\ -y+z=0 \\ 2x+y-3z=0 \end{cases} \Rightarrow \begin{cases} -2x+y+z=0 \\ -y+z=0 \\ 2y-2z=0 \end{cases}$

$$\Rightarrow \begin{cases} -2x+y+z=0 \\ y-z=0 \end{cases}$$

(有一個自由變數 z，可選取任意值)

令 $z=1 \Rightarrow y=1, x=1$，

所以 $\vec{v} = \begin{bmatrix} x \\ y \\ z \end{bmatrix} = \begin{bmatrix} 1 \\ 1 \\ 1 \end{bmatrix}$ 為其一解

也就是特徵值 $\lambda = 3$ 所對應的特徵向量為 $\vec{v} = \begin{bmatrix} 1 \\ 1 \\ 1 \end{bmatrix}$

(b) $\lambda = 1$ 代入 (m) $\Rightarrow \begin{cases} y+z=0 \\ y+z=0 \\ 2x+y-z=0 \end{cases}$

$$\Rightarrow \begin{cases} 2x+y-z=0 \\ y+z=0 \end{cases}$$

(有一個自由變數 z，可選取任意值)

令 $z=1 \Rightarrow y=-1, x=1$，

所以 $\vec{v} = \begin{bmatrix} x \\ y \\ z \end{bmatrix} = \begin{bmatrix} 1 \\ -1 \\ 1 \end{bmatrix}$ 為其一解

也就是特徵值 $\lambda = 1$ 所對應的特徵向量為 $\vec{v} = \begin{bmatrix} 1 \\ -1 \\ 1 \end{bmatrix}$

(c) $\lambda = -1$ 代入 (m) $\Rightarrow \begin{cases} 2x + y + z = 0 \\ 3y + z = 0 \\ 2x + y + z = 0 \end{cases}$

$\Rightarrow \begin{cases} 2x + y + z = 0 \\ 3y + z = 0 \end{cases}$

（有一個自由變數 z，可選取任意值）

令 $z = 3 \Rightarrow y = -1, x = -1$，

所以 $\vec{v} = \begin{bmatrix} x \\ y \\ z \end{bmatrix} = \begin{bmatrix} -1 \\ -1 \\ 3 \end{bmatrix}$ 為其一解

也就是特徵值 $\lambda = -1$ 所對應的特徵向量為 $\vec{v} = \begin{bmatrix} -1 \\ -1 \\ 3 \end{bmatrix}$

所以特徵值 $= 3, 1, -1$；特徵向量 $= \begin{bmatrix} 1 \\ 1 \\ 1 \end{bmatrix}$、$\begin{bmatrix} 1 \\ -1 \\ 1 \end{bmatrix}$、$\begin{bmatrix} -1 \\ -1 \\ 3 \end{bmatrix}$

註：三個特徵向量 $\begin{bmatrix} 1 \\ 1 \\ 1 \end{bmatrix}$、$\begin{bmatrix} 1 \\ -1 \\ 1 \end{bmatrix}$、$\begin{bmatrix} -1 \\ -1 \\ 3 \end{bmatrix}$ 是線性獨立的

---

5. 【特徵值的性質】

(1) 若矩陣 A 的特徵值為 $\{\lambda_i\}$，特徵向量為 $\{\vec{v}_i\}$，則矩陣 $2A, A^2, A^{-1}, A + 2I$ 的特徵向量還是 $\{\vec{v}_i\}$，特徵值則分別為 $\{2\lambda_i\}$、$\{\lambda_i^2\}$、$\{\lambda_i^{-1}\}$、$\{\lambda_i + 2\}$；

(2) 矩陣 A 的所有特徵值的乘積等於矩陣 A 的行列式值。

例 8 若矩陣 $A = \begin{bmatrix} 2 & -1 \\ -1 & 2 \end{bmatrix}$，求矩陣 (1) A、(2) $5A$、(3) A^2、

(4) A^{-1}、(5) $A + 4I$ 的所有特徵值與其對應的特徵向量，

(6) 矩陣 A 的行列式值。

做法 先求出矩陣 A 的特徵值和特徵向量

解 (1) $\begin{bmatrix} 2 & -1 \\ -1 & 2 \end{bmatrix}\begin{bmatrix} x \\ y \end{bmatrix} = \lambda\begin{bmatrix} x \\ y \end{bmatrix} = \begin{bmatrix} \lambda x \\ \lambda y \end{bmatrix}$

$\Rightarrow \begin{cases} 2x - y = \lambda x \\ -x + 2y = \lambda y \end{cases} \Rightarrow \begin{cases} (2-\lambda)x - y = 0 \\ -x + (2-\lambda)y = 0 \end{cases} \cdots\cdots$ (m)

(2) 此齊次方程組有異於 $(0, 0)$ 解的條件是其行列式為 0

$\begin{vmatrix} 2-\lambda & -1 \\ -1 & 2-\lambda \end{vmatrix} = 0 \Rightarrow (2-\lambda)(2-\lambda) - 1 = 0$

$\Rightarrow \lambda^2 - 4\lambda + 3 = 0 \Rightarrow \lambda = 3$ 或 $\lambda = 1$ 為其特徵值

(3) 將 λ 代入 (m) 式，可求出此 λ 所對應的特徵向量

(a) $\lambda = 3$ 代入 (m) $\Rightarrow \begin{cases} -x - y = 0 \\ -x - y = 0 \end{cases}$

$\Rightarrow x + y = 0$（y 為自由變數）

令 $y = -1 \Rightarrow x = 1$，所以 $\vec{v} = \begin{bmatrix} x \\ y \end{bmatrix} = \begin{bmatrix} 1 \\ -1 \end{bmatrix}$

(b) $\lambda = 1$ 代入 (m) $\Rightarrow \begin{cases} x - y = 0 \\ -x + y = 0 \end{cases}$

$\Rightarrow x - y = 0$（y 為自由變數）

令 $y = 1 \Rightarrow x = 1$，所以 $\vec{v} = \begin{bmatrix} x \\ y \end{bmatrix} = \begin{bmatrix} 1 \\ 1 \end{bmatrix}$

■此題答案為：

(1) 矩陣 A 的特徵值為 $\lambda = 3$ 或 $\lambda = 1$，其對應的特徵向量為 $\begin{bmatrix} 1 \\ -1 \end{bmatrix}$ 和 $\begin{bmatrix} 1 \\ 1 \end{bmatrix}$；

(2) 矩陣 $5A$ 的特徵值為 $\lambda = 3 \times 5 = 15$ 或 $\lambda = 1 \times 5 = 5$，

其對應的特徵向量為 $\begin{bmatrix} 1 \\ -1 \end{bmatrix}$ 和 $\begin{bmatrix} 1 \\ 1 \end{bmatrix}$；

(3) 矩陣 A^2 的特徵值為 $\lambda = 3^2 = 9$ 或 $\lambda = 1^2 = 1$，

其對應的特徵向量為 $\begin{bmatrix} 1 \\ -1 \end{bmatrix}$ 和 $\begin{bmatrix} 1 \\ 1 \end{bmatrix}$；

(4) 矩陣 A^{-1} 的特徵值為 $\lambda = 3^{-1} = \dfrac{1}{3}$ 或 $\lambda = 1^{-1} = 1$，

其對應的特徵向量為 $\begin{bmatrix} 1 \\ -1 \end{bmatrix}$ 和 $\begin{bmatrix} 1 \\ 1 \end{bmatrix}$；

(5) 矩陣 $A + 4I$ 的特徵值為 $\lambda = 3 + 4 = 7$ 或 $\lambda = 1 + 4 = 5$，

其對應的特徵向量為 $\begin{bmatrix} 1 \\ -1 \end{bmatrix}$ 和 $\begin{bmatrix} 1 \\ 1 \end{bmatrix}$；

(6) 矩陣 A 的行列式值 $|A| = \begin{vmatrix} 2 & -1 \\ -1 & 2 \end{vmatrix} = 4 - 1 = 3$

（同 (1) 的二個特徵值的乘積）。

6.【對角線化與特徵向量】當 n 階方陣 A 有 n 個線性獨立的特徵向量時，則

(1) 方陣 A 可表示成 $A = PBP^{-1}$，其中方陣 P 的 n 個（直）行是由方陣 A 的 n 個獨立特徵向量組成；

(2) 方陣 B 是對角線矩陣，其對角線值是這 n 個特徵向量所對應的特徵值。

■ 說明：方陣 $A = \begin{bmatrix} a_{11} & a_{12} & a_{13} \\ a_{21} & a_{22} & a_{23} \\ a_{31} & a_{32} & a_{33} \end{bmatrix}$ 是 3×3 矩陣，若其三個特徵值與對

應的三個相互獨立的特徵向量分別是：λ_1、λ_2、λ_3 和 $\vec{v}_1 = [v_{11}, v_{12}, v_{13}]^T$、$\vec{v}_2 = [v_{21}, v_{22}, v_{23}]^T$、$\vec{v}_3 = [v_{31}, v_{32}, v_{33}]^T$，則方陣 A 可表示成 $A = PBP^{-1}$ 或

$B = P^{-1}AP$，其中

$$P = \begin{bmatrix} v_{11} & v_{21} & v_{31} \\ v_{12} & v_{22} & v_{32} \\ v_{13} & v_{23} & v_{33} \end{bmatrix}、B = \begin{bmatrix} \lambda_1 & 0 & 0 \\ 0 & \lambda_2 & 0 \\ 0 & 0 & \lambda_3 \end{bmatrix}$$

例 9 在例 1 矩陣 $A = \begin{bmatrix} 1 & 2 \\ 3 & 2 \end{bmatrix}$ 中，求使得 $P^{-1}AP$ 為對角線的可逆矩陣 P

解 矩陣 A 的二個特徵值和其所對應的特徵向量分別為：

(1) 特徵值 $\lambda = 4$ 所對應的特徵向量為 $\vec{v} = \begin{bmatrix} 2 \\ 3 \end{bmatrix}$

(2) 特徵值 $\lambda = -1$ 所對應的特徵向量為 $\vec{v} = \begin{bmatrix} 1 \\ -1 \end{bmatrix}$

所以矩陣 $P = \begin{bmatrix} 2 & 1 \\ 3 & -1 \end{bmatrix} \Rightarrow P^{-1} = \begin{bmatrix} \dfrac{1}{5} & \dfrac{1}{5} \\ \dfrac{3}{5} & \dfrac{-2}{5} \end{bmatrix}$

其對角線矩陣 $B = P^{-1}AP = \begin{bmatrix} \dfrac{1}{5} & \dfrac{1}{5} \\ \dfrac{3}{5} & \dfrac{-2}{5} \end{bmatrix} \begin{bmatrix} 1 & 2 \\ 3 & 2 \end{bmatrix} \begin{bmatrix} 2 & 1 \\ 3 & -1 \end{bmatrix} = \begin{bmatrix} 4 & 0 \\ 0 & -1 \end{bmatrix}$

（註：矩陣內的 4 和 −1 剛好是其特徵向量所對應的特徵值）

例 10 若矩陣 $A = \begin{bmatrix} 1 & 4 \\ 2 & 3 \end{bmatrix}$，求 (a) 其所有的特徵值與對應的特徵向量，(b) 使得 $P^{-1}AP$ 為對角線的可逆矩陣 P

解 (a) $A\vec{v} = \lambda\vec{v}$，其中 $\vec{v} = \begin{bmatrix} x \\ y \end{bmatrix}$

即 $\begin{bmatrix} 1 & 4 \\ 2 & 3 \end{bmatrix} \begin{bmatrix} x \\ y \end{bmatrix} = \lambda \begin{bmatrix} x \\ y \end{bmatrix} = \begin{bmatrix} \lambda x \\ \lambda y \end{bmatrix}$

$$\Rightarrow \begin{cases} x+4y=\lambda x \\ 2x+3y=\lambda y \end{cases} \Rightarrow \begin{cases} (1-\lambda)x+4y=0 \\ 2x+(3-\lambda)y=0 \end{cases} \cdots\cdots (m)$$

此齊次方程組有異於 $(0, 0)$ 解的條件是其行列式為 0

$$\begin{vmatrix} 1-\lambda & 4 \\ 2 & 3-\lambda \end{vmatrix} = 0 \Rightarrow (1-\lambda)(3-\lambda)-8=0$$

$$\Rightarrow \lambda^2 - 4\lambda - 5 = 0 \Rightarrow \lambda = 5 \ 或 \ \lambda = -1 \ 為其特徵值$$

(1) $\lambda = 5$ 代入 (m) $\Rightarrow \begin{cases} -4x+4y=0 \\ 2x-2y=0 \end{cases} \Rightarrow x-y=0$

　　（y 為自由變數）

　　令 $y=1 \Rightarrow x=1$，所以 $\vec{v} = \begin{bmatrix} x \\ y \end{bmatrix} = \begin{bmatrix} 1 \\ 1 \end{bmatrix}$ 為其一解

　　也就是特徵值 $\lambda = 5$ 所對應的特徵向量為 $\vec{v} = \begin{bmatrix} 1 \\ 1 \end{bmatrix}$

(2) $\lambda = -1$ 代入 (m) $\Rightarrow \begin{cases} 2x+4y=0 \\ 2x+4y=0 \end{cases} \Rightarrow x+2y=0$

　　（y 為自由變數）

　　令 $y=-1 \Rightarrow x=2$，所以 $\vec{v} = \begin{bmatrix} x \\ y \end{bmatrix} = \begin{bmatrix} 2 \\ -1 \end{bmatrix}$ 為其一解

　　也就是特徵值 $\lambda = -1$ 所對應的特徵向量為 $\vec{v} = \begin{bmatrix} 2 \\ -1 \end{bmatrix}$

(b) 所以矩陣 $P = \begin{bmatrix} 1 & 2 \\ 1 & -1 \end{bmatrix} \Rightarrow P^{-1} = \begin{bmatrix} \frac{1}{3} & \frac{2}{3} \\ \frac{1}{3} & \frac{-1}{3} \end{bmatrix}$

其對角線矩陣 $B = P^{-1}AP = \begin{bmatrix} \frac{1}{3} & \frac{2}{3} \\ \frac{1}{3} & \frac{-1}{3} \end{bmatrix} \begin{bmatrix} 1 & 4 \\ 2 & 3 \end{bmatrix} \begin{bmatrix} 1 & 2 \\ 1 & -1 \end{bmatrix}$

$$= \begin{bmatrix} 5 & 0 \\ 0 & -1 \end{bmatrix}$$

（註：矩陣內的 5 和 -1 剛好是其特徵值）

例 11 若矩陣 $A = \begin{bmatrix} 1 & -3 & 3 \\ 3 & -5 & 3 \\ 6 & -6 & 4 \end{bmatrix}$，求 (a) 其所有特徵值與對應的特徵向量，

(b) 使得 $P^{-1}AP$ 為對角線的可逆矩陣 P

解 (a) 要求 $A\vec{v} = \lambda\vec{v}$，其中 $\vec{v} = \begin{bmatrix} x \\ y \\ z \end{bmatrix}$

即 $\begin{bmatrix} 1 & -3 & 3 \\ 3 & -5 & 3 \\ 6 & -6 & 4 \end{bmatrix}\begin{bmatrix} x \\ y \\ z \end{bmatrix} = \lambda\begin{bmatrix} x \\ y \\ z \end{bmatrix} = \begin{bmatrix} \lambda x \\ \lambda y \\ \lambda z \end{bmatrix}$

$\Rightarrow \begin{cases} x - 3y + 3z = \lambda x \\ 3x - 5y + 3z = \lambda y \\ 6x - 6y + 4z = \lambda z \end{cases} \Rightarrow \begin{cases} (1-\lambda)x - 3y + 3z = 0 \\ 3x + (-5-\lambda)y + 3z = 0 \cdots\cdots \text{(m)} \\ 6x - 6y + (4-\lambda)z = 0 \end{cases}$

此齊次方程組有異於 $(0, 0, 0)$ 解的條件是其行列式為 0

$\begin{vmatrix} (1-\lambda) & -3 & 3 \\ 3 & (-5-\lambda) & 3 \\ 6 & -6 & (4-\lambda) \end{vmatrix} = 0 \Rightarrow (\lambda+2)^2(\lambda-4) = 0$

$\Rightarrow \lambda = -2$ 或 $\lambda = 4$ 為其特徵值

(1) $\lambda = -2$ 代入 (m) $\Rightarrow \begin{cases} 3x - 3y + 3z = 0 \\ 3x - 3y + 3z = 0 \Rightarrow x - y + z = 0 \\ 6x - 6y + 6z = 0 \end{cases}$

它有二個自由變數 (y 和 z)，所以有二個特徵向量

(i) 取 $y = 1, z = 0 \Rightarrow x = 1$（註：可任意取 y, z 之值）

所以 $\vec{v} = \begin{bmatrix} x \\ y \\ z \end{bmatrix} = \begin{bmatrix} 1 \\ 1 \\ 0 \end{bmatrix}$ 為其一解

(ii) 取 $y = 0, z = -1 \Rightarrow x = 1$（註：可任意取不同的 y, z 之值，但此向量和 (i) 的向量要線性獨立，即不可取 $y = 2, z = 0$）

所以 $\vec{v} = \begin{bmatrix} x \\ y \\ z \end{bmatrix} = \begin{bmatrix} 1 \\ 0 \\ -1 \end{bmatrix}$ 為其一解

也就是特徵值 $\lambda = -2$ 所對應的特徵向量為

$$\vec{v} = \begin{bmatrix} 1 \\ 1 \\ 0 \end{bmatrix} \text{和} \begin{bmatrix} 1 \\ 0 \\ -1 \end{bmatrix}$$

(2) $\lambda = 4$ 代入 (m) $\Rightarrow \begin{cases} -3x - 3y + 3z = 0 \\ 3x - 9y + 3z = 0 \\ 6x - 6y = 0 \end{cases} \Rightarrow \begin{cases} x + y - z = 0 \\ x - 3y + z = 0 \\ x - y = 0 \end{cases}$

（註：特徵值所對應的特徵向量至少要有一個自由變數，所以上面的方程組是線性相依的）

$$\Rightarrow \begin{bmatrix} 1 & 1 & -1 \\ 1 & -3 & 1 \\ 1 & -1 & 0 \end{bmatrix} \Rightarrow \begin{bmatrix} 1 & 1 & -1 \\ 0 & -4 & 2 \\ 0 & -2 & 1 \end{bmatrix} \Rightarrow \begin{bmatrix} 1 & 1 & -1 \\ 0 & 2 & -1 \\ 0 & 0 & 0 \end{bmatrix}$$

$$\Rightarrow \begin{cases} x + y - z = 0 \\ 2y - z = 0 \end{cases}$$

它有一個自由變數 z，所以有一個特徵向量

取 $z = 2 \Rightarrow y = 1, x = 1$，

所以 $\vec{v} = \begin{bmatrix} x \\ y \\ z \end{bmatrix} = \begin{bmatrix} 1 \\ 1 \\ 2 \end{bmatrix}$ 為其一解

也就是特徵值 $\lambda = 4$ 所對應的特徵向量為 $\vec{v} = \begin{bmatrix} 1 \\ 1 \\ 2 \end{bmatrix}$

(b) 矩陣 $P = \begin{bmatrix} 1 & 1 & 1 \\ 1 & 0 & 1 \\ 0 & -1 & 2 \end{bmatrix}$

其對角線矩陣 $B = P^{-1}AP = \begin{bmatrix} -2 & 0 & 0 \\ 0 & -2 & 0 \\ 0 & 0 & 4 \end{bmatrix}$

7. 【相似矩陣】

(1) 若方陣 A 和 B 可表示成 $A = PBP^{-1}$，則方陣 A 和 B 稱為相似矩陣（Similarity matrix）；

(2) 若 $A = PBP^{-1}$，則 $A^n = (PBP^{-1})^n = PBP^{-1} \cdot PBP^{-1} \cdots PBP^{-1}$

$= PB(P^{-1} \cdot P)B(P^{-1} \cdot P)B \cdots B(P^{-1} \cdot P)BP^{-1} = PB^n P^{-1}$

(3) 若方陣 A 是對角線矩陣，即 $A = \begin{bmatrix} a & 0 & 0 & 0 \\ 0 & b & 0 & 0 \\ 0 & 0 & \cdots & 0 \\ 0 & 0 & 0 & d \end{bmatrix}$，

則 $A^n = \begin{bmatrix} a^n & 0 & 0 & 0 \\ 0 & b^n & 0 & 0 \\ 0 & 0 & \cdots & 0 \\ 0 & 0 & 0 & d^n \end{bmatrix}$

例 12 由例 4 知，矩陣 $A = \begin{bmatrix} 1 & 2 \\ 3 & 2 \end{bmatrix}$ 的二個特徵值和其所對應的特徵向量

分別為：$\lambda = 4$，$\vec{v} = \begin{bmatrix} 2 \\ 3 \end{bmatrix}$ 和 $\lambda = -1$，$\vec{v} = \begin{bmatrix} 1 \\ -1 \end{bmatrix}$，求 A^{100}

解 矩陣 $P = \begin{bmatrix} 2 & 1 \\ 3 & -1 \end{bmatrix} \Rightarrow P^{-1} = \begin{bmatrix} \dfrac{1}{5} & \dfrac{1}{5} \\ \dfrac{3}{5} & \dfrac{-2}{5} \end{bmatrix}$，且 $B = \begin{bmatrix} 4 & 0 \\ 0 & -1 \end{bmatrix}$

$A = PBP^{-1} \Rightarrow A^{100} = (PBP^{-1})^{100} = PB^{100}P^{-1}$

$= \begin{bmatrix} 2 & 1 \\ 3 & -1 \end{bmatrix} \begin{bmatrix} 4 & 0 \\ 0 & -1 \end{bmatrix}^{100} \begin{bmatrix} \dfrac{1}{5} & \dfrac{1}{5} \\ \dfrac{3}{5} & \dfrac{-2}{5} \end{bmatrix}$

$= \dfrac{1}{5} \begin{bmatrix} 2 & 1 \\ 3 & -1 \end{bmatrix} \begin{bmatrix} 4^{100} & 0 \\ 0 & (-1)^{100} \end{bmatrix} \begin{bmatrix} 1 & 1 \\ 3 & -2 \end{bmatrix}$

$= \dfrac{1}{5} \begin{bmatrix} 2 \cdot 4^{100} & 1 \\ 3 \cdot 4^{100} & -1 \end{bmatrix} \begin{bmatrix} 1 & 1 \\ 3 & -2 \end{bmatrix}$

$= \dfrac{1}{5} \begin{bmatrix} 2 \cdot 4^{100} + 3 & 2 \cdot 4^{100} - 2 \\ 3 \cdot 4^{100} - 3 & 3 \cdot 4^{100} + 2 \end{bmatrix}$

練習題

1. 試問下列映象 F 是否為線性映射？

   (a) 函數 $F : R^3 \rightarrow R$，且 $F(x, y, z) = 2x - 3y + 4z$；

   　答：是線性映射

   (b) 函數 $F : R^2 \rightarrow R$，且 $F(x, y) = xy$；

   　答：不是線性映射

   (c) 函數 $F : R^2 \rightarrow R^3$，且 $F(x, y) = [x + 1, 2y, x + y]$；

   　答：不是線性映射

   (d) 函數 $F : R^3 \rightarrow R^2$，且 $F(x, y, z) = [|x|, 0]$；

   　答：不是線性映射

2. 函數 $F : R^2 \rightarrow R^3$，且 $F(1, 2) = [3, -1, 5]$、$F(0, 1) = [2, 1, -1]$，求 $F(a, b)$

   　答：$F(a, b) = [-a + 2b, -3a + b, 7a - b]$

3. 函數 $F : R^3 \rightarrow R$，且 $F(1, 1, 1) = 3$、$F(0, 1, -2) = 1$、$F(0, 0, 1) = -2$，求 $F(a, b, c)$

   　答：$F(a, b, c) = 8a - 3b - 2c$

4. 若下列矩陣的 (a) 所有特徵值與其對應的特徵向量，(b) 使得 $P^{-1}AP$ 為對角線的可逆矩陣 P

   $(1)\ A = \begin{bmatrix} 2 & 2 \\ 1 & 3 \end{bmatrix}$；$(2)\ A = \begin{bmatrix} 4 & 2 \\ 3 & 3 \end{bmatrix}$；$(3)\ A = \begin{bmatrix} 5 & -1 \\ 1 & 3 \end{bmatrix}$；

   　答：(a) (1) $\lambda_1 = 1$，$\vec{v}_1^T = [2, -1]$；$\lambda_2 = 4$，$\vec{v}_2^T = [1, 1]$；

   $$P = \begin{bmatrix} 2 & 1 \\ -1 & 1 \end{bmatrix}$$

   (2) $\lambda_1 = 1$，$\vec{v}_1^T = [2, -3]$；$\lambda_2 = 6$，$\vec{v}_2^T = [1, 1]$；

   $$P = \begin{bmatrix} 2 & 1 \\ -3 & 1 \end{bmatrix}$$

   (3) $\lambda_1 = 4$，$\vec{v}_1^T = [1, 1]$；P 不存在

5. 若下列矩陣的 (a) 所有特徵值與其對應的特徵向量，(b) 使得 $P^{-1}AP$ 為對角線的可逆矩陣 P

$$(1)\ A = \begin{bmatrix} 3 & 1 & 1 \\ 2 & 4 & 2 \\ 1 & 1 & 3 \end{bmatrix} ; (2)\ B = \begin{bmatrix} 1 & 2 & 2 \\ 1 & 2 & -1 \\ -1 & 1 & 4 \end{bmatrix} ; (3)\ C = \begin{bmatrix} 1 & 1 & 0 \\ 0 & 1 & 0 \\ 0 & 0 & 1 \end{bmatrix} ;$$

答：(1) $\lambda_1 = 2$，$\vec{v}_1^T = [1, -1, 0]$、$\vec{v}_2^T = [1, 0, -1]$；

$\lambda_2 = 6$，$\vec{v}_3^T = [1, 2, 1]$；

$$P = \begin{bmatrix} 1 & 1 & 1 \\ -1 & 0 & 2 \\ 0 & -1 & 1 \end{bmatrix}$$

(2) $\lambda_1 = 3$，$\vec{v}_1^T = [1, 1, 0]$、$\vec{v}_2^T = [1, 0, 1]$；

$\lambda_2 = 1$，$\vec{v}_3^T = [2, -1, 1]$；

$$P = \begin{bmatrix} 1 & 1 & 2 \\ 1 & 0 & -1 \\ 0 & 1 & 1 \end{bmatrix}$$

(3) $\lambda_1 = 1$，$\vec{v}_1^T = [1, 0, 0]$、$\vec{v}_2^T = [0, 0, 1]$；P 不存在

6. 若 $T : R^3 \rightarrow R^3$，且 T 定義如下，求所有特徵值與其對應的特徵向量空間的基底

(1) $T(x, y, z) = [x + y + z, 2y + z, 2y + 3z]$；

(2) $T(x, y, z) = [x + y, y + z, -2y - z]$；

(3) $T(x, y, z) = [x - y, 2x + 3y + 2z, x + y + 2z]$；

答：(1) $\lambda_1 = 1$，$\vec{v}_1^T = [1, 0, 0]$；$\lambda_2 = 4$，$\vec{v}_2^T = [1, 1, 2]$；

(2) $\lambda_1 = 1$，$\vec{v}_1^T = [1, 0, 0]$；（在 R 內只有一個特徵值）

(3) $\lambda_1 = 1$，$\vec{v}_1^T = [1, 0, -1]$，$\lambda_2 = 2$，$\vec{v}_3^T = [2, -2, -1]$；

$\lambda_3 = 3$，$\vec{v}_3^T = [1, -2, -1]$

7. 若 2×2 矩陣 A 的二個特徵值分別是 1 和 -2，求下列矩陣的特徵值

(1) A^3

(2) A^{-2}

(3) $A + 3I_2$（I_2 是 2×2 的單位矩陣）

(4) $-2A$

答：(1)1, -8；(2)1, 1/4；(3)4, 1；(4)-2, 4

8. 設 $EFG = H$，其中

$$E = \begin{bmatrix} 2 & 0 \\ 0 & 1 \\ 0 & -1 \end{bmatrix}, G = \begin{bmatrix} 1 & -2 & 1 \\ 4 & 3 & -2 \end{bmatrix}, H = \begin{bmatrix} 8 & 6 & -4 \\ 6 & -1 & 0 \\ -6 & 1 & 0 \end{bmatrix},$$

(1) 求矩陣 F

(2) 求矩陣 F 的特徵值和特徵向量

(3) 找出矩陣 P 使將矩陣 F 對角線化

(4) 求 F^{100}

答：(1)$F = \begin{bmatrix} 0 & 1 \\ 2 & 1 \end{bmatrix}$；

(2)特徵值 $= -1, 2$；特徵向量 $= \begin{bmatrix} -1 \\ 1 \end{bmatrix}$、$\begin{bmatrix} 1 \\ 2 \end{bmatrix}$；

(3)$P = \begin{bmatrix} -1 & 1 \\ 1 & 2 \end{bmatrix}$；(4)$\dfrac{1}{3}\begin{bmatrix} 2^{100} + 2 & 2^{100} - 1 \\ 2^{101} - 2 & 2^{101} + 1 \end{bmatrix}$

9. 求矩陣 $A = \begin{bmatrix} 1 & -1 & 0 & 0 \\ -1 & 0 & 1 & 0 \\ 0 & 1 & 1 & 0 \\ 0 & 0 & 0 & 3 \end{bmatrix}$ 的特徵值

答：特徵值 $= -1, 1, 2, 3$

10.設矩陣 $A = \begin{bmatrix} 4 & 2 \\ 1 & 3 \end{bmatrix}$，$B = \begin{bmatrix} 2 & 1 \\ 1 & 3 \end{bmatrix}$ 且 $\vec{x} \neq \vec{0}$，求 $A\vec{x} = \lambda B\vec{x}$ 的 λ 值

答：$\lambda = 1$ 或 2

11.矩陣 $A = \begin{bmatrix} 0 & 0 & -2 \\ 1 & 2 & 1 \\ 1 & 0 & 3 \end{bmatrix}$，(1) 求 A 的特徵值與特徵向量　　(2) 求矩陣

P，使得 $P^{-1}AP$ 為對角化矩陣

答：(1)特徵值 = 1, 2, 2；特徵向量 = $\begin{bmatrix} -2 \\ 1 \\ 1 \end{bmatrix}$、$\begin{bmatrix} -1 \\ 0 \\ 1 \end{bmatrix}$、$\begin{bmatrix} 0 \\ 1 \\ 0 \end{bmatrix}$

(2) $P = \begin{bmatrix} -2 & -1 & 0 \\ 1 & 0 & 1 \\ 1 & 1 & 0 \end{bmatrix}$

12. 求矩陣 $A = \begin{bmatrix} 2 & 8 \\ 0 & 4 \end{bmatrix}$ 的相似（similar）對角矩陣

答：$\begin{bmatrix} 2 & 0 \\ 0 & 4 \end{bmatrix}$

第 6 篇

向量分析

所有人的老師──歐拉

萊昂哈德・歐拉（Leonhard Euler，1707 年 4 月 15 日到 1783 年 9 月 18 日），瑞士數學家、自然科學家。1707 年 4 月 15 日出生於瑞士的巴塞爾，1783 年 9 月 18 日於俄國聖彼得堡去世。歐拉出生於牧師家庭，自幼受父親的影響。13 歲時入讀巴塞爾大學，15 歲大學畢業，16 歲獲得碩士學位。歐拉是 18 世紀數學界最傑出的人物之一，他不但為數學界做出貢獻，更把整個數學推至物理的領域。他是數學史上最多產的數學家，平均每年寫出八百多頁的論文，還寫了大量的力學、分析學、幾何學、變分法等的課本，《無窮小分析引論》、《微分學原理》、《積分學原理》等都成為數學界中的經典著作。歐拉對數學的研究如此之廣泛，因此在許多數學的分支中也可經常見到以他的名字命名的重要常數、公式和定理。此外歐拉還涉及建築學、彈道學、航海學等領域。瑞士教育與研究國務祕書 Charles Kleiber 曾表示：「沒有歐拉的眾多科學發現，今天的我們將過著完全不一樣的生活。」法國數學家拉普拉斯則認為：「讀讀歐拉，他是所有人的老師。」2007 年，為慶祝歐拉誕辰 300 週年，瑞士政府、中國科學院及中國教育部於 2007 年 4 月 23 日下午在北京的中國科學院文獻情報中心共同舉辦紀念活動，回顧歐拉的生平、工作以及對現代生活的影響。

向量分析簡介

　　向量分析（vector analysis）是數學的分支，關注在三維（3D）歐幾里得空間中向量場的微分和積分。向量分析在工程或應用數學中，極為普遍而且重要。因為有甚多的物理量，均有向量的特性。它被廣泛應用於物理和工程中，特別是在描述電磁場、引力場和流體流動，經常以向量的形式表示。

　　向量分析是由約西亞 · 吉布斯（J. Willard Gibbs）和奧利弗 · 黑維塞（Oliver Heaviside）於 19 世紀末提出，大多數符號和術語由吉布斯和愛德華 · 比德韋爾 · 威爾遜（Edwin Bidwell Wilson）在他們 1901 年的書《向量分析》中提出。

　　本篇內容介紹：

1. 向量的基礎與內、外積：這部分大多是高中數學的內容，為了保持課本的完整性。
2. 向量的微分：還是和微積分一樣，它包含：向量的微分、偏微分、全微分和向量微分的應用。
3. 向量的梯度、散度、旋度：它是向量的偏微分。
4. 向量的積分：和微積分一樣，它包含向量的一般積分、線積分、面積分和體積分。

第 1 章　向量的基礎

本章將介紹：向量的基礎觀念和向量的夾角。

1.1　向量的基礎

1. 【向量的定義】向量（vector）是一個有大小和方向的量，例如：向量 AB，以 $\overrightarrow{AB}$ 表之，其中 A 是向量的起點（尾端），B 是向量的終點（前端），而向量 $\overrightarrow{AB}$ 的大小以 $|\overrightarrow{AB}|$ 表之，是此向量的長度，方向則由 A 點到 B 點（見下圖）。

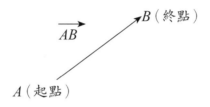

2. 【向量與純量】台北在新竹北方80公里，是一向量，它有方向（北方）和大小（80 公里）。而純量（scalar）是只有大小沒有方向的量，例如：台北到新竹 80 公里（沒有方向），或 2、5、1000 等均為純量。

3. 【向量的起點位置】向量只考慮其大小和方向，不考慮向量的起點位置，所以二向量只要大小和方向相同，不管它們的起點位置在哪裡，此二向量均相等。

4. 【向量的表示】向量是用實數有序對（ordered pair）表示之，若向量內有 n 個元素，此向量的維度（dimension）就是 n。

   例如：(1) $[a, b]$ 是二維向量，其維度是 2（以 R^2 表示，其中 R 表示 $a, b \in R$），

   (2) $[a, b, c]$ 是三維向量，其維度是 3（以 R^3 表示），

   (3) $[a, b, c, \cdots\cdots, k]$（有 n 個元素）是 n 維向量（以 R^n 表示）。

5. 【向量的分量】向量內的每個元素稱為一個分量（或坐標）。例如：向量 $[a, b, c]$ 中，a 是 x 軸分量；b 是 y 軸分量；c 是 z 軸分量。

6.【本篇的表示法】本書的「向量」符號以 $\vec{v}$ 表示（符號上方有一箭頭），
「向量坐標」以中括號括起來，且以列（橫）向量表示，如：向
量 $\vec{v} = [a,b,c]$；以區別「點坐標」以小括號括起來，如：點 $p = (a, b, c)$。

例1　請問下列哪些量是純量？那些量是向量？
(1) 體積；(2) 重量；(3) 密度；(4) 速度；(5) 加速度；(6) 能量；
(7) 動量；(8) 速率

解　純量有：(1) 體積；(2) 重量；(3) 密度；(6) 能量；(8) 速率
　　向量有：(4) 速度；(5) 加速度；(7) 動量

例2　畫出下列的向量圖？
(1) 大小 40m，方向東方偏北 30 度；(2) 起點 $A(1, 2)$，終點 $B(5, 4)$。

解　(1)

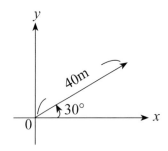

(2)

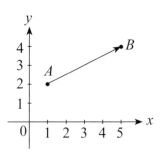

7.【向量的相等】若向量 $\overrightarrow{AB}$ 和 $\overrightarrow{CD}$ 相等（記作 $\overrightarrow{AB}=\overrightarrow{CD}$），表示它們的大小相等，且方向相同。而 $-\overrightarrow{AB}$ 表示和 $\overrightarrow{AB}$ 方向相反、大小相等的向量，我們以 $\overrightarrow{BA}$ 表之，即 $-\overrightarrow{AB}=\overrightarrow{BA}$，所以 $\overrightarrow{AB}-\overrightarrow{XY}=\overrightarrow{AB}+\overrightarrow{YX}$

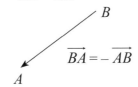

8.【向量的相加】$\vec{a}+\vec{b}$ 表示 $\vec{b}$ 的「起點」連接到 $\vec{a}$ 的「終點」後，從 $\vec{a}$ 的起點到 $\vec{b}$ 的終點的向量，如下圖：

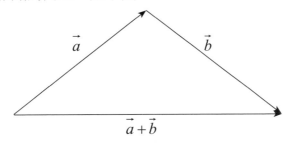

9.【向量的倍數】若 $r\in R$ 且 $r>0$，則 $r\vec{a}$ 表示其方向與 $\vec{a}$ 相同，而其大小為 $|\vec{a}|$ 的 r 倍（註：一實數乘以一向量其結果為一向量），而 $(r\vec{a})$ 不等於 $r|\vec{a}|$，前者為一向量，後者為一常數。

10.【向量的平行（或共線）】若向量 $\vec{a}$、$\vec{b}$ 平行（或稱為共線），則存在一個 $r\in R$，使得 $\vec{b}=r\vec{a}$。若 $r>0$，表 $\vec{a}$、$\vec{b}$ 方向相同；若 $r<0$，表 $\vec{a}$、$\vec{b}$ 方向相反。

11.【零向量】有一個比較特殊的向量稱為「零向量」，它是起點和終點均在同一點上，以 $\vec{0}$ 表之，而其大小 $|\vec{0}|=0$，例如：$\overrightarrow{AA}$、$\overrightarrow{BB}$ 都是零向量。零向量（$\vec{0}$）和 0 不一樣，二維的零向量為 $\vec{0}=[0,0]$，而 0 是大小非向量。

12.【單位向量】單位向量是長度等於 1 的向量，例如：$\vec{a}$ 的單位向量為 $\dfrac{\vec{a}}{|\vec{a}|}$（$\vec{a}\neq 0$）

例 3　畫出下列的向量圖？

(1)[1, 3] + [4, 2]；(2)[3, 2] + [2, 0]；

解　(1)

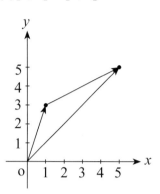

(2)

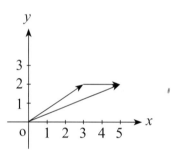

例 4　下列敘述是否正確：

(1) 平行的二向量，若起點不同，則終點也一定不同；

(2) 每個單位向量均相等；

(3) 任何向量和它的反向量不會相等；

(4) 若向量 $\overrightarrow{AB}$ 平行向量 $\overrightarrow{CD}$，則 A、B、C、D 四點共線。

解　(1) 錯誤，在同一線上的平行向量，其終點可以在一起

(2) 錯誤，其方向可以不相同

(3) 錯誤，零向量例外

(4) 錯誤，平行的二向量只要方向相同，不需要共線

例 5　有 4 點 A, B, C, D，其中 $\overrightarrow{AB} = \vec{a} + 2\vec{b}$，$\overrightarrow{BC} = 2\vec{a} + 3\vec{b}$，$\overrightarrow{CD} = 3\vec{a} + 7\vec{b}$，請問：

(1) 點 A, B, C 是否共線？(2) 點 A, B, D 是否共線？

做法 二向量 $\vec{x}, \vec{y}$ 共線（或平行）的主要條件是 $\vec{x} = r\vec{y}$，$r \in R$

解 (1) 點 A, B, C 共線的條件是 $\overrightarrow{AB}$ 和 $\overrightarrow{AC}$ 共線（或平行）

$\overrightarrow{AC} = \overrightarrow{AB} + \overrightarrow{BC} = (\vec{a} + 2\vec{b}) + (2\vec{a} + 3\vec{b}) = 3\vec{a} + 5\vec{b}$，

不和 $\overrightarrow{AB} = \vec{a} + 2\vec{b}$ 平行，所以點 A, B, C 不共線

(2) 點 A, B, D 共線的條件是 $\overrightarrow{AB}$ 和 $\overrightarrow{AD}$ 共線（或平行）

$\overrightarrow{AD} = \overrightarrow{AB} + \overrightarrow{BC} + \overrightarrow{CD} = (\vec{a} + 2\vec{b}) + (2\vec{a} + 3\vec{b}) + (3\vec{a} + 7\vec{b})$

$= 6\vec{a} + 12\vec{b} = 6(\vec{a} + 2\vec{b})$

它和 $\overrightarrow{AB} = \vec{a} + 2\vec{b}$ 平行，所以點 A, B, D 共線

13.【向量的特性】向量的一些特性如下（其中 $\vec{a}$、$\vec{b}$ 為向量，r、$s \in R$）：

(1) 交換律：$\vec{a} + \vec{b} = \vec{b} + \vec{a}$

(2) 結合律：$\vec{a} + (\vec{b} + \vec{c}) = (\vec{a} + \vec{b}) + \vec{c}$

(3) $\vec{a} + (-\vec{a}) = \vec{0}$

(4) $0 \cdot \vec{a} = \vec{0}$（·是乘號），$\vec{0} + \vec{a} = \vec{a}$

(5) $1 \cdot \vec{a} = \vec{a}$，$-1 \cdot \vec{a} = -\vec{a}$

(6) $r(\vec{a} + \vec{b}) = r\vec{a} + r\vec{b}$

(7) $(r + s)\vec{a} = r\vec{a} + s\vec{a}$

(8) $(r + s)(\vec{a} + \vec{b}) = r\vec{a} + r\vec{b} + s\vec{a} + s\vec{b}$

14.【$\vec{i}$、$\vec{j}$、$\vec{k}$ 向量】

(1) 在二度空間中，有時我們會以向量 $\vec{i}$ 表示 $[1, 0]$，即 $\vec{i} = [1, 0]$；以向量 $\vec{j}$ 表示 $[0, 1]$，即 $\vec{j} = [0, 1]$；所以向量 $[a, b] = a\vec{i} + b\vec{j}$。$\vec{i}$、$\vec{j}$ 均為單位向量。

例如：向量 $[3, 5] = 3\vec{i} + 5\vec{j}$。

(2) 若是三度空間，則 $\vec{i} = [1, 0, 0]$、$\vec{j} = [0, 1, 0]$、$\vec{k} = [0, 0, 1]$。

例如：向量 $[2, 3, 5] = 2\vec{i} + 3\vec{j} + 5\vec{k}$。

15.【向量的特性】若 $\vec{a} = [x_1, y_1, z_1] = x_1\vec{i} + y_1\vec{j} + z_1\vec{k}$、

$\vec{b} = [x_2, y_2, z_2] = x_2\vec{i} + y_2\vec{j} + z_2\vec{k}$，則

(1) $\vec{a} = \vec{b} \Leftrightarrow x_1 = x_2$ 且 $y_1 = y_2$ 且 $z_1 = z_2$

(2) $\vec{a} \pm \vec{b} = [x_1 \pm x_2, y_1 \pm y_2, z_1 \pm z_2]$

$\qquad = (x_1 \pm x_2)\vec{i} + (y_1 \pm y_2)\vec{j} + (z_1 \pm z_2)\vec{k}$

(3) $k\vec{a} = [kx_1, ky_1, kz_1] = kx_1\vec{i} + ky_1\vec{j} + kz_1\vec{k}$

(4) $\left| |\vec{a}| - |\vec{b}| \right| \le |\vec{a} - \vec{b}|$（或 $|\vec{a} + \vec{b}|$）$\le |\vec{a}| + |\vec{b}|$（當 $\vec{a}$、$\vec{b}$ 平行時，等號成立）

16.【向量的分量和長度】若 O 為原點，點 $P(a, b, c)$ 為座標空間上的任一點，則向量 $\overrightarrow{OP}$ 為 $[a, b, c]$，其中 a, b, c 分別稱為向量 $\overrightarrow{OP}$ 的 x 分量、y 分量、z 分量（見下圖）。而若點 $A = (x_1, y_1, z_1)$、點 $B = (x_2, y_2, z_2)$，則

$$\overrightarrow{AB} = [x_2 - x_1, y_2 - y_1, z_2 - z_1]，$$
$$\left|\overrightarrow{AB}\right| = \sqrt{(x_2 - x_1)^2 + (y_2 - y_1)^2 + (z_2 - z_2)^2} \text{ 為 } \overrightarrow{AB} \text{ 的長度。}$$

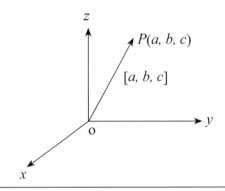

例6　設 $\vec{a} = [x + y, 2x + y]$、$\vec{b} = [3, 2y]$，若 $\vec{a} = \vec{b}$，求 x、y 之值和 $|\vec{a}|$

解　(1) 二向量相等表示 x 分量相等，y 分量也相等，即

$\qquad \vec{a} = \vec{b} \Rightarrow x + y = 3$ 且 $2x + y = 2y$

$\qquad\qquad \Rightarrow$ 可求得 $x = 1$，$y = 2$

$\qquad\qquad \Rightarrow \vec{a} = \vec{b} = [3, 4]$

(2) $|\vec{a}| = \sqrt{3^2 + 4^2} = 5$

例 7 下列二題中，給定點 P 及向量 $\vec{y}$，求點 Q 使得 $\overrightarrow{PQ} = \vec{y}$：

(1) $P = (2, 3, 2)$ 及 $\vec{y} = [1, 2, 3]$；

(2) $P = (1, -4, -1)$ 及 $\vec{y} = [-4, 4, -2]$

解 令 $Q = (a, b, c)$，則

(1) $\overrightarrow{PQ} = [a-2, b-3, c-2] = [1, 2, 3]$

$\Rightarrow a = 3, b = 5, c = 5$

$\Rightarrow Q = (3, 5, 5)$

(2) $\overrightarrow{PQ} = [a-1, b+4, c+1] = [-4, 4, -2]$

$\Rightarrow a = -3, b = 0, c = -3$

$\Rightarrow Q = (-3, 0, -3)$

例 8 設平面上三點的坐標分別為 $A(2, 1)$、$B(4, 5)$，$C(-2, 3)$，求

(1) $2\overrightarrow{AB} + 3\overrightarrow{BC} - \overrightarrow{CA}$ 之值及其大小；(2) $\overrightarrow{AB}$ 的單位向量

解 (1) $\overrightarrow{AB} = [2, 4]$、$\overrightarrow{BC} = [-6, -2]$、$\overrightarrow{CA} = [4, -2]$

$\Rightarrow 2\overrightarrow{AB} + 3\overrightarrow{BC} - \overrightarrow{CA}$

$= 2[2, 4] + 3[-6, -2] - [4, -2]$

$= [4, 8] + [-18, -6] + [-4, 2] = [-18, 4]$

其大小為 $\sqrt{(-18)^2 + 4^2} = \sqrt{340}$

(2) 因 $\overrightarrow{AB} = [2, 4]$，其單位向量為

$$\frac{\overrightarrow{AB}}{|\overrightarrow{AB}|} = \frac{1}{\sqrt{2^2 + 4^2}}[2, 4] = [\frac{1}{\sqrt{5}}, \frac{2}{\sqrt{5}}]$$

例 9 若 $\vec{a} = [2, -1, 3]$、$\vec{b} = [0, 2, -1]$、$\vec{c} = [-1, 1, 2]$，求 x, y, z 之值，使得 $x \cdot \vec{a} + y \cdot \vec{b} + z \cdot \vec{c} = [5, -1, 3]$

解 $x \cdot \vec{a} + y \cdot \vec{b} + z \cdot \vec{c} = [5, -1, 3]$

$\Rightarrow x \cdot [2, -1, 3] + y \cdot [0, 2, -1] + z \cdot [-1, 1, 2] = [5, -1, 3]$

$\Rightarrow 2x - z = 5，-x + 2y + z = -1，3x - y + 2z = 3$

解得 $x = 2, y = 1, z = -1$

1.2 向量的夾角

17.【向量的夾角】若 $\overrightarrow{AB}$ 和 $\overrightarrow{CD}$ 為二非零向量,則 $\overrightarrow{AB}$ 和 $\overrightarrow{CD}$ 的夾角是將它們的兩個起點 A、C 重疊後,夾角小於 $180°$ 的角,即

18.【向量的特殊夾角】向量夾角的特殊角度有:

(1) 若 $\overrightarrow{AB} \mathbin{\!/\mkern-5mu/\!} \overrightarrow{CD}$ 且二方向相同 $\Rightarrow$ 夾角 $= 0°$

(2) 若 $\overrightarrow{AB} \mathbin{\!/\mkern-5mu/\!} \overrightarrow{CD}$ 且二方向相反 $\Rightarrow$ 夾角 $= 180°$

(3) 若 $\overrightarrow{AB} \perp \overrightarrow{CD} \Rightarrow$ 夾角 $= 90°$

19.【方向角】

(1) 若二維向量 $\vec{u} = \overrightarrow{OP} = [a, b]$(見下圖),則從正 x 軸起,逆時針方向旋轉到 $\vec{u}$ 的角度,稱為 $\vec{u}$ 的方向角(direction angle),方向角介於 0 到 2π 之間;而 $\vec{u}$ 的長度為 $\sqrt{a^2 + b^2}$。

如下圖,設 $\phi = \tan^{-1}\left(\dfrac{b}{a}\right)$,$-\dfrac{\pi}{2} < \phi < \dfrac{\pi}{2}$,則

(a) 若 $[a, b]$ 在第一象限,$\vec{u}$ 的方向角為 $\theta = \phi$(此 $\phi > 0$);

(b) 若 $[a, b]$ 在第二象限,$\vec{u}$ 的方向角為 $\theta = \pi + \phi$(此 $\phi < 0$);

(c) 若 $[a, b]$ 在第三象限,$\vec{u}$ 的方向角為 $\theta = \pi + \phi$(此 $\phi > 0$);

(d) 若 $[a, b]$ 在第四象限,$\vec{u}$ 的方向角為 $\theta = 2\pi + \phi$(此 $\phi < 0$);

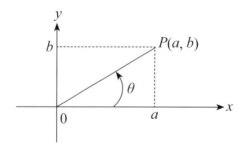

(2) 若三維向量 $\vec{v} = \overrightarrow{OQ} = [a, b, c]$，其與正 x, y, z 軸的夾角分別是 α, β 和 γ，則此三個角度稱為向量 $\vec{v}$ 的方向角，而此三角度所對應的餘弦 $\cos\alpha, \cos\beta, \cos\gamma$，稱為向量 $\vec{v}$ 的方向餘弦（direction cosine），且有 $\cos^2\alpha + \cos^2\beta + \cos^2\gamma = 1$ 的特性

例 10 求下列二維向量的方向角和其長度

(1) $\vec{u} = [1, \sqrt{3}]$；(2) $\vec{u} = [-\sqrt{3}, 1]$；(3) $\vec{u} = [1, -1]$

解 (1) $\vec{u} = [1, \sqrt{3}]$，其方向角為 $\theta = \tan^{-1}\left(\dfrac{b}{a}\right) = \tan^{-1}\left(\dfrac{\sqrt{3}}{1}\right) = \dfrac{\pi}{3}$

其長度為 $\sqrt{(1)^2 + (\sqrt{3})^2} = 2$

(2) $\vec{u} = [-\sqrt{3}, 1]$，$\theta = \tan^{-1}\left(\dfrac{b}{a}\right) = \tan^{-1}\left(\dfrac{1}{-\sqrt{3}}\right) = -\dfrac{\pi}{6}$

因 $\vec{u}$ 在第二象限，其方向角為 $\pi + (-\dfrac{\pi}{6}) = \dfrac{5}{6}\pi$

其長度為 $\sqrt{(-\sqrt{3})^2 + (1)^2} = 2$

(3) $\vec{u} = [1, -1]$，$\theta = \tan^{-1}\left(\dfrac{b}{a}\right) = \tan^{-1}\left(\dfrac{-1}{1}\right) = -\dfrac{\pi}{4}$

因 $\vec{u}$ 在第四象限，其方向角為 $2\pi + (-\dfrac{\pi}{4}) = \dfrac{7}{4}\pi$

其長度為 $\sqrt{(1)^2 + (-1)^2} = \sqrt{2}$

例 11 若三維向量 $\vec{v}$ 與正 x, y, z 軸的夾角分別是 $\dfrac{\pi}{3}$，$\dfrac{\pi}{4}$ 和 $\dfrac{2\pi}{3}$，求向量 $\vec{v}$ 的

(1) 方向餘弦？(2) 方向餘弦的平方和？

解 (1) 向量 $\vec{v}$ 的方向餘弦為：

$\cos(\dfrac{\pi}{3}), \cos(\dfrac{\pi}{4})$ 和 $\cos(\dfrac{2\pi}{3}) = \dfrac{1}{2}, \dfrac{\sqrt{2}}{2}, -\dfrac{1}{2}$

(2) 方向餘弦的平方和 $= (\dfrac{1}{2})^2 + (\dfrac{\sqrt{2}}{2})^2 + (-\dfrac{1}{2})^2 = 1$

練習題

1. 請問下列哪些量是純量？那些量是向量？

(1) 動能；(2) 電場強度；(3) 功；(4) 功率；(5) 密度；

(6) 力

【答】純量有：(1) 動能；(4) 功率；(5) 密度；

　　　向量有：(2) 電場強度；(3) 功；(6) 力

2. 若向量 $\vec{a},\vec{b}$ 不共線、$x, y \in R$，且 $\vec{P} = (x+4y)\vec{a} + (2x+y+1)\vec{b}$，

$\vec{Q} = (-2x+y+2)\vec{a} + (2x-3y-1)\vec{b}$，求 x, y 之值，使得 $3\vec{P} = 2\vec{Q}$

【答】$x = 2, y = -1$

3. 有三向量 $\vec{a}_1, \vec{a}_2, \vec{a}_3$，若 $\vec{b}_1 = 2\vec{a}_1 + 3\vec{a}_2 - \vec{a}_3$，$\vec{b}_2 = \vec{a}_1 - 2\vec{a}_2 + 2\vec{a}_3$，

$\vec{b}_3 = -2\vec{a}_1 + \vec{a}_2 - 2\vec{a}_3$ 且 $\vec{F} = 3\vec{a}_1 - \vec{a}_2 + 2\vec{a}_3$，求以 $\vec{b}_1, \vec{b}_2, \vec{b}_3$ 表示 $\vec{F}$

【答】$\vec{F} = 2\vec{b}_1 + 5\vec{b}_2 + 3\vec{b}_3$

4. 有三向量 $\vec{A} = [3, -1, -4]$，$\vec{B} = [-2, 4, -3]$，$\vec{C} = [1, 2, -1]$，求：

(1) $2\vec{A} - \vec{B} + 3\vec{C} = ?$ (2) $\left| 2\vec{A} - \vec{B} + 3\vec{C} \right| = ?$ (3) 一單位向量平行向量

$2\vec{A} - \vec{B} + 3\vec{C} = ?$

【答】(1) $[11, 0, -8]$；(2) $\sqrt{185}$；(3) $\dfrac{\pm 1}{\sqrt{185}}[11, 0, -8]$

5. 下列已知一定點 P 及向量 $\vec{y}$，求點 Q 使得 $\overrightarrow{PQ} = \vec{y}$：

(a) $P = (4, 6, 0)$，$\vec{y} = [3, -1, 0]$；(b) $P = (-8, -4, 2)$，$\vec{y} = [8, 4, -2]$；

【答】(1) $Q = [7, 5, 0]$；(2) $Q = [0, 0, 0]$

6. 已知 $\vec{a} = [2, -1, 0]$，$\vec{b} = [-4, 2, 5]$，$\vec{c} = [0, 0, 3]$，求下列之值：

(1) $\vec{a} + 2\vec{b}$；(2) $5(\vec{a} - 2\vec{c})$；(3) $3\vec{a} - 5\vec{b} + 2\vec{c}$；(4) $6\vec{a} - 2\vec{b} + 3\vec{c}$；

(5) $\vec{a} + \vec{b} + \vec{c}$；(6) $|\vec{a}| - |\vec{b}|$；(7) $|\vec{a} - 5\vec{b} + 2\vec{c}|$；(8) $\dfrac{|\vec{a}|}{|\vec{c}|} \cdot \vec{b}$；

【答】(1) $[-6, 3, 10]$；(2) $[10, -5, -30]$；(3) $[26, -13, -19]$；(4) $[20, -10,$

$-1]$；(5) $[-2, 1, 8]$；(6) $-2\sqrt{5}$；(7) $\sqrt{966}$；(8) $[\dfrac{-4\sqrt{5}}{3}, \dfrac{2\sqrt{5}}{3}, \dfrac{5\sqrt{5}}{3}]$

7. 已知 $\vec{a} = [2, -1, 0]$，$\vec{b} = [-4, 2, 5]$，$\vec{c} = [3, 1, d]$，求 d 值為何此三合

力才會在 xy 平面上

【答】$d = -5$

第 2 章　向量的內積與外積

本章將介紹：向量的內積、向量的外積和內外積的應用。

2.1　向量內積

1.【向量的內積】

(1) 若二向量 $\vec{a}$、$\vec{b}$ 的夾角為 θ，則其內積〔inner product 或稱為點積（dot product）或純量積（scalar product）〕定義為：

$$\vec{a} \cdot \vec{b} = |\vec{a}||\vec{b}|\cos\theta，0 \leq \theta \leq \pi。$$

內積的結果為一實數（純量），而非一向量。

(2) 如果向量以分量表示，即 $\vec{a} = [x_1, y_1, z_1]$、$\vec{b} = [x_2, y_2, z_2]$，則其內積為

$$\vec{a} \cdot \vec{b} = [x_1, y_1, z_1] \cdot [x_2, y_2, z_2] = x_1 x_2 + y_1 y_2 + z_1 z_2$$

$$= |\vec{a}||\vec{b}|\cos\theta = \sqrt{x_1^2 + y_1^2 + z_1^2}\sqrt{x_2^2 + y_2^2 + z_2^2}\cos\theta，$$

$\vec{a}$、$\vec{b}$ 的夾角為 $\cos\theta = \dfrac{x_1 x_2 + y_1 y_2 + z_1 z_2}{|\vec{a}||\vec{b}|}$，$0 \leq \theta \leq \pi$。

(3) 內積的結果與二向量夾角的關係如下：

(a) 若 $\vec{a} \cdot \vec{b} = 0$，表示 $\vec{a} = \vec{0}$、$\vec{b} = \vec{0}$ 或 $\vec{a} \perp \vec{b}$（此情況稱為 $\vec{a}$、$\vec{b}$ 二向量垂直或正交）；

(b) 若 $\vec{a} \cdot \vec{b} > 0$，表示 θ 為銳角（小於 90°）；

(c) 若 $\vec{a} \cdot \vec{b} < 0$，表示 θ 為鈍角（大於 90°）。

2.【內積的意義】

(1) $\vec{a} \cdot \vec{b}$ 的意義是 $\vec{a}$ 向量投影到 $\vec{b}$ 向量的長度（等於 $|\vec{a}|\cos\theta$）再乘以 $\vec{b}$ 向量的長度值（或 $\vec{b}$ 向量投影到 $\vec{a}$ 向量的長度再乘以 $\vec{a}$ 向量的長度值），即 $\vec{a} \cdot \vec{b} = |\vec{a}||\vec{b}|\cos\theta$。所以內積後的結果為一常數。

(2) 下圖 $\vec{a} \cdot \vec{b} = \overline{AB} \times |\vec{b}|$（因 $\overline{AB} = |\vec{a}|\cos\theta$），所以 $\vec{a} \cdot \vec{b} = |\vec{a}||\vec{b}|\cos\theta$

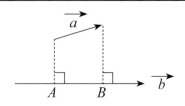

(3) $\vec{a}$ 向量投影到 $\vec{b}$ 向量的長度 $|\vec{a}|\cos\theta$ 也可以用下法求得：

因 $\vec{a}\cdot\vec{b}=|\vec{a}||\vec{b}|\cos\theta$

$$\Rightarrow |\vec{a}|\cos\theta=\frac{\vec{a}\cdot\vec{b}}{|\vec{b}|}=\overline{AB}$$

例 1 求 (1) $\vec{i}\cdot\vec{j}$，(2) $\vec{j}\cdot\vec{k}$，(3) $\vec{i}\cdot\vec{k}$ 之值

解 (1) $\vec{i}\cdot\vec{j}=[1,0,0][0,1,0]=0$，$\vec{i}$ 和 $\vec{j}$ 垂直

(2) $\vec{j}\cdot\vec{k}=[0,1,0][0,0,1]=0$，$\vec{j}$ 和 $\vec{k}$ 垂直

(3) $\vec{i}\cdot\vec{k}=[1,0,0][0,0,1]=0$，$\vec{i}$ 和 $\vec{k}$ 垂直

例 2 $\vec{a}=[1,2,0]$、$\vec{b}=[3,-2,1]$，求：(1) $\vec{a}\cdot\vec{b}$，(2) 二向量的夾角的 cos 值

做法 $\vec{a}\cdot\vec{b}=[x_1,y_1,z_1][x_2,y_2,z_2]=|a||b|\cos\theta$

解 (1) $\vec{a}\cdot\vec{b}=[1,2,0]\cdot[3,-2,1]=-1$

(2) 其夾角 $\cos\theta=\dfrac{\vec{a}\cdot\vec{b}}{|\vec{a}||\vec{b}|}=\dfrac{-1}{\sqrt{1^2+2^2+0^2}\sqrt{3^2+(-2)^2+1^2}}$

$=\dfrac{-1}{\sqrt{5}\sqrt{14}}=\dfrac{-1}{\sqrt{70}}$

例 3 若 $\vec{a}=[1,2,x]$、$\vec{b}=[3,-2,1]$，二向量垂直，求 x 之值

解 二向量垂直，表示其內積為 0

$\vec{a}\cdot\vec{b}=[1,2,x]\cdot[3,-2,1]=3-4+x=0\Rightarrow x=1$

例 4 設向量 $\vec{a}$ 的長度為 2，向量 $\vec{a}$ 和向量 $\vec{b}$ 的夾角為 $30°$，求向量 $\vec{a}$ 投影到向量 $\vec{b}$ 的長度

解 向量 $\vec{a}$ 投影到向量 $\vec{b}$ 的長度 $=|\vec{a}|\cos\theta=2\cdot\cos30°=\sqrt{3}$

例 5　求向量 $\vec{a} = [1, 2, 1]$：(1) 在 x 軸的投影；(2) 在 y 軸的投影；(3) 投影到向量 $\vec{b} = [2, 3, 6]$ 的長度

解　(1) 向量 $\vec{a} = [1, 2, 1]$ 在 x 軸的投影，是向量 $\vec{a}$ 的 x 分量 $= 1$

　　(2) 向量 $\vec{a} = [1, 2, 1]$ 在 y 軸的投影，是向量 $\vec{a}$ 的 y 分量 $= 2$

　　(3) 向量 $\vec{a}$ 投影到向量 $\vec{b} = [2, 3, 6]$ 的長度$= |\vec{a}| \cos\theta$

$$\text{又} \vec{a} \cdot \vec{b} = [1, 2, 1][2, 3, 6] = 14$$
$$= \sqrt{1^2 + 2^2 + 1^2} \sqrt{2^2 + 3^2 + 6^2} \cos\theta$$
$$\Rightarrow \cos\theta = \frac{2}{\sqrt{6}}$$
$$\text{又} |\vec{a}| = \sqrt{1^2 + 2^2 + 1^2} = \sqrt{6}$$
$$\Rightarrow |\vec{a}| \cos\theta = \sqrt{6} \frac{2}{\sqrt{6}} = 2$$

另解　$|\vec{a}| \cos\theta = \dfrac{\vec{a} \cdot \vec{b}}{|\vec{b}|} = \dfrac{14}{7} = 2$

3.【內積的特性】若 $\vec{a}$、$\vec{b}$、$\vec{c}$ 為三向量，且 $r \in R$，則

(1) $\vec{a} \cdot \vec{b} = \vec{b} \cdot \vec{a}$

(2) $\vec{a} \cdot \vec{a} = |\vec{a}|^2$

(3) $\vec{a} \cdot \vec{a} = 0 \Leftrightarrow \vec{a} = \vec{0}$

(4) $\vec{a} \cdot (\vec{b} + \vec{c}) = \vec{a} \cdot \vec{b} + \vec{a} \cdot \vec{c}$

(5) $r\vec{a} \cdot \vec{b} = \vec{a} \cdot (r\vec{b})$

(6) $(\vec{a} + \vec{b}) \cdot (\vec{a} - \vec{b}) = |\vec{a}|^2 - |\vec{b}|^2$

(7) $|\vec{a} + \vec{b}|^2 = (\vec{a} + \vec{b}) \cdot (\vec{a} + \vec{b}) = |\vec{a}|^2 + 2\vec{a} \cdot \vec{b} + |\vec{b}|^2$

(8) $\vec{i} \cdot \vec{i} = \vec{j} \cdot \vec{j} = \vec{k} \cdot \vec{k} = 1$

(9) $\vec{i} \cdot \vec{j} = \vec{j} \cdot \vec{k} = \vec{k} \cdot \vec{i} = 0$（相互垂直）

註：二向量相加，其結果還是為一向量，二向量的內積，其結果為一數值 $\in R$，而向量和一數值乘積，結果也是一向量。

4.【方向餘弦的值】

(1) 一個向量的方向餘弦是此向量和三個座標軸的夾角的餘弦值。

(2) 若三維向量 $\vec{v} = [a,\ b,\ c]$ 的三個方向餘弦分別為 $\cos\alpha$，$\cos\beta$，

$\cos\gamma$，則：$\cos\alpha = \dfrac{a}{|\vec{v}|}$、$\cos\beta = \dfrac{b}{|\vec{v}|}$、$\cos\gamma = \dfrac{c}{|\vec{v}|}$

　　證明　$\vec{v}$ 和 x 軸（$= [1, 0, 0]$）的夾角為

$$\vec{v} \cdot [1, 0, 0] = |\vec{v}| \cdot 1 \cdot \cos\alpha \Rightarrow \cos\alpha = \frac{a}{|\vec{v}|}$$

5.【向量的運算】常使用的向量運算公式如下：

(1) $|\vec{u}|^2 = \vec{u} \cdot \vec{u} = \vec{u}^2$

(2) $(\vec{u} + \vec{v})^2 = (\vec{u} + \vec{v}) \cdot (\vec{u} + \vec{v}) = |\vec{u}|^2 + 2\vec{u} \cdot \vec{v} + |\vec{v}|^2$

(3) $(\vec{u} + \vec{v}) \cdot (\vec{u} - \vec{v}) = \vec{u}^2 - \vec{v}^2$

例 6　若 $|\vec{a}| = 3$、$|\vec{b}| = 4$、$\vec{a}$ 和 $\vec{b}$ 的夾角為 $60°$，求 $(1)\ |\vec{a} + 2\vec{b}|$；$(2)\ |2\vec{a} - \vec{b}|$。

做法　要求向量的長度通常會先將長度平方後再求，會比較容易些

解　(1) $(\vec{a} + 2\vec{b})^2 = |\vec{a}|^2 + 4\vec{a} \cdot \vec{b} + 4|\vec{b}|^2$

而 $\vec{a} \cdot \vec{b} = |\vec{a}||\vec{b}|\cos\theta = 3 \cdot 4 \cdot \cos60° = 6$

所以 $(\vec{a} + 2\vec{b})^2 = 3^2 + 4 \cdot 6 + 4 \cdot 4^2 = 97$

$\Rightarrow |\vec{a} + 2\vec{b}| = \sqrt{97}$

(2) $(2\vec{a} - \vec{b})^2 = 4|\vec{a}|^2 - 4\vec{a} \cdot \vec{b} + |\vec{b}|^2 = 4 \cdot 3^2 - 4 \cdot 6 + 4^2 = 28$

$\Rightarrow |2\vec{a} - \vec{b}| = \sqrt{28}$

例 7　若三維向量 $\vec{v} = [2, 3, 6]$，其與正 x, y, z 軸的夾角分別是 α, β 和 γ，求此三個角度所對應的餘弦

解　$|\vec{v}| = \sqrt{2^2 + 3^2 + 6^2} = 7$

三個方向餘弦分別為：

$\cos\alpha = \dfrac{a}{|\vec{v}|} = \dfrac{2}{7}$、$\cos\beta = \dfrac{b}{|\vec{v}|} = \dfrac{3}{7}$、$\cos\gamma = \dfrac{c}{|\vec{v}|} = \dfrac{6}{7}$

例 8　若點 $A(2, 3, 4)$ 和點 $B(x, y, z)$ 間的距離為 14，$\overrightarrow{AB}$ 向量的方向餘弦

分別為 $\dfrac{2}{7}$，$\dfrac{-3}{7}$，$\dfrac{6}{7}$，求點 B 的坐標。

[解] $\overrightarrow{AB}=[x-2,y-3,z-4]$，又$|\overrightarrow{AB}|=14$

三個方向餘弦分別為：

$$\cos\alpha=\frac{x-2}{|\overrightarrow{AB}|}=\frac{x-2}{14}=\frac{2}{7}\Rightarrow x=6$$

$$\cos\beta=\frac{y-3}{|\overrightarrow{AB}|}=\frac{y-3}{14}=\frac{-3}{7}\Rightarrow y=-3$$

$$\cos\gamma=\frac{z-4}{|\overrightarrow{AB}|}=\frac{z-4}{14}=\frac{6}{7}\Rightarrow z=16$$

所以點 B 為 $(6,-3,16)$

例9 $\vec{x}$，$\vec{y}$為二向量，下列情況在何條件下才會成立

(1) $|\vec{x}+\vec{y}|=|\vec{x}|+|\vec{y}|$

(2) $|\vec{x}|^2+|\vec{y}|^2=|\vec{x}+\vec{y}|^2$

(3) $|\vec{x}\cdot\vec{y}|=|\vec{x}\|\vec{y}|$

(4) $\vec{x}\cdot\vec{y}=|\vec{x}\|\vec{y}|$

(5) $|\vec{x}|-|\vec{y}|\leq|\vec{x}-\vec{y}|$

[解] (1) $\vec{x}$和$\vec{y}$平行且同向時，等號才成立。

(2) $\vec{x}$和$\vec{y}$垂直時，等號才成立（直角三角形二邊的平方和等於斜邊的平方）

(3) $\vec{x}$和$\vec{y}$平行時，等號成立（$\vec{x}\cdot\vec{y}=|\vec{x}\|\vec{y}|\cos\theta$）

(4) $\vec{x}$和$\vec{y}$平行且方向相同時，等號成立（$\vec{x}\cdot\vec{y}=|\vec{x}\|\vec{y}|\cos\theta$）

(5) 任何條件均成立（若$\vec{x}$和$\vec{y}$不平行，等號不成立）

例10 設$\vec{x}$，$\vec{y}$是單位向量且相互垂直，證明對任何常數 s 和 $t\in R$，有 $|s\vec{x}+t\vec{y}|^2=s^2+t^2$

[證] $|s\vec{x}+t\vec{y}|^2=(s\vec{x}+t\vec{y})\cdot(s\vec{x}+t\vec{y})=s^2\vec{x}\cdot\vec{x}+2st\vec{x}\cdot\vec{y}+t^2\vec{y}\cdot\vec{y}$

其中$\vec{x}\cdot\vec{x}=|\vec{x}|^2=1$，$\vec{y}\cdot\vec{y}=|\vec{y}|^2=1$

因$\vec{x}$，$\vec{y}$垂直$\Rightarrow\vec{x}\cdot\vec{y}=0$

$\Rightarrow$原式$=s^2+t^2$得證

2.2 向量的外積

6.【外積的定義】

(1)若二向量 $\vec{a} = [x_1, y_1, z_1]$、$\vec{b} = [x_2, y_2, z_2]$ 的夾角為 θ，則其外積〔outer product 或稱為向量積（vector product），或叉積（cross product）〕定義為：

$$\vec{a} \times \vec{b} = \begin{vmatrix} \vec{i} & \vec{j} & \vec{k} \\ x_1 & y_1 & z_1 \\ x_2 & y_2 & z_2 \end{vmatrix}$$

（註：$\vec{a}$ 在前面，$[x_1, y_1, z_1]$ 要放在上面，$\vec{b}$ 在後面，$[x_2, y_2, z_2]$ 要放在下面）

其為一向量，其大小為 $|\vec{a} \times \vec{b}| = |\vec{a}||\vec{b}|\sin\theta$；其方向是由笛卡兒座標系統的右旋定則決定，即：四指指到 $\vec{a}$ 的方向，四指再掃到 $\vec{b}$ 的方向，大拇指的方向就是 $\vec{a} \times \vec{b}$ 的方向，此 $\vec{a}$、$\vec{b}$、$\vec{a} \times \vec{b}$ 是右旋定則。

(2)$\vec{a} \times \vec{b}$ 的方向同時垂直 $\vec{a}$ 向量和 $\vec{b}$ 向量（$\vec{a}$，$\vec{b}$ 二向量本身不一定垂直）

(3)若 $\vec{a} \times \vec{b} = \begin{vmatrix} \vec{i} & \vec{j} & \vec{k} \\ x_1 & y_1 & z_1 \\ x_2 & y_2 & z_2 \end{vmatrix} = p\vec{i} + q\vec{j} + r\vec{k}$，其大小也可表成

$$|\vec{a} \times \vec{b}| = \sqrt{p^2 + q^2 + r^2} = |\vec{a}||\vec{b}|\sin\theta$$

例 11 若二向量 $\vec{a} = [1, 1, 0]$、$\vec{b} = [3, 0, 0]$，求：(1) $\vec{a} \times \vec{b}$；(2)$|\vec{a} \times \vec{b}|$；(3)$\vec{a}$，$\vec{b}$ 的夾角

解 (1) $\vec{a} \times \vec{b} = \begin{vmatrix} \vec{i} & \vec{j} & \vec{k} \\ 1 & 1 & 0 \\ 3 & 0 & 0 \end{vmatrix} = -3\vec{k}$，其為一向量

(2) 其大小為 $|\vec{a} \times \vec{b}| = \sqrt{0^2 + 0^2 + (-3)^2} = 3$；

(3) $\vec{a} \cdot \vec{b} = |\vec{a}||\vec{b}|\cos\theta$

$\Rightarrow [1, 1, 0] \cdot [3, 0, 0] = \sqrt{1^2 + 1^2 + 0^2}\sqrt{3^2 + 0^2 + 0^2}\cos\theta$

$$\Rightarrow \cos\theta = \frac{3}{3\sqrt{2}} \Rightarrow \cos\theta = \frac{1}{\sqrt{2}} \Rightarrow \theta = \frac{\pi}{4}$$

註：$\sin\theta$ 在第一二象限均為正值，無法知道 θ 在哪個象限

例 12 若二向量 $|\vec{a}|=2$、$|\vec{b}|=3$、$\vec{a}\cdot\vec{b}=4$，求 $|\vec{a}\times\vec{b}|$

解 $|\vec{a}\times\vec{b}|=|\vec{a}||\vec{b}|\sin\theta$

又 $\vec{a}\cdot\vec{b}=|\vec{a}||\vec{b}|\cos\theta = 2\cdot 3\cos\theta = 4$

$$\Rightarrow \cos\theta = \frac{2}{3} \Rightarrow \sin\theta = \frac{\sqrt{5}}{3}$$

所以 $|\vec{a}\times\vec{b}|=|\vec{a}||\vec{b}|\sin\theta = 2\cdot 3\cdot\frac{\sqrt{5}}{3}=2\sqrt{5}$

例 13 若 $\vec{a}=[1, 2, 3]$、$\vec{b}=[2, -1, 2]$，求單位向量 $\vec{c}$，使得 $\vec{c}$ 垂直 $\vec{a}$ 和 $\vec{b}$

解 因 $\vec{a}\times\vec{b}$ 的方向同時垂直 $\vec{a}$ 向量和 $\vec{b}$ 向量，所以

$$\vec{a}\times\vec{b}=\begin{vmatrix} \vec{i} & \vec{j} & \vec{k} \\ 1 & 2 & 3 \\ 2 & -1 & 2 \end{vmatrix}=7\vec{i}+4\vec{j}-5\vec{k}$$

而 $|\vec{a}\times\vec{b}|=\sqrt{7^2+4^2+(-5)^2}=\sqrt{90}$

單位向量 $\vec{c}=\dfrac{\vec{a}\times\vec{b}}{|\vec{a}\times\vec{b}|}=\dfrac{7}{\sqrt{90}}\vec{i}+\dfrac{4}{\sqrt{90}}\vec{j}-\dfrac{5}{\sqrt{90}}\vec{k}$

或 $\vec{c}=\dfrac{-\vec{a}\times\vec{b}}{|\vec{a}\times\vec{b}|}=\dfrac{-7}{\sqrt{90}}\vec{i}+\dfrac{-4}{\sqrt{90}}\vec{j}+\dfrac{5}{\sqrt{90}}\vec{k}$（反方向）

7.【**外積的特性**】若 $\vec{A}$、$\vec{B}$、$\vec{C}$ 為三向量，且 $r\in R$，則

(1) $\vec{A}\times\vec{B}=-\vec{B}\times\vec{A}$（外積不具交換性，大小相等，方向相反）

(2) $\vec{A}\times(\vec{B}+\vec{C})=\vec{A}\times\vec{B}+\vec{A}\times\vec{C}$

(3) $r(\vec{A}\times\vec{B})=(r\vec{A})\times\vec{B}=\vec{A}\times(r\vec{B})$

(4) $\vec{i}\times\vec{i}=\vec{j}\times\vec{j}=\vec{k}\times\vec{k}=\vec{0}$，$\vec{i}\times\vec{j}=\vec{k}$，$\vec{j}\times\vec{k}=\vec{i}$，$\vec{k}\times\vec{i}=\vec{j}$

(5) 若 $\vec{A}\times\vec{B}=\vec{0}$ 且 $\vec{A}$、$\vec{B}$ 均不為 $\vec{0}$，則 $\vec{A}$、$\vec{B}$ 相互平行

(6) $\vec{A}\times\vec{A}=\vec{0}$（註：$\vec{A}$ 和 $\vec{A}$ 平行）

例 14　若二向量 $\vec{a} = [1, 1, 2]$、$\vec{b} = [3, 2, 1]$，求

(1) $\vec{a} \times \vec{b}$；(2) $\vec{b} \times \vec{a}$；(3) $(\vec{a} + \vec{b}) \times (\vec{a} - \vec{b})$；

解　(1) $\vec{a} \times \vec{b} = \begin{vmatrix} \vec{i} & \vec{j} & \vec{k} \\ 1 & 1 & 2 \\ 3 & 2 & 1 \end{vmatrix} = -3\vec{i} + 5\vec{j} - \vec{k}$

(2) $\vec{b} \times \vec{a} = \begin{vmatrix} \vec{i} & \vec{j} & \vec{k} \\ 3 & 2 & 1 \\ 1 & 1 & 2 \end{vmatrix} = 3\vec{i} - 5\vec{j} + \vec{k} = -\vec{a} \times \vec{b}$

(3) $\vec{a} + \vec{b} = [4, 3, 3]$，$\vec{a} - \vec{b} = [-2, -1, 1]$

$(\vec{a} + \vec{b}) \times (\vec{a} - \vec{b}) = \begin{vmatrix} \vec{i} & \vec{j} & \vec{k} \\ 4 & 3 & 3 \\ -2 & -1 & 1 \end{vmatrix} = 6\vec{i} - 10\vec{j} + 2\vec{k}$

8.【三向量乘積的特性】若 $\vec{A} = [A_1, A_2, A_3]$、$\vec{B} = [B_1, B_2, B_3]$、$\vec{C} = [C_1, C_2, C_3]$

為三向量，且 $r \in R$，則

(1) $(\vec{A} \cdot \vec{B}) \times \vec{C} \neq \vec{A} \cdot (\vec{B} \times \vec{C})$（外積不具結合性）

（註：第一項 $(\vec{A} \cdot \vec{B}) \times \vec{C}$ 無意義）

(2) $(\vec{A} \times \vec{B}) \times \vec{C} \neq \vec{A} \times (\vec{B} \times \vec{C})$（外積不具結合性）

(3) $\vec{A} \cdot (\vec{B} \times \vec{C}) = (\vec{A} \times \vec{B}) \cdot \vec{C} = \begin{vmatrix} A_1 & A_2 & A_3 \\ B_1 & B_2 & B_3 \\ C_1 & C_2 & C_3 \end{vmatrix}$，稱為純量三重積（scalar

triple product）

（註：$\vec{A} \cdot (\vec{B} \times \vec{C})$ 可表示成 $[\vec{A}\vec{B}\vec{C}]$，它是一純量）

(4)(a) $\vec{A} \times (\vec{B} \times \vec{C}) = (\vec{A} \cdot \vec{C})\vec{B} - (\vec{A} \cdot \vec{B})\vec{C}$

(b) $(\vec{A} \times \vec{B}) \times \vec{C} = -\vec{C} \times (\vec{A} \times \vec{B}) = (\vec{A} \cdot \vec{C})\vec{B} - (\vec{B} \cdot \vec{C})\vec{A}$

稱為向量三重積（vector triple product）。

例 15　若二向量 $\vec{A} = [3, -1, 2]$、$\vec{B} = [2, 1, -1]$、$\vec{C} = [1, -2, 2]$，求

(1) $(\vec{A} \times \vec{B}) \times \vec{C}$；(2) $\vec{A} \times (\vec{B} \times \vec{C})$；(3) $\vec{A} \cdot (\vec{B} \times \vec{C})$

$\boxed{解}$ (1) $\vec{A} \times \vec{B} = \begin{vmatrix} \vec{i} & \vec{j} & \vec{k} \\ 3 & -1 & 2 \\ 2 & 1 & -1 \end{vmatrix} = -\vec{i} + 7\vec{j} + 5\vec{k}$,

$$(\vec{A} \times \vec{B}) \times \vec{C} = \begin{vmatrix} \vec{i} & \vec{j} & \vec{k} \\ -1 & 7 & 5 \\ 1 & -2 & 2 \end{vmatrix} = 24\vec{i} + 7\vec{j} - 5\vec{k}$$

(2) $\vec{B} \times \vec{C} = \begin{vmatrix} \vec{i} & \vec{j} & \vec{k} \\ 2 & 1 & -1 \\ 1 & -2 & 2 \end{vmatrix} = 0\vec{i} - 5\vec{j} - 5\vec{k}$,

$$\vec{A} \times (\vec{B} \times \vec{C}) = \begin{vmatrix} \vec{i} & \vec{j} & \vec{k} \\ 3 & -1 & 2 \\ 0 & -5 & -5 \end{vmatrix} = 15\vec{i} + 15\vec{j} - 15\vec{k}$$

由上可知，$(\vec{A} \times \vec{B}) \times \vec{C} \neq \vec{A} \times (\vec{B} \times \vec{C})$

(3) $\vec{A} \cdot (\vec{B} \times \vec{C}) = \begin{vmatrix} 3 & -1 & 2 \\ 2 & 1 & -1 \\ 1 & -2 & 2 \end{vmatrix} = -5$

或 $\vec{A} \cdot (\vec{B} \times \vec{C}) = [3, -1, 2] \cdot [0, -5, -5] = -5$

2.3　向量的內外積的應用

9.【平行四邊形面積】若 $\vec{A}$、$\vec{B}$ 為一平行四邊形同一頂點的相鄰二向量，
則由此二向量所圍出來的平行四邊形面積為 $|\vec{A} \times \vec{B}|$

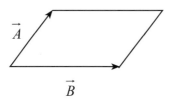

10.【三角形面積】若 $\vec{A}$、$\vec{B}$ 為一三角形同一頂點的相鄰二向量，則由此
二向量所圍出來的三角形面積為 $\dfrac{1}{2}|\vec{A} \times \vec{B}|$

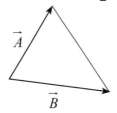

11.【純量三重積】三向量 $\vec{A}$、$\vec{B}$、$\vec{C}$ 的純量三重積為 $\vec{A} \cdot (\vec{B} \times \vec{C})$，也記
成 $[\vec{A}\,\vec{B}\,\vec{C}]$，其結果為一純量。$\vec{A} \cdot (\vec{B} \times \vec{C})$ 也可寫成 $\vec{A} \cdot \vec{B} \times \vec{C}$，
因 $(\vec{A} \cdot \vec{B}) \times \vec{C}$ 是無意義的

12.【平行六面體（斜方體）體積】

(1) 若 $\vec{A}$、$\vec{B}$、$\vec{C}$ 為一平行六面體同一頂點的相鄰三向量，則由此三向
量所圍出來的平行六面體體積為（見下圖）

$[\vec{A}\,\vec{B}\,\vec{C}] = \vec{A} \cdot (\vec{B} \times \vec{C})$（結果要為正值）；

(2) 若 $[\vec{A}\,\vec{B}\,\vec{C}] = 0$，表示 $\vec{A}$、$\vec{B}$、$\vec{C}$ 三向量在同一平面上，也就是由此
三向量所圍出來的平行六面體體積為 0。

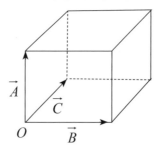

13.【四面體體積】若 $\vec{A}$、$\vec{B}$、$\vec{C}$ 為一四面體同一頂點的相鄰三向量，則由此三向量所圍出來的四面體體積為（見下圖）

$$\frac{1}{6}[\vec{A}\vec{B}\vec{C}] = \frac{1}{6}[\vec{A}\cdot(\vec{B}\times\vec{C})] \text{（結果要為正值）}$$

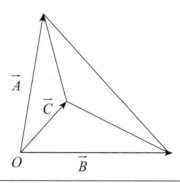

例 16 有二向量 $\vec{A} = [2, -3, 0]$、$\vec{B} = [1, 1, -1]$，(1) 求其所夾成的平行四邊形面積，(2) 求其所夾成的三角形面積

[解] $\vec{A}\times\vec{B} = \begin{vmatrix} \vec{i} & \vec{j} & \vec{k} \\ 2 & -3 & 0 \\ 1 & 1 & -1 \end{vmatrix} = 3\vec{i} + 2\vec{j} + 5\vec{k}$

$\Rightarrow |\vec{A}\times\vec{B}| = \sqrt{3^2 + 2^2 + 5^2} = \sqrt{38}$

(1) 平行四邊形面積為 $|\vec{A}\times\vec{B}| = \sqrt{38}$

(2) 三角形面積為 $\frac{1}{2}|\vec{A}\times\vec{B}| = \frac{\sqrt{38}}{2}$

例 17 有三向量 $\vec{A} = [2, -3, 0]$、$\vec{B} = [1, 1, -1]$、$\vec{C} = [3, 0, -1]$，

(1) 求其所夾成的平行六面體體積，(2) 求其所夾成的四面體體積

[解] (1) 平行六面體體積 $= \vec{A}\cdot(\vec{B}\times\vec{C}) = \begin{vmatrix} 2 & -3 & 0 \\ 1 & 1 & -1 \\ 3 & 0 & -1 \end{vmatrix} = 4$

(2) 四面體體積 $= \frac{1}{6}\cdot\vec{A}\cdot(\vec{B}\times\vec{C}) = \frac{1}{6}\begin{vmatrix} 2 & -3 & 0 \\ 1 & 1 & -1 \\ 3 & 0 & -1 \end{vmatrix} = \frac{4}{6} = \frac{2}{3}$

練習題

1. 若 $\vec{a} = [2, 1, 4]$，$\vec{b} = [-4, 0, 3]$，$\vec{c} = [3, -2, 1]$，求下列的結果：

（1）$\vec{a} \cdot \vec{b}$；（2）$|3\vec{a} - 2\vec{b}|$；（3）$\vec{a} \cdot (\vec{b} + \vec{c})$；（4）$(\vec{a} \cdot \vec{b})\vec{c}$；

(5) $(\vec{a} - \vec{b}) \cdot \vec{c}$；(6) $4\vec{a} \cdot 3\vec{c}$；(7) $6(\vec{a} + \vec{b}) \cdot (\vec{a} - \vec{b})$；(8) $|\vec{a} \cdot \vec{c}|$；

答 (1)4；(2)$\sqrt{241}$；(3)12；(4)[12, -8, 4]；(5)17；(6)96；(7)-24；(8)8

2. 求下面 (a) $\vec{a}$，$\vec{b}$ 夾角的 cos 值；(b) $\vec{a}$ 在 $\vec{b}$ 方向的分量

(1)$\vec{a} = [2, 1, 4]$，$\vec{b} = [-4, 0, 3]$；(2)$\vec{a} = [1, 1, 0]$，$\vec{b} = [0, 0, 3]$；(3)$\vec{a} = [1, 0, 0]$，$\vec{b} = [1, 0, 3]$；

答 (1)(a) $\dfrac{4}{5\sqrt{21}}$；(b)$|\vec{a}|\cos\theta \cdot \dfrac{\vec{b}}{|\vec{b}|} = \dfrac{4}{25}[-4, 0, 3]$

(2)(a)0；(b)$\vec{0}$

(3)(a)$\dfrac{1}{\sqrt{10}}$；(b)$\dfrac{1}{10}[1, 0, 3]$

3. $\vec{a} = [x, -2, 1]$，$\vec{b} = [2x, x, -4]$，若 $\vec{a}$，$\vec{b}$，垂直，求 x 之值

答 $x = 2$ 或 -1

4. 若 $\vec{A} = [3, -1, -2]$，$\vec{B} = [2, 3, 1]$，求(a)$|\vec{A} \times \vec{B}|$；(b)$(\vec{A} + 2\vec{B}) \times (2\vec{A} - \vec{B})$；(c)$|(\vec{A} + \vec{B}) \times (\vec{A} - \vec{B})|$

答 (a) $\sqrt{195}$；(b)[-25, 35, -55]；(c) $2\sqrt{195}$；

5. 若 $\vec{A} = [1, -2, -3]$，$\vec{B} = [2, 1, -1]$，$\vec{C} = [1, 3, -2]$，求 (a) $|(\vec{A} \times \vec{B}) \times \vec{C}|$；(b) $|\vec{A} \times (\vec{B} \times \vec{C})|$；(c) $\vec{A} \cdot (\vec{B} \times \vec{C})$；(d) $(\vec{A} \times \vec{B}) \cdot \vec{C}$；(e) $(\vec{A} \times \vec{B}) \times (\vec{B} \times \vec{C})$；(f) $(\vec{A} \times \vec{B})(\vec{B} \cdot \vec{C})$

答 (a) $5\sqrt{26}$；(b) $3\sqrt{10}$；(c)-20；(d)-20；(e)[-40, -20, 20]；(f)[35, -35, 35]；

6. 若 $\vec{a} = [2, -6, -3]$，$\vec{b} = [4, 3, -1]$，求單位向量 $\vec{c}$，使得 $\vec{c}$ 垂直 $\vec{a}$ 和 $\vec{b}$

答 $\vec{c} = \left[\dfrac{3}{7}, \dfrac{-2}{7}, \dfrac{6}{7}\right]$

7. 若三角形 3 頂點為 $A = (3, -1, 2)$，$B = (1, -1, -3)$，$C = (4, -3, 1)$，求此三角形面積

答 $\dfrac{\sqrt{165}}{2}$

8. 若平行六面體是由 [2, –3, 4]，[1, 2, –1]，[3, –1, 2]，求其所夾成的體積

    答 7

9. 若四面體是由 [2, –3, 4]，[1, 2, –1]，[3, –1, 2]，求其所夾成的體積

    答 $\dfrac{7}{6}$

第 **3** 章　向量的梯度、散度、旋度

本章將介紹：向量微分運算子、向量的梯度、散度、旋度和向量微分運算子的性質等。

3.1　向量微分運算子

1.【向量的一般微分】若向量函數 $\vec{R}(t)$ 只有一個自變數 t，

　　即 $\vec{R}(t) = R_1(t)\vec{i} + R_2(t)\vec{j} + R_3(t)\vec{k}$，則

$$\frac{d\vec{R}(t)}{dt} = \frac{dR_1(t)}{dt}\vec{i} + \frac{dR_2(t)}{dt}\vec{j} + \frac{dR_3(t)}{dt}\vec{k}$$

2.【向量微分運算子】底下討論的向量函數有多個自變數的情況。

　　(1) 和微積分的微分運算子 $\left(\dfrac{d}{dx}\right)$ 一樣，向量也有向量微分運算子

　　　$\triangledown$（讀做「Nabla」，或 del，或「倒三角」），其定義為：

$$\nabla \equiv \frac{\partial}{\partial x}\vec{i} + \frac{\partial}{\partial y}\vec{j} + \frac{\partial}{\partial z}\vec{k}\ （爲一向量）；$$

　　(2) 向量微分運算子 $\triangledown$ 常見的應用有三種：梯度、散度和旋度。

3.【向量的運算種類】設 $\vec{a}, \vec{b}$ 爲二向量，k 爲純量，則向量 $\vec{a}$ 的「後面」可接的運算方式有三種：

　　(1) 乘以一純量：即 $\vec{a}k$，其結果爲一向量；

　　(2) 和一向量做內積：即 $\vec{a} \cdot \vec{b}$，其結果爲一純量；

　　(3) 和一向量做外積：即 $\vec{a} \times \vec{b}$，其結果爲一向量。

4.【$\triangledown$ 的運算種類】設 $\vec{V}(x, y, z) = V_1\vec{i} + V_2\vec{j} + V_3\vec{k}$ 爲一向量函數，$f(x, y, z)$ 爲純量函數，因 $\triangledown$ 是一向量且是微分運算子，和上面第 2 點一樣，$\triangledown$ 的「後面」可接的運算方式有三種：

　　(1) 乘以一純量函數：即 ∇f，其結果爲一向量，此稱爲 f 的梯度（gradient）；

　　(2) 和一向量做內積：即 $\nabla \cdot \vec{V}$，其結果爲一純量，此稱爲 $\vec{V}$ 的散度（divergence）；

(3)和一向量做外積：即 $\nabla \times \vec{V}$，其結果為一向量，此稱為 $\vec{V}$ 的旋度
（curl）。

底下將介紹此三種運算。

3.2 向量的梯度

5.【梯度】

(1) 梯度（Gradient）∇f：若純量函數 $f(x, y, z)$ 在某個區域內的每一點 (x, y, z) 均有定義且可微分，則函數 f 的梯度（寫成 ∇f 或 $grad f$）定義為：

$$grad\, f = \nabla f \equiv (\frac{\partial}{\partial x}\vec{i} + \frac{\partial}{\partial y}\vec{j} + \frac{\partial}{\partial z}\vec{k})f \quad (\text{註：} \nabla \text{ 和 } f \text{ 相乘})$$

$$= \frac{\partial f}{\partial x}\vec{i} + \frac{\partial f}{\partial y}\vec{j} + \frac{\partial f}{\partial z}\vec{k} \quad (\text{註：它是一個向量})$$

(2) 純量函數 $f(x, y, z)$ 在點 $p(x_0, y_0, z_0)$ 切平面的法向量（與切平面垂直的向量）為 $grad\, f|_{(x_0, y_0, z_0)} = \nabla f(x_0, y_0, z_0)$，其切平面方程式為 $\nabla f(x_0, y_0, z_0) \cdot [x - x_0, y - y_0, z - z_0] = 0$（其中 · 為內積）

(3) 純量函數 $f(x, y, z)$ 在點 $p(x_0, y_0, z_0)$ 處沿著單位向量 $\vec{u} = [\cos\alpha, \cos\beta, \cos\gamma]$ 方向的方向導數值（表示成 $D_{\vec{u}} f(p)$），是函數 $f(x, y, z)$ 在點 $p(x_0, y_0, z_0)$ 的梯度和此方向 $\vec{u}$ 的內積，即

$$D_{\vec{u}} f(p) = \nabla f \cdot \vec{u} = [\frac{\partial f}{\partial x}, \frac{\partial f}{\partial y}, \frac{\partial f}{\partial z}] \cdot [\cos\alpha, \cos\beta, \cos\gamma]_{(x_0, y_0, z_0)}$$

$$= \frac{\partial f}{\partial x}\cos\alpha + \frac{\partial f}{\partial y}\cos\beta + \frac{\partial f}{\partial z}\cos\gamma \bigg|_{(x_0, y_0, z_0)}$$

註：若 $\vec{u}$ 非單位向量，則還要除以 $\vec{u}$ 的長度

(4) (a) 第 (3) 點是已知某一方向 $\vec{u}$，要求 p 點在該方向的方向導數值，而 p 點在哪個方向，其方向導數值最大呢？

(b) 純量函數 $f(x, y, z)$ 在點 $p(x_0, y_0, z_0)$ 的最大方向導數，就是函數在點 $p(x_0, y_0, z_0)$ 的梯度方向，即為 $\nabla f(x_0, y_0, z_0)$，而其最大值就是此 $\nabla f(x_0, y_0, z_0)$ 的長度。

$\boxed{\text{證明}}$　因 $\nabla f \cdot \vec{u} = |\nabla f||\vec{u}| \cos\theta$

它的最大值發生在 $\cos\theta = 1$ 時，也就是 $\vec{u}$ 和 ∇f 平行時，

所以它的最大方向導數 $\vec{u}$ 的方向為 ∇f，即 $\vec{u} = \dfrac{\nabla f}{|\nabla f|}$，

而 $\nabla f \cdot \vec{u}$ 的最大值為

$$|\nabla f \cdot \vec{u}| = |\nabla f| \cdot \dfrac{|\nabla f|}{|\nabla f|} = |\nabla f|$$

$\boxed{例1}$　若 $f(x, y, z) = 3x^2 y - y^3 z^2$，求在點 $(1, -2, -1)$ 的 ∇f（或 $grad\, f$）值

$\boxed{做法}$　先求出 ∇f，再將 $(1, -2, -1)$ 代入，即求 $\nabla f(1, -2, -1)$ 之值

$\boxed{解}$　(1) $\nabla f \equiv (\dfrac{\partial}{\partial x}\vec{i} + \dfrac{\partial}{\partial y}\vec{j} + \dfrac{\partial}{\partial z}\vec{k})f = \dfrac{\partial f}{\partial x}\vec{i} + \dfrac{\partial f}{\partial y}\vec{j} + \dfrac{\partial f}{\partial z}\vec{k}$

$\qquad = \dfrac{\partial(3x^2 y - y^3 z^2)}{\partial x}\vec{i} + \dfrac{\partial(3x^2 y - y^3 z^2)}{\partial y}\vec{j} + \dfrac{\partial(3x^2 y - y^3 z^2)}{\partial z}\vec{k}$

$\qquad = 6xy \cdot \vec{i} + (3x^2 - 3y^2 z^2)\vec{j} - 2y^3 z \cdot \vec{k}$

(2) $\nabla f(1, -2, -1)$

$\qquad = 6(1)(-2)\vec{i} + [3(1)^2 - 3(-2)^2(-1)^2]\vec{j} - 2(-2)^3(-1)\vec{k}$

$\qquad = -12\vec{i} - 9\vec{j} - 16\vec{k}$

$\boxed{例2}$　若 $\vec{r} = x \cdot \vec{i} + y \cdot \vec{j} + z \cdot \vec{k}$，而 $r = \sqrt{x^2 + y^2 + z^2}$，求 (1) $\nabla \ln|\vec{r}|$，(2) $\nabla \dfrac{1}{|\vec{r}|}$，

(3) 證明 $\nabla |\vec{r}|^n = n |\vec{r}|^{n-2} \cdot \vec{r}$

$\boxed{做法}$　此種題目都是直接將 $\vec{r} = x\vec{i} + y\vec{j} + z\vec{k}$ 代入後，再化簡之

$\boxed{解}$　$\vec{r} = x \cdot \vec{i} + y \cdot \vec{j} + z \cdot \vec{k} \Rightarrow |\vec{r}| = \sqrt{x^2 + y^2 + z^2}$

(1) $\nabla \ln|\vec{r}| = \nabla \ln(x^2 + y^2 + z^2)^{1/2} = \dfrac{1}{2}\nabla \ln(x^2 + y^2 + z^2)$

$\qquad = \dfrac{1}{2}[\dfrac{\partial}{\partial x}\ln(x^2 + y^2 + z^2)\vec{i} + \dfrac{\partial}{\partial y}\ln(x^2 + y^2 + z^2)\vec{j}$

$\qquad\quad + \dfrac{\partial}{\partial z}\ln(x^2 + y^2 + z^2)\vec{k}]$

$$= \frac{1}{2}[\frac{2x}{x^2 + y^2 + z^2}\vec{i} + \frac{2y}{x^2 + y^2 + z^2}\vec{j} + \frac{2z}{x^2 + y^2 + z^2}\vec{k}]$$

$$= \frac{1}{2}[\frac{2\vec{r}}{|\vec{r}|^2}] = \frac{\vec{r}}{|\vec{r}|^2}$$

(2) $\nabla \dfrac{1}{|\vec{r}|} = \nabla(x^2 + y^2 + z^2)^{-1/2}$

$$= \frac{\partial}{\partial x}(x^2 + y^2 + z^2)^{-1/2}\vec{i} + \frac{\partial}{\partial y}(x^2 + y^2 + z^2)^{-1/2}\vec{j}$$

$$+ \frac{\partial}{\partial z}(x^2 + y^2 + z^2)^{-1/2}\vec{k}$$

$$= -x(x^2 + y^2 + z^2)^{-3/2}\vec{i} - y(x^2 + y^2 + z^2)^{-3/2}\vec{j}$$

$$- z(x^2 + y^2 + z^2)^{-3/2}\vec{k}$$

$$= \frac{-\vec{r}}{|\vec{r}|^3}$$

(3) $\nabla |\vec{r}|^n = \nabla \left(\sqrt{x^2 + y^2 + z^2}\right)^n = \nabla\left(x^2 + y^2 + z^2\right)^{n/2}$

$$= \frac{\partial}{\partial x}(x^2 + y^2 + z^2)^{n/2} \cdot \vec{i} + \frac{\partial}{\partial y}(x^2 + y^2 + z^2)^{n/2} \cdot \vec{j}$$

$$+ \frac{\partial}{\partial z}(x^2 + y^2 + z^2)^{n/2} \cdot \vec{k}$$

$$= \frac{n}{2}(x^2 + y^2 + z^2)^{n/2-1}2x \cdot \vec{i} + \frac{n}{2}(x^2 + y^2 + z^2)^{n/2-1}2y \cdot \vec{j}$$

$$+ \frac{n}{2}(x^2 + y^2 + z^2)^{n/2-1}2z \cdot \vec{k}$$

$$= n(x^2 + y^2 + z^2)^{n/2-1}[x \cdot \vec{i} + y \cdot \vec{j} + z \cdot \vec{k}]$$

$$= n(|\vec{r}|^2)^{n/2-1} \cdot \vec{r} = n|\vec{r}|^{n-2} \cdot \vec{r}$$

例3　曲面 $x^2y + 2xz = 4$，求在點 $(2, -2, 3)$ 垂直於此曲面的單位向量（即切平面的法向量）

做法　曲面 $f(x, y, z)$ 在點 $p(x_0, y_0, z_0)$ 的切平面的法向量爲 $\nabla f(x_0, y_0, z_0)$，此題 $f(x, y, z) = x^2y + 2xy - 4$

解　$\nabla(x^2y + 2xz - 4)\big|_{(2,-2,3)} = (2xy + 2z)\vec{i} + x^2\vec{j} + 2x\vec{k} \big|_{(2,-2,3)}$

$$= -2\vec{i} + 4\vec{j} + 4\vec{k}$$

所以垂直於此曲面的單位向量為

$$\frac{-2\vec{i} + 4\vec{j} + 4\vec{k}}{\sqrt{(-2)^2 + (4)^2 + (4)^2}} = -\frac{1}{3}\vec{i} + \frac{2}{3}\vec{j} + \frac{2}{3}\vec{k}$$

另一個方向的單位向量為

$$-(-\frac{1}{3}\vec{i} + \frac{2}{3}\vec{j} + \frac{2}{3}\vec{k}) = \frac{1}{3}\vec{i} - \frac{2}{3}\vec{j} - \frac{2}{3}\vec{k}$$

例 4 二曲面 $x^2 + y^2 + z^2 = 6$ 和 $z = x^2 + y^2 - 4$，求在交點 $(1, -2, 1)$ 的夾角

做法 先分別求出二者在此交點的切平面的法向量（即其梯度），再求此二法向量夾角。

解 (1) 曲面 $x^2 + y^2 + z^2 = 6$ 上的點 $(1, -2, 1)$ 的垂直向量為

$$\nabla f_1(1, -2, 1) = \nabla(x^2 + y^2 + z^2 - 6)|_{(1,-2,1)}$$
$$= 2x\vec{i} + 2y\vec{j} + 2z\vec{k}|_{(1,-2,1)} = 2\vec{i} - 4\vec{j} + 2\vec{k}$$

(2) 曲面 $z = x^2 + y^2 - 4$ 上的點 $(1, -2, 1)$ 的垂直向量為

$$\nabla f_2(1, -2, 1) = \nabla(x^2 + y^2 - z - 4)|_{(1,-2,1)}$$
$$= 2x\vec{i} + 2y\vec{j} - \vec{k}|_{(1,-2,1)} = 2\vec{i} - 4\vec{j} - \vec{k}$$

(3) ∇f_1 和 ∇f_2 的夾角為 $\nabla f_1 \cdot \nabla f_2 = |\nabla f_1||\nabla f_2|\cos\theta$

$$\Rightarrow [2, -4, 2]\cdot[2, -4, -1]$$
$$= \sqrt{2^2 + (-4)^2 + 2^2}\sqrt{2^2 + (-4)^2 + (-1)^2}\cos\theta$$
$$\Rightarrow \theta = \cos^{-1}(\frac{18}{3\sqrt{56}}) = \cos^{-1}\frac{3}{\sqrt{14}}$$

例 5 純量函數 $f(x, y, z) = 2x^2 z + 3yz^2$ 在點 $p(1, 2, 1)$ 的沿著方向 $[x + y, y^2, y + z]$ 的方向導數值為何？

做法 方向導數值，是函數 $f(x, y, z)$ 在點 $p(x_0, y_0, z_0)$ 的梯度和此方向 $\vec{u}$（單位向量）的內積

解 (1) $\nabla f(1, 2, 1) = \nabla(2x^2 z + 3yz^2)|_{(1,2,1)}$

$$= \frac{\partial}{\partial x}(2x^2z+3yz^2)\vec{i} + \frac{\partial}{\partial y}(2x^2z+3yz^2)\vec{j} + \frac{\partial}{\partial z}(2x^2z+3yz^2)\vec{k}\,|_{(1,2,1)}$$

$$= (4xz)\vec{i} + (3z^2)\vec{j} + (2x^2+6yz)\vec{k}\,|_{(1,2,1)}$$

$$= 4\vec{i} + 3\vec{j} + 14\vec{k}$$

(2) 又向量 $[x+y, y^2, y+z]_{(1,2,1)} = [3, 4, 3]$，

其長度為 $\sqrt{3^2+4^2+3^2} = \sqrt{34}$

(3) $\vec{u} = [\cos\alpha, \cos\beta, \cos\gamma] = \left[\dfrac{3}{\sqrt{34}}, \dfrac{4}{\sqrt{34}}, \dfrac{3}{\sqrt{34}}\right]$

(4) 所以 $\nabla f \cdot \vec{u} = [\frac{\partial f}{\partial x}, \frac{\partial f}{\partial y}, \frac{\partial f}{\partial z}] \cdot [\cos\alpha, \cos\beta, \cos\gamma]$

$$= [4, 3, 14] \cdot \left[\frac{3}{\sqrt{34}}, \frac{4}{\sqrt{34}}, \frac{3}{\sqrt{34}}\right] = \frac{66}{\sqrt{34}}$$

例 6 純量函數 $f(x,y,z) = 2xz + 3yz$ 在點 $p(1, 2, 1)$ 的沿著曲線 $\vec{r}(t) = (2t-1)\vec{i} + (t^2+1)\vec{j} + t^2\vec{k}$ 的切線方向的方向導數值爲何？

做法 先求出切線單位向量 $\vec{u} = \dfrac{\vec{r}'}{|\vec{r}'|}$，再求出 $\nabla f(x,y,z)|_{(1,2,1)}$，二者再內積。

解 (1) 點 $p(1, 2, 1)$ 在 $\vec{r}(t) = (2t-1)\vec{i} + (t^2+1)\vec{j} + t^2\vec{k}$ 的 t 值 $= 1$，

所以 $\vec{r}(t)$ 在 $t=1$ 的切線方向向量為

$$\vec{r}'(1) = 2\vec{i} + 2t\vec{j} + 2t\vec{k}\,|_{t=1} = 2\vec{i} + 2\vec{j} + 2\vec{k}$$

$$|\vec{r}'(1)| = \sqrt{2^2+2^2+2^2} = \sqrt{12} = 2\sqrt{3}$$

(2) $\vec{u} = [\cos\alpha, \cos\beta, \cos\gamma]$

$$= \left[\frac{2}{2\sqrt{3}}, \frac{2}{2\sqrt{3}}, \frac{2}{2\sqrt{3}}\right] = \left[\frac{\sqrt{3}}{3}, \frac{\sqrt{3}}{3}, \frac{\sqrt{3}}{3}\right]$$

(3) 而 $\nabla f(x,y,z)|_{(1,2,1)} = \nabla(2xz+3yz)|_{(1,2,1)}$

$$= \frac{\partial}{\partial x}(2xz+3yz)\vec{i} + \frac{\partial}{\partial y}(2xz+3yz)\vec{j} + \frac{\partial}{\partial z}(2xz+3yz)\vec{k}\,|_{(1,2,1)}$$

$$= (2z)\vec{i} + (3z)\vec{j} + (2x+3y)\vec{k}\,|_{(1,2,1)} = 2\vec{i} + 3\vec{j} + 8\vec{k}$$

(4) 所以 $\nabla f \cdot \vec{u} = [\frac{\partial f}{\partial x}, \frac{\partial f}{\partial y}, \frac{\partial f}{\partial z}] \cdot [\cos\alpha, \cos\beta, \cos\gamma]$

$$= [2, 3, 8] \cdot \left[\frac{\sqrt{3}}{3}, \frac{\sqrt{3}}{3}, \frac{\sqrt{3}}{3} \right] = \frac{13\sqrt{3}}{3}$$

例 7 (1) 純量函數 $f(x, y, z) = 2x^2 yz + 3xyz^2$ 在點 $p(1, 2, 1)$ 的最大方向導數的方向為何？(2) 其最大值為何？

做法 函數 f 的最大方向導數的方向是 $\nabla f(x_0, y_0, z_0)$，其最大值是其長度，即 $|\nabla f|$。

解 (1) 最大方向導數的方向為：

$$\nabla f(1, 2, 1) = \nabla (2x^2 yz + 3xyz^2)|_{(1,2,1)}$$

$$= (4xyz + 3yz^2)\vec{i} + (2x^2 z + 3xz^2)\vec{j} + (2x^2 y + 6xyz)\vec{k} \,|_{(1,2,1)}$$

$$= (14)\vec{i} + (5)\vec{j} + (16)\vec{k}$$

(2) 其最大值為 $\sqrt{14^2 + 5^2 + 16^2} = \sqrt{477}$

3.3 向量的散度

> 6.【散度】散度（Divergence）：若向量函數 $\vec{V}(x,y,z)=V_1\vec{i}+V_2\vec{j}+V_3\vec{k}$ 在某個區域內的每一點 (x, y, z) 均有定義且可微分，則向量函數 $\vec{V}$ 的散度（寫成 $\nabla\cdot\vec{V}$ 或 $div\,\vec{V}$）定義爲
>
> $$div\vec{V} = \nabla\cdot\vec{V} \equiv (\frac{\partial}{\partial x}\vec{i}+\frac{\partial}{\partial y}\vec{j}+\frac{\partial}{\partial z}\vec{k})\cdot(V_1\vec{i}+V_2\vec{j}+V_3\vec{k}),$$
>
> $$= \frac{\partial V_1}{\partial x}+\frac{\partial V_2}{\partial y}+\frac{\partial V_3}{\partial z}$$
>
> （註：「·」是內積，它的結果是一個純量）

例 8 若 $\vec{A}(x,y,z)=x^2z\cdot\vec{i}-2y^3z^2\vec{j}+xy^2z\cdot\vec{k}$，（1）求在任意點的 $\nabla\cdot\vec{A}$（或 $div\,\vec{A}$）值；（2）求在點 $(1,-2,-1)$ 的 $\nabla\cdot\vec{A}$ 值：

解 (1) $\nabla\cdot\vec{A}(x,y,z)$

$$\equiv (\frac{\partial}{\partial x}\vec{i}+\frac{\partial}{\partial y}\vec{j}+\frac{\partial}{\partial z}\vec{k})\cdot(x^2z\cdot\vec{i}-2y^3z^2\vec{j}+xy^2z\cdot\vec{k})$$

$$= \frac{\partial}{\partial x}(x^2z)+\frac{\partial}{\partial y}(-2y^3z^2)+\frac{\partial}{\partial z}(xy^2z) = 2xz-6y^2z^2+xy^2$$

(2) $\nabla\cdot\vec{A}(1,-2,-1) = (2xz-6y^2z^2+xy^2)|_{(1,-2,-1)}$

$$= 2\cdot1\cdot(-1)-6\cdot(-2)^2(-1)^2+1\cdot(-2)^2 = -22$$

例 9 若 $\vec{A}(x,y,z)=(x^2y+y^2z+z^2x)\cdot\vec{i}+(xyz-2y^2z^3)\vec{j}-(2xy-xz)\cdot\vec{k}$，(1) 求在任意點的 $\nabla\cdot\vec{A}$（或 $div\,\vec{A}$）值；(2) 求 $\nabla\cdot\vec{A}(1,2,1)$ 值

解 (1) $\nabla\cdot\vec{A}(x,y,z) \equiv (\frac{\partial}{\partial x}\vec{i}+\frac{\partial}{\partial y}\vec{j}+\frac{\partial}{\partial z}\vec{k})\cdot[(x^2y+y^2z+z^2x)\cdot\vec{i}$

$$+ (xyz-2y^2z^3)\vec{j}-(2xy-xz)\cdot\vec{k}]$$

$$= \frac{\partial}{\partial x}(x^2y+y^2z+z^2x)+\frac{\partial}{\partial y}(xyz-2y^2z^3)-\frac{\partial}{\partial z}(2xy-xz)$$

$$= 2xy+z^2+xz-4yz^3+x$$

(2) $\nabla\cdot\vec{A}(1,2,1) = (2xy+z^2+xz-4yz^3+x)_{(1,2,1)}$

$$= 2\cdot1\cdot2+1^2+1\cdot1-4\cdot2\cdot1^3+1 = -1$$

3.4　向量的旋度

7.【旋度】旋度（Curl）：若向量函數 $\vec{V}(x, y, z) = V_1\vec{i} + V_2\vec{j} + V_3\vec{k}$ 在某個區域內的每一點 (x, y, z) 均有定義且可微分，則向量函數 $\vec{V}$ 的旋度（寫成 $\nabla \times \vec{V}$ 或 $curl\ \vec{V}$）定義為

$$curl\vec{V} = \nabla \times \vec{V}$$

$$\equiv (\frac{\partial}{\partial x}\vec{i} + \frac{\partial}{\partial y}\vec{j} + \frac{\partial}{\partial z}\vec{k}) \times (V_1\vec{i} + V_2\vec{j} + V_3\vec{k})$$

$$= \begin{vmatrix} \vec{i} & \vec{j} & \vec{k} \\ \dfrac{\partial}{\partial x} & \dfrac{\partial}{\partial y} & \dfrac{\partial}{\partial z} \\ V_1 & V_2 & V_3 \end{vmatrix}$$

註：(1)「×」是外積，它的結果是一個向量

(2) 因 ∇ 在 $\vec{V}$ 前面，所以相乘時，$\dfrac{\partial}{\partial x}, \dfrac{\partial}{\partial y}, \dfrac{\partial}{\partial z}$ 要放在 V_1, V_2, V_3 的前面

例 10 若 $\vec{A}(x, y, z) = xz^3 \cdot \vec{i} - 2x^2yz \cdot \vec{j} + 2yz^4 \cdot \vec{k}$，(1) 求在任意點的 $\nabla \times \vec{A}$（或 $curl\ \vec{A}$）值；(2) 求在點 $(1, -1, 1)$ 的 $\nabla \times \vec{A}$ 值

解 (1) $\nabla \times \vec{A}(x, y, z)$

$$= (\frac{\partial}{\partial x}\vec{i} + \frac{\partial}{\partial y}\vec{j} + \frac{\partial}{\partial z}\vec{k}) \times (xz^3 \cdot \vec{i} - 2x^2yz \cdot \vec{j} + 2yz^4 \cdot \vec{k})$$

$$= \begin{vmatrix} \vec{i} & \vec{j} & \vec{k} \\ \dfrac{\partial}{\partial x} & \dfrac{\partial}{\partial y} & \dfrac{\partial}{\partial z} \\ xz^3 & -2x^2yz & 2yz^4 \end{vmatrix}$$

$$= \left[\frac{\partial}{\partial y}(2yz^4) - \frac{\partial}{\partial z}(-2x^2yz)\right]\vec{i} + \left[\frac{\partial}{\partial z}(xz^3) - \frac{\partial}{\partial x}(2yz^4)\right]\vec{j}$$

$$\quad + \left[\frac{\partial}{\partial x}(-2x^2yz) - \frac{\partial}{\partial y}(xz^3)\right]\vec{k}$$

$$= (2z^4 + 2x^2y)\vec{i} + 3xz^2\vec{j} - 4xyz\vec{k}$$

(2) $\nabla \times \vec{A}(1, -1, 1)$

$= (2z^4 + 2x^2 y)\vec{i} + 3xz^2\vec{j} - 4xyz\vec{k} \big|_{(1,-1,1)}$

$= 0\vec{i} + 3\vec{j} + 4\vec{k}$

例 11 若 $\vec{A}(x,y,z) = (x+z)\cdot\vec{i} - 2(x^2 + yz)\cdot\vec{j} + 2(y+z^4)\cdot\vec{k}$，求 (1) 在任意點的 $\nabla \times \vec{A}$（或 $curl\ \vec{A}$）值；(2) $\nabla \times \vec{A}(1, 2, 1)$ 值

解 (1) $\nabla \times \vec{A}(x,y,z) \equiv (\dfrac{\partial}{\partial x}\vec{i} + \dfrac{\partial}{\partial y}\vec{j} + \dfrac{\partial}{\partial z}\vec{k}) \times [(x+z)\cdot\vec{i}$

$\qquad\qquad - 2(x^2 + yz)\cdot\vec{j} + 2(y+z^4)\cdot\vec{k}]$

$= \begin{vmatrix} \vec{i} & \vec{j} & \vec{k} \\ \dfrac{\partial}{\partial x} & \dfrac{\partial}{\partial y} & \dfrac{\partial}{\partial z} \\ x+z & -2(x^2+yz) & 2(y+z^4) \end{vmatrix} = (2+2y)\vec{i} + \vec{j} - 4x\vec{k}$

(2) $\nabla \times \vec{A}(1,2,1) = (2+2y)\vec{i} + \vec{j} - 4x\vec{k} \big|_{(1,2,1)} = 6\vec{i} + \vec{j} - 4\vec{k}$

3.5 向量微分運算子的性質

8.【▽的性質】若 $\vec{A}(x,y,z)$、$\vec{B}(x,y,z)$ 和 $\vec{C}(x,y,z)$ 是可微分的向量函數，$\phi(x,y,z)$ 和 $\psi(x,y,z)$ 在 (x,y,z) 均有定義且爲可微分的純量函數，則

(1) $\nabla(\phi+\psi) = \nabla\phi + \nabla\psi$ 或 $grad(\phi+\psi) = grad\phi + grad\psi$

(2) $\nabla\cdot(\vec{A}+\vec{B}) = \nabla\cdot\vec{A} + \nabla\cdot\vec{B}$ 或 $div(\vec{A}+\vec{B}) = div\vec{A} + div\vec{B}$

(3) $\nabla\times(\vec{A}+\vec{B}) = \nabla\times\vec{A} + \nabla\times\vec{B}$ 或 $curl(\vec{A}+\vec{B}) = curl\vec{A} + curl\vec{B}$

(4) $div(grad\phi) = \nabla\cdot(\nabla\phi) = \nabla^2\phi = \dfrac{\partial^2\phi}{\partial x^2} + \dfrac{\partial^2\phi}{\partial y^2} + \dfrac{\partial^2\phi}{\partial z^2}$，

其中 $\nabla^2 \equiv \dfrac{\partial^2}{\partial x^2} + \dfrac{\partial^2}{\partial y^2} + \dfrac{\partial^2}{\partial z^2}$，稱爲 Laplacian 運算子

(5) $\nabla\times(\nabla\phi) = \vec{0}$ 或 $curl(grad\phi) = \vec{0}$

（向量 ∇ 和 $\nabla\phi$ 平行，其外積爲 $\vec{0}$）

(6) $\nabla\cdot(\nabla\times\vec{A}) = 0$ 或 $div(curl(\vec{A})) = 0$

（向量 ∇ 和 $\nabla\times\vec{A}$ 垂直，其內積爲 0）

9.【▽的前置運算】若 $\vec{A}(x,y,z) = A_1\vec{i} + A_2\vec{j} + A_3\vec{k}$、$\vec{B}$ 和 $\vec{C}$ 是可微分的向量函數，$\phi(x,y,z)$ 和 $\psi(x,y,z)$ 在 (x, y, z) 均有定義且爲可微分的純量函數，則 ∇ 放在運算元後面的有下列三種情況：

(1)(a) $\phi\cdot\nabla = \phi\cdot(\dfrac{\partial}{\partial x}\vec{i} + \dfrac{\partial}{\partial y}\vec{j} + \dfrac{\partial}{\partial z}\vec{k}) = \phi\dfrac{\partial}{\partial x}\vec{i} + \phi\dfrac{\partial}{\partial y}\vec{j} + \phi\dfrac{\partial}{\partial z}\vec{k}$

（註：「·」是乘號，因 ∇ 放在後面，其 $\dfrac{\partial}{\partial x}, \dfrac{\partial}{\partial y}, \dfrac{\partial}{\partial z}$ 也要放在 ϕ 的後面）

(b) $\phi\cdot\nabla$ 爲一向量，後面可接純量函數做相乘，也可接向量函數做內積或外積，即 $(\phi\cdot\nabla)\psi$、$(\phi\cdot\nabla)\cdot\vec{A}$ 或 $(\phi\cdot\nabla)\times\vec{A}$

(2)(a) $\vec{A}\cdot\nabla = A_1\dfrac{\partial}{\partial x} + A_2\dfrac{\partial}{\partial y} + A_3\dfrac{\partial}{\partial z}$ （註：「·」是內積，因 ∇ 放在後面，其 $\dfrac{\partial}{\partial x}, \dfrac{\partial}{\partial y}, \dfrac{\partial}{\partial z}$ 也要放在 A_i 的後面）

(b) $\vec{A}\cdot\nabla$ 為一純量，後面可接純量函數或向量函數做相乘，即

$(\vec{A}\cdot\nabla)\psi$ 或 $(\vec{A}\cdot\nabla)\vec{B}$

(3) (a) $\vec{A}\times\nabla = \begin{vmatrix} \vec{i} & \vec{j} & \vec{k} \\ A_1 & A_2 & A_3 \\ \dfrac{\partial}{\partial x} & \dfrac{\partial}{\partial y} & \dfrac{\partial}{\partial z} \end{vmatrix}$

$= (A_2\dfrac{\partial}{\partial z} - A_3\dfrac{\partial}{\partial y})\vec{i} + (A_3\dfrac{\partial}{\partial x} - A_1\dfrac{\partial}{\partial z})\vec{j} + (A_1\dfrac{\partial}{\partial y} - A_2\dfrac{\partial}{\partial x})\vec{k}$

（註：「×」是外積）

(b) $\vec{A}\times\nabla$ 為一向量，後面可接純量函數做相乘，也可接向量函數做內積或外積，即 $(\vec{A}\times\nabla)\psi$、$(\vec{A}\times\nabla)\cdot\vec{B}$ 或 $(\vec{A}\times\nabla)\times\vec{B}$

註：∇ 放在純量函數或向量函數的後面，其運算出來的結果 $\dfrac{\partial}{\partial x}$，$\dfrac{\partial}{\partial y}$，$\dfrac{\partial}{\partial z}$ 也要放在後面

例 12 若 $\phi(x, y, z) = 2x^3 y^2 z^4$，求 (1) $\nabla\cdot\nabla\phi$（div grad ϕ）

(2) 證明 $\nabla\cdot\nabla\phi = \nabla^2\phi$，其中 $\nabla^2 = \dfrac{\partial^2}{\partial x^2} + \dfrac{\partial^2}{\partial y^2} + \dfrac{\partial^2}{\partial z^2}$

做法 $\nabla\cdot\nabla\phi$ 是先求出 $\nabla\phi$，再由 ∇ 和它做內積

解 (1) (a) $\nabla\phi = \dfrac{\partial(2x^3 y^2 z^4)}{\partial x}\vec{i} + \dfrac{\partial(2x^3 y^2 z^4)}{\partial y}\vec{j} + \dfrac{\partial(2x^3 y^2 z^4)}{\partial z}\vec{k}$

$= 6x^2 y^2 z^4\vec{i} + 4x^3 yz^4\vec{j} + 8x^3 y^2 z^3\vec{k}$

(b) $\nabla\cdot\nabla\phi$

$= (\dfrac{\partial}{\partial x}\vec{i} + \dfrac{\partial}{\partial y}\vec{j} + \dfrac{\partial}{\partial z}\vec{k})\cdot(6x^2 y^2 z^4\vec{i} + 4x^3 yz^4\vec{j} + 8x^3 y^2 z^3\vec{k})$

$= \dfrac{\partial}{\partial x}(6x^2 y^2 z^4) + \dfrac{\partial}{\partial y}(4x^3 yz^4) + \dfrac{\partial}{\partial z}(8x^3 y^2 z^3)$

$= 12xy^2 z^4 + 4x^3 z^4 + 24x^3 y^2 z^2$（註：結果為一純量）

(2) $\nabla\cdot\nabla\phi$

$= (\dfrac{\partial}{\partial x}\vec{i} + \dfrac{\partial}{\partial y}\vec{j} + \dfrac{\partial}{\partial z}\vec{k})\cdot(\dfrac{\partial\phi}{\partial x}\vec{i} + \dfrac{\partial\phi}{\partial y}\vec{j} + \dfrac{\partial\phi}{\partial z}\vec{k})$

$$= \frac{\partial}{\partial x}(\frac{\partial \phi}{\partial x}) + \frac{\partial}{\partial y}(\frac{\partial \phi}{\partial y}) + \frac{\partial}{\partial z}(\frac{\partial \phi}{\partial z})$$

$$= (\frac{\partial^2}{\partial x^2} + \frac{\partial^2}{\partial y^2} + \frac{\partial^2}{\partial z^2})\phi$$

$$= \nabla^2 \phi$$

例 13　若 $\vec{A}(x,y,z) = x^2 y \cdot \vec{i} - 2xz \cdot \vec{j} + 2yz \cdot \vec{k}$，求 curl curl $\vec{A}$ 值

解　curl curl $\vec{A} = \nabla \times (\nabla \times \vec{A})$

$$= \nabla \times \begin{vmatrix} \vec{i} & \vec{j} & \vec{k} \\ \dfrac{\partial}{\partial x} & \dfrac{\partial}{\partial y} & \dfrac{\partial}{\partial z} \\ x^2 y & -2xz & 2yz \end{vmatrix}$$

$$= \nabla \times [(2x + 2z)\vec{i} - (x^2 + 2z)\vec{k}]$$

$$= \begin{vmatrix} \vec{i} & \vec{j} & \vec{k} \\ \dfrac{\partial}{\partial x} & \dfrac{\partial}{\partial y} & \dfrac{\partial}{\partial z} \\ 2x + 2z & 0 & -x^2 - 2z \end{vmatrix}$$

$$= (2x + 2)\vec{j}$$

例 14　若 $\vec{A}(x,y,z) = 2yz \cdot \vec{i} - x^2 y \cdot \vec{j} + xz^2 \cdot \vec{k}$，

$\vec{B}(x,y,z) = x^2 \cdot \vec{i} - yz \cdot \vec{j} - xy \cdot \vec{k}$，$\phi(x,y,z) = 2x^2 yz^3$，

求 (a) $(\vec{A} \cdot \nabla)\phi$；(b) $\vec{A} \cdot \nabla \phi$；(c) $(\vec{B} \cdot \nabla)\vec{A}$；(d) $(\vec{A} \times \nabla)\phi$；(e) $\vec{A} \times \nabla \phi$；

解　(a) $(\vec{A} \cdot \nabla) = 2yz \dfrac{\partial}{\partial x} - x^2 y \dfrac{\partial}{\partial y} + xz^2 \dfrac{\partial}{\partial z}$

$(\vec{A} \cdot \nabla)\phi = 2yz \dfrac{\partial \phi}{\partial x} - x^2 y \dfrac{\partial \phi}{\partial y} + xz^2 \dfrac{\partial \phi}{\partial z}$

$$= 8xy^2 z^4 - 2x^4 yz^3 + 6x^3 yz^4$$

(b) $(\nabla \phi) = 4xyz^3 \vec{i} + 2x^2 z^3 \vec{j} + 6x^2 yz^2 \vec{k}$

$\vec{A} \cdot (\nabla \phi) = (2yz\vec{i} - x^2 y\vec{j} + xz^2 \vec{k}) \cdot (4xyz^3 \vec{i} + 2x^2 z^3 \vec{j} + 6x^2 yz^2 \vec{k})$

$$= 8xy^2 z^4 - 2x^4 yz^3 + 6x^3 yz^4 \quad （註：(a) = (b)）$$

(c) $(\vec{B} \cdot \nabla) = (x^2\vec{i} - yz\vec{j} - xy\vec{k}) \cdot (\dfrac{\partial}{\partial x}\vec{i} + \dfrac{\partial}{\partial y}\vec{j} + \dfrac{\partial}{\partial z}\vec{k})$

$\quad = x^2\dfrac{\partial}{\partial x} - yz\dfrac{\partial}{\partial y} - xy\dfrac{\partial}{\partial z}$

$(\vec{B} \cdot \nabla)\vec{A} = (x^2\dfrac{\partial}{\partial x} - yz\dfrac{\partial}{\partial y} - xy\dfrac{\partial}{\partial z})\,(2yz\vec{i} - x^2y\vec{j} + xz^2\vec{k})$

$\quad = (-2yz^2 - 2xy^2)\vec{i} + (-2x^3y + x^2yz)\vec{j} + (x^2z^2 - 2x^2yz)\vec{k}$

(d) $(\vec{A} \times \nabla) = \begin{vmatrix} \vec{i} & \vec{j} & \vec{k} \\ 2yz & -x^2y & xz^2 \\ \dfrac{\partial}{\partial x} & \dfrac{\partial}{\partial y} & \dfrac{\partial}{\partial z} \end{vmatrix}$

$\quad = (-x^2y\dfrac{\partial}{\partial z} - xz^2\dfrac{\partial}{\partial y})\vec{i} + (xz^2\dfrac{\partial}{\partial x} - 2yz\dfrac{\partial}{\partial z})\vec{j} + (2yz\dfrac{\partial}{\partial y} + x^2y\dfrac{\partial}{\partial x})\vec{k}$

（註：∇放在$\vec{A}$的後面，所以$\dfrac{\partial}{\partial x}$，$\dfrac{\partial}{\partial y}$，$\dfrac{\partial}{\partial z}$也要放在$A_1$，$A_2$，$A_3$的後面）

$(\vec{A} \times \nabla)\phi$

$\quad = (-x^2y\dfrac{\partial\phi}{\partial z} - xz^2\dfrac{\partial\phi}{\partial y})\vec{i} + (xz^2\dfrac{\partial\phi}{\partial x} - 2yz\dfrac{\partial\phi}{\partial z})\vec{j} + (2yz\dfrac{\partial\phi}{\partial y} + x^2y\dfrac{\partial\phi}{\partial x})\vec{k}$

$\quad = -(6x^4y^2z^2 + 2x^3z^5)\vec{i} + (4x^2yz^5 - 12x^2y^2z^3)\vec{j}$

$\qquad + (4x^2yz^4 + 4x^3y^2z^3)\vec{k}$

(e) $(\nabla\phi) = \dfrac{\partial\phi}{\partial x}\vec{i} + \dfrac{\partial\phi}{\partial y}\vec{j} + \dfrac{\partial\phi}{\partial z}\vec{k}$

$\quad = 4xyz^3\vec{i} + 2x^2z^3\vec{j} + 6x^2yz^2\vec{k}$

$\vec{A} \times (\nabla\phi) = \begin{vmatrix} \vec{i} & \vec{j} & \vec{k} \\ 2yz & -x^2y & xz^2 \\ 4xyz^3 & 2x^2z^3 & 6x^2yz^2 \end{vmatrix}$

$\quad = -(6x^4y^2z^2 + 2x^3z^5)\vec{i} + (4x^2yz^5 - 12x^2y^2z^3)\vec{j}$

$\qquad + (4x^2yz^4 + 4x^3y^2z^3)\vec{k}$；

（註：(d) = (e)）

練習題

1. 若 $\phi(x,y,z) = 2xz^4 - x^2y$，求在點 $(2, -2, -1)$ 的 $\nabla\phi$ 值和 $|\nabla\phi|$ 值

   答 $\nabla\phi = 10\vec{i} - 4\vec{j} - 16\vec{k}$；$|\nabla\phi| = 2\sqrt{93}$

2. 若 $\vec{A}(x,y,z) = 2x^2 \cdot \vec{i} - 3yz\vec{j} + xz^2 \cdot \vec{k}$，$\phi(x,y,z) = 2z - x^3y$，求在點 $(1, -1, 1)$ 的 $\vec{A} \cdot \nabla\phi$ 值和 $\vec{A} \times \nabla\phi$ 值。

   答 $\vec{A} \cdot \nabla\phi = 5$；$\vec{A} \times \nabla\phi = 7\vec{i} - \vec{j} - 11\vec{k}$

3. 求 $\nabla |r|^3$。

   答 $3r \cdot \vec{r}$

4. $\nabla\phi(x,y,z) = 2xyz^3 \cdot \vec{i} + x^2z^3\vec{j} + 3x^2yz^2 \cdot \vec{k}$，若 $\phi(1, -2, 2) = 4$，求 $\phi(x,y,z)$

   答 $\phi(x,y,z) = x^2yz^3 + 20$

5. $\nabla\phi(x,y,z) = (y^2 - 2xyz^3) \cdot \vec{i} + (3 + 2xy - x^2z^3)\vec{j} + (6z^3 - 3x^2yz^2) \cdot \vec{k}$，求 $\phi(x,y,z)$

   答 $\phi(x,y,z) = xy^2 - x^2yz^3 + 3y + (3/2)z^4 +$ 常數

6. 曲面 $z = x^2 + y^2$，求在點 $(1, 2, 5)$ 垂直於此曲面的單位向量

   答 $\dfrac{2\vec{i} + 4\vec{j} - \vec{k}}{\pm\sqrt{21}}$

7. 若 $\vec{A}(x,y,z) = 3xyz^2 \cdot \vec{i} + 2xy^3\vec{j} - x^2yz \cdot \vec{k}$，$\phi(x,y,z) = 3x^2 - yz$，求在點 $(1, -1, 1)$ 的 (1) $\nabla \cdot \vec{A}$ 值；(2) $\vec{A} \cdot \nabla\phi$ 值；(3) $\nabla \cdot (\phi\vec{A})$ 值；(4) $\nabla \cdot (\nabla\phi)$ 值；

   答 (1) $\nabla \cdot \vec{A} = 4$；(2) $\vec{A} \cdot \nabla\phi = -15$；$(3)$ $\nabla \cdot (\phi\vec{A}) = 1$；$(4)$ $\nabla \cdot (\nabla\phi) = 6$

8. 求 $div(2x^2z \cdot \vec{i} - xy^2z\vec{j} + 3yz^2 \cdot \vec{k})$ 之值。

   答 $4xz - 2xyz + 6yz$

9. 若 $\phi(x,y,z) = 3x^2z - y^2z^3 + 4x^3y + 2x - 3y - 5$，求 $\nabla^2\phi$ 值

   答 $6z + 24xy - 2z^3 - 6y^2z$

10. 若 $\vec{A}(x,y,z) = 2xz^2 \cdot \vec{i} - yz\vec{j} + 3xz^3 \cdot \vec{k}$，$\phi(x,y,z) = x^2yz$，求在點 $(1, 1, 1)$ 的 (1) $\nabla \times \vec{A}$；(2) $curl(\phi\vec{A})$；(3) $\nabla \times (\nabla \times \vec{A})$；$(4)$ $\nabla(\vec{A} \cdot curl\vec{A})$；$(5)$ $curl\ grad(\phi\vec{A})$

    答 (1) $\vec{i} + \vec{j}$；(2) $5\vec{i} - 3\vec{j} - 4\vec{k}$；$(3)$ $5\vec{i} + 3\vec{k}$；
    (4) $-2\vec{i} + \vec{j} + 8\vec{k}$；$(5)$ 0

第 4 章　向量積分

本章將介紹：向量的一般積分、向量的線積分、面積分和體積分等。

4.1　向量的一般積分

1.【向量的一般積分】若向量函數只有一個自變數時，

　(1) 令 $\vec{R}(t) = R_1(t)\vec{i} + R_2(t)\vec{j} + R_3(t)\vec{k}$，則

$$\int \vec{R}(t)dt = \vec{i}\int R_1(t)dt + \vec{j}\int R_2(t)dt + \vec{k}\int R_3(t)dt$$

　稱為 $\vec{R}(t)$ 的不定積分。

　(2) 若積分為從 $t = a$ 積到 $t = b$，即

$$\int_a^b \vec{R}(t)dt = \vec{i}\int_a^b R_1(t)dt + \vec{j}\int_a^b R_2(t)dt + \vec{k}\int_a^b R_3(t)dt$$

　稱為 $\vec{R}(t)$ 的定積分。

例 1 若 $\vec{R}(t) = (t - t^2)\vec{i} + (2t^3)\vec{j} + 3\vec{k}$，求 (1) $\int \vec{R}(t)dt$；(2) $\int_1^2 \vec{R}(t)dt$

解 (1) $\int \vec{R}(t)dt$

$$= \int [(t - t^2)\vec{i} + (2t^3)\vec{j} + 3\vec{k}]dt$$

$$= (\frac{t^2}{2} - \frac{t^3}{3} + c_1)\vec{i} + (\frac{t^4}{2} + c_2)\vec{j} + (3t + c_3)\vec{k}$$

$$= (\frac{t^2}{2} - \frac{t^3}{3})\vec{i} + (\frac{t^4}{2})\vec{j} + (3t)\vec{k} + (c_1\vec{i} + c_2\vec{j} + c_3\vec{k})$$

$$= (\frac{t^2}{2} - \frac{t^3}{3})\vec{i} + (\frac{t^4}{2})\vec{j} + (3t)\vec{k} + \vec{c}$$

(2) $\int_1^2 \vec{R}(t)dt$

$$= (\frac{t^2}{2} - \frac{t^3}{3})\vec{i} + (\frac{t^4}{2})\vec{j} + (3t)\vec{k} + \vec{c}\Big|_1^2$$

$$= -\frac{5}{6}\vec{i} + \frac{15}{2}\vec{j} + 3\vec{k}$$

例 2 有一質點在 $t>0$ 時的加速度為 $\vec{a}(t)=3\sin t\vec{i}+2\cos t\vec{j}+4t\vec{k}$，其在 $t=0$ 的速度 $\vec{v}(0)=\vec{i}+2\vec{j}+0\vec{k}$ 和位移為 $\vec{s}(0)=0\vec{i}+1\vec{j}+2\vec{k}$，求其在 $t>0$ 時速度和位移

做法 加速度的積分是速度，速度的積分是位移。代入初值可求出 $\vec{c}$

解 (1) $\vec{v}(t)=\int\vec{a}(t)dt=\int(3\sin t\vec{i}+2\cos t\vec{j}+4t\vec{k})dt$

$\qquad\quad =-3\cos t\vec{i}+2\sin t\vec{j}+2t^2\vec{k}+\vec{c}$

$\qquad \vec{v}(0)=\vec{i}+2\vec{j}+0\vec{k}$

$\qquad\qquad\quad =[-3\cos t\vec{i}+2\sin t\vec{j}+2t^2\vec{k}]_{t=0}+\vec{c}$

$\qquad\qquad\quad =[-3\vec{i}+0\vec{j}+0\vec{k}]+\vec{c}$

$\qquad \Rightarrow \vec{c}=4\vec{i}+2\vec{j}+0\vec{k}$

$\qquad \Rightarrow \vec{v}(t)=(-3\cos t+4)\vec{i}+(2\sin t+2)\vec{j}+2t^2\vec{k}$

$\quad$ (2) $\vec{s}(t)=\int\vec{v}(t)dt=\int[(-3\cos t+4)\vec{i}+(2\sin t+2)\vec{j}+2t^2\vec{k}]dt$

$\qquad\qquad =(-3\sin t+4t)\vec{i}+(-2\cos t+2t)\vec{j}+\dfrac{2}{3}t^3\vec{k}+\vec{c}_1$

$\qquad \vec{s}(0)=0\vec{i}+1\vec{j}+2\vec{k}$

$\qquad\qquad\quad =[(-3\sin t+4t)\vec{i}+(-2\cos t+2t)\vec{j}+\dfrac{2}{3}t^3\vec{k}]_{t=0}+\vec{c}_1$

$\qquad\qquad\quad =0\vec{i}-2\vec{j}+0\vec{k}+\vec{c}_1$

$\qquad \Rightarrow \vec{c}_1=0\vec{i}+3\vec{j}+2\vec{k}$

$\qquad$ 所以 $\vec{s}(t)=(-3\sin t+4t)\vec{i}+(-2\cos t+2t+3)\vec{j}+(\dfrac{2}{3}t^3+2)\vec{k}$

4.2 向量的線積分

2.【線積分】線積分是積分路徑沿著某條曲線來做積分，其需有多個自變數

(1) 有一曲線 $C：\vec{r} = x\vec{i} + y\vec{j} + z\vec{k}$（見下圖）上的二點 P_1 和 P_2，及一向量函數

$$\vec{A}(x, y, z) = A_1(x, y, z)\vec{i} + A_2(x, y, z)\vec{j} + A_3(x, y, z)\vec{k}，$$

則向量函數 $\vec{A}(x, y, z)$ 沿著曲線 C，從點 P_1 到 P_2 的積分（稱為線積分（line integral））為

$$\int_{P_1}^{P_2} \vec{A} \cdot d\vec{r} = \int_{P_1}^{P_2} (A_1\vec{i} + A_2\vec{j} + A_3\vec{k}) \cdot (\vec{i}\,dx + \vec{j}\,dy + \vec{k}\,dz)$$

$$= \int_{P_1}^{P_2} A_1 dx + A_2 dy + A_3 dz$$

註：(a) $d\vec{r} = \vec{i}\,dx + \vec{j}\,dy + \vec{k}\,dz$

(b) $\int_C \vec{A} \cdot d\vec{r} = \int_C \vec{A} \cdot \vec{T} dl$，其中 $d\vec{r}$ 曲線 C 上的一小段向量，dl 是 $d\vec{r}$ 的弧長，$\vec{T}$ 是 $d\vec{r}$ 的切線的單位向量

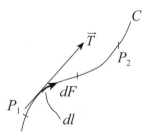

(2) 若上述的曲線 C 為一簡單封閉曲線（即曲線本身任何地方都不會相交，且曲線的起點和終點重疊），則可表示成

簡單封閉曲線

$$\oint \vec{A} \cdot d\vec{r} = \oint A_1 dx + A_2 dy + A_3 dz$$

(3) 若 x, y, z 是 t 的函數，因 $dx = \dfrac{dx}{dt} dt = x' dt$（註：$x'$ 是 x 對 t 微分），$dy = y' dt$，$dz = z' dt$，所以

$$\int_C \vec{A} \cdot d\vec{r} = \int_C A_1 dx + A_2 dy + A_3 dz = \int_C A_1 x' dt + A_2 y' dt + A_3 z' dt$$

(4) 一般而言，線積分的結果不僅與向量函數 $\vec{A}(x, y, z)$ 有關，也和起點 P_1 與終點 P_2 位置、積分路徑有關。

例 3 若 $\vec{A} = (3x^2 + 6y)\vec{i} - (14yz)\vec{j} + (20xz^2)\vec{k}$，求 $\int_C \vec{A} \cdot d\vec{r}$，
C 從點 $(0, 0, 0)$ 到點 $(1, 1, 1)$，其路徑為：

(1) $x = t$，$y = t^2$，$z = t^3$；

(2) 從 $(0, 0, 0)$ 到 $(1, 0, 0)$ 到 $(1, 1, 0)$ 再到 $(1, 1, 1)$ 的直線；

(3) 從 $(0, 0, 0)$ 到 $(1, 1, 1)$ 的直線。

做法 線積分是沿著給定的路線做積分。

(1) 若路徑是以 t 表示，則代 t 到 $\vec{A}$ 內；

(2) 若路徑是以 x, y, z 表示，則代 x, y, z 到 $\vec{A}$ 內。

解 $\int_C \vec{A} \cdot d\vec{r}$

$= \int_C [(3x^2 + 6y)\vec{i} - 14yz\vec{j} + 20xz^2\vec{k}] \cdot [dx\vec{i} + dy\vec{j} + dz\vec{k}]$

$= \int_C [(3x^2 + 6y)dx - (14yz)dy + (20xz^2)dz]$

(1) $x = t$，$y = t^2$，$z = t^3$（t 從 0 到 1），則

$\quad \int_C \vec{A} \cdot d\vec{r}$

$\quad = \int_{t=0}^{1} (3t^2 + 6t^2)dt - 14(t^2)(t^3)d(t^2) + 20(t)(t^3)^2 d(t^3)$

$\quad = \int_{t=0}^{1} (9t^2)dt - 28(t^6)dt + 60(t^9)dt$

$\quad = 3t^3 - 4t^7 + 6t^{10}\Big|_0^1 = 5$

(2) (a) 從 $(0, 0, 0)$ 到 $(1, 0, 0)$ 直線，

$\quad\quad$ 即 x 從 0 到 1, $y = 0$, $z = 0 \Rightarrow dy = 0$, $dz = 0$

$\quad\quad \int_{x=0}^{1} [(3x^2 + 6y)dx - (14yz)dy + (20xz^2)dz]$

$\quad\quad = \int_{x=0}^{1} 3x^2 dx = x^3 \big|_0^1 = 1$

$\quad$ (b) 再從 $(1, 0, 0)$ 到 $(1, 1, 0)$ 直線，

$\quad\quad$ 即 y 從 0 到 1, $x = 1$, $z = 0 \Rightarrow dx = 0$, $dz = 0$

$\quad\quad \int_{y=0}^{1} [(3x^2 + 6y)dx - (14yz)dy + (20xz^2)dz] = 0$

$\quad$ (c) 再從 $(1, 1, 0)$ 到 $(1, 1, 1)$ 直線，

$\quad\quad$ 即 z 從 0 到 1, $x = 1$, $y = 1 \Rightarrow dx = 0$, $dy = 0$

$$\int_{z=0}^{1}[(3x^2+6y)dx-(14yz)dy+(20xz^2)dz]$$

$$=\int_{z=0}^{1}20z^2dz=\frac{20z^3}{3}\Big|_0^1=\frac{20}{3}$$

最後將 3 結果相加，$\int_C \vec{A}\cdot d\vec{r}=1+0+\frac{20}{3}=\frac{23}{3}$

(3) 從 $(0,0,0)$ 到 $(1,1,1)$ 的直線

即 $x=t, y=t, z=t$，t 從 0 到 1

$$\int_C \vec{A}\cdot d\vec{r}=\int_{t=0}^{1}[(3t^2+6t)dt-(14t\cdot t)dt+(20t\cdot t^2)dt]$$

$$=\frac{13}{3}$$

註：積分路徑不同，線積分的結果可能不同

例 4 若力 $\vec{F}(x,y,z)=(3xy)\vec{i}-5z\vec{j}+10x\vec{k}$，沿著 $x=t^2+1$，$y=2t^2$，$z=t^3$ 路徑，求 $t=1$ 到 $t=2$ 所做的功

做法 功是力和位移內積的積分

解 $\int_C \vec{F}\cdot d\vec{r}$

$$=\int_C [(3xy)\vec{i}-5z\vec{j}+10x\vec{k}]\cdot[dx\vec{i}+dy\vec{j}+dz\vec{k}]$$

$$=\int_C 3xydx-5zdy+10xdz$$

$$=\int_C 3(t^2+1)(2t^2)d(t^2+1)-5t^3d(2t^2)+10(t^2+1)d(t^3)$$

$$=\int_1^2 (12t^5+10t^4+12t^3+30t^2)dt=303$$

例 5 （線積分）求 $\int_C (x^2+y^2+z^2)^2\cdot ds$，其中 C 為一螺旋線，其參數式 為 $x=\cos t$，$y=\sin t$，$z=3t$，其積分路徑由 $A(1,0,0)$ 到 $B(1,0,6\pi)$ 間（註：此題不是向量的線積分，而是非向量的積分，其目的是 為了兩者間的比較）

做法 $ds=\sqrt{(dx)^2+(dy)^2+(dz)^2}$ 代入

解 因 $x=\cos t$，$y=\sin t$，$z=3t$

$\Rightarrow dx=-\sin t\,dt$，$dy=\cos t\,dt$，$dz=3dt$

$$(ds)^2 = (dx)^2 + (dy)^2 + (dz)^2$$

$$= (-\sin t dt)^2 + (\cos t dt)^2 + (3dt)^2 = 10(dt)^2$$

$$\Rightarrow ds = \sqrt{10} dt$$

而 $A = (1, 0, 0)$ 表 $t = 0$；$A(1, 0, 6\pi)$ 表 $t = 2\pi$；

即 $0 \leqq t \leqq 2\pi$

所以 $\int_C (x^2 + y^2 + z^2)^2 \cdot ds = \int_0^{2\pi} (\cos^2 t + \sin^2 t + 9t^2)^2 \sqrt{10} dt$

$$= \sqrt{10} \left[2\pi + 48\pi^3 + \frac{81}{5}(2\pi)^5 \right]$$

註：(a)向量的線積分是 $\int_{P_1}^{P_2} \vec{A} \cdot d\vec{r}$，其中向量函數 $\vec{A}$ 和向量 $d\vec{r}$ 做內積

(b)非向量的積分是 $\int_{P_1}^{P} \phi(x, y, z) ds$，其中純量函數 ϕ 和純量 ds 相乘

3.【與路徑無關的線積分】

(1)設 $\phi(x, y, z)$ 為一純量函數，$\vec{A}(x, y, z) = A_1\vec{i} + A_2\vec{j} + A_3\vec{k}$ 為一向量函數，且 $\vec{A}(x, y, z)$ 在區域 R 內皆可微分，C 為區域 R 內的一曲線，P_1 和 P_2 為曲線 C 內的任二點（見下圖），若 $\vec{A}(x, y, z) = \nabla\phi$ 時，

也就是若 $A_1 = \dfrac{\partial\phi}{\partial x}$，$A_2 = \dfrac{\partial\phi}{\partial y}$，$A_3 = \dfrac{\partial\phi}{\partial z}$ 時，則

(a) $\int_{P_1}^{P_2} \vec{A} \cdot d\vec{r}$ 的結果只和 P_1 和 P_2 二點有關，與其路徑 C 無關

(b) $\oint \vec{A} \cdot d\vec{r} = 0$，對任何在區域 R 內的封閉曲線均成立

（註：因 P_1 和 P_2 為同一點，且積分又和路徑無關）

(2)也就是 $\vec{A}(x, y, z)$ 若能表示成 $\nabla\phi$，則其線積分就與積分路徑無關，只和 P_1、P_2 有關

(3)若 $\nabla \times \vec{A} = \vec{0}$，則 $\vec{A}(x, y, z)$ 能表示成 $\nabla\phi$（因 $\nabla \times (\nabla\phi) = \vec{0}$），其 $\int \vec{A} \cdot d\vec{r}$ 就與積分路徑無關。

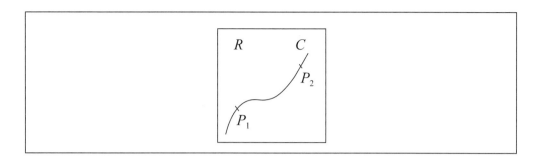

例6 設 $\vec{A}(x,y,z) = (x+y)\vec{i} + (x+z)\vec{j} + (xyz)\vec{k}$ 為一向量函數，請問其線積分 $\int_C \vec{A} \cdot d\vec{r}$ 是否和積分路徑有關？

做法 若 $\nabla \times \vec{A} = \vec{0}$，則 $\vec{A}(x,y,z)$ 的線積分就與積分路徑無關

解 $\nabla \times \vec{A} = \begin{vmatrix} \vec{i} & \vec{j} & \vec{k} \\ \dfrac{\partial}{\partial x} & \dfrac{\partial}{\partial y} & \dfrac{\partial}{\partial z} \\ (x+y) & (x+z) & xyz \end{vmatrix}$

$= \vec{i}(xz-1) + \vec{j}(-yz) + \vec{k}(0) \neq \vec{0}$

所以其線積分就與積分路徑有關

例7 求積分 $\int_{(0,0)}^{(2,1)} (10x^4 - 2xy^3)dx - 3x^2y^2dy$，其積分路徑為 $x^4 - 6xy^3 = 4y^2$

做法 若 $\nabla \times \vec{A} = \vec{0}$，則 $\vec{A}(x,y,z)$ 的線積分就與積分路徑無關

解 $\nabla \times \vec{A} = \begin{vmatrix} \vec{i} & \vec{j} & \vec{k} \\ \dfrac{\partial}{\partial x} & \dfrac{\partial}{\partial y} & \dfrac{\partial}{\partial z} \\ (10x^4 - 2xy^3) & -3x^2y^2 & 0 \end{vmatrix}$

$= 0\vec{i} + 0\vec{j} + \vec{k}\left(\dfrac{\partial}{\partial x}(-3x^2y^2) - \dfrac{\partial}{\partial y}(10x^4 - 2xy^3) \right) = \vec{0}$

所以其線積分就與積分路徑無關，可任意選取一條路徑來積分

(a) 先從 $(0,0)$ 到 $(2,0)$ 的直線：此時 $y = 0$，$dy = 0$

$\int_{(0,0)}^{(2,0)} (10x^4 - 2xy^3)dx - 3x^2y^2dy = \int_{x=0}^{2} 10x^4 dx = 2x^5 \big|_0^2 = 64$

(b) 再從 (2, 0) 到 (2, 1) 的直線：此時 $x = 2$，$dx = 0$

$$\int_{(2,0)}^{(2,1)} (10x^4 - 2xy^3)dx - 3x^2 y^2 dy$$

$$= \int_{y=0}^{1} (-3 \cdot 2^2 y^2)dy = -4y^3 \mid_0^1 = -4$$

由 (a)(b) 得

$$\int_{(0,0)}^{(2,1)} (10x^4 - 2xy^3)dx - 3x^2 y^2 dy = 64 + (-4) = 60$$

4.3 向量的面積分

4.【面積分】面積分是積分範圍為一曲面的區域

(1) 設 S 為一封閉曲面（見下圖），ds 為曲面 S 上的一微小面積，$\vec{n}$ 為垂直於 ds 之單位向量，其方向為正向（向外），則此微小面積 ds 的向量為 $\vec{ds} = \vec{n} \cdot ds$。

(2) 要求某一向量 $\vec{A}(x, y, z)$ 的曲面積分（surface integral），積分範圍為曲面 S 時，則

(a) 可將此曲面 S 投影在 xy 平面（設為區域 R），再化成對 $x，y$ 的二重積分（見下圖），即

$$\iint_S \vec{A} \cdot \vec{ds} = \iint_S \vec{A} \cdot \vec{n} \, ds = \iint_R \vec{A} \cdot \vec{n} \frac{dxdy}{|\vec{n} \cdot \vec{k}|}，其中 \vec{k} = [0, 0, 1]。$$

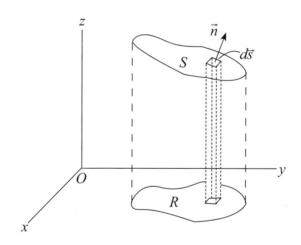

(b) 也可將此曲面 S 投影在 yz 平面（設為區域 R），再化成對 y, z 的二重積分，即

$$\iint_S \vec{A} \cdot \vec{ds} = \iint_S \vec{A} \cdot \vec{n} \, ds = \iint_R \vec{A} \cdot \vec{n} \frac{dydz}{|\vec{n} \cdot \vec{i}|}，其中 \vec{i} = [1, 0, 0]。$$

(c) 也可將此曲面 S 投影在 xz 平面（設為區域 R），再化成對 x, z 的二重積分，即為

$$\iint_S \vec{A} \cdot \vec{ds} = \iint_S \vec{A} \cdot \vec{n} \, ds = \iint_R \vec{A} \cdot \vec{n} \frac{dxdz}{|\vec{n} \cdot \vec{j}|}，其中 \vec{j} = [0, 1, 0]。$$

例 8 求 $\iint\limits_S \vec{A} \cdot d\vec{s}$，其中 $\vec{A}(x,y,z) = (18z)\vec{i} - 12 \cdot \vec{j} + (3y)\vec{k}$，而 S 是平面 $2x + 3y + 6z = 12$ 在第一卦限的範圍（見下圖）

做法 先分別求出 $\vec{n} = \dfrac{\nabla\phi}{|\nabla\phi|}$、$\vec{n} \cdot \vec{k}$、$\vec{A} \cdot \vec{n}$ 及 S 投影到 xy 平面的區域（稱為 R），再代入面積分公式，求其積分。

解 (1) $\iint\limits_S \vec{A} \cdot d\vec{s} = \iint\limits_S \vec{A} \cdot \vec{n}\, ds = \iint\limits_R \vec{A} \cdot \vec{n}\, \dfrac{dxdy}{|\vec{n} \cdot \vec{k}|}$

(2) $\vec{n}$ 為垂直曲面的法向量，其方向為

$\nabla(2x + 3y + 6z - 12) = 2\vec{i} + 3\vec{j} + 6\vec{k}$，所以

$\vec{n} = \dfrac{2\vec{i} + 3\vec{j} + 6\vec{k}}{\sqrt{2^2 + 3^2 + 6^2}} = \dfrac{2}{7}\vec{i} + \dfrac{3}{7}\vec{j} + \dfrac{6}{7}\vec{k}$

(3) $\vec{n} \cdot \vec{k} = (\dfrac{2}{7}\vec{i} + \dfrac{3}{7}\vec{j} + \dfrac{6}{7}\vec{k}) \cdot \vec{k} = \dfrac{6}{7}$

$\Rightarrow \dfrac{dxdy}{|\vec{n} \cdot \vec{k}|} = \dfrac{7}{6} dxdy$

(4) $\vec{A} \cdot \vec{n} = (18z\vec{i} - 12\vec{j} + 3y\vec{k}) \cdot (\dfrac{2}{7}\vec{i} + \dfrac{3}{7}\vec{j} + \dfrac{6}{7}\vec{k})$

$= \dfrac{36z - 36 + 18y}{7}$

(5) 因 $\vec{A}$ 要投影到 xy 平面，z 要被取代掉

$2x + 3y + 6z = 12 \Rightarrow z = \dfrac{12 - 2x - 3y}{6}$（代入 $\vec{A} \cdot \vec{n}$ 內）

$\Rightarrow \vec{A} \cdot \vec{n} = \dfrac{36z - 36 + 18y}{7} = \dfrac{36 - 12x}{7}$

(6) S 平面 $2x + 3y + 6z = 12$ 投影到 x, y 平面方程式為

$2x + 3y = 12$（去掉 z 項），其範圍為 $0 \leq y \leq \dfrac{12 - 2x}{3}$，$0 \leq x \leq 6$

（因在第一卦限，$x \geq 0$，$y \geq 0$）

(7) $\iint\limits_S \vec{A} \cdot d\vec{s} = \iint\limits_R \vec{A} \cdot \vec{n}\, \dfrac{dxdy}{|\vec{n} \cdot \vec{k}|} = \int\limits_{x=0}^{6} \int\limits_{y=0}^{(12-2x)/3} (\dfrac{36 - 12x}{7})\dfrac{7}{6} dy dx$

$= \int\limits_{x=0}^{6} (24 - 12x + \dfrac{4x^2}{3}) dx = 24$

（註：若 $\vec{n}$ 的方向與上面的方向相反，則其結果為 -24）

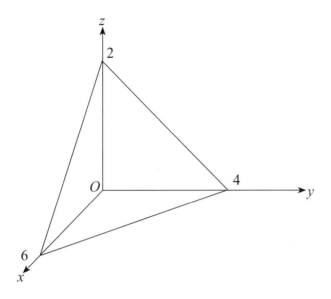

例 9　設 $\vec{A}(x, y, z) = z\vec{i} + x\vec{j} - (3y^2z)\vec{k}$，$S$ 是圓柱 $x^2 + y^2 = 16$，

$z = 1$，$z = 5$ 在第一卦限的表面積，求 $\displaystyle\iint_S \vec{A} \cdot d\vec{s}$（見下圖）

做法　同例 9，此題要求出 S 投影到 xz 平面的區域 R

解　(1) $\displaystyle\iint_S \vec{A} \cdot d\vec{s} = \iint_S \vec{A} \cdot \vec{n}\,ds = \iint_R \vec{A} \cdot \vec{n} \frac{dxdz}{|\vec{n} \cdot \vec{j}|}$，（註：此處是用 xz 平面來

做，所以是除以 $|\vec{n} \cdot \vec{j}|$）

(2) $\vec{n}$ 為垂直曲面的法向量，其方向為

$\nabla(x^2 + y^2 - 16) = 2x\vec{i} + 2y\vec{j}$

$\Rightarrow \vec{n} = \dfrac{2x\vec{i} + 2y\vec{j}}{\sqrt{(2x)^2 + (2y)^2}} = \dfrac{x\vec{i} + y\vec{j}}{4}$

(3) $\vec{n} \cdot \vec{j} = (\dfrac{x\vec{i} + y\vec{j}}{4}) \cdot \vec{j} = \dfrac{y}{4} \Rightarrow |\vec{n} \cdot \vec{j}| = \dfrac{y}{4}$

(4) $\vec{A} \cdot \vec{n} = [z\vec{i} + x\vec{j} - (3y^2z)\vec{k}] \cdot (\dfrac{x\vec{i} + y\vec{j}}{4}) = \dfrac{1}{4}(xz + xy)$

(5) $x^2 + y^2 = 16 \Rightarrow y = \sqrt{16 - x^2}$（$\vec{A}$ 要投影到 xz 平面，y 要被取代掉）

(6) 圖形 $x^2 + y^2 = 16$，$z = 1$，$z = 5$ 投影到 xz 平面為 $x^2 = 16$（去掉 y

項），$z = 1$，$z = 5$，其範圍為 $0 \le x \le 4$（因 $x^2 = 16$），$1 \le y \le 5$

(7) $\displaystyle\iint_R \vec{A}\cdot\vec{n}\,\frac{dxdz}{|\vec{n}\cdot\vec{j}|} = \iint_R \frac{(xz+xy)}{4}\cdot\frac{4}{y}\,dxdz$

$\displaystyle\qquad = \int_{z=1}^{5}\int_{x=0}^{4}\left(\frac{xz}{\sqrt{16-x^2}}+x\right)dxdz$

$\displaystyle\qquad = \int_{z=1}^{5}(4z+8)\,dz = 80$

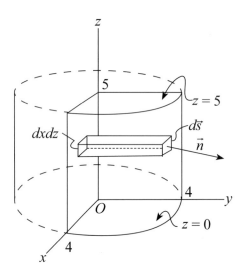

例 10 設 $\vec{v}(x,y,z)=(x+y^2)\vec{i}-2x\vec{j}+(2yz)\vec{k}$，而 S 是平面 $2x+y+2z=6$ 在第一卦限的範圍，求 $\displaystyle\iint_S \vec{v}\cdot d\vec{s}$

解（請參閱例 8 的圖形）

(1) $\displaystyle\iint_S \vec{v}\cdot d\vec{s} = \iint_S \vec{v}\cdot\vec{n}\,ds = \iint_R \vec{v}\cdot\vec{n}\,\frac{dxdy}{|\vec{n}\cdot\vec{k}|}$，

(2) $\vec{n}$ 為垂直曲面的法向量，

其方向為 $\nabla(2x+y+2z-6)=2\vec{i}+\vec{j}+2\vec{k}$，

所以 $\displaystyle\vec{n}=\frac{2\vec{i}+\vec{j}+2\vec{k}}{\sqrt{2^2+1^2+2^2}}=\frac{2}{3}\vec{i}+\frac{1}{3}\vec{j}+\frac{2}{3}\vec{k}$

(3) $\displaystyle\vec{n}\cdot\vec{k}=\left(\frac{2}{3}\vec{i}+\frac{1}{3}\vec{j}+\frac{2}{3}\vec{k}\right)\cdot\vec{k}=\frac{2}{3}\Rightarrow\frac{dxdy}{|\vec{n}\cdot\vec{k}|}=\frac{3}{2}dxdy$

(4) $\displaystyle\vec{v}\cdot\vec{n}=\left[(x+y^2)\vec{i}-2x\vec{j}+2yz\vec{k}\right]\cdot\left(\frac{2}{3}\vec{i}+\frac{1}{3}\vec{j}+\frac{2}{3}\vec{k}\right)$

$$= \frac{2y^2 + 4yz}{3} = \frac{2}{3}(6y - 2xy)$$

$$（2z = 6 - 2x - y \text{ 代入得到}）$$

(5) S 平面 $2x + y + 2z = 6$ 投影到 xy 平面方程式為 $2x + y = 6$（去掉 z 項），其範圍為 $0 \le x \le \dfrac{6-y}{2}$，$0 \le y \le 6$

(6) $\displaystyle\iint_S \vec{v} \cdot d\vec{s} = \iint_R \vec{v} \cdot \vec{n} \frac{dxdy}{|\vec{n} \cdot \vec{k}|}$

$$= \int_{y=0}^{6} \int_{x=0}^{3-\frac{y}{2}} (6y - 2xy) dxdy$$

$$= \int_{y=0}^{6} (6yx - yx^2) \Big|_{x=0}^{3-\frac{y}{2}} dy$$

$$= \int_{y=0}^{6} (9y - \frac{y^3}{4}) dy$$

$$= (\frac{9}{2}y^2 - \frac{y^4}{16}) \Big|_0^6 = 81$$

4.4　向量的體積分

5.【體積分】設空間有一封閉曲面 S 包圍的體積為 V，若此空間內有連續多項式函數 $f(x,\ y,\ z)$，或有連續向量函數 $\vec{A}(x,\ y,\ z)$，則 $\iiint f(x,y,z)dV$ 或 $\iiint \vec{A}(x,y,z)dV$ 稱為體積分（Volume integrals），其中 $\iiint f(x,y,z)dV$ 的結果為一多項式函數，$\iiint \vec{A}(x,y,z)dV$ 的結果為一向量函數。

6.【體積分的作法】以區域 $V = \{(x,y,z)\,|\,a \le x \le b,\ y_1(x) \le y \le y_2(x),\ z_1(x,y) \le z \le z_2(x,y)\}$ 為例，要求

$$\iiint_v f(x,y,z) = \int_a^b \left[\int_{y_1(x)}^{y_2(x)} \left(\int_{z_1(x,y)}^{z_2(x,y)} f(x,y,z)dz \right) dy \right] dx \text{ 時,}$$

(a) 因變數 z 的範圍可用 x, y 表示，即 $z_1(x,y) \le z \le z_2(x,y)$，所以先做 $\int_{z_1(x,y)}^{z_2(x,y)} f(x,y,z)\,dz$ 的積分，假設其等於 $g(x,y)$；

(b) 再將 $z_1(x,y)$ 和 $z_2(x,y)$ 的範圍投影到 xy 平面上，之後因變數 y 的範圍可用 x 表示，即 $y_1(x) \le y \le y_2(x)$；

(c) 所以再積 $\int_{y_1(x)}^{y_2(x)} g(x,y)dy$，假設其等於 $h(x)$；

(d) 再將 $y_1(x)$ 和 $y_2(x)$ 的範圍投影到 x 軸上，其在 x 軸的範圍為 $[c, d]$（此時的 $c = a, d = b$）；

(e) 最後再積 $\int_c^d h(x)dx$。

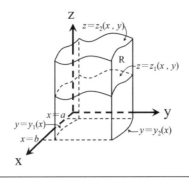

例 11 求 $\iiint_V (2x+y)dV$，其中 V 是由下列區域所包圍的體積 $z=4-x^2$ 和平面 $x=0$，$y=0$，$y=2$ 和 $z=0$，也就是其圖形是在第一卦線的 xz 平面的拋物面，在 $y=0$，$y=2$ 的範圍內。

做法 要先將 V 的範圍給界定出來，再求體積分。

(1) 因在第一卦限內，$z=4-x^2$ 要大於 0，其積分範圍為

$$0 \le z \le 4-x^2，$$

(2) $0 \le y \le 2$（由題目得到），

(3) 因 $z=4-x^2 \ge 0$ 且 $x \ge 0$，所以 $0 \le x \le 2$

解 $\iiint_V (2x+y)dV = \int_{x=0}^{2} \int_{y=0}^{2} \int_{z=0}^{4-x^2} (2x+y)dzdydx$

$= \int_{x=0}^{2} \int_{y=0}^{2} (2x+y)z \mid_0^{4-x^2} dydx$

$= \int_{x=0}^{2} \int_{y=0}^{2} (4y+8x-x^2y-2x^3)dydx$

$= \int_{x=0}^{2} (8+16x-2x^2-4x^3)dx$

$= (8x+8x^2-\frac{2}{3}x^3-x^4) \mid_0^2 = \frac{80}{3}$

例 12 求由下列區域所包圍的體積 $x^2+y^2=a^2$ 和 $x^2+z^2=a^2$

做法 要先將 V 的範圍給界定出來，再求體積分。

（見下圖），其體積是在第一卦限的 8 倍，即

(1) z 從 0 積到 $z=\sqrt{a^2-x^2}$（因 $x^2+z^2=a^2$）

(2) y 從 0 積到 $y=\sqrt{a^2-x^2}$（因 $x^2+y^2=a^2$）

(3) 將圖形投影到 x 軸，x 從 0 積到 a

解 $8\int_{x=0}^{a} \int_{y=0}^{\sqrt{a^2-x^2}} \int_{z=0}^{\sqrt{a^2-x^2}} (1)dzdydx$

$$= 8 \int\limits_{x=0}^{a} \int\limits_{y=0}^{\sqrt{a^2-x^2}} \sqrt{a^2-x^2}\, dy dx$$

$$= 8 \int\limits_{x=0}^{a} \sqrt{a^2-x^2} \int\limits_{y=0}^{\sqrt{a^2-x^2}} 1\, dy dx$$

$$= 8 \int\limits_{x=0}^{a} (a^2-x^2) dx = \frac{16a^3}{3}$$

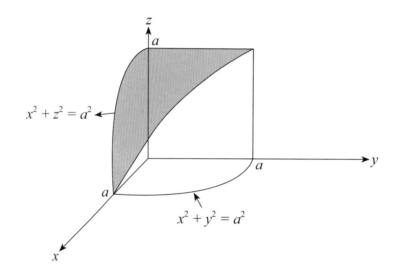

例 13　求 $\iiint\limits_{V} \vec{F} dV$，其中 $\vec{F}(x,y,z) = (2xz)\vec{i} - x\vec{j} + (y^2)\vec{k}$，而 V 是由下列區域所包圍 $x=0$，$y=0$，$y=6$，$z=x^2$，$z=4$（見下圖）

做法　(1) z 從 $z=x^2$ 積到 $z=4$（因 $x=0$ 開始積分，所以 $z=x^2=0$ 開始積分）

(2) y 從 0 積到 6（由題目得到）

(3) 將 $z=x^2$ 投影到 x 軸，因 z 最大值為 4，所以 x 最大值為 2，即 x 從 0 積到 2

解　因 $z=x^2$，又 z 最大值為 4，

所以 z 最大值為 $4=x^2 \Rightarrow x=2$

$$\int\limits_{x=0}^{2} \int\limits_{y=0}^{6} \int\limits_{z=x^2}^{4} (2xz\vec{i} - x\vec{j} + y^2\vec{k}) dz dy dx$$

$$= \vec{i} \cdot \int\limits_{x=0}^{2} \int\limits_{y=0}^{6} \int\limits_{z=x^2}^{4} (2xz)dzdydx + \vec{j} \int\limits_{x=0}^{2} \int\limits_{y=0}^{6} \int\limits_{z=x^2}^{4} (-x)dzdydx$$

$$+ \vec{k} \cdot \int\limits_{x=0}^{2} \int\limits_{y=0}^{6} \int\limits_{z=x^2}^{4} (y^2)dzdydx$$

$$= \vec{i} \cdot \int\limits_{x=0}^{2} \int\limits_{y=0}^{6} xz^2 \mid_{z=x^2}^{4} dydx + \vec{j} \cdot \int\limits_{x=0}^{2} \int\limits_{y=0}^{6} (-xz) \mid_{z=x^2}^{4} dydx$$

$$+ \vec{k} \cdot \int\limits_{x=0}^{2} \int\limits_{y=0}^{6} y^2 z \mid_{z=x^2}^{4} dydx$$

$$= \vec{i} \cdot \int\limits_{x=0}^{2} \int\limits_{y=0}^{6} x(16 - x^4)dydx + \vec{j} \cdot \int\limits_{x=0}^{2} \int\limits_{y=0}^{6} -x(4 - x^2)dydx$$

$$+ \vec{k} \cdot \int\limits_{x=0}^{2} \int\limits_{y=0}^{6} y^2(4 - x^2)dydx$$

$$= \vec{i} \cdot \int\limits_{x=0}^{2} 6(16x - x^5)dx - \vec{j} \cdot \int\limits_{x=0}^{2} 6(4x - x^3)dx$$

$$+ \vec{k} \cdot \int\limits_{x=0}^{2} 72(4 - x^2)dx$$

$$= 128\vec{i} - 24\vec{j} + 384\vec{k}$$

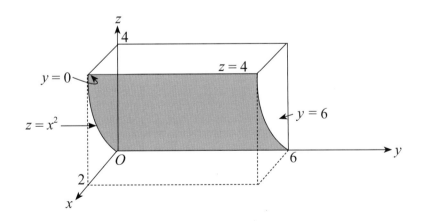

練習題

一、一般向量積分

1. 若 $\vec{R}(t) = (3t^2 - t)\vec{i} + (2 - 6t)\vec{j} - 4t\vec{k}$，求 (a) $\int \vec{R}(t)dt$；(b) $\int_2^4 \vec{R}(t)dt$；

   答 (a) $(t^3 - t^2/2)\vec{i} + (2t - 3t^2)\vec{j} - 2t^2\vec{k} + \vec{c}$；
   (b) $50\vec{i} - 32\vec{j} - 24\vec{k}$

2. 求 $\int_0^{\frac{\pi}{2}} [3\sin(t)\vec{i} + 2\cos(t)\vec{j}]dt$；

   答 $3\vec{i} + 2\vec{j}$

3. 若 $\vec{A}(t) = (t)\vec{i} - (t^2)\vec{j} + (t-1)\vec{k}$，$\vec{B}(t) = (2t^2)\vec{i} + (6t)\vec{k}$，求 (a) $\int_0^2 \vec{A} \cdot \vec{B} dt$；
   (b) $\int_0^2 \vec{A} \times \vec{B} dt$

   答 (a) 12；(b) $-24\vec{i} - 40/3\vec{j} + 64/5\vec{k}$

二、線積分

4. 若 $\vec{A} = (2y+3)\vec{i} + (xz)\vec{j} + (yz - x)\vec{k}$，求 $\int_C \vec{A} \cdot d\vec{r}$ 之值，其中 C 為
   (a) $x = 2t^2$，$y = t$，$z = t^3$，t 從 0 到 1 的曲線；
   (b) 由點 (0, 0, 0) 到點 (0, 0, 1)，再到點 (0, 1, 1)，最後到點 (2, 1, 1)
      的直線；
   (c) 連接點 (0, 0, 0) 到點 (2, 1, 1) 的直線

   答 (a) 288/35；(b) 10；(c) 8

5. 若 $\vec{A} = (3x^2)\vec{i} + (2xz - y)\vec{j} + (z)\vec{k}$，求 $\int_C \vec{A} \cdot d\vec{r}$ 之值，其中 C 為
   (a) 由點 (0, 0, 0) 到點 (2, 1, 3) 的直線；
   (b) $x = 2t^2$，$y = t$，$z = 4t^2 - t$，t 從 0 到 1 的曲線；
   (c) $x^2 = 4y$，$3x^3 = 8z$，x 從 0 到 2 的曲線

   答 (a) 16；(b) 14.2；(c) 16

6. 若 $\vec{A} = (5xy - 6x^2)\vec{i} + (2y - 4x)\vec{j}$，求 $\int_C \vec{A} \cdot d\vec{r}$ 之值，其中 C 為 $y = x^3$，從點 (1, 1) 到點 (2, 8)

   答 35

7. 若 $\vec{A} = (x - 3y)\vec{i} + (y - 2x)\vec{j}$，求 $\int_C \vec{A} \cdot d\vec{r}$ 之值，其中 C 為 $x = 2\cos t$，$y = 3\sin t$，t 從 0 到 2π 的曲線

答 6π

8. 若 $\phi = 2xy^2z + x^2y$，求 $\int_C \phi d\vec{r}$ 之值，其中 C 為

(a) $x = t$，$y = t^2$，$z = t^3$，t 從 0 到 1 的曲線；

(b) 由點 $(0, 0, 0)$ 到點 $(1, 0, 0)$，再到點 $(1, 1, 0)$，最後到點 $(1, 1, 1)$ 的直線；

答 (a) $\dfrac{19}{45}\vec{i} + \dfrac{11}{15}\vec{j} + \dfrac{75}{77}\vec{k}$；(b) $\dfrac{1}{2}\vec{j} + 2\vec{k}$

三、面積分

9. 求 $\iint\limits_S \vec{A} \cdot d\vec{s}$，其中 $\vec{A}(x, y, z) = y\vec{i} + 2x\vec{j} - z\vec{k}$，而 S 是平面 $2x + y = 6$，$x > 0$，$y > 0$，$z > 0$，$z < 4$ 所圍成的區域

答 108

10. 求 $\iint\limits_S \vec{A} \cdot d\vec{s}$，其中 $\vec{A}(x, y, z) = (x + y^2)\vec{i} - 2x \cdot \vec{j} + (2yz)\vec{k}$，而 S 是平面 $2x + y + 2z = 6$ 在第一掛限所圍成的區域

答 81

11. 求 $\iint\limits_S \vec{A} \cdot d\vec{s}$，其中 $\vec{A}(x, y, z) = 2y\vec{i} - z\vec{j} + x^2\vec{k}$，而 S 是拋物柱面 $y^2 = 8x$ 在第一掛限與平面 $y = 4, z = 6$ 所圍成的區域

答 132

12. 求 (1) $\iint\limits_S (\nabla \times \vec{A}) \cdot d\vec{s}$；(2) $\iint\limits_S \phi d\vec{s}$，其中 $\vec{A}(x, y, z) = (x + 2y)\vec{i} - 3z\vec{j} + x\vec{k}$，$\phi(x, y, z) = 4x + 3y - 2z$，而 S 是 $2x + y + 2z = 6$ 在第一掛限與平面 $x = 0$，$x = 1$，$y = 0$ 和 $y = 2$ 所圍成的區域

答 (1)1；(2) $2\vec{i} + \vec{j} + 2\vec{k}$

四、體積分

13. 求 $\iiint\limits_V (2x + y)dV$，其中 V 是由 $z = 4 - x^2$ 和平面 $x = 0$，$y = 0$，$y = 2$ 和 $z = 0$ 所包圍的體積

答 80/3

14. 若 $\vec{A}(x,y,z) = (2x^2 - 3z)\vec{i} - 2xy\vec{j} - 4x\vec{k}$ ，求（1）$\iiint\limits_V \nabla \cdot \vec{A}\, dV$ ，

(2) $\iiint\limits_V \nabla \times \vec{A}\, dV$ ，其中 V 是由 $2x + 2y + z = 4$ 在第一掛限所包圍的體積

答 (1) $\dfrac{8}{3}$ ；(2) $\dfrac{8}{3}\vec{j} - \dfrac{8}{3}\vec{k}$

第 7 篇

偏微分方程式

數學王子——高斯

約翰・卡爾・弗里德里希・高斯（Johann Carl Friedrich Gauss，1777 年 4 月 30 日到 1855 年 2 月 23 日），德國著名數學家、物理學家、天文學家、大地測量學家，是近代數學奠基者之一。高斯被認爲是歷史上最重要的數學家之一，並享有「數學王子」之稱。高斯和阿基米德、牛頓並列爲世界三大數學家。一生成就極爲豐碩，以他名字「高斯」命名的成果達 110 個，屬數學家中之最。他對數論、代數、統計、分析、微分幾何、大地測量學、地球物理學、力學、靜電學、天文學、矩陣理論和光學皆有貢獻。

偏微分方程式簡介

　　如果一個微分方程式中只含一個變數，這個方程式稱為微分方程式；如果出現多個變數，而且方程式中出現未知函數對多個變數的導數，那麼這種微分方程式就是偏微分方程式。

　　在科學技術日新月異的發展過程中，人們研究的許多問題用一個變數的函數來描述已經顯得不夠了，不少問題有多個變數的函數來描述。比如，從物理角度來說，物理量有不同的性質，溫度、密度等是用數值來描述。這些量不僅和時間有關，而且和空間座標也有關，這就要用多個變數的函數來表示。

　　許多物理或是化學的基本定律都可以寫成偏微分方程式的形式。例如考慮光和聲音在空氣中的傳播，以及池塘水面上的波動，這些都可以用同一個二階的偏微分方程式來描述，此方程式即為波動方程式，因此可以將光和聲音視為一種波，和水面上的水波有些類似之處。約瑟夫·傅立葉所發展的熱傳導理論，其方程式是另一個二階偏微分方程式—熱傳導方程式。

第 1 章　偏微分方程式

1.1　簡介

1.【何謂偏微分方程式】方程式內含有二個或以上的自變數,且在方程式內包含一個或以上的偏導數者,此方程式稱為偏微分方程式(partial differential equation,縮寫成 PDE)。例如:設 x, y 為自變數,$u(x, y)$ 為一 x, y 的函數,則

$$\frac{\partial^2 u}{\partial x^2} - c^2 \frac{\partial u}{\partial y} = 0$$

為一偏微分方程式。

2.【偏微分方程式的階數】偏微分方程式的階數(order)是指在此偏微分方程式內,偏導數最高階者。例如:

(1) $\frac{\partial z}{\partial x} + \frac{\partial z}{\partial y} = z$,為一階偏微分方程式(最高偏導數為一次偏微分)

(2) $\frac{\partial^2 u}{\partial x^2} - c^2 \frac{\partial u}{\partial y} = 0$,為二階偏微分方程式(最高偏導數為二次偏微分)

3.【線性方程式】若偏微分方程式內的所有偏導數的指數次方均為一次方者,此偏微分方程式稱為線性方程式;否則稱為非線性方程式。例如:

(1) $\frac{\partial^2 u}{\partial x^2} - \frac{\partial^2 u}{\partial y^2} = 0$,為線性方程式(二項偏導數的次方都是一次方)

(2) $\frac{\partial^2 u}{\partial x^2} - c^2 \frac{\partial u}{\partial y} = 0$,為線性方程式

(3) $\frac{\partial^2 u}{\partial x^2} - \frac{\partial^2 u}{\partial y^2} = f(x, y)$,為線性方程式

(4) $\left(\frac{\partial u}{\partial x}\right)^2 - \frac{\partial^2 u}{\partial y^2} = 0$,為非線性方程式,因 $\left(\frac{\partial u}{\partial x}\right)^2$ 為二次方

4.【齊次方程式】若偏微分方程式內的所有偏導數都是相同階數
　（order）時，此偏微分方程式稱為齊次方程式；否則稱為非齊次方
　程式。例如：

　(1) $\dfrac{\partial^2 u}{\partial x^2} - \dfrac{\partial^2 u}{\partial y^2} = 0$，為齊次方程式（每一項都是 u 的二階偏導數）

　(2) $\dfrac{\partial^2 u}{\partial x^2} - c^2 \dfrac{\partial u}{\partial y} = 0$，為非齊次方程式

5.【偏微分方程式的解】通常一個偏微分方程式會有很多個解，例

　如：$u = x^2 - y^2$，$u = \ln(x^2 + y^2)$，$u = e^x \cos y$，$u = \sin x \cosh y$　都

　是 $\dfrac{\partial^2 u}{\partial x^2} + \dfrac{\partial^2 u}{\partial y^2} = 0$ 的解，必須加入一些限制條件，才能得到唯一解。

6.【邊界條件、初始條件】上面的限制條件有：

　(1) 邊界條件（boundary condition）：在求解的「區域 R」中，已知
　　　其在此區域「邊界的值」；

　(2) 初始條件（initial condition）：在求解的「時間 t」中，已知其在
　　　「$t = 0$ 之值」。

1.2 由實際問題所產生的偏微分方程式

7.【**偏微分方程式的自變數**】偏微分方程式在工程和物理上,其自變數通常會包含時間 (t) 和位置(x 或 x, y 或 x, y, z 坐標),因變數則由這些自變數所組成的函數,如:$u(x, t)$ 或 $u(x, y, t)$ 或 $u(x, y, z, t)$ 等。

8.【**常見的偏微分方程式的類型**】在工程和物理上,常見的偏微分方程式類型有下列三種:

(1) 一維波動方程式(one dimensional wave equation);

(2) 一維熱傳方程式(one dimensional heat-flow equation);

(3) 二維拉普拉斯方程式(Laplace's equation)。

9.【**(1) 一維波動方程式**】其中一種一維波動方程式的形成為:

(1) 一質地均勻的彈性繩索(長度可伸縮),其每單位長的質量為 ρ,若將此繩索以固定的張力 T 沿 x 軸拉長到 L 單位,再將其二端 $x = 0$ 和 $x = L$ 固定在一水平線上(見下圖)。

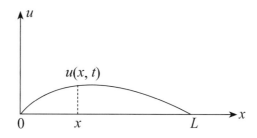

(2) 在時間 $t = 0$ 時,將繩索往上方拉,再釋放開來,此繩索會在固定的垂直平面上,做上下振動。

(3) 在時間 $t > 0$ 時,其在任意點 x 和任意時間 t 的上下偏移位置函數為 $u(x, t)$,則此函數會滿足:

$$\frac{\partial^2 u}{\partial t^2} = c^2 \frac{\partial^2 u}{\partial x^2}, \text{ 其中 } c^2 = \frac{T}{\rho}$$

此稱為一維波動方程式,它是二階齊次偏微分方程式。

(4) 因為繩索的二端 $x = 0$ 和 $x = L$ 被固定住,此二點任何時間的上下偏移位置均為 0,所以其「邊界值條件」為:

$u(0, t) = 0$，$u(L, t) = 0$

(5) 若繩索的初始 $(t = 0)$ 偏移位移和速度分別為 $f(x)$ 和 $g(x)$，則其「初始條件」為：

$$u(x,0) = f(x)，\frac{\partial u(x,t)}{\partial t}\Big|_{t=0} = g(x)，其中 0 \le x \le L$$

10.【(2) 一維熱傳方程式】其中一種一維熱傳方程式的形成為：

(1) 一長條形材料均勻、橫切面積不變的金屬細桿（長度不可伸縮），位於 x 軸上（見下圖）。

(2) 若桿子的周邊均覆蓋絕緣材料，使其熱量只能沿 x 軸方向流動，此時桿子內的溫度分佈只和位置 x、時間 t 有關，其可用 $u(x, t)$ 表示。

(3) 此溫度函數 $u(x, t)$ 滿足下列的方程式：

$$\frac{\partial u}{\partial t} = c^2 \frac{\partial^2 u}{\partial x^2}$$

此方程式稱為一維熱傳方程式。

(4) 假設此桿的二端 $x = 0$ 和 $x = L$ 在任何時間的溫度均維持在 0 度，則其「邊界條件」為：

$$u(0, t) = 0，u(L, t) = 0$$

(5) 若此桿子的初始 $(t = 0)$ 溫度為 $f(x)$，則其「初始條件」為：

$$u(x,0) = f(x)$$

11.【(3) 二維拉普拉斯方程式】其中一種二維拉普拉斯方程式的形成為：

(1) 有一長方形金屬薄板，長為 a、寬為 b，其溫度分布如下（見下圖）：

(a) 長方形金屬板內部的溫度為 $u(x, y)$，其中 x, y 是離原點的位置，且 $0 \le x \le a$、$0 \le y \le b$

(b) 上邊的溫度為 $u(x, b) = f(x)$

(c) 其餘三邊的溫度為 $u = 0$

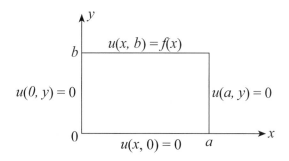

(2) 只考慮其在穩態的狀況下（也就是與時間無關），其偏微分方程式為：

$$\frac{\partial^2 u}{\partial x^2} + \frac{\partial^2 u}{\partial y^2} = 0$$

此方程式稱為二維拉普拉斯方程式

(3) 其邊界條件為：

(a) $u(0, y) = 0$；$(0 < y < b)$

(b) $u(a, y) = 0$；

(c) $u(x, 0) = 0$

(d) $u(x, b) = f(x)$；$(0 < x < a)$

註：在實際應用上，其邊界條件 $f(x)$ 可能在 $u(0, y) = f(x)$，$u(a, y) = f(x)$ 或 $u(x, 0) = f(x)$ 上。

1.3　變數分離法

12.【**變數分離法**】變數分離法又稱爲乘積解法，是解偏微分方程式最常見的方法。

13.【**變數分離法做法**】用變數分離法解 $\dfrac{\partial^m u}{\partial t^m} = c^2 \dfrac{\partial^n u}{\partial x^n}$ 的做法如下：

(1) 將每一個自變數設一個單獨的函數，再將所有的單獨函數相乘起來，作爲此偏微分方程式的解；

　　例如：$u(x, t)$ 假設爲：$u(x, t) = F(x)G(t)$，

　　　　　或 $u(x, y, z)$ 則假設爲：$u(x, y, z) = X(x)Y(y)Z(z)$

(2) 將 (1) 的假設代入原偏微分方程式內：

　　例如：設 $G^{(m)} = \dfrac{d^m G(t)}{dt^m}$，$F^{(n)} = \dfrac{d^n F(x)}{dx^n}$，

　　則 (1) 的假設代入方程式

$$\frac{\partial^m u}{\partial t^m} = c^2 \frac{\partial^n u}{\partial x^n}$$

　　後，會得到：

$\dfrac{G^{(m)}}{c^2 G} = \dfrac{F^{(n)}}{F} = k$ 的結果（因左邊是 t 的函數，右邊是 x 的函數，二者要相等的條件是同時爲一常數 k）

(3) 決定第 (2) 項的 k 值是大於 0，等於 0 或小於 0；（需要利用步驟 (4) 來解）

(4) 找出滿足「邊界條件」的所有解；

(5) 將 (4) 找出來的解，再找出滿足「初始條件」的解；

(6) 若得到的結果爲 $\sin \lambda L = 0$，則其解

$$\lambda_n = \frac{n\pi}{L}, n = 1, 2, 3, \cdots\cdots,$$

　　此可以表示成傅立葉級數的形式。

14.【**複習傅立葉級數**】若 $f(x)$ 是週期 $2L$ 的奇函數，則其傅立葉級數爲

$$f(x) = \sum_{n=1}^{\infty} b_n \sin\left(n \frac{\pi}{L} x\right)$$

其中 $b_n = \dfrac{2}{L} \int_0^L f(x) \sin \dfrac{n\pi x}{L} \, dx$

15.【**變數分離法應用**】往後的內容將利用變數分離法，來解出下列的偏微分方程式：

(1) 一維波動方程式，$\dfrac{\partial^2 u}{\partial t^2} = c^2 \dfrac{\partial^2 u}{\partial x^2}$

(2) 一維熱傳方程式（或稱為擴散方程式），$\dfrac{\partial u}{\partial t} = c^2 \dfrac{\partial^2 u}{\partial x^2}$

(3) 二維拉普拉斯方程式，$\dfrac{\partial^2 u}{\partial x^2} + \dfrac{\partial^2 u}{\partial y^2} = 0$

例 1 以變數分離法求解下列的偏微分方程式

(1) $xu_x + u_y = 0$

(2) $u_x + 2u_y = u$，$u(0, y) = 2e^y$

做法 (a) 假設 $u(x, y) = F(x)G(y)$，

而 $\dfrac{dF(x)}{dx} = F'(x)$、$\dfrac{dG(y)}{dy} = \dot{G}(y)$，

代入原偏微分方程式，求出 $F(x)$ 和 $G(y)$

(b) 若題目有給初值，表示要代入 $u(x, y)$，求出 c

解 (1) 假設 $u(x, y) = F(x)G(y)$

$\Rightarrow u_x(x, y) = F'(x)G(y)$、$u_y(x, y) = F(x)\dot{G}(y)$

（代入原偏微分方程式）

$xu_x + u_y = 0 \Rightarrow xF'(x)G(y) + F(x)\dot{G}(y) = 0$

（除以 $F(x)G(y)$）$\Rightarrow \dfrac{xF'(x)}{F(x)} = \dfrac{-\dot{G}(y)}{G(y)} = k$）

$\Rightarrow xF'(x) - kF(x) = 0$，$\dot{G}(y) + kG(y) = 0$

(a) $xF'(x) - kF(x) = 0$ ……(A)（此為 Euler-Cauchy 微分方程式）

令 $F(x) = x^m$

(A) $\Rightarrow m - k = 0 \Rightarrow m = k \Rightarrow F(x) = c_1 x^k$

(b) $\dot{G}(y) + kG(y) = 0$ ……(B)（此為常係數微分方程式）

令 $G(y) = e^{\lambda y}$

(B) $\Rightarrow \lambda + k = 0 \Rightarrow \lambda = -k \Rightarrow G(y) = c_2 e^{-ky}$

(a)(b) 代入原式

$\Rightarrow u(x, y) = F(x)G(y) = c_1 x^k \cdot c_2 e^{-ky} = c x^k e^{-ky}$

(2) 假設 $u(x, y) = F(x)G(y)$

$\Rightarrow u_x(x, y) = F'(x)G(y)$、$u_y(x, y) = F(x)\dot{G}(y)$

（代入原偏微分方程式）

$u_x + 2u_y = u \Rightarrow F'(x)G(y) + 2F(x)\dot{G}(y) = F(x)G(y)$

$\Rightarrow 2F(x)\dot{G}(y) = G(y)[F(x) - F'(x)]$

（除以 $[F(x) - F'(x)]\dot{G}(y)$）$\Rightarrow \dfrac{2F(x)}{F(x) - F'(x)} = \dfrac{G(y)}{\dot{G}(y)} = k$

$\Rightarrow kF'(x) + (2 - k)F(x) = 0$，$k\dot{G}(y) - G(y) = 0$

(a) $kF'(x) + (2 - k)F(x) = 0 \cdots\cdots$(A)

　　（此為常係數微分方程式）

　　令 $F(x) = e^{\lambda x}$

　　(A)$\Rightarrow k\lambda + (2 - k) = 0 \Rightarrow \lambda = \dfrac{k - 2}{k} \Rightarrow F(x) = c_1 e^{(k-2)x/k}$

(b) $k\dot{G}(y) - G(y) = 0 \cdots\cdots$(B)（此為常係數微分方程式）

　　令 $G(y) = e^{\lambda y}$

　　(B) $\Rightarrow k\lambda - 1 = 0 \Rightarrow \lambda = 1/k \Rightarrow G(y) = c_2 e^{y/k}$

(a)(b) 代入原式

$\Rightarrow u(x, y) = F(x)G(y) = c_1 e^{(k-2)x/k} c_2 e^{y/k} = c e^{(k-2)x/k} \cdot e^{y/k}$

初值 $\Rightarrow u(0, y) = 2e^y = c e^{(k-2)\cdot 0/k} e^{y/k} = c e^{y/k} \Rightarrow c = 2, k = 1$

所以 $u(x, y) = F(x)G(y) = 2e^{-x} e^y$

16.【一維波動方程式解法】一維波動方程式，$\dfrac{\partial^2 u}{\partial t^2} = c^2 \dfrac{\partial^2 u}{\partial x^2}$

　■邊界條件：$u(0, t) = 0$，$u(L, t) = 0$

　■初始條件：$u(x, 0) = f(x)$，$\dfrac{\partial u(x, t)}{\partial t}\Big|_{t=0} = g(x)$

■其結果為：$u(x,t) = \sum\limits_{n=1}^{\infty} u_n(x,t)$

$$= \sum_{n=1}^{\infty} \left(C_n \cos(\frac{cn\pi}{L}t) + D_n \sin(\frac{cn\pi}{L}t) \right) \sin(\frac{n\pi}{L}x)$$

其中：$C_n = \dfrac{2}{L}\displaystyle\int_0^L f(x)\sin(\frac{n\pi}{L}x)dx$，$n = 1, 2, 3, \cdots\cdots$

$\qquad D_n = \dfrac{2}{cn\pi}\displaystyle\int_0^L g(x)\sin(\frac{n\pi}{L}x)dx$，$n = 1, 2, 3, \cdots\cdots$

■證明請參閱例 2

17.【初始速度為 0 的情況】若初始速度 $g(x) = 0$，則 $D_n = 0$，一維波動方程式變成：

$$u(x,t) = \sum_{n=1}^{\infty} u_n(x,t) = \sum_{n=1}^{\infty} \left(C_n \cos(\frac{cn\pi}{L}t) \right) \sin(\frac{n\pi}{L}x)$$

例 2 求波動方程式，$\dfrac{\partial^2 u}{\partial t^2} = c^2 \dfrac{\partial^2 u}{\partial x^2}$ 的解，其中：

邊界條件：$u(0, t) = 0$，$u(L, t) = 0$

初始條件：$u(x,0) = f(x)$，$\dfrac{\partial u(x,t)}{\partial t}\Big|_{t=0} = g(x)$

解 (1) 將每一個自變數設一個單獨的函數：

假設解為：$u(x, t) = F(x)G(t)$，

其中 $F(x)$ 只含自變數 x，$G(t)$ 只含自變數 t

(2) 將 (1) 的結果代入原偏微分方程式內

$\dfrac{\partial^2 u}{\partial t^2} = F\ddot{G}$，$\dfrac{\partial^2 u}{\partial x^2} = F''G$，

其中$\ddot{G} = \dfrac{d^2 G(t)}{dt^2}$，$F'' = \dfrac{d^2 F(x)}{dx^2}$

所以$\dfrac{\partial^2 u}{\partial t^2} = c^2 \dfrac{\partial^2 u}{\partial x^2}$

$\Rightarrow F\ddot{G} = c^2 F''G$（同除以 $c^2 F(x)G(t)$）

$\Rightarrow \dfrac{\ddot{G}}{c^2 G} = \dfrac{F''}{F}$（因等號左邊是 t 的函數，等號右邊是 x 的函數，

$\qquad\qquad\qquad\qquad$ 二者要相等的條件是同時等於一個常數 k)

$$\Rightarrow \frac{\ddot{G}}{c^2 G} = \frac{F''}{F} = k$$

$$\Rightarrow F'' - kF = 0 \cdots\cdots\cdots\cdots (m)$$

$$且 \ddot{G} - c^2 kG = 0 \cdots\cdots\cdots\cdots (n)$$

(m)(n) 二式為常係數微分方程式，其解與常數 k 值的正負號有關

(3) 決定常數 k 的正負號：

(I) 若 $k > 0$，設 $k = \lambda^2$，(m)(n) 二式變成：

$$F'' - \lambda^2 F = 0 \text{ 和 } \ddot{G} - c^2 \lambda^2 G = 0$$

(A) 其解分別為

$$F(x) = Ae^{\lambda x} + Be^{-\lambda x} 和$$

$$G(t) = Ce^{c\lambda t} + De^{-c\lambda t}$$

$$u(x,t) = F(x)G(t)$$
$$= (Ae^{\lambda x} + Be^{-\lambda x})(Ce^{c\lambda t} + De^{-c\lambda t})$$

其中 A, B, C, D 均為常數

(B) 邊界條件：$u(0, t) = 0$，$u(L, t) = 0$ 代入 $u(x, t)$

(a) $u(0,t) = 0 \Rightarrow A + B = 0$

(b) $u(L,t) = 0 \Rightarrow Ae^{\lambda L} + Be^{-\lambda L} = 0$

由 (a)(b) 得，$A = 0$，$B = 0$（不合理，$u(x, t)$ 不能為 0）

(II) 若 $k = 0$，則 (m)(n) 二式變成：

$$F'' = 0 \text{ 和 } \ddot{G} = 0$$

(A) 其解分別為

$$F(x) = Ax + B 和$$

$$G(t) = Ct + D$$

$$u(x,t) = F(x)G(t)$$
$$= (Ax + B)(Ct + D)$$

其中 A, B, C, D 均為常數

(B) 邊界條件：$u(0, t) = 0$，$u(L, t) = 0$ 代入 $u(x, t)$

(a) $u(0,t) = 0 \Rightarrow B(Ct + D) = 0 \Rightarrow B = 0$

(b) $u(L,t) = 0 \Rightarrow AL(Ct + D) = 0 \Rightarrow A = 0$

由 (a)(b) 得，$A = 0, B = 0$（不合理，$u(x, t)$ 不能為 0）

(III) 設 $k = -\lambda^2 < 0$，(m)(n) 二式變成：

$F'' + \lambda^2 F = 0$ 和 $\ddot{G} + c^2\lambda^2 G = 0$

其解分別為

$F(x) = A\cos\lambda x + B\sin\lambda x$ 和

$G(t) = C\cos(c\lambda t) + D\sin(c\lambda t)$

$u(x,t) = F(x)G(t)$

$\qquad = (A\cos\lambda x + B\sin\lambda x)(C\cos c\lambda t + D\sin c\lambda t)$

其中 A, B, C, D 均為常數

(4) 找出滿足邊界條件的所有解

(a) $u(0,t) = 0 \Rightarrow (A + 0)(C\cos c\lambda t + D\sin c\lambda t) = 0$

$\qquad\qquad \Rightarrow A = 0$

(b) $u(L,t) = 0 \Rightarrow (B\sin\lambda L)(C\cos c\lambda t + D\sin c\lambda t) = 0$

它要為 0，必須：

(i) $B = 0$（不合理，因 A 已為 0，B 再為 0，則 $u(x, t) = 0$）

或 (ii) $\sin\lambda L = 0 \Rightarrow \lambda_n = \dfrac{n\pi}{L}$，$n = 1, 2, 3, \cdots\cdots$

所以對應每一個 n，可以得到 $\dfrac{\partial^2 u}{\partial t^2} = c^2\dfrac{\partial^2 u}{\partial x^2}$ 在其邊界條件下的通解為：

$u_n(x,t) = (C_n\cos c\lambda_n t + D_n\sin c\lambda_n t)\sin(\lambda_n x)$（$B$ 併到 C_n, D_n 內）

$\Rightarrow u(x,t) = \sum\limits_{n=1}^{\infty} u_n(x,t) = \sum\limits_{n=1}^{\infty}(C_n\cos c\lambda_n t + D_n\sin c\lambda_n t)\sin(\lambda_n x)$

(5) 將 (4) 的解再找出滿足初始條件的解：

初始條件：$u(x, 0) = f(x)$，$\dfrac{\partial u(x,t)}{\partial t}\Big|_{t=0} = g(x)$

(a) $u(x,0) = f(x)$

$\Rightarrow u(x,0) = \sum\limits_{n=1}^{\infty}[C_n\cos(c\lambda_n \cdot 0) + D_n\sin(c\lambda_n \cdot 0)]\sin(\lambda_n x)$

$\qquad = \sum\limits_{n=1}^{\infty} C_n\sin(\lambda_n x) = f(x)\cdots\cdots$(m)

(b) $\dfrac{\partial u(x,t)}{\partial t}\Big|_{t=0} = \sum\limits_{n=1}^{\infty}(-c\lambda_n C_n \sin c\lambda_n t + c\lambda_n D_n \cos c\lambda_n t)\sin(\lambda_n x)\big|_{t=0}$

$\qquad\qquad = \sum\limits_{n=1}^{\infty} c\lambda_n D_n \sin(\lambda_n x) = g(x)\cdots\cdots(n)$

由 (m)(n) 式知，可將 C_n 和 D_n 視為是 $f(x)$ 和 $g(x)$ 的傅立葉級數奇函數展開式的 b_n 係數，所 C_n 和 D_n 可寫成（註：因只有 sin 項，可以把它視為週期是 $2L$ 的奇函數展開的結果，其中 (m) 式的傅立葉級數的 $b_n = C_n$，(n) 式的傅立葉級數的 $b_n = c\lambda_n D_n$）

$C_n = \dfrac{2}{L}\displaystyle\int_0^L f(x)\sin(\lambda_n x)dx$，$n = 1, 2, 3, \cdots\cdots$

$D_n = \dfrac{2}{c\lambda_n L}\displaystyle\int_0^L g(x)\sin(\lambda_n x)dx$，$n = 1, 2, 3, \cdots\cdots$

其中：$\lambda_n = \dfrac{n\pi}{L}, n = 1, 2, 3, \cdots\cdots$

例 3 求一維波動方程式 $\dfrac{\partial^2 u}{\partial t^2} = c^2 \dfrac{\partial^2 u}{\partial x^2}$ 的解，其中：

(a) 初始速度為 0，

(b) 初始位移為 $f(x) = \begin{cases} \dfrac{2k}{L}x, & 0 < x < \dfrac{L}{2} \\[2mm] \dfrac{2k}{L}(L-x), & \dfrac{L}{2} < x < L \end{cases}$

解 (1) 設 $u(x, t) = F(x)G(t)$，代入原方程式，得

(2) $\dfrac{\ddot{G}}{c^2 G} = \dfrac{F''}{F} = k$

(3) $k > 0$ 和 $k = 0$ 不合理，

令 $k = -\lambda^2$

$\Rightarrow F'' + \lambda^2 F = 0$ 和 $\ddot{G} + c^2\lambda^2 G = 0$

其解分別為

$F(x) = A\cos\lambda x + B\sin\lambda x$ 和

$G(t) = C\cos(c\lambda t) + D\sin(c\lambda t)$

$u(x,t) = F(x)G(t)$

$\qquad = (A\cos\lambda x + B\sin\lambda x)(C\cos c\lambda t + D\sin c\lambda t)$

其中 A, B, C, D 均為常數

(4) 找出滿足邊界條件的所有解

    (a) $u(0,t)=0 \Rightarrow (A+0)(C\cos c\lambda t + D\sin c\lambda t)=0$

              $\Rightarrow A=0$

    (b) $u(L,t)=0 \Rightarrow (B\sin\lambda L)(C\cos c\lambda t + D\sin c\lambda t)=0$

    $\sin\lambda L=0 \Rightarrow \lambda_n=\dfrac{n\pi}{L}, n=1,2,3,\cdots$

    (c) $u_n(x,t)=(C_n\cos c\lambda_n t + D_n\sin c\lambda_n t)\sin(\lambda_n x)$

      $\Rightarrow u(x,t)=\sum\limits_{n=1}^{\infty}u_n(x,t)$

            $=\sum\limits_{n=1}^{\infty}(C_n\cos c\lambda_n t + D_n\sin c\lambda_n t)\sin(\lambda_n x)$

(5) 將 (4) 的解再找出滿足初始條件的解：

    初始條件：$u(x,0)=f(x)$，$\dfrac{\partial u(x,t)}{\partial t}\Big|_{t=0}=g(x)$

    (a) 初始速度 $g(x)=0$，則 $D_n=0$（由例 2 得知）

    (b) $u(x,0)=f(x)$

      $\Rightarrow u(x,0)=\sum\limits_{n=1}^{\infty}[C_n\cos(c\lambda_n\cdot 0)]\sin(\lambda_n x)$

          $=\sum\limits_{n=1}^{\infty}C_n\sin(\lambda_n x)=f(x)$

      $\Rightarrow C_n=\dfrac{2}{L}\int_0^L f(x)\sin(\lambda_n x)dx$，$n=1,2,3,\cdots\cdots$（傅立葉級數的 b_n 係數）

    (c) $u(x,t)=\sum\limits_{n=1}^{\infty}u_n(x,t)=\sum\limits_{n=1}^{\infty}(C_n\cos c\lambda_n t)\sin(\lambda_n x)$

    其中：$\lambda_n=\dfrac{n\pi}{L}$，$n=1,2,3,\cdots\cdots$

(6) 代入 $f(x)$ 數值

    (a) $C_n=\dfrac{2}{L}\int_0^L f(x)\sin(\dfrac{n\pi}{L}x)dx$

      $=\dfrac{2}{L}[\int_0^{\frac{L}{2}}\dfrac{2k}{L}x\sin(\dfrac{n\pi}{L}x)dx+\int_{\frac{L}{2}}^L\dfrac{2k}{L}(L-x)\sin(\dfrac{n\pi}{L}x)dx]$

      $=\dfrac{8k}{n^2\pi^2}\sin(\dfrac{n\pi}{2})$

(b) $u(x,t) = \sum\limits_{n=1}^{\infty} u_n(x,t)$

$$= \sum_{n=1}^{\infty} \left(C_n \cos(\frac{cn\pi}{L} t) \right) \sin(\frac{n\pi}{L} x)$$

$$= \sum_{n=1}^{\infty} \left(\frac{8k}{n^2 \pi^2} \sin(\frac{n\pi}{2}) \cos(\frac{cn\pi}{L} t) \right) \sin(\frac{n\pi}{L} x)$$

$$= \frac{8k}{\pi^2} \left(\frac{1}{1^2} \sin(\frac{\pi}{L} x) \cos(\frac{\pi c}{L} t) \right.$$

$$\left. - \frac{1}{3^2} \sin(\frac{3\pi}{L} x) \cos(\frac{3\pi c}{L} t) + \cdots\cdots \right)$$

例 4 求一維波動方程式 $\dfrac{\partial^2 u}{\partial t^2} = c^2 \dfrac{\partial^2 u}{\partial x^2}$ 的解，其中：

(a) 初始速度為 0，

(b) 初始位移為 $u(x,0) = \sin\dfrac{\pi x}{L}$

解 因初始速度 $g(x) = 0$，一維波動方程式變成（直接代公式）

$$u(x,t) = \sum_{n=1}^{\infty} u_n(x,t) = \sum_{n=1}^{\infty} \left(C_n \cos(\frac{cn\pi}{L} t) \right) \sin(\frac{n\pi}{L} x)$$

(a) 初始位移 $f(x) = u(x,0) = \sin\dfrac{\pi x}{L}$

$$C_n = \frac{2}{L} \int_0^L f(x) \sin(\frac{n\pi}{L} x) dx$$

$$= \frac{2}{L} \int_0^L \sin(\frac{\pi x}{L}) \sin(\frac{n\pi}{L} x) dx$$

$$= \frac{1}{L} \int_0^L \cos[(n-1)\frac{\pi x}{L}] - \cos[(n+1)\frac{\pi x}{L}] dx$$

$$= [\frac{1}{(n-1)\pi} \sin(n-1)\frac{\pi x}{L} - \frac{1}{(n+1)\pi} \sin(n+1)\frac{\pi x}{L}]_0^L \ (n \neq 1)$$

$$= 0 \ (\text{註：} \sin(k\pi) = 0)$$

$$C_1 = \frac{2}{L} \int_0^L f(x) \sin(\frac{\pi}{L} x) dx$$

$$= \frac{2}{L} \int_0^L \sin(\frac{\pi x}{L}) \sin(\frac{\pi x}{L}) dx \ \ (2\sin^2\theta = 1 - \cos 2\theta)$$

$$= \frac{1}{L} \int_0^L [1 - \cos(\frac{2\pi x}{L})] dx = 1$$

(b) $u(x,t) = \sum\limits_{n=1}^{\infty} u_n(x,t)$

$\qquad = \sum\limits_{n=1}^{\infty} \left(C_n \cos(\dfrac{cn\pi}{L}t) \right) \sin(\dfrac{n\pi}{L}x)$

$\qquad = C_1 \cos(\dfrac{c\pi}{L}t)\sin(\dfrac{\pi}{L}x)$

$\qquad = \cos(\dfrac{c\pi}{L}t)\sin(\dfrac{\pi}{L}x)$

17.【一維熱傳方程式解法】一維熱傳方程式，$\dfrac{\partial u}{\partial t} = c^2 \dfrac{\partial^2 u}{\partial x^2}$

■邊界條件：$u(0, t) = 0$，$u(L, t) = 0$

■初始條件：$u(x, 0) = f(x)$

■結果：$u(x,t) = \sum\limits_{n=1}^{\infty} u_n(x,t)$

$\qquad = \sum\limits_{n=1}^{\infty} D_n \sin(\dfrac{n\pi}{L}x)e^{-\rho_n^2 t}$

其中：$\rho_n = \dfrac{n\pi c}{L}$

$\qquad\quad D_n = \dfrac{2}{L}\int_0^L f(x)\sin(\dfrac{n\pi}{L}x)dx$

■證明請參閱例 5

例5 求一維熱傳方程式，$\dfrac{\partial u}{\partial t} = c^2 \dfrac{\partial^2 u}{\partial x^2}$ 的解

邊界條件：$u(0, t) = 0$，$u(L, t) = 0$

初始條件：$u(x, 0) = f(x)$

解 (1) 將每一個自變數設一個單獨的函數：

假設解為：$u(x, t) = F(x)G(t)$，

其中 $F(x)$ 只含自變數 x，$G(t)$ 只含自變數 t

(2) 將 (1) 的結果代入原偏微分方程式內

$\dfrac{\partial u}{\partial t} = F\dot{G}$，$\dfrac{\partial^2 u}{\partial x^2} = F''G$，其中 $\dot{G} = \dfrac{dG(t)}{dt}$，$F'' = \dfrac{d^2 F(x)}{dx^2}$

所以 $\dfrac{\partial u}{\partial t} = c^2 \dfrac{\partial^2 u}{\partial x^2}$

$\Rightarrow F\dot{G} = c^2 F''G$（同除以 $c^2 F(x)G(t)$）

$\Rightarrow \dfrac{\dot{G}}{c^2 G} = \dfrac{F''}{F} = k$

$\Rightarrow \dot{G} - c^2 kG = 0 \cdots\cdots\cdots\cdots$ (m)

且 $F'' - kF = 0 \cdots\cdots\cdots\cdots$ (n)

(m)(n) 二式為常係數微分方程式，其解與 k 值有關

(3) (I) 若 $k > 0$，設 $k = \lambda^2$，(m)(n) 二式變成：

$F'' - \lambda^2 F = 0$ 和 $\dot{G} - c^2 \lambda^2 G = 0$

■其解分別為

$F(x) = Ae^{\lambda x} + Be^{-\lambda x}$ 和

$G(t) = Ce^{c^2 \lambda^2 t}$

$u(x,t) = F(x)G(t)$

$\qquad = (Ae^{\lambda x} + Be^{-\lambda x})(Ce^{c^2 \lambda^2 t})$

其中 A, B, C 均為常數

■邊界條件：$u(0,t) = 0$，$u(L,t) = 0$ 代入 $u(x, t)$

(a) $u(0,t) = 0 \Rightarrow A + B = 0$

(b) $u(L,t) = 0 \Rightarrow Ae^{\lambda L} + Be^{-\lambda L} = 0$

由 (a)(b) 得，$A = 0$，$B = 0$（不合理，$u(x, t)$ 不能為 0）

(II) 若 $k = 0$，則 (m)(n) 二式變成：

$F'' = 0$ 和 $\dot{G} = 0$

■其解分別為

$F(x) = Ax + B$ 和

$G(t) = C$

$u(x, t) = F(x)G(t)$

$\qquad = (Ax + B)\,C$

其中 A, B, C 均為常數

■邊界條件：$u(0,t) = 0$，$u(L,t) = 0$ 代入 $u(x, t)$

(a) $u(0,t) = 0 \Rightarrow BC = 0 \Rightarrow B = 0$

（若 C 為 0，則 $G(t) = 0$ 不合理）

(b) $u(L,t) = 0 \Rightarrow AL(C) = 0 \Rightarrow A = 0$

由 (a)(b) 得，$A = 0$，$B = 0$（不合理，$u(x, t)$ 不能為 0）

(III) 設 $k = -\lambda^2 < 0$，(m)(n) 二式變成：

$\dot{G} + c^2\lambda^2 G = 0$ 和 $F'' + \lambda^2 F = 0$

■ 其解分別為

$F(x) = A\cos\lambda x + B\sin\lambda x$ 和

$G(t) = Ce^{-c^2\lambda^2 t}$

$u(x,t) = F(x)G(t)$

$\qquad = (A\cos\lambda x + B\sin\lambda x)Ce^{-c^2\lambda^2 t}$

其中 A, B, C 均為常數

(4) 找出滿足邊界條件的所有解

(a) $u(0,t) = 0 \Rightarrow (A + 0)G(t) = 0$

$\qquad\qquad \Rightarrow A = 0$（因 $G(t) \neq 0$）

(b) $u(L,t) = 0 \Rightarrow (B\sin\lambda L)G(t) = 0$

它要為 0，必須：

(i) $B = 0$

（不合理，因 A 已為 0，B 再為 0，則 $u(x, t) = 0$）

或 (ii) $\sin\lambda L = 0 \Rightarrow \lambda_n = \dfrac{n\pi}{L}$，$n = 1, 2, 3, \cdots$

所以對應每一個 n，可以得到 $\dfrac{\partial u}{\partial t} = c^2\dfrac{\partial^2 u}{\partial x^2}$ 在其邊界條件下的

通值為：

$u_n(x,t) = (B_n C_n \sin\lambda_n x)\, e^{-c^2\lambda_n^2 t}$

令 $\rho_n = c\lambda_n = \dfrac{cn\pi}{L}$，$D_n = B_n C_n$

$\Rightarrow u(x,t) = \sum\limits_{n=1}^{\infty} u_n(x,t) = \sum\limits_{n=1}^{\infty} (D_n \sin\lambda_n x)\, e^{-\rho_n^2 t}$

(5) 將 (4) 的解再找出滿足初始條件的解：

初始條件：$u(x, 0) = f(x)$，

$$\Rightarrow u(x,0) = \sum_{n=1}^{\infty} D_n \sin(\lambda_n x) = f(x) \cdots\cdots (p)$$

由 (p) 式知，D_n 是 $f(x)$ 的傅立葉級數的奇函數展開的係數，所以 D_n 可寫成

$$D_n = \frac{2}{L} \int_0^L f(x) \sin(\lambda_n x) dx \text{，} n = 1, 2, 3, \cdots\cdots$$

其中：$\lambda_n = \dfrac{n\pi}{L}, n = 1, 2, 3, \cdots\cdots$

例 6 若金屬桿的初始溫度分布形況爲：

$$f(x) = \begin{cases} x, & 0 < x < \dfrac{L}{2} \\ L - x, & \dfrac{L}{2} < x < L \end{cases}$$

求其溫度變化

解 一維熱傳方程式 $\dfrac{\partial u}{\partial t} = c^2 \dfrac{\partial^2 u}{\partial x^2}$

(1) 設 $u(x,t) = F(x)G(t)$，代入原方程式，得

(2) $\dfrac{\dot{G}}{c^2 G} = \dfrac{F''}{F} = k$

$\Rightarrow \dot{G} - c^2 k G = 0 \cdots\cdots\cdots (m)$

且 $F'' - kF = 0 \cdots\cdots\cdots (n)$

因 $k > 0$ 或 $k = 0$ 均不合理（如上討論）

設 $k = -\lambda^2 < 0$，(m)(n) 二式變成：

$\dot{G} + c^2 \lambda^2 G = 0$ 和 $F'' + \lambda^2 F = 0$

其解分別為

$F(x) = A\cos\lambda x + B\sin\lambda x$ 和 $G(t) = Ce^{-c^2\lambda^2 t}$

$u(x,t) = F(x)G(t) = (A\cos\lambda x + B\sin\lambda x)\, Ce^{-c^2\lambda^2 t}$

(3) 找出滿足邊界條件的所有解

(a) $u(0,t) = 0 \Rightarrow A = 0$

(b) $u(L,t) = 0 \Rightarrow \sin\lambda L = 0 \Rightarrow \lambda_n = \dfrac{n\pi}{L}, n = 1, 2, 3, \cdots$

(c) $u_n(x,t) = (B_n C_n \sin \lambda_n x) e^{-c^2 \lambda_n^2 t}$

令 $\rho_n = c\lambda_n = \dfrac{cn\pi}{L}$, $D_n = B_n C_n$

$\Rightarrow u(x,t) = \sum\limits_{n=1}^{\infty} u_n(x,t) = \sum\limits_{n=1}^{\infty} (D_n \sin \lambda_n x) e^{-\rho_n^2 t}$

(4) 將 (3) 的解再找出滿足初始條件的解：

初始條件：$u(x,0) = f(x)$，

$\Rightarrow u(x,0) = \sum\limits_{n=1}^{\infty} D_n \sin(\lambda_n x) = f(x) \cdots\cdots$(p)

由 (p) 式知，D_n 是 $f(x)$ 的傅立葉級數的奇函數展開的係數，所以 D_n 可寫成

$D_n = \dfrac{2}{L} \int_0^L f(x) \sin(\lambda_n x) dx$，$n = 1, 2, 3, \cdots\cdots$，$\lambda_n = \dfrac{n\pi}{L}$

(5) 代入 $f(x)$

$D_n = \dfrac{2}{L} \int_0^L f(x) \sin(\dfrac{n\pi}{L} x) dx$

$= \dfrac{2}{L} [\int_0^{\frac{L}{2}} x \sin(\dfrac{n\pi}{L} x) dx + \int_{\frac{L}{2}}^{L} (L - x) \sin(\dfrac{n\pi}{L} x) dx]$

$= \dfrac{4L}{n^2 \pi^2} \sin \dfrac{n\pi}{2}$

所以 $u(x,t) = \sum\limits_{n=1}^{\infty} u_n(x,t)$

$= \sum\limits_{n=1}^{\infty} \dfrac{4L}{n^2 \pi^2} \sin \dfrac{n\pi}{2} \sin(\dfrac{n\pi}{L} x) e^{-(\frac{n\pi c}{L})^2 t}$

18.【二維拉普拉斯方程式解法】二維拉普拉斯方程式，

$$\frac{\partial^2 u}{\partial x^2} + \frac{\partial^2 u}{\partial y^2} = 0$$

■ 邊界條件：$u(0, y) = 0$；$u(a, y) = 0$；

$u(x,0) = 0$；$u(x,b) = f(x)$

■ 結果：$u(x,y) = \sum\limits_{n=1}^{\infty} u_n(x,y)$

$= \sum\limits_{n=1}^{\infty} E_n \sin(\dfrac{n\pi}{a} x) \sinh(\dfrac{n\pi}{a} y)$

其中：$E_n = \dfrac{2}{a \cdot \sinh(\dfrac{n\pi}{a}b)} \displaystyle\int_0^a f(x)\sin(\dfrac{n\pi}{a}x)dx$

■ 證明請參閱例 7

■ 邊界條件不同，如為：$u(0,y) = f(x)$；$u(a,y) = 0$；$u(x, 0) = 0$；

$u(x, b) = 0$，其結果也就不同。

例 7 求二維拉普拉斯方程式，$\dfrac{\partial^2 u}{\partial x^2} + \dfrac{\partial^2 u}{\partial y^2} = 0$ 的解 $u(x, y)$

邊界條件：$u(0,y) = 0$；$u(a, y) = 0$；

$u(x, 0) = 0$；$u(x, b) = f(x)$

解 (1) 將每一個自變數設一個單獨的函數：

假設解為：$u(x, y) = X(x)Y(y)$，

(2) 將 (1) 的結果代入原偏微分方程式內

$\dfrac{\partial^2 u}{\partial x^2} = X''Y$，$\dfrac{\partial^2 u}{\partial y^2} = X\ddot{Y}$，其中 $X'' = \dfrac{d^2 X(x)}{dx^2}$，$\ddot{Y} = \dfrac{d^2 Y(y)}{dy^2}$

所以 $\dfrac{\partial^2 u}{\partial x^2} + \dfrac{\partial^2 u}{\partial y^2} = 0$

$\Rightarrow \dfrac{X''}{X} = \dfrac{\ddot{Y}}{-Y} = k$

因 $k > 0$ 或 $k = 0$ 均不合理（如上討論），令 $k = -\lambda^2$

$\Rightarrow X'' + \lambda^2 X = 0 \cdots\cdots\cdots\cdots$(m)

且 $\ddot{Y} - \lambda^2 Y = 0 \cdots\cdots\cdots\cdots$(n)

(m)(n) 二式解分別為

$X(x) = A\cos\lambda x + B\sin\lambda x$ 和

$Y(y) = C\cosh(\lambda y) + D\sinh(\lambda y)$

$u(x, y) = X(x)Y(y)$

$= (A\cos\lambda x + B\sin\lambda x)[C\cosh(\lambda y) + D\sinh(\lambda y)]$

其中 A, B, C, D 均為常數

(3) 找出滿足邊界條件的所有解

(a) $u(0, y) = 0 \Rightarrow X(0)Y(y) = 0 \Rightarrow X(0) = 0$ 或 $Y(y) = 0$

(b) $u(a, y) = 0 \Rightarrow X(a)Y(y) = 0 \Rightarrow X(a) = 0$ 或 $Y(y) = 0$

(c) $u(x, 0) = 0 \Rightarrow X(x)Y(0) = 0 \Rightarrow X(x) = 0$ 或 $Y(0) = 0$

因 $X(x) \neq 0$ 且 $Y(y) \neq 0$，否則 $u(x, y)$ 為零函數

所以 $X(0) = 0$ 且 $X(a) = 0$ 且 $Y(0) = 0$

$\Rightarrow A = 0$ 且 $C = 0$ 且 $X(a) = B\sin(\lambda a) = 0$

但 $B \neq 0 \Rightarrow \sin(\lambda a) = 0 \Rightarrow \lambda_n = \dfrac{n\pi}{a}$，$n = 1, 2, 3, \cdots\cdots$

$\Rightarrow u_n(x, y) = X_n(x)Y_n(y)$

$\qquad\qquad\quad = (B_n \sin \lambda_n x)[D_n \sinh(\lambda_n y)]$

令 $E_n = B_n D_n$

$\Rightarrow u_n(x, y) = E_n \sin \lambda_n x \sinh(\lambda_n y)$

$\Rightarrow u(x, y) = \sum\limits_{n=1}^{\infty} u_n(x, y) = \sum\limits_{n=1}^{\infty} E_n \sin\lambda_n x \cdot \sinh(\lambda_n y)$

(d) $u(x, b) = f(x) = \sum\limits_{n=1}^{\infty} E_n \sin \lambda_n x \sinh(\lambda_n b)$

其中 $E_n \sinh(\lambda_n b)$ 是 $f(x)$ 的傅立葉級數的奇函數展開式的係數，

即 $E_n \sinh(\lambda_n b) = \dfrac{2}{a}\int_0^a f(x)\sin(\lambda_n x)dx$

$\Rightarrow E_n = \dfrac{2}{a \cdot \sinh(\lambda_n b)}\int_0^a f(x)\sin(\lambda_n x)dx$

例 8 一正方形金屬薄板，邊長為 a，穩態時熱流的分佈（不受時間因數的影響）為 $u(x, y)$，其邊界條件為：$u(0, y) = 0°\text{C}$；$u(a, y) = 0°\text{C}$；$u(x, 0) = 0°\text{C}$；$u(x, a) = 100°\text{C}$，設此板二面均以良好的絕緣材質隔離，$u(x, y)$ 僅依 x，y 而變，求此 $u(x, y)$

解 此為二維拉普拉斯方程式，$\dfrac{\partial^2 u}{\partial x^2} + \dfrac{\partial^2 u}{\partial y^2} = 0$

(1) 設 $u(x, y) = X(x)Y(y)$，代入 $\dfrac{\partial^2 u}{\partial x^2} + \dfrac{\partial^2 u}{\partial y^2} = 0$ 內

(2) $\Rightarrow \dfrac{X''}{X} = \dfrac{\ddot{Y}}{-Y} = k$

因 $k > 0$ 或 $k = 0$ 均不合理（如上討論），令 $k = -\lambda^2$

$\Rightarrow X'' + \lambda^2 X = 0 \cdots\cdots\cdots$(m)

且 $\ddot{Y} - \lambda^2 Y = 0 \cdots\cdots\cdots$(n)

(m)(n) 二式解分別為

$X(x) = A\cos\lambda x + B\sin\lambda x$ 和

$Y(y) = C\cosh(\lambda y) + D\sinh(\lambda y)$

$u(x, y) = X(x)Y(y)$

$\qquad = (A\cos\lambda x + B\sin\lambda x)[C\cosh(\lambda y) + D\sinh(\lambda y)]$

(3) 找出滿足邊界條件的所有解

   (a) $u(0, y) = 0 \Rightarrow X(0)Y(y) = 0 \Rightarrow A = 0$；

   (b) $u(x, 0) = 0 \Rightarrow X(x)Y(0) = 0 \Rightarrow C = 0$；

   (c) $u(a, y) = 0 \Rightarrow X(a)Y(y) = 0$

$\qquad \Rightarrow \sin(\lambda a) = 0 \Rightarrow \lambda_n = \dfrac{n\pi}{a}$，$n = 1, 2, 3, \cdots\cdots$

$\qquad \Rightarrow u_n(x, y) = X_n(x)Y_n(y)$

$\qquad\qquad = (B_n \sin\lambda_n x)[D_n \sinh(\lambda_n y)]$

$\qquad$ 令 $E_n = B_n D_n$

$\qquad \Rightarrow u_n(x, y) = E_n \sin\lambda_n x \sinh(\lambda_n y)$

$\qquad \Rightarrow u(x, y) = \sum\limits_{n=1}^{\infty} u_n(x, y) = \sum\limits_{n=1}^{\infty} E_n \sin\lambda_n x \cdot \sinh(\lambda_n y)$

   (d) $u(x, a) = 100^{\circ}\text{C} = \sum\limits_{n=1}^{\infty} E_n \sin\lambda_n x \sinh(\lambda_n a)$

$\qquad \Rightarrow E_n \sinh(\lambda_n a) = \dfrac{2}{a}\displaystyle\int_0^a 100^{\circ}\text{C} \sin(\lambda_n x)dx$

$\qquad \Rightarrow E_n = \dfrac{200^{\circ}\text{C}}{a \cdot \sinh(\lambda_n a)} \displaystyle\int_0^a \sin(\lambda_n x)dx$

$\qquad\qquad = \dfrac{200^{\circ}\text{C}}{a \cdot \lambda_n \cdot \sinh(\lambda_n a)}(1 - \cos(a\lambda_n))$

(4) 解為：

$$u(x, y)$$

$$= \sum_{n=1}^{\infty} u_n(x, y)$$

$$= \sum_{n=1}^{\infty} E_n \sin \lambda_n x \sinh(\lambda_n y)$$

$$= \sum_{n=1}^{\infty} \frac{200^\circ\text{C}}{a \cdot \lambda_n \cdot \sinh(\lambda_n a)} \left(1 - \cos(a\lambda_n)\right) \sin \lambda_n x \sinh(\lambda_n y)$$

$$= \sum_{n=1}^{\infty} \frac{200^\circ\text{C}}{n\pi \cdot \sinh(n\pi)} \left(1 - \cos(n\pi)\right) \sin \frac{n\pi x}{a} \sinh \frac{n\pi y}{a}$$

例 9 同上題，其邊界條件改為：$u(0, y) = 0^\circ\text{C}$；$u(a, y) = 100^\circ\text{C}$；
$u(x, 0) = 0^\circ\text{C}$；$u(x, a) = 0^\circ\text{C}$，求此 $u(x, y)$

解 此為二維拉普拉斯方程式，$\dfrac{\partial^2 u}{\partial x^2} + \dfrac{\partial^2 u}{\partial y^2} = 0$

(1) 設 $u(x, y) = X(x)Y(y)$，代入 $\dfrac{\partial^2 u}{\partial x^2} + \dfrac{\partial^2 u}{\partial y^2} = 0$ 內

(2) $\Rightarrow \dfrac{X''}{X} = \dfrac{\ddot{Y}}{-Y} = k$

    (A) 若 $k < 0$，令 $k = -\lambda^2$

        (I) $\Rightarrow X'' + \lambda^2 X = 0 \cdots\cdots\cdots$(m)

        且 $\ddot{Y} - \lambda^2 Y = 0 \cdots\cdots\cdots$(n)

        (m)(n) 二式解分別為

        $X(x) = A\cos\lambda x + B\sin\lambda x$ 和

        $Y(y) = C\cosh(\lambda y) + D\sinh(\lambda y)$

        $\Rightarrow u(x, y) = X(x)Y(y)$

            $= (A\cos\lambda x + B\sin\lambda x)[C\cosh(\lambda y) + D\sinh(\lambda y)]$

        (II) 找出滿足邊界條件的所有解

          (a) $u(0, y) = 0 \Rightarrow X(0)Y(y) = 0 \Rightarrow A = 0$

          (b) $u(x, 0) = 0 \Rightarrow X(x)Y(0) = 0 \Rightarrow C = 0$

          (c) $u(x, a) = 0 \Rightarrow X(x)Y(a) = 0$

            $\Rightarrow \sinh(\lambda a) = 0 \Rightarrow \lambda = 0$

$$\Rightarrow u(x, y) = X(x)Y(y)$$

$$= [B\sin(0\cdot x)]\,[D\sinh(0\cdot y)] = 0 \text{（不合理）}$$

(B) 若 $k = 0$，則

  (I) $X'' = 0 \Rightarrow X = Ax + B$

    $\ddot{Y} = 0 \Rightarrow Y = Cy + D$

  (II) 找出滿足邊界條件的所有解

    (a) $u(0, y) = 0 \Rightarrow X(0)Y(y) = 0 \Rightarrow B = 0$；

    (b) $u(x, 0) = 0 \Rightarrow X(x)Y(0) = 0 \Rightarrow D = 0$；

    (c) $u(x, a) = 0 \Rightarrow X(x)Y(a) = 0$；

      $\Rightarrow C\cdot a = 0 \Rightarrow C = 0 \Rightarrow Y(y) = 0$（不合理）

(C) 若 $k > 0$，令 $k = \lambda^2$

  (I) $\Rightarrow X'' - \lambda^2 X = 0 \cdots\cdots\cdots\cdots$(p)

    且 $\ddot{Y} + \lambda^2 Y = 0 \cdots\cdots\cdots\cdots$(q)

    (p)(q) 二式解分別為

    $X(x) = A\cosh(\lambda x) + B\sinh(\lambda x)$ 和

    $Y(y) = C\cos(\lambda y) + D\sin(\lambda y)$

    $\Rightarrow u(x, y) = X(x)Y(y)$

        $= (A\cosh(\lambda x) + B\sinh(\lambda x))[C\cos(\lambda y) + D\sin(\lambda y)]$

  (II) 找出滿足邊界條件的所有解

    (a) $u(0, y) = 0 \Rightarrow X(0)Y(y) = 0 \Rightarrow A = 0$；

    (b) $u(x, 0) = 0 \Rightarrow X(x)Y(0) = 0 \Rightarrow C = 0$；

    (c) $u(x, a) = 0 \Rightarrow X(x)Y(a) = 0$

      $\Rightarrow B\sinh(\lambda x)D\sin(\lambda a) = 0$

      $\Rightarrow \sin(\lambda a) = 0 \Rightarrow \lambda_n = \dfrac{n\pi}{a}$，$n = 1, 2, 3, \cdots\cdots$

      $\Rightarrow u_n(x, y) = X_n(x)Y_n(y)$

          $= [B_n\sinh(\lambda_n x)]\,[D_n\sin(\lambda_n y)]$

      令 $E_n = B_n D_n$

      $\Rightarrow u_n(x, y) = E_n\sinh(\lambda_n x)\sin(\lambda_n y)$

$$\Rightarrow u(x,y) = \sum_{n=1}^{\infty} u_n(x,y)$$

$$= \sum_{n=1}^{\infty} E_n \sin h(\lambda_n x) \sin(\lambda_n y)$$

(d)$u(a,y) = 100^\circ\text{C}$

$$\Rightarrow \sum_{n=1}^{\infty} E_n \sinh(\lambda_n a) \sin(\lambda_n y) = 100^\circ\text{C}$$

$$\Rightarrow E_n \sinh(\lambda_n a) = \frac{2}{a} \int_0^a 100^\circ\text{C} \sin(\lambda_n y) dy$$

$$\Rightarrow E_n = \frac{200^\circ\text{C}}{a \cdot \sinh(\lambda_n a)} \int_0^a \sin(\lambda_n y) dy$$

$$= \frac{200^\circ\text{C}}{a \cdot \lambda_n \cdot \sinh(\lambda_n a)} \left(1 - \cos(a\lambda_n)\right)$$

(4) 解為：

$$u(x,y)$$

$$= \sum_{n=1}^{\infty} u_n(x,y)$$

$$= \sum_{n=1}^{\infty} E_n \sinh(\lambda_n x) \sin(\lambda_n y)$$

$$= \sum_{n=1}^{\infty} \frac{200^\circ\text{C}}{a \cdot \lambda_n \cdot \sinh(\lambda_n a)} \left(1 - \cos(a\lambda_n)\right) \sinh(\lambda_n x) \sin(\lambda_n y)$$

$$= \sum_{n=1}^{\infty} \frac{200^\circ\text{C}}{n\pi \cdot \sinh(n\pi)} \left(1 - \cos(n\pi)\right) \sinh\frac{n\pi x}{a} \sin\frac{n\pi y}{a}$$

練習題（用變數分離法解下列題目）

1. $u_x + u_y = 0$，$\boxed{答}$ $u(x,y) = ce^{\lambda x} \cdot e^{-\lambda y}$，$\lambda \in R$

2. $u_x - yu_y = 0$，$\boxed{答}$ $u(x,y) = ce^{\lambda x} \cdot y^\lambda$，$\lambda \in R$

3. $u_{xy} - u = 0$，$\boxed{答}$ $u(x,y) = ce^{\lambda x} \cdot e^{\frac{y}{\lambda}}$，$\lambda \in R$，$\lambda \neq 0$

4. $u_{xx} + u_{yy} = 0$

$\boxed{答}$ ①若 $\lambda > 0$，則

$$u(x,y) = (c_1 e^{\sqrt{\lambda} x} + c_2 e^{-\sqrt{\lambda} x})(c_3 \cos\sqrt{\lambda} y + c_4 \sin\sqrt{\lambda} y)$$

②若 $\lambda < 0$，則

$$u(x,y) = (c_1 \cos\sqrt{-\lambda} x + c_2 \sin\sqrt{-\lambda} x)(c_3 e^{\sqrt{-\lambda} y} + c_4 e^{-\sqrt{-\lambda} y})$$

5. $u_x = u_y$，$u(0, y) = e^{2y}$，答 $u(x, y) = e^{2x} \cdot e^{2y}$

6. $u_x + u = u_y$，$u(x,0) = 4e^{-3x}$，答 $u(x, y) = 4e^{-3x} \cdot e^{-2y}$

7. $4u_x + u_y = u$，$u(0, y) = 2e^{-y}$，答 $u(x, y) = 2e^{\frac{1}{2}x} \cdot e^{-y}$

8. 求震動繩索的位移函數 $u(x, y)$，其長度為 π，二端固定，$c^2 = \dfrac{T}{\rho} = 1$，設初始速度為 0，初始位移為：

   (1) $2\sin x$；

   (2) $2\cos x$；

   答 $u(x,t) = \sum\limits_{n=1}^{\infty} u_n(x, t) = \sum\limits_{n=1}^{\infty} C_n \cos(nt)\sin(nx)$

   (1) $C_1 = 2$，$C_n = \dfrac{2}{\pi}\left[\dfrac{\sin(n-1)\pi}{n-1} - \dfrac{\sin(n+1)\pi}{n+1}\right]$，$n > 1$

   或 $u(x, t) = 2\cos t \sin x$

   (2) $C_1 = 0$，
   $C_n = \dfrac{2}{\pi}\left[\dfrac{1 - \cos[(n-1)\pi]}{n-1} + \dfrac{1 - \cos[(n+1)\pi]}{n+1}\right]$，
   $n > 1$

9. 一長為 L 的金屬桿，周圍包著良好的絕緣材料，使熱流僅能沿著桿之軸向傳播，桿的二端初始溫度如下，求 $u(x, t)$

   $$f(x) = \begin{cases} cx, & 0 < x < L/2 \\ c(L - x), & L/2 < x < L \end{cases}$$

   答 $u(x,t) = \sum\limits_{n=1}^{\infty} u_n(x, t) = \sum\limits_{n=1}^{\infty} \dfrac{4cL}{n^2\pi^2} \sin\dfrac{n\pi}{2} \sin\left(\dfrac{n\pi}{L}x\right) e^{-\left(\frac{n\pi c}{L}\right)^2 t}$

第 8 篇

複變數

奧古斯丁・路易・柯西（Augustin Louis Cauchy）

於 1789 年 8 月 21 日出生於高級官員家庭。大約在 1805 年時，他就讀於巴黎綜合理工學院。他在數學方面有傑出的表現。在 1848 年時，在巴黎大學擔任教授。柯西一生寫了 789 篇論文，這些論文編成《柯西著作全集》。

19 世紀微積分學的準則並不嚴格，他拒絕當時微積分學的說法，並定義了一系列的微積分學準則。在他一生發表的近 800 篇論文中，較為有名的是《分析教程》、《無窮小分析教程概論》和《微積分在幾何上的應用》。他和馬克勞林重新發現了積分檢驗這個用來測試無限級數是否收斂的方法。他一生中最重要的貢獻主要是在微積分學、複變函數和微分方程這三個領域。

出處：wikipedia.org

複變數簡介

　　複變數分析，傳統上被稱為複變函數論，是屬於數學分析的一部分，用於分析複數函數。它包括代數幾何、數論、解析組合學、應用數學，以及物理領域，包括流體力學、熱力學，尤其是量子力學等。

　　複變數分析的起源可追溯到 18 世紀之前。與複變數相關的重要數學家包括 Euler、Gauss、Riemann、Cauchy、Weierstrass 以及 20 世紀的更多數學家。

本篇將介紹

1. 複數的基礎：這部分是高中數學的內容，為了保持課本的完整性。
2. 複數函數及反函數：把實數的函數、反函數推廣到複數上。
3. 複數的微分：除了介紹複數函數微分的性質外，還介紹複數微分一個很重要的方程式──柯西─黎曼方程式。
4. 複數積分：除了介紹複數的不定積分和線積分外，還介紹路徑為簡單封閉迴路的複數積分，它包含有柯西積分定理、柯西積分公式和留數定理。本章最後還介紹以留數定理來解三種實數定積分的方法。

第 1 章　複數

本章將介紹複數的基本知識和複數的極坐標表示法。

1.1　複數

1.【為何要複數】在解一元二次方程式 $x^2 + 1 = 0$ 時，無法找到一個 x 的實數解滿足此一方程式，就有了複數（complex number）的想法。

2.【複數表示法】複數 z 可以表示成 $z = x + iy$，其中：x, y 是實數，i 是虛數單位（complex unit），i 的值是 $\sqrt{-1}$，整個 $x + iy$ 稱為複數，且

   (1) x 是 z 的實部（real part），表示成 $\text{Re}(z) = x$；

   (2) y 是 z 的虛部（imaginary part），表示成 $\text{Im}(z) = y$；

   (3) 若 $x = 0, y \neq 0$，則 $z = iy$ 稱為純虛數（pure imaginary）；

   (4) 可以用實數的有序對（$\text{Re}(z)$，$\text{Im}(z)$）來表示複數 z。

3.【i 的次方】

   (1) $i = \sqrt{-1}$

   (2) $i^2 = \sqrt{-1} \cdot \sqrt{-1} = (\sqrt{-1})^2 = -1$

   (3) $i^3 = i^2 \cdot i = -i$

   (4) $i^4 = i^2 \cdot i^2 = -1 \cdot -1 = 1$

   (5) $i^5 = i^4 \cdot i = i$（每四個循環）

4.【複數的算術運算】設二複數 $z_1 = x_1 + iy_1$，$z_2 = x_2 + iy_2$，則

   (1) 相等：若 $z_1 = z_2$，表示 $x_1 = x_2$ 且 $y_1 = y_2$

   (2) 相加：$z_1 + z_2 = (x_1 + iy_1) + (x_2 + iy_2) = (x_1 + x_2) + i(y_1 + y_2)$

   (3) 相減：$z_1 - z_2 = (x_1 + iy_1) - (x_2 + iy_2) = (x_1 - x_2) + i(y_1 - y_2)$

   (4) 相乘：
   $$\begin{aligned} z_1 \times z_2 &= (x_1 + iy_1) \times (x_2 + iy_2) \\ &= x_1x_2 + ix_1y_2 + ix_2y_1 + i^2y_1y_2 \\ &= (x_1x_2 - y_1y_2) + i(x_1y_2 + x_2y_1) \end{aligned}$$

(5) 相除：$\dfrac{z_1}{z_2} = \dfrac{x_1 + iy_1}{x_2 + iy_2}$（分母有理化）

$$= \dfrac{(x_1 + iy_1)(x_2 - iy_2)}{(x_2 + iy_2)(x_2 - iy_2)}$$

$$= \dfrac{(x_1 x_2 + y_1 y_2) + i(x_2 y_1 - x_1 y_2)}{(x_2^2 + y_2^2)}$$

$$= \dfrac{x_1 x_2 + y_1 y_2}{(x_2^2 + y_2^2)} + i\dfrac{(x_2 y_1 - x_1 y_2)}{(x_2^2 + y_2^2)}$$

5.【複數的絕對值】設複數 $z = x + iy$，$z_1 = x_1 + iy_1$，$z_2 = x_2 + iy_2$，則複數 z 的絕對值（absolute value）（或稱為模數（modulus））為 $|z| = \sqrt{x^2 + y^2}$，且

(1) $|z_1 z_2| = |z_1| |z_2| = \sqrt{x_1^2 + y_1^2} \cdot \sqrt{x_2^2 + y_2^2}$

(2) $\left|\dfrac{z_1}{z_2}\right| = \dfrac{|z_1|}{|z_2|} = \dfrac{\sqrt{x_1^2 + y_1^2}}{\sqrt{x_2^2 + y_2^2}}$

例 1 求下列各算式運算結果

(1) $(6 + 4i) + 2(1 + 2i)$

(2) $(2 + 3i) + 2(4 + 5i) - 3(1 - 2i)$

(3) $(6 + 4i)(1 + 2i)$

(4) $\dfrac{1 + 2i}{3 + 4i} + \dfrac{2 - i}{3 - 4i}$

(5) $\dfrac{1 + 2i^5 - 3i^{10}}{1 - 2i^3 + 3i^6}$

解 (1) $(6 + 4i) + 2(1 + 2i) = (6 + 4i) + (2 + 4i) = 8 + 8i$

(2) $(2 + 3i) + 2(4 + 5i) - 3(1 - 2i)$

$\quad = (2 + 3i) + (8 + 10i) - (3 - 6i) = 7 + 19i$

(3) $(6 + 4i)(1 + 2i) = 6 + 16i + 8i^2 = -2 + 16i$

(4) $\dfrac{1 + 2i}{3 + 4i} + \dfrac{2 - i}{3 - 4i} = \dfrac{(1 + 2i)(3 - 4i) + (2 - i)(3 + 4i)}{(3 + 4i)(3 - 4i)}$

$$= \frac{(11+2i)+(10+5i)}{3^2-4^2 i^2} = \frac{21+7i}{25}$$

(5) 因 $i^3 = -i$、$i^5 = i$、$i^6 = -1$、$i^{10} = -1$，所以

$$\frac{1+2i^5-3i^{10}}{1-2i^3+3i^6} = \frac{1+2i+3}{1+2i-3} = \frac{4+2i}{-2+2i} = \frac{2+i}{-1+i}$$

$$= \frac{(2+i)(-1-i)}{(-1+i)(-1-i)} = \frac{-1-3i}{2}$$

例 2 若 $z_1 = 1+2i$，$z_2 = 2-i$，求下列各算式運算結果

(1) $|2z_1 - 3z_2|$

(2) $|z_1^2 - 2z_2^2 - 3z_1 + 4|$

(3) $\left| \dfrac{2z_1^2 + z_2^2}{z_1 + z_2} \right|$

做法 若 $z = x + iy$，則 $|z| = \sqrt{x^2+y^2}$

解 (1) $|2z_1 - 3z_2| = |2(1+2i) - 3(2-i)| = |-4+7i|$

$$= \sqrt{(-4)^2 + 7^2} = \sqrt{65}$$

(2) $|z_1^2 - 2z_2^2 - 3z_1 + 4| = |(1+2i)^2 - 2(2-i)^2 - 3(1+2i) + 4|$

$$= |(-3+4i) - 2(3-4i) - (3+6i) + 4| = |-8+6i| = 10$$

(3) $\left| \dfrac{2z_1^2 + z_2^2}{z_1 + z_2} \right| = \left| \dfrac{2(1+2i)^2 + (2-i)^2}{(1+2i) + (2-i)} \right| = \left| \dfrac{-3+4i}{3+i} \right|$

$$= \frac{\sqrt{(-3)^2 + 4^2}}{\sqrt{3^2 + 1^2}} = \frac{\sqrt{25}}{\sqrt{10}} = \frac{\sqrt{10}}{2}$$

例 3 x, y 為實數，若 $2ix + 3y - x - 2iy = 5 + 2i$，求 x, y 之值

做法 等號左右二邊的實部相等，虛部相等

解 $2ix + 3y - x - 2iy = 5 + 2i$

$\Rightarrow (-x + 3y) + (2x - 2y)i = 5 + 2i$

$\Rightarrow (-x + 3y) = 5$ 且 $(2x - 2y) = 2 \Rightarrow x = 4, y = 3$

6.【複數平面】

(1) 二度空間的 xy 平面，應用到複數時，可以將 x 軸表示為複數的實數軸，將 y 軸表示為複數的虛數軸，此時的 xy 平面就稱為複數平面。即複數 $a + bi$ 可以用複數平面中的點 (a, b) 來標示，如圖 1-1 所示。

(2) 實數為零的複數被稱為純虛數，這些數字的點位於複數平面的垂直軸（虛數軸）上；虛部為零的複數可以看作是實數，這些點位於複數平面的水平軸（實數軸）上。

(3) 設複變 $z_1 = x_1 + iy_1$，$z_2 = x_2 + iy_2$，則此二點的距離為

$$|z_1 - z_2| = |(x_1 - x_2) + i(y_1 - y_2)| = \sqrt{(x_1 - x_2)^2 + (y_1 - y_2)^2}$$

圖 1-1　複數平面

例 4 若 $z_1 = 3 + 2i$，$z_2 = 1 + 2i$，用圖解法求 (1) $z_1 + z_2$ 之值；(2) $z_1 - z_2$ 之值；

做法 將 z_1，z_2 當成平行四邊形的二鄰邊，其對角線的頂點即為其和（或差）之值

解 (1) 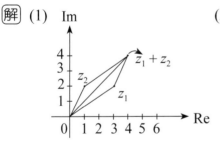 (2)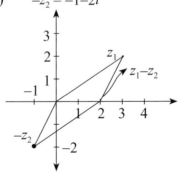

7.【共軛複數】設 $z = x + iy$，其共軛複數（Complex conjugate）被定義為 $\bar{z} = x - iy$（見圖 1-2），且

(1) $z \cdot \bar{z} = (x + iy)(x - iy) = x^2 - y^2 i^2 = x^2 + y^2 = |z|^2 = |\bar{z}|^2$

(2) $\text{Re}(z) = x = \dfrac{1}{2}(z + \bar{z})$

(3) $\text{Im}(z) = y = \dfrac{1}{2i}(z - \bar{z})$

(4) $\overline{z_1 + z_2} = \bar{z_1} + \bar{z_2}$ 且 $\overline{z_1 - z_2} = \bar{z_1} - \bar{z_2}$

(5) $\overline{z_1 \cdot z_2} = \bar{z_1} \cdot \bar{z_2}$、$\overline{\left(\dfrac{z_1}{z_2}\right)} = \dfrac{\bar{z_1}}{\bar{z_2}}$

(6) $\bar{\bar{z}} = z$（註：共軛兩次可得到原始複數）

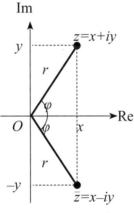

圖 1-2　共軛複數圖

例 5　若 $z_1 = 3 + 2i$，$z_2 = 2 + i$，求 (1) $\overline{z_1 + z_2}$；(2) $z_1\bar{z_2} + \bar{z_1}z_2$ 之值

解　(1) $\overline{z_1 + z_2} = \overline{(3 + 2i)} + \overline{(2 + i)} = (3 - 2i) + (2 - i) = 5 - 3i$

　　(2) $z_1\bar{z_2} + \bar{z_1}z_2 = (3 + 2i)(2 - i) + (3 - 2i)(2 + i)$

　　　　　　$= (8 + i) + (8 - i) = 16$

1.2　複數的極坐標

8.【複數極坐標表示法】複數也可以用極坐標的形式表示。如圖 1-3，
在複數 $z = x + iy$ 中，若

(1) z 點到原點的距離爲 r。

(2) z 點到原點的直線與正實數軸逆時針方向的夾角是 ϕ 角，則 x, y
座標可表示成

$$x = r\cos\phi \text{、} y = r\sin\phi \text{，即}$$

$$z = x + iy = r(\cos\phi + i\sin\phi)$$

此稱爲複數的極座標表示法（polar form），而 r, ϕ 稱爲極座標
（polar coordinate）

其中：(1) $r = |z| = \sqrt{x^2 + y^2}$ ，稱爲 z 的絕對值或稱爲模數
（modulus）

(2) ϕ 稱爲 z 的幅角（argument），表示成 $\arg z$，

即 $\phi = \arg z = \tan^{-1}\left(\dfrac{y}{x}\right)$

註：(A) 此角度是以弳（radius）爲單位，且逆時針方向爲正值。

(B) 因 $\tan^{-1}\theta$ 的值域爲 $\left(-\dfrac{\pi}{2}, \dfrac{\pi}{2}\right)$ 之間，所以 ϕ 的角度還要
依據 x, y 值的正負號做調整，即

(a) 若 (x, y) 在第二象限，則

$$\arg z = \pi - \tan^{-1}\left(\dfrac{|y|}{|x|}\right) ;$$

或 $\arg z = \pi + \tan^{-1}\dfrac{y}{x}$

(b) 若 (x, y) 在第三象限，則

$$\arg z = \pi + \tan^{-1}\left(\dfrac{|y|}{|x|}\right)$$

或 $\arg z = \pi + \tan^{-1}\dfrac{y}{x}$

(c) 若 (x, y) 在第四象限，則：

$$\arg z = 2\pi - \tan^{-1}\left(\frac{|y|}{|x|}\right)$$

或 $\arg z = 2\pi + \tan^{-1}\dfrac{y}{x}$

(3) 因 $\cos\phi$ 和 $\sin\phi$ 是週期為 2π 的函數，x, y 可表示成

$x = r\cos(2k\pi + \phi)$、$y = r\sin(2k\pi + \phi)$，

也就是複數可以有無窮多個幅角。

(4) 若 $0 \leq \arg z < 2\pi$，此時的幅角稱為主值，以 $\mathrm{Arg}(z)$（大寫 A）表示之；

(5) 而 $\arg z = 2k\pi + \mathrm{Arg}(z)$，其中 $k \in Z$（整數）

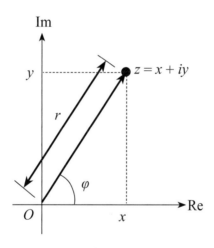

圖 1-3　複數極坐標

例6 將下列的複數以極坐標表示

(1) $z_1 = 2 + 2i$，　　　(2) $z_2 = 2 - 2\sqrt{3}i$，

(3) $z_3 = -4i$，　　　(4) $z_4 = -2\sqrt{3} - 2i$

解 (1) $z_1 = 2 + 2i$（第 1 象限）

$\Rightarrow r = |z_1| = \sqrt{2^2 + 2^2} = \sqrt{8} = 2\sqrt{2}$，

$\phi = \arg z_1 = \tan^{-1}\left(\dfrac{2}{2}\right) = \dfrac{\pi}{4}$

$\Rightarrow z_1 = 2\sqrt{2}\left(\cos\dfrac{\pi}{4} + i\sin\dfrac{\pi}{4}\right)$

(2) $z_2 = 2 - 2\sqrt{3}i$（第 4 象限）

$$\Rightarrow r = |z_2| = \sqrt{2^2 + (-2\sqrt{3})^2} = \sqrt{4 + 12} = 4，$$

$$\phi = \arg z_2 = 2\pi - \tan^{-1}\left(\frac{2\sqrt{3}}{2}\right) = 2\pi - \frac{\pi}{3} = \frac{5}{3}\pi$$

$$\Rightarrow z_2 = 4\left(\cos\frac{5}{3}\pi + i\sin\frac{5}{3}\pi\right)$$

(3) $z_3 = -4i$（負虛數軸）

$$\Rightarrow r = |z_3| = \sqrt{0^2 + (-4)^2} = 4，$$

$$\phi = \arg z_3 = \pi - \tan^{-1}\left(\frac{0}{4}\right) = \pi - 0 = \pi$$

$$\Rightarrow z_3 = 4(\cos\pi + i\sin\pi)$$

(4) $z_4 = -2\sqrt{3} - 2i$（第 3 象限）

$$\Rightarrow r = |z_4| = \sqrt{(-2\sqrt{3})^2 + (-2)^2} = \sqrt{12 + 4} = 4，$$

$$\phi = \arg z_4 = \pi + \tan^{-1}\left(\frac{2}{2\sqrt{3}}\right) = \pi + \frac{\pi}{6} = \frac{7}{6}\pi$$

$$\Rightarrow z_4 = 4\left(\cos\frac{7}{6}\pi + i\sin\frac{7}{6}\pi\right)$$

---

9. 【極坐標形式的乘除法（I）】

設複變 $z_1 = x_1 + iy_1 = r_1(\cos\theta_1 + i\sin\theta_1)$，

$\qquad z_2 = x_2 + iy_2 = r_2(\cos\theta_2 + i\sin\theta_2)$，則

(1) $z_1 z_2 = (x_1 + iy_1)(x_2 + iy_2) = r_1 r_2[\cos(\theta_1 + \theta_2) + i\sin(\theta_1 + \theta_2)]$

$\qquad$（證明：$z_1 z_2 = r_1(\cos\theta_1 + i\sin\theta_1) \times r_2(\cos\theta_2 + i\sin\theta_2)$

$\qquad\qquad\qquad = r_1 r_2(\cos\theta_1 + i\sin\theta_1) \times (\cos\theta_2 + i\sin\theta_2)$

$\qquad\qquad\qquad = r_1 r_2[(\cos\theta_1\cos\theta_2 - \sin\theta_1\sin\theta_2)$

$\qquad\qquad\qquad\quad + i(\sin\theta_1\cos\theta_2 + \sin\theta_2\cos\theta_1)]$

$\qquad\qquad\qquad = r_1 r_2[\cos(\theta_1 + \theta_2) + i\sin(\theta_1 + \theta_2)]$

(2) $z_1 z_2 \cdots z_n$

$\quad = r_1 r_2 \cdots r_n[\cos(\theta_1 + \theta_2 + \cdots + \theta_n) + i\sin(\theta_1 + \theta_2 + \cdots + \theta_n)]$

(3) $\dfrac{z_1}{z_2} = \dfrac{r_1}{r_2}[\cos(\theta_1 - \theta_2) + i\sin(\theta_1 - \theta_2)]$

10.【極座標形式的乘除法（II）】

  (1) 由 $z_1 z_2 = r_1 r_2[\cos(\theta_1 + \theta_2) + i\sin(\theta_1 + \theta_2)]$，可得知

    (a) $|z_1 z_2| = |z_1||z_2| = r_1 r_2$

    (b) $\arg(z_1 z_2) = \arg(z_1) + \arg(z_2)$（可能差 $2k\pi, k \in Z$）

  (2) 由 $\dfrac{z_1}{z_2} = \dfrac{r_1}{r_2}[\cos(\theta_1 - \theta_2) + i\sin(\theta_1 - \theta_2)]$，可得知

    (a) $\left|\dfrac{z_1}{z_2}\right| = \dfrac{|z_1|}{|z_2|} = \dfrac{r_1}{r_2}$

    (b) $\arg\left(\dfrac{z_1}{z_2}\right) = \arg(z_1) - \arg(z_2)$（可能差 $2k\pi, k \in Z$）

11.【棣美弗公式】當複變 $z_1 = z_2 = \cdots\cdots = z_n = z$ 時，則

$$z_1 z_2 \cdots\cdots z_n = r_1 r_2 \cdots\cdots r_n[\cos(\theta_1 + \theta_2 + \cdots\cdots + \theta_n)$$
$$+ i\sin(\theta_1 + \theta_2 + \cdots\cdots + \theta_n)]$$

可變成

$$z^n = r^n(\cos n\theta + i\sin n\theta)$$

此性質稱為棣美弗公式（De Moivre formula）

例 7　計算下列算式之值

  (1) $2(\cos 20^\circ + i\sin 20^\circ) \cdot 3(\cos 40^\circ + i\sin 40^\circ)$，

  (2) $\dfrac{[4(\cos 45^\circ + i\sin 45^\circ)]^3}{[2(\cos 15^\circ + i\sin 15^\circ)]^8}$，

  (3) $\left(\dfrac{1 + \sqrt{3}i}{1 - \sqrt{3}i}\right)^5$，

解　(1) $2(\cos 20^\circ + i\sin 20^\circ) \cdot 3(\cos 40^\circ + i\sin 40^\circ)$

    $= 2 \cdot 3[\cos(20^\circ + 40^\circ) + i\sin(20^\circ + 40^\circ)]$

    $= 6(\cos 60^\circ + i\sin 60^\circ) = 3 + 3\sqrt{3}i$

  (2) $\dfrac{[4(\cos 45^\circ + i\sin 45^\circ)]^3}{[2(\cos 15^\circ + i\sin 15^\circ)]^8}$

$$= \frac{4^3[\cos(3 \times 45°) + i\sin(3 \times 45°)]}{2^8[\cos(8 \times 15°) + i\sin(8 \times 15°)]}$$

$$= \frac{64[\cos(135°) + i\sin(135°)]}{256[\cos(120°) + i\sin(120°)]}$$

$$= \frac{1}{4} \times \frac{-\dfrac{\sqrt{2}}{2} + i\dfrac{\sqrt{2}}{2}}{-\dfrac{1}{2} + i\dfrac{\sqrt{3}}{2}} = \frac{1}{4} \times \frac{-\sqrt{2} + i\sqrt{2}}{-1 + i\sqrt{3}}$$

$$= \frac{1}{16}[(\sqrt{6} + \sqrt{2}) + (\sqrt{6} - \sqrt{2})i]$$

(3) $\left(\dfrac{1 + \sqrt{3}i}{1 - \sqrt{3}i}\right)^5$

$$= \left(\frac{\cos 60° + i\sin 60°}{\cos(-60°) + i\sin(-60°)}\right)^5$$

$$= \frac{\cos 300° + i\sin 300°}{\cos(-300°) + i\sin(-300°)}$$

$$= \cos(600°) + i\sin(600°) = \frac{-1 - \sqrt{3}i}{2}$$

12.【複數的根】

(1) 設 w 和 z 為二複數，若 $w^n = z$，則稱為 w 是 z 的 n 次方根（n-th root），表示成 $w = z^{1/n}$。

(2) 若 $w^n = z = r(\cos \theta + i \sin \theta)$，則

$$w = z^{1/n} = [r(\cos \theta + i \sin \theta)]^{1/n}$$

$$= [r(\cos(\theta + 2k\pi) + i\sin(\theta + 2k\pi))]^{1/n}$$

$$= r^{1/n}\left[\cos\left(\frac{\theta + 2k\pi}{n}\right) + i\sin\left(\frac{\theta + 2k\pi}{n}\right)\right],$$

其中 $k = 0, 1, 2, \cdots\cdots, (n-1)$

也就是若 $w \neq 0$，w 會有 n 個相異的根，此符號（n 次方根）具有多值性（multi-value）。

(3) w 的 n 個相異的根中，$k = 0$ 的根稱為 $w = z^{1/n}$ 的主值。

13.【1 的 *n* 次方根】

(1) 若 $z^n = 1$（$= 1 + 0i$），則 z 稱為 1 的 n 次方根，由上面公式知

$$z = 1^{1/n} = [1 \cdot (\cos 0 + i \sin 0)]^{1/n} = \{1 \cdot [\cos(2k\pi + 0) + i \sin(2k\pi + 0)]\}^{1/n}$$

$$= \cos\left(\frac{2k\pi}{n}\right) + i \sin\left(\frac{2k\pi}{n}\right) = e^{i(2k\pi/n)} \ ,$$

其中 $k = 0, 1, 2, \cdots\cdots, (n-1)$

(2) 它的根有 n 個值，平均分布在圓心是原點，半徑為 1 的圓上

(3) 若 $n = 3$，即 $z^3 = 1$，它的三個根為（見圖 1-4）

$$z = 1^{1/3} = [1 \cdot (\cos 0 + i \sin 0)]^{1/3} = \cos\left(\frac{2k\pi}{3}\right) + i \sin\left(\frac{2k\pi}{3}\right)$$

即三個根為 1，$\omega = \dfrac{-1 + \sqrt{3}i}{2}$，$\omega^2 = \dfrac{-1 - \sqrt{3}i}{2}$

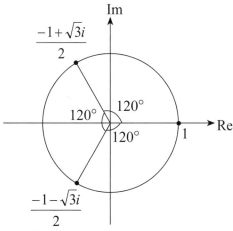

圖 1-4　$z^3 = 1$ 的三個根平均分佈在半徑 $= 1$ 的圓上

例 8 (1)(a) 求 $z^6 = -64$ 的所有解，(b) 將 (a) 的所有解畫在複數平面上

(2) (a) 求 $(-1 + \sqrt{3}i)^{1/4}$ 的所有解，(b) 將 (a) 的所有解畫在複數平面上

(3) 求 $-15 - 8i$ 的平方根

(4) 求 $z^2 + (2i - 3)z + (5 - i) = 0$ 的所有解

做法 (1) $z^n = r(\cos\theta + i\sin\theta)$

$$\Rightarrow z = r^{\frac{1}{n}}\left[\cos\frac{2k\pi+\theta}{n} + i\sin\frac{2k\pi+\theta}{n}\right]$$

(2) 求 $a + bi$ 的 n 次方根，可先將 $a + bi$ 化成 $r(\cos\theta + i\sin\theta)$ 再解

(3) $az^2 + bz + c = 0$ 還是可用一元二次方程式公式 $z = \dfrac{-b\pm\sqrt{b^2 - 4ac}}{2a}$ 來解

[解] (1) (a) $z^6 = 64(-1 + 0i) = 2^6[\cos\pi + i\sin\pi]$

$$\Rightarrow z = 2[\cos(\frac{2k\pi+\pi}{6}) + i\sin(\frac{2k\pi+\pi}{6})]，k = 0 \text{ 到 } 5$$

z 的 6 個解為：

$$k = 0 \Rightarrow z_1 = 2(\cos\frac{\pi}{6} + i\sin\frac{\pi}{6}) = \sqrt{3} + i$$

$$k = 1 \Rightarrow z_2 = 2(\cos\frac{3\pi}{6} + i\sin\frac{3\pi}{6}) = 0 + 2i$$

$$k = 2 \Rightarrow z_3 = 2(\cos\frac{5\pi}{6} + i\sin\frac{5\pi}{6}) = -\sqrt{3} + i$$

$$k = 3 \Rightarrow z_4 = 2(\cos\frac{7\pi}{6} + i\sin\frac{7\pi}{6}) = -\sqrt{3} - i$$

$$k = 4 \Rightarrow z_5 = 2(\cos\frac{9\pi}{6} + i\sin\frac{9\pi}{6}) = 0 - 2i$$

$$k = 5 \Rightarrow z_6 = 2(\cos\frac{11\pi}{6} + i\sin\frac{11\pi}{6}) = \sqrt{3} - i$$

(b) 六個根在圓半徑為 2 的圓上，每個根相隔 60°（即圓有 360°，等分成 6 部分，每一部分為 60°）

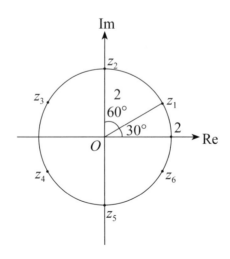

(2) (a) $z^4 = (-1 + \sqrt{3}i) = 2\left(\dfrac{-1}{2} + \dfrac{\sqrt{3}}{2}i\right)$

$\qquad = 2\left(\cos\dfrac{2\pi}{3} + i\sin\dfrac{2\pi}{3}\right)$ （第 2 象限）

$\Rightarrow z = 2^{\frac{1}{4}}[\cos(\dfrac{2k\pi + \dfrac{2\pi}{3}}{4}) + i\sin(\dfrac{2k\pi + \dfrac{2\pi}{3}}{4})]$，$k = 0$ 到 3

z 的 4 個解為：

$k = 0 \Rightarrow z_1 = 2^{\frac{1}{4}}[\cos(\dfrac{\dfrac{2\pi}{3}}{4}) + i\sin(\dfrac{\dfrac{2\pi}{3}}{4})] = 2^{\frac{1}{4}}[\cos\dfrac{\pi}{6} + i\sin\dfrac{\pi}{6}]$

$\qquad = 2^{\frac{-3}{4}}(\sqrt{3} + i)$

$k = 1 \Rightarrow z_2 = 2^{\frac{1}{4}}[\cos(\dfrac{\dfrac{8\pi}{3}}{4}) + i\sin(\dfrac{\dfrac{8\pi}{3}}{4})] = 2^{\frac{1}{4}}[\cos\dfrac{2\pi}{3} + i\sin\dfrac{2\pi}{3}]$

$\qquad = 2^{\frac{-3}{4}}(-1 + \sqrt{3}i)$

$k = 2 \Rightarrow z_3 = 2^{\frac{1}{4}}[\cos(\dfrac{\dfrac{14\pi}{3}}{4}) + i\sin(\dfrac{\dfrac{14\pi}{3}}{4})]$

$\qquad = 2^{\frac{1}{4}}[\cos\dfrac{7\pi}{6} + i\sin\dfrac{7\pi}{6}] = 2^{\frac{-3}{4}}(-\sqrt{3} - i)$

$k = 3 \Rightarrow z_4 = 2^{\frac{1}{4}}[\cos(\dfrac{\dfrac{20\pi}{3}}{4}) + i\sin(\dfrac{\dfrac{20\pi}{3}}{4})] = 2^{\frac{-3}{4}}(1 - \sqrt{3}i)$

(b) 四個根在圓半徑為 $2^{\frac{-3}{4}}$ 圓上，每個根相隔 90°（即每一等分為 90°）

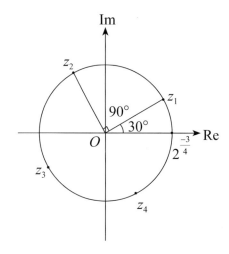

(3) $z^2 = -15 - 8i = 17(\cos\phi + i\sin\phi)$，

其中 $\cos\phi = \dfrac{-15}{17}$，$\sin\phi = \dfrac{-8}{17}$

$\Rightarrow z = \sqrt{17}[\cos\dfrac{2k\pi + \phi}{2} + i\sin\dfrac{2k\pi + \phi}{2}]$，$k = 0,\ 1$

z 的 2 個解為：

$k = 0 \Rightarrow z_1 = \sqrt{17}[\cos\dfrac{\phi}{2} + i\sin\dfrac{\phi}{2}]$

$k = 1 \Rightarrow z_2 = \sqrt{17}[\cos\dfrac{2\pi + \phi}{2} + i\sin\dfrac{2\pi + \phi}{2}]$

$\qquad\qquad = \sqrt{17}[-\cos\dfrac{\phi}{2} - i\sin\dfrac{\phi}{2}]$

又 $\cos\dfrac{\phi}{2} = \pm\sqrt{\dfrac{1+\cos\phi}{2}} = \pm\sqrt{\dfrac{1-(15/17)}{2}} = \pm\dfrac{1}{\sqrt{17}}$

$\sin\dfrac{\phi}{2} = \pm\sqrt{\dfrac{1-\cos\phi}{2}} = \pm\sqrt{\dfrac{1+(15/17)}{2}} = \pm\dfrac{4}{\sqrt{17}}$

因 ϕ 在第三象限 $\Rightarrow \phi/2$ 在第二象限

所以 $\cos\dfrac{\phi}{2} = -\dfrac{1}{\sqrt{17}}$，$\sin\dfrac{\phi}{2} = \dfrac{4}{\sqrt{17}}$

$\Rightarrow z_1 = -1 + 4i$，$z_2 = 1 - 4i$

(4) $z^2 + (2i - 3)z + (5 - i) = 0$（代一元二次方程式公式）

$$\Rightarrow z = \frac{-(2i-3) \pm \sqrt{(2i-3)^2 - 4 \cdot 1 \cdot (5-i)}}{2 \cdot 1}$$

$$\Rightarrow z = \frac{-(2i-3) \pm \sqrt{-15-8i}}{2} \quad \cdots\cdots\cdots\cdots\cdots\cdots\cdots\cdots\cdots\cdots (A)$$

由第 (3) 題知，$\sqrt{-15-8i}$ 的二解為 $z_1 = -1 + 4i$，$z_2 = 1 - 4i$（代入 (A) 式）

所以 $z = 1 + i$ 或 $2 - 3i$

14.【尤拉公式】

(1) $e^{i\theta} = \cos\theta + i\sin\theta$，此性質稱為尤拉公式（Euler's formula）；

(2) 所以 $e^{x+iy} = e^x \cdot e^{iy} = e^x(\cos y + i\sin y)$

練習題

1. 求下列算式的結果

   (1) $3(-1 + 4i) - 2(7 - i)$；(2) $(4 + i)(3 + 2i)(1 - i)$；

   (3) $\dfrac{i^4 + i^9 + i^{16}}{2 - i^5 + i^{10} - i^{15}}$；(4) $3\left(\dfrac{1+i}{1-i}\right)^2 - 2\left(\dfrac{1-i}{1+i}\right)^3$

   答 (1) $-17 + 14i$；(2) $21 + i$；(3) $2 + i$；(4) $-3 - 2i$

2. 若 $z_1 = 1 - i$，$z_2 = -2 + 4i$，$z_3 = \sqrt{3} - 2i$，求下列算式的結果

   (1) $z_1^2 + 2z_1 - 3$；(2) $|z_1\overline{z_2} + z_2\overline{z_1}|$；

   (3) $\left|\dfrac{z_1 + z_2 + 1}{z_1 - z_2 + i}\right|$；(4) $\overline{(z_2 + z_3)(z_1 - z_3)}$；

   (5) $\text{Re}(2z_1^3 + 3z_2^2 - 5z_3^2)$

   答 (1) $-1 - 4i$；(2) 12；(3) $3/5$；(4) $-7 + 3\sqrt{3} + \sqrt{3}i$；

   (5) -35

3. 若 $2x - 3iy + 4ix - 2y - 5 - 10i = (x + y + 2) - (y - x + 3)i$，求 x, y 之值

⟨答⟩ $x = 1, y = -2$

4. 將下列的複數值以極坐標表示法表示之：

(1) $2 - 2i$；(2) $-1 + \sqrt{3}i$；(3) $-i$；(4) -4

⟨答⟩ (1) $2\sqrt{2}e^{7\pi i/4}$；(2) $2e^{2\pi i/3}$；(3) $e^{3\pi i/2}$；(4) $4e^{\pi i}$

5. 求下列算式的結果：

(1) $5e^{i20°} \cdot 3e^{i40°}$；(2) $(2e^{i50°})^6$；

(3) $\dfrac{(8e^{i40°})^3}{(2e^{i60°})^4}$；(4) $\left(\dfrac{\sqrt{3} - i}{\sqrt{3} + i}\right)^4 \left(\dfrac{1+i}{1-i}\right)^5$

⟨答⟩ (1) $\dfrac{15}{2} + \dfrac{15\sqrt{3}}{2}i$；(2) $32 - 32\sqrt{3}i$；(3) $-16 - 16\sqrt{3}i$；

(4) $\dfrac{-\sqrt{3}}{2} - \dfrac{1}{2}i$

6. 求下列算式的結果

(1) $(2\sqrt{3} - 2i)^{1/2}$；(2) $(-4 + 4i)^{1/5}$；(3) $(2 + 2\sqrt{3}i)^{1/3}$；(4) $(i)^{2/3}$

⟨答⟩ (1) $2e^{11\pi i/12}$，$2e^{23\pi i/12}$；

(2) $\sqrt{2}(\cos\dfrac{2k\pi + \dfrac{3\pi}{4}}{5} + i\sin\dfrac{2k\pi + \dfrac{3\pi}{4}}{5})$，$k = 0$ 到 4；

(3) $\sqrt[3]{4}(\cos\dfrac{2k\pi + \dfrac{\pi}{3}}{3} + i\sin\dfrac{2k\pi + \dfrac{\pi}{3}}{3})$，$k = 0$ 到 2；

(4) $(\cos\dfrac{2k\pi + \pi}{3} + i\sin\dfrac{2k\pi + \pi}{3})$，$k = 0$ 到 2；

7. 求 $5 - 12i$ 的平方根

⟨答⟩ $3 - 2i$，$-3 + 2i$

8. 求下列方程式的解

(1) $5z^2 + 2z + 10 = 0$；(2) $z^2 + (i - 2)z + (3 - i) = 0$

⟨答⟩ (1) $(-1 \pm 7i)/5$；(2) $1 + i, 1 - 2i$

9. 求下列算式的結果

(1) 1 的 4 次方根；(2) 1 的 7 次方根

⟨答⟩ (1) $e^{2k\pi i/4}$, $k = 0$ 到 3；(2) $e^{2k\pi i/7}$, $k = 0$ 到 6

第 2 章 複數函數

本章將介紹複數函數簡介、常見的複數函數和反函數。

2.1 複數函數簡介

1. 【**複數函數與實數函數**】大多數的複數函數的性質和實數函數相似，也就是實數函數有的性質，複數函數亦有。

2. 【**複數函數**】設 z 為一複數，若有一對應關係使得 z 可以對應到一個或多個複數值 w，即 $w = f(z)$，則此對應方式的 f 稱為函數。其中變數 z 稱為獨立變數，w 稱為因變數。

3. 【**單值與多值函數**】函數 $w = f(z)$ 中，
   (1) 若每一個 z 值只得到一個 w 值，則此函數稱為單值函數；
   (2) 若一個 z 值有多個 w 值與之對應，則此函數稱為多值函數。

4. 【**函數表示法**】在函數 $w = f(z)$ 中，若 $z = x + iy$、$w = u + iv$，因 u, v 的值會隨著 x, y 值的改變而改變，所以可將 f 函數寫成
$$w = f(z) = f(x + iy) = u(x, y) + iv(x, y)$$

例 1 令 $w = f(z) = z^2 + 2z + 3$，求 (a) $z = 2 + i$，(b) $z = 1 - 2i$，所對應的 w
解

做法 將 z 值代入 $f(z)$ 內，再求其值

解 (a) $z = 2 + i \Rightarrow w = f(2 + i) = (2 + i)^2 + 2(2 + i) + 3$
$$= (4 + 4i - 1) + (4 + 2i) + 3 = 10 + 6i$$

(b) $z = 1 - 2i \Rightarrow w = f(1 - 2i) = (1 - 2i)^2 + 2(1 - 2i) + 3$
$$= 2 - 8i$$

2.2 常見的複數函數

5.【多項式函數】設 z 為一複數，若

$$f(z) = a_0 + a_1z + a_2z^2 + \cdots\cdots + a_nz^n$$

其中 $a_0, \cdots\cdots, a_n$ 為複數且 $a_n \neq 0$，則稱 $f(z)$ 是 n 次多項式。

6.【指數函數】

(1) 設 $z = x + iy$ 為一複數，則

$$w = e^z = e^{x+iy} = e^x(\cos y + i \sin y)$$

稱為指數函數（註：e^z 也可寫成 $\exp z$）。

(2) 若 z_1, z_2 為二複數，則

(a) $e^{z_1+z_2} = e^{z_1} \cdot e^{z_2}$

(b) e^z 為一週期函數，其週期是 $2\pi i$，即 $e^{z+2\pi i} = e^z$

（註：$e^{z+2\pi i} = e^z \cdot e^{2\pi i} = e^z(\cos 2\pi + i \sin 2\pi) = e^z$）

7.【三角函數】

(1) 和實係數三角函數相同，複數三角函數也有：$\sin z$、$\cos z$、$\tan z$、$\cot z$、$\sec z$ 和 $\csc z$ 等六個。

(2) 因 $e^{iz} = \cos z + i \sin z$、$e^{-iz} = \cos z - i \sin z$，所以

$$\sin z = \frac{1}{2i}(e^{iz} - e^{-iz})$$

$$\cos z = \frac{1}{2}(e^{iz} + e^{-iz})$$

$$\tan z = \frac{\sin z}{\cos z} = \frac{e^{iz} - e^{-iz}}{i(e^{iz} + e^{-iz})}$$

$$\cot z = \frac{\cos z}{\sin z} = \frac{i(e^{iz} + e^{-iz})}{e^{iz} - e^{-iz}}$$

$$\sec z = \frac{1}{\cos z} = \frac{2}{e^{iz} + e^{-iz}}$$

$$\csc z = \frac{1}{\sin z} = \frac{2i}{e^{iz} - e^{-iz}}$$

8.【三角恆等式】和實係數三角函數相同，複數三角函數也有下列性質：

(1) $\sin^2 z + \cos^2 z = 1$；(2) $1 + \tan^2 z = \sec^2 z$

(3) $1 + \cot^2 z = \csc^2 z$；(4) $\sin(-z) = -\sin z$

(5) $\cos(-z) = \cos z$；　　(6) $\tan(-z) = -\tan z$

(7) $\sin(z_1 \pm z_2) = \sin z_1 \cos z_2 \pm \sin z_2 \cos z_1$

(8) $\cos(z_1 \pm z_2) = \cos z_1 \cos z_2 \mp \sin z_1 \sin z_2$

(9) $\tan(z_1 \pm z_2) = \dfrac{\tan z_1 \pm \tan z_2}{1 \mp \tan z_1 \tan z_2}$

9.【**雙曲線函數**】和實係數雙曲線函數相同，複數雙曲線函數也有：$\sinh z$、$\cosh z$、$\tanh z$、$\coth z$、$\sec hz$ 和 $\csc hz$ 等六個。其中：（註：$\sinh z$ 和 $\cosh z$ 的值是定義出來的）

$$\sinh z \overset{\Delta}{=\!=} \frac{1}{2}(e^z - e^{-z}) \qquad ; \cosh z \overset{\Delta}{=\!=} \frac{1}{2}(e^z + e^{-z})$$

$$\tanh z \overset{\Delta}{=\!=} \frac{\sinh z}{\cosh z} = \frac{e^z - e^{-z}}{e^z + e^{-z}} ; \coth z \overset{\Delta}{=\!=} \frac{\cosh z}{\sinh z} = \frac{e^z + e^{-z}}{e^z - e^{-z}}$$

$$\sec hz \overset{\Delta}{=\!=} \frac{1}{\cosh z} = \frac{2}{e^z + e^{-z}} ; \csc hz \overset{\Delta}{=\!=} \frac{1}{\sinh z} = \frac{2}{e^z - e^{-z}}$$

10.【**雙曲線函數等式**】和實係數雙曲線函數相同，複數雙曲線函數也有下列性質：

(1) $\cosh^2 z - \sinh^2 z = 1$；　(2) $1 - \tanh^2 z = \sec h^2 z$

(3) $\coth^2 z - 1 = \csc h^2 z$；　(4) $\sinh(-z) = -\sinh z$

(5) $\cosh(-z) = \cosh z$；　　(6) $\tanh(-z) = -\tanh z$

(7) $\sinh(z_1 \pm z_2) = \sinh z_1 \cosh z_2 \pm \sinh z_2 \cosh z_1$

(8) $\cosh(z_1 \pm z_2) = \cosh z_1 \cosh z_2 \pm \sinh z_1 \sinh z_2$

(9) $\tanh(z_1 \pm z_2) = \dfrac{\tanh z_1 \pm \tanh z_2}{1 \pm \tanh z_1 \tanh z_2}$

11.【**三角函數和雙曲線函數的等式**】複數三角函數和複數雙曲線函數有下列性質：（註：實係數函數三角函數和雙曲線函數無任何關連性）

(1) $\sin(iz) = i \sinh z$；(2) $\cos(iz) = \cosh z$；(3) $\tan(iz) = i \tanh z$

(4) $\sinh(iz) = i \sin z$；(5) $\cosh(iz) = \cos z$；(6) $\tanh(iz) = i \tan z$

例2　證明：(a) $\sin^2 z + \cos^2 z = 1$；

(b) $\sin(z_1 + z_2) = \sin z_1 \cos z_2 + \sin z_2 \cos z_1$

(c) $\cos z = \cos x \cosh y - i \sin x \sinh y$

做法　要求複數三角函數或雙曲線函數，大多要先化成 e^z 再解，而

$z = x + iy$

解　(a) 因 $\sin z = \dfrac{1}{2i}(e^{iz} - e^{-iz})$，$\cos z = \dfrac{1}{2}(e^{iz} + e^{-iz})$

$\Rightarrow \sin^2 z + \cos^2 z$

$\quad = \dfrac{1}{4i^2}(e^{i2z} - 2 + e^{-i2z}) + \dfrac{1}{4}(e^{i2z} + 2 + e^{-i2z})$

$\quad = \dfrac{-1}{4}(e^{i2z} - 2 + e^{-i2z}) + \dfrac{1}{4}(e^{i2z} + 2 + e^{-i2z}) = 1$

(b) $\sin(z_1 + z_2) = \dfrac{1}{2i}\left[e^{i(z_1 + z_2)} - e^{-i(z_1 + z_2)}\right]$

$\qquad\qquad\quad = \dfrac{1}{2i}\left[e^{iz_1} \cdot e^{iz_2} - e^{-iz_1} \cdot e^{-iz_2}\right]$ ⋯⋯⋯⋯⋯⋯⋯⋯⋯ (1)

因 $e^{iz} = \cos z + i \sin z$、$e^{-iz} = \cos z - i \sin z$

$\Rightarrow (1) = \dfrac{1}{2i}[(\cos z_1 + i \sin z_1)(\cos z_2 + i \sin z_2)$

$\qquad\qquad\qquad - (\cos z_1 - i \sin z_1)(\cos z_2 - i \sin z_2)]$

$\quad = \sin z_1 \cos z_2 + \sin z_2 \cos z_1$

(c) $\cos z = \dfrac{1}{2}(e^{iz} + e^{-iz}) = \dfrac{1}{2}(e^{ix - y} + e^{-ix + y}) = \dfrac{1}{2}(e^{-y + ix} + e^{y - ix})$

$\quad = \dfrac{1}{2}[e^{-y}(\cos x + i \sin x) + e^{y}(\cos x - i \sin x)]$

$\quad = \cos x \cdot \dfrac{e^{y} + e^{-y}}{2} - i \sin x \cdot \dfrac{e^{y} - e^{-y}}{2}$

$\quad = \cos x \cosh y - i \sin x \sinh y$

例3　求 (a) $\sin z = 0$ 的 z 值

(b) $\cos z = 0$ 的 z 值

做法　要求複數三角函數的值，大多先將三角函數改成 e^z 或 e^{-z}，再解

解　(a) $\sin z = 0 \Rightarrow \dfrac{1}{2i}(e^{iz} - e^{-iz}) = 0 \Rightarrow e^{iz} = e^{-iz}$

$\Rightarrow e^{i2z} = 1 = e^{0+2k\pi i}$，其中 $k = 0,\ \pm 1,\ \pm 2, \cdots\cdots$

$\Rightarrow i2z = 2k\pi i \Rightarrow z = k\pi$

也就是 $\sin z = 0$ 的 z 根為 $z = k\pi$，其中 $k = 0,\ \pm 1,\ \pm 2, \cdots\cdots$

(b) $\cos z = 0 \Rightarrow \dfrac{1}{2}(e^{iz} + e^{-iz}) = 0 \Rightarrow e^{iz} = -e^{-iz}$

$\Rightarrow e^{i2z} = -1 = e^{(2k+1)\pi i}$，其中 $k = 0,\ \pm 1,\ \pm 2, \cdots\cdots$

$\Rightarrow i2z = (2k+1)\pi i \Rightarrow z = (k+0.5)\pi$

也就是 $\cos z = 0$ 的 z 根為 $z = (k+0.5)\pi$，其中 $k = 0,\ \pm 1,\ \pm 2, \cdots\cdots$

2.3　複數函數的反函數

12.【反函數】和實係數函數一樣，複數函數也有反函數。若 $w = f(z)$，
則 $z = f^{-1}(w)$，函數 f^{-1} 稱為函數 f 的反函數。

13.【對數函數】

(1) 設 $z = e^w$ 為一指數函數，則 $w = \ln z$ 稱為 z 的自然對數函數，指
數函數與對數函數互為反函數；

(2) 和實係數對數函數一樣，複數對數函數也有底下的性質：

(a) $\ln(z_1 z_2) = \ln z_1 + \ln z_2$

(b) $\ln\left(\dfrac{z_1}{z_2}\right) = \ln z_1 - \ln z_2$

(c) $z^a = e^{\ln z^a} = e^{a \ln z}$

(3) 若 $z = e^w = re^{i\theta}$，

因 $z = re^{i\theta} = r(\cos\theta + i\sin\theta)$，

$\quad = r[\cos(2k\pi + \theta) + i\sin(2k\pi + \theta)]$，

所以其角度 $\arg(\theta) = 2k\pi + \theta$ 有無窮多個值，我們將其主值（角度
在 $0 \le \theta < 2\pi$ 者）以 $\mathrm{Arg}(\theta)$ 表示（大寫 A），而主值 $\mathrm{Arg}(\theta)$ 所
對應的自然對數值為 $\mathrm{Ln}(z)$（大寫 L）。

(4) $\ln z = \ln re^{i\theta} = \ln r + \ln e^{i\theta} = \ln r + \ln e^{i(2k\pi + \theta)}$

$\quad = \ln r + i(2k\pi + \theta)$

也就是 $\ln z = \mathrm{Ln}\, z + i2k\pi$，其主值為 $\mathrm{Ln}\, z = \ln r + i\theta$（$k = 0$ 之值）

例 4　求 (1) $\ln 1$ 的值；(2) $\ln 1$ 的主值

做法　將 1 表示成極坐標來解

解　(a) $1 = \cos\theta + i\sin\theta \Rightarrow \cos\theta = 1$，$\sin\theta = 0$

$\quad\Rightarrow \theta = 2k\pi + 0$

$\quad\Rightarrow 1 = e^{i(2k\pi)} \Rightarrow \ln 1 = \ln e^{i(2k\pi)} = i(2k\pi)$

(b) 主值為 $k = 0$ 之值，$\ln 1$ 的主值即為 0

例 5 求 $\ln(1-i)$ 的主值

做法 將 $1-i$ 表示成極坐標來解

解 $1-i = \sqrt{2}\left(\dfrac{1}{\sqrt{2}} - \dfrac{1}{\sqrt{2}}i\right) = \sqrt{2}\,(\cos\theta + i\sin\theta)$

即 $\cos\theta = \dfrac{1}{\sqrt{2}}$，$\sin\theta = \dfrac{-1}{\sqrt{2}}$（第四象限）$\Rightarrow \theta = \dfrac{7}{4}\pi$

$1-i = \sqrt{2}e^{i\left(2k\pi+\frac{7}{4}\pi\right)} \Rightarrow \ln(1-i) = \ln\sqrt{2} + i\left(2k\pi + \dfrac{7}{4}\pi\right)$

主值為 $k=0$ 之值，即 $\ln\sqrt{2} + i\dfrac{7}{4}\pi$

例 6 求 i^i 的主值

做法 求 $f(z)^{g(z)}$ 之值通常會將它化成 $e^{\ln f(z)^{g(z)}} = e^{g(z)\ln f(z)}$ 來解

解 $i^i = e^{\ln i^i} = e^{i\ln i}$

因 $i = \cos(2k\pi + \pi/2) + i\sin(2k\pi + \pi/2) = e^{i(2k\pi+\pi/2)}$

$\Rightarrow e^{i\ln i} = e^{i\ln e^{i(2k\pi+\pi/2)}} = e^{i\cdot i(2k\pi+\pi/2)} = e^{-(2k\pi+\pi/2)}$

主值為 $k=0$ 之值，即 $e^{-\pi/2}$

14.**【反三角函數】** 若 $z = \sin w$，則 $w = \sin^{-1} z$，稱為反正弦函數。反三角函數值為：

(1) $\sin^{-1} z = \dfrac{1}{i}\ln\left(iz + \sqrt{1-z^2}\right)$；(2) $\cos^{-1} z = \dfrac{1}{i}\ln\left(z + \sqrt{z^2-1}\right)$

(3) $\tan^{-1} z = \dfrac{1}{2i}\ln\left(\dfrac{1+iz}{1-iz}\right)$；(4) $\cot^{-1} z = \dfrac{1}{2i}\ln\left(\dfrac{z+i}{z-i}\right)$

(5) $\sec^{-1} z = \dfrac{1}{i}\ln\left(\dfrac{1+\sqrt{1-z^2}}{z}\right)$；(6) $\csc^{-1} z = \dfrac{1}{i}\ln\left(\dfrac{i+\sqrt{z^2-1}}{z}\right)$

以上的反三角函數是多值函數，上面公式省去 $+2k\pi$，$k\in Z$（整數）

例 7 若 $z = \sin w$，試證 $\sin^{-1} z = \dfrac{1}{i}\ln\left(iz + \sqrt{1-z^2}\right)$，

做法 求反三角函數，大多是將它改成指數的形式來解

證明：$z = \sin w = \dfrac{e^{iw} - e^{-iw}}{2i}$

$\Rightarrow e^{iw} - 2iz - e^{-iw} = 0$（同乘 e^{iw}）

$\Rightarrow e^{2iw} - 2ize^{iw} - 1 = 0$

$\Rightarrow e^{iw} = \dfrac{2iz \pm \sqrt{4 - 4z^2}}{2} = iz \pm \sqrt{1 - z^2}$

（因 $\sqrt{1 - z^2}$ 是雙值函數，取 + 號即可）

$\Rightarrow e^{iw} = iz + \sqrt{1 - z^2}$（二邊取 $\ln$，再除以 i）

$\Rightarrow w = \sin^{-1} z = \dfrac{1}{i} \ln\!\left(iz + \sqrt{1 - z^2}\right)$

註：其他反三角函數同理可證

15.【反雙曲線函數】若 $z = \sinh w$，則 $w = \sinh^{-1} z$，稱為反雙曲線正弦

函數，反雙曲線函數值為：

(1) $\sinh^{-1} z = \ln\!\left(z + \sqrt{z^2 + 1}\right)$；　(2) $\cosh^{-1} z = \ln\!\left(z + \sqrt{z^2 - 1}\right)$

(3) $\tanh^{-1} z = \dfrac{1}{2} \ln\!\left(\dfrac{1 + z}{1 - z}\right)$；　　(4) $\coth^{-1} z = \dfrac{1}{2} \ln\!\left(\dfrac{z + 1}{z - 1}\right)$

(5) $\sec h^{-1} z = \ln\!\left(\dfrac{1 + \sqrt{1 - z^2}}{z}\right)$；(6) $\csc h^{-1} z = \ln\!\left(\dfrac{1 + \sqrt{z^2 + 1}}{z}\right)$

以上的反雙曲線函數是多值函數，上面公式省去 $+2k\pi$，$k \in Z$（整數）

例 8 若 $z = \sinh w$，試證 $\sinh^{-1} z = \ln\!\left(z + \sqrt{z^2 + 1}\right)$

做法 求反雙曲線函數，大多是將它改成指數的形式來解

證明：$z = \sinh w = \dfrac{e^w - e^{-w}}{2}$

$\Rightarrow e^w - 2z - e^{-w} = 0$

$\Rightarrow e^{2w} - 2ze^w - 1 = 0$

$$\Rightarrow e^w = \frac{2z \pm \sqrt{4z^2 + 4}}{2} = z \pm \sqrt{z^2 + 1}$$

（因 $\sqrt{z^2 + 1}$ 是雙值函數，可省去減號）

$$\Rightarrow e^w = z + \sqrt{z^2 + 1} \ (\text{二邊取 ln})$$

$$\Rightarrow w = \sinh^{-1} z = \ln\left(z + \sqrt{z^2 + 1}\right)$$

註：其他反雙曲線函數同理可證

練習題

1. 若 $w = f(z) = z(2 - z)$，求下列算式的 w 值

   (1) $z = 1 + i$；(2) $z = 2 - 2i$；

   答 (1) 2；(2) $4 + 4i$

2. 若 $w = u + iv = f(z) = f(x + iy)$，求下列算式的 u 和 v 值

   (1) $f(z) = 2z^2 - 3iz$；(2) $f(z) = z + 1/z$；

   答 (1) $u = 2x^2 - 2y^2 + 3y$，$v = 4xy - 3x$；

   　　(2) $u = x + x/(x^2 + y^2)$，$v = y - y/(x^2 + y^2)$

3. 求下列的 z 值

   (1) $e^{3z} = 1$；(2) $e^{4z} = i$；

   答 (1) $\dfrac{2k\pi i}{3}$，$k = 0, \pm 1, \pm 2, \cdots\cdots$；

   　　(2) $\dfrac{\pi i}{8} + \dfrac{k\pi i}{2}$，$k = 0, \pm 1, \pm 2, \cdots\cdots$

4. 若 $w = u + iv = f(z) = f(x + iy)$，求下列算式的 u 和 v 值

   (1) $f(z) = e^{3iz}$；(2) $f(z) = \cos z$；

   答 (1) $u = e^{-3y} \cos 3x$，$v = e^{-3y} \sin 3x$；

   　　(2) $u = \cos x \cosh y$，$v = -\sin x \sinh y$；

5. 求下列的 z 值

   (1) $4\sinh(\pi i/3)$；(2) $\cosh(\pi i/2)$；

   答 (1) $2\sqrt{3} i$；(2) 0

6. 求下列的值和主值

(1) $\ln(-4)$；(2) $\ln(3i)$；

答 (1) $2\ln 2 + (\pi + 2k\pi)i$，主值 $= 2\ln 2 + \pi i$；

(2) $\ln 3 + (\pi/2 + 2k\pi)i$，主值 $= \ln 3 + \pi i/2$；

7. 求 $(1 + i)^i$ 的值

答 $e^{\frac{-\pi}{4} + 2k\pi}[\cos(\frac{\ln 2}{2}) + i\sin(\frac{\ln 2}{2})]$

第 **3** 章　複數微分與柯西—黎曼方程式

本章將介紹複數的極限、連續性、複數函數的導數和基本複數函數的微分。

3.1　極限

1.【開鄰域與閉鄰域】若點 z, a 為複數，ρ, ρ_1, ρ_2 為一正實數，且 $\rho_1 < \rho_2$，則（見圖 3-1）

  (1) 滿足 $|z - a| < \rho$ 的所有的區域（所有的 z 值），稱為 z 的「開鄰域」（open neighborhood）（註：以 a 點為圓心，ρ 為半徑的圓，但圓的邊界不在此區域內）

  (2) 滿足 $|z - a| \leq \rho$ 的所有的區域（所有的 z 值），稱為 z 的「閉鄰域」（closed neighborhood）（註：以 a 點為圓心，ρ 為半徑的圓，且圓的邊界在此區域內）

  (3) 滿足 $\rho_1 < |z - a| < \rho_2$ 的所有的區域（所有的 z 值），稱為 z 的「開圓環鄰域」（open annulus neighborhood）（註：圓環的邊界不在此區域內）

  (4) 滿足 $\rho_1 \leq |z - a| \leq \rho_2$ 的所有的區域（所有的 z 值），稱為 z 的「閉圓環鄰域」（closed annulus neighborhood）（註：圓環的邊界在此區域內）

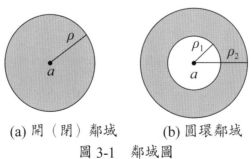

(a) 開（閉）鄰域　　　(b) 圓環鄰域

圖 3-1　鄰域圖

2.【極限的意義】極限的觀念是發展微積分的一個重要的基礎。極限常以「→」表示趨近的意思，例如：$z \to z_0$，表示 z 趨近於 z_0。

3.【極限的表示法】設複數函數 $f(z)$ 在 $z = z_0$ 的鄰域是單值函數，當「z 趨近於 z_0」時，「函數 $f(z)$ 的極限為 L」，記作：$\lim\limits_{z \to z_0} f(z) = L$。

4.【極限的性質】底下是極限的一些性質：

若 $\lim\limits_{z \to z_0} f(z) = L$，且 $\lim\limits_{z \to z_0} g(z) = M$，則

(a) $\lim\limits_{z \to z_0} [f(z) + g(z)] = L + M$。

(b) $\lim\limits_{z \to z_0} [f(z) \times g(z)] = L \times M$。

(c) 若 $\lim\limits_{z \to z_0} g(z) = M \, (M \neq 0)$，則 $\lim\limits_{z \to z_0} \left[\dfrac{f(z)}{g(z)} \right] = \dfrac{L}{M}$。

例 1 求下列極限之值

(a) $\lim\limits_{z \to 2+i} (z^2 + 2z + 3)$

(b) $\lim\limits_{z \to 2i} \dfrac{2z^2 + z - 3}{z^2 - 2z + 4}$

(c) $\lim\limits_{z \to i} \dfrac{3z^4 - 2z^3 + 8z^2 - 2z + 5}{z - i}$

做法 $f(z)$ 的 z 用極限值代入；若分母為 0，要先約分，否則無解

解 (a) $\lim\limits_{z \to 2+i} (z^2 + 2z + 3) = (2 + i)^2 + 2(2 + i) + 3 = 10 + 6i$

(b) $\lim\limits_{z \to 2i} \dfrac{2z^2 + z - 3}{z^2 - 2z + 4} = \dfrac{2(2i)^2 + 2i - 3}{(2i)^2 - 2 \cdot 2i + 4}$

$= \dfrac{-11 + 2i}{-4i} = \dfrac{-2 - 11i}{4}$

(c) 因 $3z^4 - 2z^3 + 8z^2 - 2z + 5$

$= (z - i)[3z^3 - (2 - 3i)z^2 + (5 - 2i)z + 5i]$（用長除法算）

所以原式 $= \lim\limits_{z \to i} [3z^3 - (2 - 3i)z^2 + (5 - 2i)z + 5i]$

$= 3i^3 - (2 - 3i)i^2 + (5 - 2i)i + 5i$

$= 4 + 4i$

（註：若分子沒有 $(z - i)$ 的因式，則此題答案為無窮大）

3.2 連續性

> 5.【連續性的定義】設複數函數 $f(z)$ 在 $z = z_0$ 的鄰域是單值函數，且函數 $f(z_0)$ 有定義，若函數 $f(z)$ 滿足下列二個條件：
>
>   (1) $\lim\limits_{z \to z_0} f(z)$ 存在
>
>   (2) $\lim\limits_{z \to z_0} f(z) = f(z_0)$
>
>   則稱 $f(z)$ 在 $z = z_0$ 處連續。
>
> 6.【連續函數的性質】若複數函數 $f(z)$ 和 $g(z)$ 二函數在 $z = z_0$ 處均連續，則：
>
>   (a) $f(z) + g(z)$ 和 $f(z) - g(z)$ 在 $z = z_0$ 處也連續；
>
>   (b) $f(z) \cdot g(z)$ 在 $z = z_0$ 處也連續；
>
>   (c) 若 $g(z_0) \neq 0$，則 $\dfrac{f(x)}{g(x)}$ 在 $z = z_0$ 處也連續。

例 2　請問下列函數是否連續

   (a) $f(z) = \dfrac{z^2 + 2z + 1}{z + 1}$

   (b) $f(z) = \begin{cases} \dfrac{z^2 + 1}{z - i} & ，當 z \neq i \\ 2i & ，當 z = i \end{cases}$

做法　連續函數要滿足第 5 點說明的二個條件

解　(a) 不連續，因在 $z = -1$ 處沒定義（即 $f(-1)$ 不存在）

   (b) 連續，因在 $z \to i$ 處，$\dfrac{z^2 + 1}{z - i} = z + i\,|_{z=i} = 2i$

   　　且 $f(i) = 2i$

例 3　請問下列函數在何處連續？

   (a) $f(z) = \dfrac{z^2 + 2z + 1}{z^2 + 1}$

   (b) $f(z) = \tan z$

解 (a) $f(z) = \dfrac{z^2 + 2z + 1}{z^2 + 1} = \dfrac{z^2 + 2z + 1}{(z+i)(z-i)}$

因 $z = \pm i$ 時，分母為 0，所以 $f(z)$ 除了 $z = \pm i$ 二點外，其餘的點均連續

(b) $f(z) = \tan z = \dfrac{\sin z}{\cos z}$，因 $z = k\pi + \dfrac{\pi}{2}$（$k$ 為整數）時，分母 $\cos z$ 為 0，所以 $f(z)$ 除了 $z = k\pi + \dfrac{\pi}{2}$ 點外，其餘的點均連續

3.3 複數函數的導數

> 7.【複數函數的導數】若複數函數 $f(z)$ 在區域 R 內是單值函數,則複數
> 函數 $f(z)$ 的導數表示成 $f'(z)$,其定義為
>
> $$f'(z) = \lim_{\Delta z \to 0} \frac{f(z + \Delta z) - f(z)}{\Delta z}$$
>
> 若此極限存在且與 $\Delta z \to 0$ 的路徑無關,則稱 $f(z)$ 在點 z 處可微分,
> 記成
>
> $$f'(z) = \frac{df(z)}{dz}$$
>
> 註:(1) 因 $z = x + iy$,不管 $\Delta z = \Delta x + i\Delta y$ 沿著哪條路徑趨近 0,上式
>   的極限都要趨近一個固定值,$f(z)$ 才是在 z 點處可微分,此
>   觀念很重要
>
> (2)「微分」是一個動作,「導數」是一個值(微分的結果)
>
> 8.【解析函數】若複數函數 $f(z)$ 在區域 R 內的所有點都有定義且可以微
> 分,則函數 $f(z)$ 在區域 R 內是一個解析函數(analytic function)

例 4 利用定義求 $f(z) = z^2 + 1$ 的導數

解 $f'(z) = \lim_{\Delta z \to 0} \dfrac{f(z + \Delta z) - f(z)}{\Delta z} = \lim_{\Delta z \to 0} \dfrac{[(z + \Delta z)^2 + 1] - [z^2 + 1]}{\Delta z}$

$= \lim_{\Delta z \to 0} \dfrac{2z \cdot \Delta z + (\Delta z)^2}{\Delta z} = \lim_{\Delta z \to 0} (2z + \Delta z) = 2z$

例 5 利用定義證明 $f(z) = \bar{z}$ 的導數不存在(即不可解析)

解 令 $z = x + iy \Rightarrow \Delta z = \Delta x + i\Delta y$

$f'(z) = \lim_{\Delta z \to 0} \dfrac{f(z + \Delta z) - f(z)}{\Delta z} = \lim_{\Delta z \to 0} \dfrac{\overline{z + \Delta z} - \bar{z}}{\Delta z}$

$= \lim_{\Delta z \to 0} \dfrac{\overline{x + iy + \Delta x + i\Delta y} - \overline{x + iy}}{\Delta x + i\Delta y}$

$$= \lim_{\Delta z \to 0} \frac{x - iy + \Delta x - i\Delta y - (x - iy)}{\Delta x + i\Delta y} = \lim_{\Delta z \to 0} \frac{\Delta x - i\Delta y}{\Delta x + i\Delta y}$$

此極限要存在，其必須與 $\Delta z \to 0$ 的路徑無關

但當 $\Delta x = 0$，此極限為 $\displaystyle\lim_{\Delta y \to 0} \frac{-i\Delta y}{i\Delta y} = -1$

而當 $\Delta y = 0$，此極限為 $\displaystyle\lim_{\Delta x \to 0} \frac{\Delta x}{\Delta x} = 1$

此極限值與 $\Delta z \to 0$ 的路徑有關，

所以 $f(z) = \bar{z}$ 的導數不存在（也請參閱本章例 8）

例 6 請問 $f(z) = \dfrac{z^2 + 2z + 3}{z + 1}$ 那些點為非解析點

做法 不可微分的點為非解析點

解 $f(z)$ 在 $z = -1$ 點不連續，所以 $f(z)$ 在 $z = -1$ 點為非解析點

9.【柯西—黎曼方程式】

(1) 柯西—黎曼方程式（Cauchy-Riemann equation）是判斷複數函數是否為解析函數的一個重要性質。

(2) 在 $z = x + iy$ 的複數函數 $f(z) = u(x, y) + iv(x, y)$ 中，若 $u(x, y)$ 和 $v(x, y)$ 在區域 R 是連續且其一階偏導數存在，則 $f(z)$ 在區域 R 內皆可解析的充分且必要條件是

$$u_x = v_y \quad \text{且} \quad u_y = -v_x \cdots\cdots\text{(a)}$$

$$\left(\text{或} \frac{\partial u}{\partial x} = \frac{\partial v}{\partial y} \quad \text{且} \quad \frac{\partial u}{\partial y} = -\frac{\partial v}{\partial x} \right)$$

（註：證明請參閱例 10）

(3) 其中 (a) 式稱為柯西—黎曼方程式

(4) 若 z 以極座標表示，即 $z = r(\cos\theta + i\sin\theta)$ 且
$f(z) = u(r, \theta) + iv(r, \theta)$，則柯西—黎曼方程式變成

$$u_r = \frac{1}{r} v_\theta \quad \text{且} \quad v_r = -\frac{1}{r} u_\theta \cdots\cdots\text{(b)}$$

（註：證明請參閱例 11）

(5) $f(z)$ 只要沒有 $\bar{z}$、$|z|$ 或分母不爲 0 的函數，它大多會滿足柯西—黎曼方程式

例7 設 $z = x + iy$，請問複數函數 $f(z) = z^2$ 是否在複平面的任何點 z 上都是可解析的。

做法 看 $f(z)$ 是否滿足柯西—黎曼方程式

解 $f(z) = u(x, y) + iv(x, y) \Rightarrow f(x + iy) = (x + iy)^2 = (x^2 - y^2) + 2xyi$

所以實部 $u(x, y) = x^2 - y^2$，虛部 $v(x, y) = 2xy$

$$\frac{\partial u}{\partial x} = 2x \text{ , } \frac{\partial v}{\partial y} = 2x$$

$$\frac{\partial u}{\partial y} = -2y \text{ , } \frac{\partial v}{\partial x} = 2y$$

因 $\dfrac{\partial u}{\partial x} = \dfrac{\partial v}{\partial y}$ 且 $\dfrac{\partial u}{\partial y} = -\dfrac{\partial v}{\partial x}$（滿足柯西—黎曼方程式）

所以對所有的 z，$f(z)$ 皆可解析

例8 設 $z = x + iy$，請問複數函數 $f(z) = \bar{z}$ 是否在複平面的任何點 z 上都是可解析的。

解 $f(z) = u(x, y) + iv(x, y) \Rightarrow f(x + iy) = \overline{(x + iy)} = x - iy$

所以實部 $u(x, y) = x$，虛部 $v(x, y) = -y$

$$\frac{\partial u}{\partial x} = 1 \text{ , } \frac{\partial v}{\partial y} = -1$$

因 $\dfrac{\partial u}{\partial x} \neq \dfrac{\partial v}{\partial y}$（不滿足柯西—黎曼方程式）

所以 $f(z)$ 是不可解析（與本章例 5 一致）

例9 請問 $f(z) = u(x, y) + iv(x, y) = e^{-x}(\sin y + i\cos y)$ 是否爲解析函數

解 $f(z) = u(x, y) + iv(x, y) = e^{-x}(\sin y + i\cos y)$

所以實部 $u(x, y) = e^{-x} \sin y$，虛部 $v(x, y) = e^{-x} \cos y$

$$\frac{\partial u}{\partial x} = -e^{-x} \sin y \text{，} \frac{\partial v}{\partial y} = -e^{-x} \sin y$$

$$\frac{\partial u}{\partial y} = e^{-x} \cos y \text{，} \frac{\partial v}{\partial x} = -e^{-x} \cos y$$

因 $\dfrac{\partial u}{\partial x} = \dfrac{\partial v}{\partial y}$ 且 $\dfrac{\partial u}{\partial y} = -\dfrac{\partial v}{\partial x}$（滿足柯西─黎曼方程式）

所以對所有的 z，$f(z)$ 皆可解析

例 10　試證柯西─黎曼方程式的充分條件，即 $z = x + iy$ 的複數函數 $f(z) = u(x, y) + iv(x, y)$ 在區域 R 內皆可解析的充分條件是

$$\frac{\partial u}{\partial x} = \frac{\partial v}{\partial y} \text{ 且 } \frac{\partial u}{\partial y} = -\frac{\partial v}{\partial x}$$

證明：$z = x + iy \Rightarrow \Delta z = \Delta x + i\Delta y$

$f(z)$ 在區域 R 內皆可解析，則其微分結果與 z 趨近的路徑無關，即

$$\begin{aligned}
f'(z) &= \lim_{\Delta z \to 0} \frac{f(z + \Delta z) - f(z)}{\Delta z} \\
&= \lim_{\Delta z \to 0} \frac{[u(x + \Delta x, y + \Delta y) + iv(x + \Delta x, y + \Delta y)] - [u(x, y) + iv(x, y)]}{\Delta x + i\Delta y}
\end{aligned}$$

$$\cdots\cdots\cdots\cdots\cdots\cdots\cdots\cdots\cdots\cdots\cdots\cdots\cdots\cdots\text{(A)}$$

考慮下列二種 z 的趨近方式

(1) $\Delta x \to 0, \Delta y = 0$

$$\begin{aligned}
\text{(A) 式} &= \lim_{\Delta x \to 0} \frac{[u(x + \Delta x, y) + iv(x + \Delta x, y)] - [u(x, y) + iv(x, y)]}{\Delta x} \\
&= \lim_{\Delta x \to 0} \frac{u(x + \Delta x, y) - u(x, y)}{\Delta x} + \lim_{\Delta x \to 0} \frac{iv(x + \Delta x, y) - iv(x, y)}{\Delta x} \\
&= \frac{\partial u}{\partial x} + i\frac{\partial v}{\partial x}
\end{aligned}$$

(2) $\Delta x = 0$, $\Delta y \to 0$

$$(\text{A}) \ \vec{式} = \lim_{\Delta y \to 0} \frac{[u(x, y+\Delta y)+iv(x, y+\Delta y)]-[u(x, y)+iv(x, y)]}{i\Delta y}$$

$$= \lim_{\Delta y \to 0} \frac{u(x, y+\Delta y)-u(x, y)}{i\Delta y} + \lim_{\Delta y \to 0} \frac{iv(x, y+\Delta y)-iv(x, y)}{i\Delta y}$$

$$= \frac{1}{i}\frac{\partial u}{\partial y} + \frac{\partial v}{\partial y} = -i\frac{\partial u}{\partial y} + \frac{\partial v}{\partial y}$$

上面 (1) 的結果要等於 (2) 的結果，即

$$\frac{\partial u}{\partial x} + i\frac{\partial v}{\partial x} = -i\frac{\partial u}{\partial y} + \frac{\partial v}{\partial y}$$

$$\Rightarrow \frac{\partial u}{\partial x} = \frac{\partial v}{\partial y} \ \text{且} \ \frac{\partial u}{\partial y} = -\frac{\partial v}{\partial x}$$

（註：此題目的必要條件證明省略）

例 11 試證若 z 以極座標表示，即 $z = r(\cos\theta + i\sin\theta)$ 且

$f(z) = u(r, \theta) + iv(r, \theta)$，則

柯西—黎曼方程式變成 $u_r = \dfrac{1}{r}v_\theta$ 且 $v_r = -\dfrac{1}{r}u_\theta$

證明：利用 $x = r\cos\theta$，$y = r\sin\theta$，$\dfrac{\partial u}{\partial x} = \dfrac{\partial v}{\partial y}$，$\dfrac{\partial u}{\partial y} = -\dfrac{\partial v}{\partial x}$，得

$$\frac{\partial u}{\partial r} = \frac{\partial u}{\partial x} \cdot \frac{\partial x}{\partial r} + \frac{\partial u}{\partial y} \cdot \frac{\partial y}{\partial r} = \cos\theta \cdot \frac{\partial u}{\partial x} + \sin\theta \cdot \frac{\partial u}{\partial y}$$

$$= \cos\theta \cdot \frac{\partial v}{\partial y} - \sin\theta \cdot \frac{\partial v}{\partial x} \quad \cdots\cdots(1)$$

$$\frac{\partial u}{\partial \theta} = \frac{\partial u}{\partial x} \cdot \frac{\partial x}{\partial \theta} + \frac{\partial u}{\partial y} \cdot \frac{\partial y}{\partial \theta} = -r\sin\theta \cdot \frac{\partial u}{\partial x} + r\cos\theta \cdot \frac{\partial u}{\partial y}$$

$$= -r\sin\theta \cdot \frac{\partial v}{\partial y} - r\cos\theta \cdot \frac{\partial v}{\partial x} \quad \cdots\cdots(2)$$

$$\frac{\partial v}{\partial r} = \frac{\partial v}{\partial x} \cdot \frac{\partial x}{\partial r} + \frac{\partial v}{\partial y} \cdot \frac{\partial y}{\partial r} = \cos\theta \cdot \frac{\partial v}{\partial x} + \sin\theta \cdot \frac{\partial v}{\partial y}$$

$$= \frac{-1}{r} \cdot \frac{\partial u}{\partial \theta} \quad (\text{由 (2) 得到})$$

$$\frac{\partial v}{\partial \theta} = \frac{\partial v}{\partial x} \cdot \frac{\partial x}{\partial \theta} + \frac{\partial v}{\partial y} \cdot \frac{\partial y}{\partial \theta} = -r\sin\theta \cdot \frac{\partial v}{\partial x} + r\cos\theta \cdot \frac{\partial v}{\partial y}$$

$$= r \cdot \frac{\partial u}{\partial r} \text{ （由 (1) 得到）}$$

10.【拉普拉斯方程式】若 $f(z) = u(x, y) + iv(x, y)$ 在區域 R 內皆可解析，則 $u(x, y)$ 和 $v(x, y)$ 在區域 R 內皆滿足拉普拉斯方程式（Laplace's equation），即

$$\nabla^2 u = u_{xx} + u_{yy} = 0 \quad 且 \quad \nabla^2 v = v_{xx} + v_{yy} = 0$$

$$或 \nabla^2 u = \frac{\partial^2 u}{\partial x^2} + \frac{\partial^2 u}{\partial y^2} = 0 \quad 且 \quad \nabla^2 v = \frac{\partial^2 v}{\partial x^2} + \frac{\partial^2 v}{\partial y^2} = 0$$

11.【調和函數】若 $f(z) = u(x, y) + iv(x, y)$ 的 $u(x, y)$ 和 $v(x, y)$ 在區域 R 內皆滿足拉普拉斯方程式，則 $f(z)$ 就稱為在區域 R 內是調和函數

例 12 設 $z = x + iy$，$f(z) = u(x, y) + iv(x, y)$

(1) 若 $u = x^2 - y^2$，請問 u 是否滿足 $\nabla^2 u = u_{xx} + u_{yy} = 0$？

(2) $f(z) = u(x, y) + iv(x, y)$，由 (1) 式的 u 值，找出 v 值，使得 $f(z)$ 為調和函數

做法 調和函數必須是可解析函數，而可解析函數必須滿足柯西─黎曼方程式

解 (1) $\dfrac{\partial u}{\partial x} = \dfrac{\partial}{\partial x}(x^2 - y^2) = 2x$

$\dfrac{\partial^2 u}{\partial x^2} = \dfrac{\partial}{\partial x}(2x) = 2$

$\dfrac{\partial u}{\partial y} = \dfrac{\partial}{\partial y}(x^2 - y^2) = -2y$

$\dfrac{\partial^2 u}{\partial y^2} = \dfrac{\partial}{\partial y}(-2y) = -2$

由上知，$\dfrac{\partial^2 u}{\partial x^2} + \dfrac{\partial^2 u}{\partial y^2} = 0$，所以 u 滿足

$$\nabla^2 u = u_{xx} + u_{yy} = 0$$

(2) 因 $\dfrac{\partial u}{\partial x} = \dfrac{\partial v}{\partial y} \Rightarrow \dfrac{\partial v}{\partial y} = \dfrac{\partial u}{\partial x} = 2x$

二邊對 y 積分 $v = \displaystyle\int 2xdy = 2xy + g(x)$

又 $\dfrac{\partial u}{\partial y} = -\dfrac{\partial v}{\partial x} \Rightarrow -2y = -\dfrac{\partial}{\partial x}[2xy + g(x)] = -2y - g'(x)$

$\Rightarrow g'(x) = 0 \Rightarrow g(x) = c$

所以 $v(x, y) = 2xy + c$

例 13 設 $z = x + iy$，$f(z) = u(x, y) + iv(x, y)$

(1) 若 $u = e^{-x}(x\sin y - y\cos y)$，請問 u 是否滿足 $\nabla^2 u = u_{xx} + u_{yy} = 0$？

(2) $f(z) = u(x, y) + iv(x, y)$，由 (1) 式的 u 值，找出 v 值，使得 $f(z)$ 為調和函數

做法 同例 12

解 (1) $\dfrac{\partial u}{\partial x} = \dfrac{\partial}{\partial x}[e^{-x}(x\sin y - y\cos y)]$

$= -e^{-x}(x\sin y - y\cos y) + e^{-x}\sin y$

$= -xe^{-x}\sin y + ye^{-x}\cos y + e^{-x}\sin y$

$\dfrac{\partial^2 u}{\partial x^2} = \dfrac{\partial}{\partial x}(-xe^{-x}\sin y + ye^{-x}\cos y + e^{-x}\sin y)$

$= -e^{-x}\sin y + xe^{-x}\sin y - ye^{-x}\cos y - e^{-x}\sin y$

$= -2e^{-x}\sin y + xe^{-x}\sin y - ye^{-x}\cos y$

$\dfrac{\partial u}{\partial y} = \dfrac{\partial}{\partial y}[e^{-x}(x\sin y - y\cos y)]$

$= xe^{-x}\cos y - e^{-x}\cos y + ye^{-x}\sin y$

$\dfrac{\partial^2 u}{\partial y^2} = \dfrac{\partial}{\partial y}(xe^{-x}\cos y - e^{-x}\cos y + ye^{-x}\sin y)$

$= -xe^{-x}\sin y + e^{-x}\sin y + e^{-x}\sin y + ye^{-x}\cos y$

$= -xe^{-x}\sin y + 2e^{-x}\sin y + ye^{-x}\cos y$

由上知，$\dfrac{\partial^2 u}{\partial x^2} + \dfrac{\partial^2 u}{\partial y^2} = 0$，所以 u 滿足 $\nabla^2 u = u_{xx} + u_{yy} = 0$

(2) 因 $\dfrac{\partial u}{\partial x} = \dfrac{\partial v}{\partial y}$

$\Rightarrow \dfrac{\partial v}{\partial y} = \dfrac{\partial u}{\partial x} = -xe^{-x}\sin y + ye^{-x}\cos y + e^{-x}\sin y$

二邊對 y 積分 $\Rightarrow$

$v = \displaystyle\int -xe^{-x}\sin y + ye^{-x}\cos y + e^{-x}\sin y\, dy$

$\quad = xe^{-x}\cos y + e^{-x}(y\sin y + \cos y) - e^{-x}\cos y + g(x)$

$\quad = xe^{-x}\cos y + e^{-x}y\sin y + g(x)$

又 $\dfrac{\partial u}{\partial y} = -\dfrac{\partial v}{\partial x}$

$\quad\Rightarrow xe^{-x}\cos y - e^{-x}\cos y + ye^{-x}\sin y$

$\quad\quad = -\dfrac{\partial}{\partial x}[xe^{-x}\cos y + e^{-x}y\sin y + g(x)]$

$\quad\quad = -e^{-x}\cos y + xe^{-x}\cos y + e^{-x}y\sin y - g'(x)$

$\quad\Rightarrow g'(x) = 0 \Rightarrow g(x) = c$

所以 $v(x, y) = xe^{-x}\cos y + e^{-x}y\sin y + c$

3.4 複數基本函數的微分

12.【基本函數的一次微分】複數函數的微分公式和實數函數相同，即

(1) $\dfrac{d}{dz}(c) = 0$ ；(2) $\dfrac{d}{dz}(z^n) = nz^{n-1}$

(3) $\dfrac{d}{dz}(e^z) = e^z$ ；(4) $\dfrac{d}{dz}(\sin z) = \cos z$

(5) $\dfrac{d}{dz}(\cos z) = -\sin z$ ；(6) $\dfrac{d}{dz}(\tan z) = \sec^2 z$

(7) $\dfrac{d}{dz}(\sec z) = \sec z \tan z$ ；(8) $\dfrac{d}{dz}(\ln z) = \dfrac{1}{z}$ 等

13.【微分的性質】和實數函數一樣，若複數函數 $f(z)$, $g(z)$ 和 $h(z)$ 在區域 R 內皆可解析，則

(1) $\dfrac{d}{dz}[f(z) + g(z)] = \dfrac{d}{dz}f(z) + \dfrac{d}{dz}g(z) = f'(z) + g'(z)$

(2) $\dfrac{d}{dz}[c \cdot f(z)] = c \cdot \dfrac{d}{dz}f(z) = c \cdot f'(z)$

(3) $\dfrac{d}{dz}[f(z) \cdot g(z)] = f'(z)g(z) + f(z) \cdot g'(z)$

(4) $\dfrac{d}{dz}\left[\dfrac{f(z)}{g(z)}\right] = \dfrac{f'(z)g(z) - f(z)g'(z)}{g^2(z)}$ ，$g(z) \neq 0$

(5) $\dfrac{d}{dz}f(g(z)) = f'(g(z)) \cdot g'(z)$ 或

$\dfrac{d}{dz}f'[g(h(z))] = f'[g(h(z))] \cdot g'(h(z)) \cdot h'(z)$ （微分連鎖率）

(6) 若 $f(z)$ 為單值函數且 $w = f(z)$，則有 $z = f^{-1}(w)$，且

$\dfrac{dw}{dz} = \dfrac{1}{\dfrac{dz}{dw}}$

例 14　證明 $\dfrac{d}{dz}\sin z = \cos z$

做法　將三角函數改成指數表示法來解

解　因 $\sin z = \dfrac{e^{iz} - e^{-iz}}{2i}$

$$\Rightarrow \frac{d}{dz}\sin z = \frac{d}{dz}(\frac{e^{iz} - e^{-iz}}{2i}) = \frac{1}{2i}(ie^{iz} + ie^{-iz})$$

$$= \frac{e^{iz} + e^{-iz}}{2} = \cos z$$

例 15　求下列函數的微分

(a) $f(z) = 5z^4 + (1 + i)z^3 + 2iz$

(b) $f(z) = 2z^2 \sin z + \cos z$

(c) $f(z) = \cos^2(3z + 2i)$

解　(a) $f'(z) = 5 \cdot 4z^3 + 3(1 + i)z^2 + 2i = 20z^3 + 3(1 + i)z^2 + 2i$

(b) $f'(z) = 2 \cdot (2z \sin z + z^2 \cos z) - \sin z$

$$= 4z \sin z + 2z^2 \cos z - \sin z$$

(c) $f'(z) = 2\cos(3z + 2i) \cdot \dfrac{d}{dz}\cos(3z + 2i)$

$$= -2\cos(3z + 2i) \cdot \sin(3z + 2i) \cdot \frac{d}{dz}(3z + 2i)$$

$$= -6\cos(3z + 2i) \cdot \sin(3z + 2i)$$

例 16　求隱函數的微分，即

$5w^4 + (1 + i)zw + 2iz = 0$，求 dw/dz

解　二邊對 z 微分 $\Rightarrow 5 \cdot 4w^3 \dfrac{dw}{dz} + (1 + i)[w + z\dfrac{dw}{dz}] + 2i = 0$

$$\Rightarrow [20w^3 + (1 + i)z]\frac{dw}{dz} = -(1 + i)w - 2i$$

$$\Rightarrow \frac{dw}{dz} = \frac{-(1 + i)w - 2i}{[20w^3 + (1 + i)z]}$$

14. 【高階微分】複數函數也可進行多次的微分，即：

(1) $\dfrac{d}{dz}\left[\dfrac{d}{dz}f(z)\right] = \dfrac{d^2}{dz^2}f(z)$ 或 $\left[f'(z)\right]' = f''(z)$，稱為 $f(z)$ 的二次微分

(2) $\dfrac{d}{dz}\left[\dfrac{d^2}{dz^2}f(z)\right] = \dfrac{d^3}{dz^3}f(z)$ 或 $\left[f''(z)\right]' = f'''(z)$，稱為 $f(z)$ 的三次微分

例 17　若 $f(z) = 4z^4 + (2-3i)z^2 + 2i\cos z$，求 $f''(z)$

解　$f'(z) = 16z^3 + 2(2-3i)z - 2i\sin z$

　　$f''(z) = 48z^2 + 2(2-3i) - 2i\cos z$

練習題

1. 求下列算式的極限值

(1) $\lim\limits_{z\to 1+i}\dfrac{z^2-z+1-i}{z^2-2z+2}$ ； (2) $\lim\limits_{z\to 2i}(iz^4+3z^2-10i)$ ；

(3) $\lim\limits_{z\to i/2}\dfrac{(2z-3)(4z+i)}{(iz-1)^2}$ ； (4) $\lim\limits_{z\to i}\dfrac{z^2+1}{z^6+1}$ ；

答 (1) $1 - i/2$ ； (2) $-12+6i$ ； (3) $-4/3 - 4i$ ； (4) $1/3$ ；

2. 求下列函數的不連續點

(1) $f(z) = \dfrac{2z-3}{z^2+2z+2}$ ； (2) $f(z) = \cot z$ ；

(3) $f(z) = \dfrac{1}{z} - \sec z$ ； (4) $f(z) = \dfrac{\tanh z}{z^2+1}$ ；

答 (1) $-1\pm i$ ； (2) $k\pi,\ k = 0,\ \pm 1,\ \pm 2,\ \cdots\cdots$ ；

(3) $0,\ (k+1/2)\pi,\ k = 0,\ \pm 1,\ \pm 2,\ \cdots\cdots$ ；

(4) $\pm i,\ (k+1/2)\pi i,\ k = 0,\ \pm 1,\ \pm 2,\ \cdots\cdots$ ；

3. 求下列算式的極限值

(1) $\lim\limits_{n\to\infty}\dfrac{in^2-in+1-3i}{(2n+4i-3)(n-i)}$ ； (2) $\lim\limits_{n\to\infty}\left|\dfrac{(n^2+3i)(n-i)}{in^3-3n-4-i}\right|$ ；

(3) $\lim\limits_{n\to\infty}(\sqrt{n+2i}-\sqrt{n+i})$ ；

答 (1) $i/2$；(2) 1；(3) 0

4. 求下列函式是否滿足柯西—黎曼方程式

(1) $f(z) = z^2 + 5iz + 3 - i$；(2) $f(z) = ze^{-z}$；

答 (1) 是；(2) 是

5. (a) 判斷下列 u 函式是否滿足 $\nabla^2 u = u_{xx} + u_{yy} = 0$？(b) 若是的話，由
(a) 式的 u 值，找出 v 值，使得 $f(z) = u(x, y) + iv(x, y)$ 為調和函數

(1) $u = 2x(1 - y)$；

(2) $u = 3x^2y + 2x^2 - y^3 - 2y^2$；(3) $u = 2xy + 3xy^2 - 2y^3$；

答 (1) 是，$v = 2y + x^2 - y^2$；

　　(2) 是，$v = 4xy - x^3 + 3xy^2 + c$；

　　(3) 不是

6. 求下列函數的微分

(1) $f(z) = (1 + z^2)^{3/2}$；(2) $[\sin(2z - 1)]^2$；

(3) $f(z) = \tan(2z + 3i)$；(4) $f(z) = \ln(z^2 + z - 3)$

答 (1) $f'(z) = 3z(1 + z^2)^{1/2}$；

　　(2) $f'(z) = 4\sin(2z - 1)\cos(2z - 1)$；

　　(3) $f'(z) = 2\sec^2(2z + 3i)$；

　　(4) $f'(z) = (2z + 1)/(z^2 + z - 3)$；

第 **4** 章　複數積分

本章將介紹封閉曲線與連通區域、複數的不定積分和複數的線積分。

4.1　封閉曲線與連通區域

1.【簡單與非簡單封閉曲線】

(1) 在複數平面中，若一個區域的外圍邊界曲線沒有自我相交（例如像數字 0 的區域）的封閉路徑，此曲線稱為簡單封閉曲線（simple closed curve）或稱為約旦曲線（Jordan curve）（見圖 4-1）；

(2) 在複數平面中，若一個區域的外圍邊界曲線有自我相交（例如像數字 8 的區域）的封閉路徑，此曲線稱為非簡單封閉曲線（non-simple closed curve）。

(a) 簡單封閉曲線　　　　　　　(b) 非簡單封閉曲線

圖 4-1　　封閉曲線

2.【單連通與多連通區域】

(1) 在複數平面中，若一個區域內沒有「洞」（或一個區域的邊界往內縮，會縮到一點上），此區域稱為單連通區域（simply connected domain）。例如：圓、橢圓等（見圖 4-2(a)）；

(2) 在複數平面中，若一個區域內有一些「洞」（或一個區域的邊界往內縮，不會縮到一點上），此區域稱為多連通區域（multiply connected domain）。例如：圓環等。在多連通區域中：

(a) 若區域內有一個「洞」，此區域稱為雙連通區域（見圖 4-2(b)）；

(b) 若區域內有二個「洞」，此區域稱為三連通區域（見圖 4-2(c)）。

3.【路徑前進方向】若一個觀察者沿著一簡單封閉曲線區域的邊界 C 前
　進時，若此區域是在觀察者的左側，則此前進方向稱為正方向。例
　如：沿著一個圓的邊界前進，逆時針方向為正方向。

(a) 單連通區域　　　(b) 雙連通區域　　　(c) 三連通區域

圖 4-2　連通區域

4.2 複數的不定積分

4.【複數的積分種類】和實數的積分一樣，複數積分也分為不定積分和定積分兩類，複數定積分稱為複數線積分。

5.【解析函數的不定積分】若 $f(z)$ 和 $F(z)$ 在區域 R 內皆可解析，且 $F'(z) = f(z)$，則 $F(z)$ 稱為 $f(z)$ 的不定積分或反導數，記作

$$F(z) = \int f(z)dz + c$$

註：「積分」是一個動作，「反導數」是一個值（積分的結果）

6.【函數的不定積分】底下是常見函數的不定積分，

(1) $\int z^n dz = \dfrac{z^{n+1}}{n+1} + c$ （$n \neq -1$）

(2) $\int z^{-1} dz = \ln z + c$ 〔(1) 的 $n = -1$ 情況〕

(3) $\int e^z dz = e^z + c$

(4) $\int \sin(z)dz = -\cos(z) + c$

(5) $\int \cos(z)dz = \sin(z) + c$

(6) $\int \tan(z)dz = \ln[\sec(z)] + c = -\ln[\cos(z)] + c$

(7) $\int \cot(z)dz = \ln[\sin(z)] + c$

(8) $\int \sec(z)dz = \ln[\sec(z) + \tan(z)] + c$

(9) $\int \csc(z)dz = \ln[\csc(z) - \cot(z)] + c$

(10) $\int \dfrac{1}{a^2 + z^2} dz = \dfrac{1}{a}\tan^{-1}\dfrac{z}{a} + c$

7.【不定積分的性質】和實數積分一樣，實數積分有的性質，複數積分也有（例如：變數代換法、分部積分等）。

例 1 求下列函數的不定積分

(1) $f(z) = 4z^4 + (2 - 3i)z^2$

(2) $f(z) = 2\sin z + 3\cos(2z)$

(3) $f(z) = e^{2z} + \dfrac{1}{z}$

(4) $f(z) = ze^{3z}$

做法 同實數的積分

解 (1) $\displaystyle\int f(z)dz = \int [4z^4 + (2-3i)z^2]dz$

$$= \frac{4}{5}z^5 + \frac{1}{3}(2-3i)z^3 + c$$

(2) $\displaystyle\int f(z)dz = \int [2\sin z + 3\cos(2z)]\,dz$

$$= 2\int \sin z\,dz + 3\int \cos(2z)\frac{d(2z)}{2}$$

$$= -2\cos z + \frac{3}{2}\sin(2z) + c$$

(3) $\displaystyle\int f(z)dz = \int [e^{2z} + \frac{1}{z}]\,dz$

$$= \int e^{2z}\frac{d(2z)}{2} + \int \frac{1}{z}dz = \frac{1}{2}e^{2z} + \ln z + c$$

(4) 用分部積分法解

$$\int f(z)dz = \int ze^{3z}dz = z \cdot \frac{1}{3}e^{3z} - \int \frac{1}{3}e^{3z}dz \quad (e^{3z}\text{ 積分，} z \text{ 微分})$$

$$= \frac{1}{3}ze^{3z} - \frac{1}{9}e^{3z} + c$$

4.3 複數的線積分

8.【線積分】

(1) 設 $f(z)$ 在區線 C 上的每一點皆連續，且 C 是有限長度，若複數函數 $f(z)$ 是沿著此區線 C 的路徑來積分，此複數積分稱為線積分（line integral），通常表示成 $\int_C f(z)dz$，此時區線 C 稱為積分路徑。

(2) 若區線 C 以參數式表示成 $z(t) = x(t) + iy(t)$，且積分是從 $t = a$ 積到 $t = b$，則線積分是從 $z(t)|_{t=a}$ 點沿著區線 C 積到 $z(t)|_{t=b}$ 點（見圖 4-3(a)）。

(3) 若區線 C 是一封閉路徑（closed path，也就是起點和終點在同一點上，即上式的 a 點和 b 點在同一位置上），則此正方向（逆時針）的線積分可以表示成 $\oint_C f(z)dz$（見圖 4-3(b)）

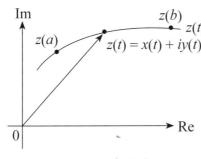

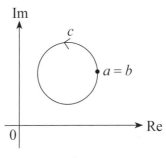

(a) 曲線 C 的參數表示法　　　　(b) 封閉路徑

圖 4-3

9.【線積分的性質】設 $f(z)$ 和 $g(z)$ 沿 C 是可積分的，則

(1) 線性性質：$\int_C [k_1 f(z) + k_2 g(z)]dz = k_1 \int_C f(z)dz + k_2 \int_C g(z)dz$

(2) 反向積分：$\int_{z_1}^{z_2} f(z)dz = -\int_{z_2}^{z_1} f(z)dz$

(3) 路徑分割：若路徑 C 是由路徑 C_1 和路徑 C_2 組成，則
$$\int_C f(z)dz = \int_{C_1} f(z)dz + \int_{C_2} f(z)dz$$

10.【解析函數的積分】

(1) 若 $F(z)$ 和 $f(z)$ 在單連通區域 D 內是「解析函數」、z_1 和 z_2 是區域 D 內二點，且 $F'(z) = f(z)$，則在區域 D 內任何連接 z_1 和 z_2 的路徑，均有

$$\int_{z_1}^{z_2} f(z)dz = F(z_2) - F(z_1)$$

也就是 z_1 到 z_2 不管走哪條路徑，上式一定成立

(2) 要滿足：(a)「路徑在單連通區域 D 內」；且

   (b)「$f(z)$ 在整個區域 D 內是解析函數」，

此性質才成立（積分值與路徑無關）

(3) (a) 若 $f(z)$ 表示成 $u(x, y) + iv(x, y)$，則 $f(z)$ 要滿足「柯西—黎曼方程式」，$f(z)$ 才是解析函數；

   (b) 若 $f(z)$ 表示成 z 的函數，如 $f(z) = \sin z + z - 1$，則 $f(z)$ 只要沒有 (i) 分母為 0（例如：$f(z) = \dfrac{2z}{z-1}$ 的 $z - 1$）、(ii) $\bar{z}$ 或 (iii) $|z|$ 的項，$f(z)$ 大多是解析函數。

例 2 求下列的積分

(a) $\displaystyle\int_1^{2i} (3z^2 + 1)dz$

(b) $\displaystyle\int_0^{\pi i} \sin z\, dz$

做法 因此二題在積分區域內是解析函數（沒有分母為 0，沒有 $\bar{z}$，沒有 $|z|$），其積分值與路徑無關

解 (a) $\displaystyle\int_1^{2i} (3z^2 + 1)dz = (z^3 + z)\Big|_1^{2i} = [(2i)^3 + (2i)] - (1^3 + 1)$

$$= -2 - 6i$$

(b) $\displaystyle\int_0^{\pi i} \sin z\, dz = -\cos z\Big|_0^{\pi i} = -[\cos(\pi i) - \cos 0] = 1 - \cosh \pi$

例 3 請問下列複數函數是否為解析函數？

(1) $\sin z$：(2) $z^2 + 1$：(3) $|z|$

做法 $f(z)$ 為解析函數的條件是它要滿足柯西—黎曼方程式

令 $z = x + iy$，代入原式，可變成 $u(x, y) + iv(x, y)$

解 (1) $\sin z = \dfrac{e^{iz} - e^{-iz}}{2i} = \dfrac{1}{2i}\left(e^{i(x+iy)} - e^{-i(x+iy)}\right)$

$= \dfrac{1}{2i}\left(e^{-y}(\cos x + i\sin x) - e^{y}(\cos x - i\sin x)\right)$

$= \dfrac{1}{2i}\left(\cos x(e^{-y} - e^{y}) + i\sin x(e^{-y} + e^{y})\right)$

$= \dfrac{-1}{2}\left(-\sin x(e^{-y} + e^{y}) + i\cos x(e^{-y} - e^{y})\right)$

$= \dfrac{-1}{2}\left(u(x, y) + iv(x, y)\right)$

$\Rightarrow u(x, y) = -\sin x(e^{-y} + e^{y})$，$v(x, y) = \cos x(e^{-y} - e^{y})$

$\dfrac{\partial u}{\partial x} = -\cos x(e^{-y} + e^{y})$：

$\dfrac{\partial u}{\partial y} = -\sin x(-e^{-y} + e^{y}) = \sin x(e^{-y} - e^{y})$

$\dfrac{\partial v}{\partial x} = -\sin x(e^{-y} - e^{y})$：$\dfrac{\partial v}{\partial y} = \cos x(-e^{-y} - e^{y})$

由上知 $\dfrac{\partial u}{\partial x} = \dfrac{\partial v}{\partial y}$，$\dfrac{\partial u}{\partial y} = -\dfrac{\partial v}{\partial x}$，其為解析函數

(2) $z^2 + 1 = (x + iy)^2 + 1 = (x^2 - y^2 + 1) + 2xyi = u(x, y) + iv(x, y)$

$\Rightarrow u(x, y) = x^2 - y^2 + 1$，$v(x, y) = 2xy$

$\dfrac{\partial u}{\partial x} = 2x$：$\dfrac{\partial u}{\partial y} = -2y$

$\dfrac{\partial v}{\partial x} = 2y$：$\dfrac{\partial v}{\partial y} = 2x$

由上知 $\dfrac{\partial u}{\partial x} = \dfrac{\partial v}{\partial y}$，$\dfrac{\partial u}{\partial y} = -\dfrac{\partial v}{\partial x}$，其為解析函數

(3) $|z| = |(x + iy)| = \sqrt{x^2 + y^2} + 0i = u(x, y) + ix(x, y)$

$$\frac{\partial u}{\partial x} = x(x^2 + y^2)^{-1/2} \; ; \; \frac{\partial u}{\partial y} = y(x^2 + y^2)^{-1/2}$$

$$\frac{\partial v}{\partial x} = 0 \; ; \; \frac{\partial v}{\partial y} = 0$$

由上知 $\dfrac{\partial u}{\partial x} \neq \dfrac{\partial v}{\partial y}$，其不為解析函數

結論：若 $f(z)$ 表示成 z 的多項式形式，如 $f(z) = z^2 + 1$，且 $f(z)$ 若
　　　沒有分母為 0、沒有 $\bar{z}$、沒有 $|z|$，則 $f(z)$ 大多是解析函數。

11.【變數代換法】如同實數函數積分的變數代換法一樣，複數函數積
　　分的變數代換法為：

(1) 若將平滑路徑 C 以 $z = z(t)$ 表示、其中 $a \leq t \leq b$，且 $f(z)$ 在路徑 C
　　上是連續函數，則

$$\int_C f(z)dz = \int_a^b f[z(t)]\dot{z}(t)dt$$

(2) t 由小的值（此例的 $t = a$）積到大的值（此例的 $t = b$）稱為正方
　　向的積分。

　　其中：(a) 上式 $\dot{z}(t)$（上面一點）是 z 對 t 微分，以區分 $f'(z)$（上面
　　　　　　　一撇）對 z 微分

$$(b) z = z(t) \Rightarrow \frac{dz}{dt} = \dot{z}(t) \Rightarrow dz = \dot{z}(t)dt$$

用法：(a) 將路徑以 $z(t)$，$a \leq t \leq b$ 表示

　　　(b) 求出 $\dot{z}(t) = \dfrac{dz}{dt}$

　　　(c) 將 z, x, y 以 t 表示

　　　(d) 將 $\displaystyle\int_C f(z)dz$ 改成 $\displaystyle\int_a^b f[z(t)]\dot{z}(t)dt$

12.【實數線積分】設 $\vec{v}(x, y) = P(x, y)\vec{i} + Q(x, y)\vec{j}$，其中 $P(x, y)$ 和 $Q(x, y)$ 是
　　x, y 的實數函數且曲線 C 為連續曲線，則「實數線積分」可表示成

$$\int_C \vec{v} \cdot d\vec{r} = \int_C [P(x, y)dx + Q(x, y)dy] \quad 〔註：d\vec{r} = dx\vec{i} + dy\vec{j}〕$$

13.【複數線積分表示成實數線積分】設 $f(z) = u(x, y) + iv(x, y)$，其中 $z = x + iy$，則「複數線積分」可表示成

$$\int_C f(z)dz = \int_C (u + iv)(dx + idy)$$
$$= \int_C (udx - vdy) + i\int_C (vdx + udy)$$

14.【非解析函數的積分】「非解析函數」積分的結果除了和其積分的上、下限值有關外，也與下限到上限所走的路徑有關。（解析函數則與積分路徑無關）

例 4 （此題為實數線積分，積分結果和所走的路徑有關）

求積分值 $\int_{(0,3)}^{(2,4)} (x + 2y)dx + (2x^2 + y)dy$，其積分路徑為：

(a) $x = 2t, y = t^2 + 3$ 的拋物線；

(b) 由 $(0, 3)$ 到 $(2, 3)$，再到 $(2, 4)$ 的直線；

(c) 由 $(0, 3)$ 到 $(2, 4)$ 的直線

做法 (1) 若路徑是 t 的函數，則將 t 代入原積分式變成 t 的函數

(2) 若路徑是 x, y 函數，則將 x, y 代入原積分式，變成 x, y 的函數

解 (a) 點 $(0, 3)$ 和點 $(2, 4)$ 分別對應到拋物線的 $t = 0$ 和 $t = 1$

又 $x = 2t, y = t^2 + 3 \Rightarrow dx = 2dt, dy = 2tdt$

所以 $\int_{(0,3)}^{(2,4)} (x + 2y)dx + (2x^2 + y)dy$

$$= \int_{t=0}^{1} [2t + 2(t^2 + 3)]2dt + [2(2t)^2 + (t^2 + 3)]2tdt$$

$$= \int_{t=0}^{1} [4t + 4t^2 + 12] + [16t^3 + 2t^3 + 6t]dt$$

$$= \int_{t=0}^{1} [18t^3 + 4t^2 + 10t + 12]dt = \frac{137}{6}$$

(b) 由 $(0, 3)$ 到 $(2, 3)$ 的直線，其 $y = 3$，$dy = 0$

由 $(2, 3)$ 到 $(2, 4)$ 的直線，其 $x = 2$，$dx = 0$

所以 $\int_{(0,3)}^{(2,4)} (x + 2y)dx + (2x^2 + y)dy$

$$= \int_{x=0}^{2} (x + 2 \cdot 3)dx + (2x^2 + 3) \cdot 0$$

$$+ \int_{y=3}^{4} (2 + 2y) \cdot 0 + (2 \cdot 2^2 + y)dy$$

$$= \int_{x=0}^{2} (x + 6)dx + \int_{y=3}^{4} (8 + y)dy$$

$$= (\frac{1}{2}x^2 + 6x)|_{x=0}^{2} + (8y + \frac{1}{2}y^2)|_{y=3}^{4} = \frac{51}{2}$$

(c) 由點 $(0, 3)$ 到點 $(2, 4)$ 的直線方程式為

$-x + 2y = 6$ 或 $x = 2y - 6 \Rightarrow dx = 2dy$

所以 $\int_{(0,3)}^{(2,4)} (x + 2y)dx + (2x^2 + y)dy$

$$= \int_{y=3}^{4} [(2y - 6) + 2y]2dy + [2(2y - 6)^2 + y]dy$$

$$= \int_{y=3}^{4} [8y^2 - 39y + 60]dy = \frac{133}{6}$$

例 5 求 $\int_C (2z + 3)dz$，曲線 C 是由 $z = 0$ 到 $z = 4 - 2i$，其積分路徑為：

(a) $z = 2t - it$；

(b) 由 $z = 0$ 到 $z = 4$，再到 $z = 4 - 2i$ 的直線：

做法 (1) 若路徑 C 是 t 的函數，則 $f(z)$ 的 z 就用 t 的函數代入

(2) 若路徑表成 $x + iy$ 的函數，則 $f(z)$ 的 z 就用 $x + iy$ 代入

解 (a) $z = 2t - it \Rightarrow dz = (2 - i)dt$ 且

$z = 0 \Rightarrow t = 0, z = 4 - 2i \Rightarrow t = 2$

$$\int_C (2z + 3)dz = \int_0^2 [2(2t - it) + 3](2 - i)dt$$

$$= \int_0^2 [(6t + 6) - (8t + 3)i]dt$$

$$= [(3t^2 + 6t) - (4t^2 + 3t)i]_0^2 = 24 - 22i$$

(b) $\int_C (2z + 3)dz = \int_C [2(x + iy) + 3](dx + idy)$

$$= \int_C [(2x + 3) + i2y](dx + idy)$$

(i) 由 $z = 0$ 到 $z = 4$ 的直線，其 $y = 0$，$dy = 0$（x 從 0 到 4）

(ii) $z = 4$ 到 $z = 4 - 2i$ 的直線，其 $x = 4$，$dx = 0$（y 從 0 到 -2）

由 (b) 式 $\Rightarrow \int_{x=0}^{4}(2x+3)dx + \int_{0}^{-2}(11+i2y)idy$

$$= (x^2 + 3x)\big|_0^4 + i(11y + iy^2)\big|_0^{-2}$$

$$= 28 + (-22i - 4) = 24 - 22i$$

註：$(2z + 3)$ 為解析函數，其複數線積分結果與積分路徑無關

例 6 求 $\int_{C} \bar{z}\,dz$，曲線 C 由 $z = 0$ 到 $z = 4 - 2i$，其積分路徑為：

(a) $z = 2t - it$；

(b) 由 $z = 0$ 到 $z = 4$，再到 $z = 4 - 2i$ 的直線。

做法 同例 5

解 (a) 同上題 $dz = (2 - i)dt$ 且 $z = 0 \Rightarrow t = 0, z = 4 - 2i \Rightarrow t = 2$

$$\int_C \bar{z}\,dz = \int_0^2 (2t + it)(2 - i)dt = \int_0^2 5t\,dt = 10$$

(b) $\int_C \bar{z}\,dz = \int_C (x - iy)(dx + idy)$

(i) 由 $z = 0$ 到 $z = 4$ 的直線，其 $y = 0$，$dy = 0$

(ii) $z = 4$ 到 $z = 4 - 2i$ 的直線，其 $x = 4$，$dx = 0$

由 (b) 式 $\Rightarrow \int_{x=0}^{4} x\,dx + \int_{0}^{-2}(4 - iy)idy$

$$= \frac{x^2}{2}\Big|_0^4 + (\frac{1}{2}y^2 + i4y)\big|_0^{-2} = 10 - 8i$$

註：$\bar{z}$ 為非解析函數，其複數線 C 積分結果與積分路徑有關

例 7 求 $\oint_C \dfrac{dz}{z}$ 之值，其中 C 是單位圓，以逆時針方向進行積分

做法 若 $\int_C f(z)dz$ 的 C 是單位圓，則 z 通常以 e^{it} 或 $\cos t + i\sin t$ 代入

解 因 $\dfrac{1}{z}$ 在區域 C 內的 $z = 0$ 點不可解析，其積分結果與積分路徑有關

(a) 因 z 在單位圓 C 上，令 $z = \cos t + i\sin t = e^{it}$，$t \in [0, 2\pi]$

(b) $dz = ie^{it}dt$

(c) $\dfrac{1}{z} = e^{-it}$

(d) $\displaystyle\oint_C \dfrac{dz}{z} = \int_0^{2\pi} e^{-it} \cdot ie^{it} dt = \int_0^{2\pi} i\, dt = 2\pi i$

例 8 求 $\displaystyle\oint_C (z - z_0)^m dz$ 之值，其中 C 是繞著 $z = z_0$ 點半徑為 r 的圓，以逆時針方向進行積分

做法 若路徑 C 是半徑為 r 的圓，則 z 就以 $r(\cos t + i \sin t)$ 代入

解 (a) 因 $z - z_0$ 在半徑為 r 的圓 C 上，所以

令 $z - z_0 = r(\cos t + i \sin t) = re^{it}$ ， $t \in [0, 2\pi]$

$\Rightarrow z = z_0 + re^{it}$

(b) $dz = ire^{it} dt$

(c) $(z - z_0)^m = r^m e^{imt}$

(d) $\displaystyle\oint_C (z - z_0)^m dz = \int_0^{2\pi} r^m e^{imt} \cdot ire^{it} dt = ir^{m+1} \int_0^{2\pi} e^{i(m+1)t} dt$

$= ir^{m+1}\left[\displaystyle\int_0^{2\pi} \cos(m+1)t\, dt + i\int_0^{2\pi} \sin(m+1)t\, dt \right]$

(i) 當 $m = -1$ 時，

(d) 式 $\Rightarrow i\left[\displaystyle\int_0^{2\pi} \cos 0\, dt + i\int_0^{2\pi} \sin 0\, dt \right] = 2\pi i$

(ii) 當 $m \neq -1$ 時，

(d) 式 $\Rightarrow ir^{m+1}\left[\displaystyle\int_0^{2\pi} \cos(m+1)t\, dt + i\int_0^{2\pi} \sin(m+1)t\, dt \right]$

因 sin 和 cos 積分積一週期的結果為 0，

所以 $ir^{m+1}\left[\displaystyle\int_0^{2\pi} \cos(m+1)t\, dt + i\int_0^{2\pi} \sin(m+1)t\, dt \right] = 0$

(e) 此題答案為 $\begin{cases} 2\pi i \text{，當 } m = -1 \text{ 時} \\ 0 \text{，當 } m \neq -1 \text{ 時} \end{cases}$

例 9 求 $\oint_C \dfrac{1}{z} dz$ 之值，其中 C 如下圖（二同心圓半徑分別是 1 和 2），以逆時針方向進行積分

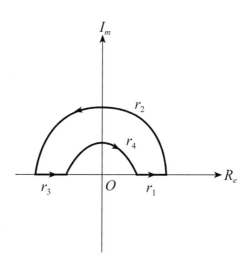

做法 若路徑 C 有直線也有圓弧，則要分段處理

解 方法一：

因 $\dfrac{1}{z}$ 在區域 C 內皆可解析，其 $\oint_C \dfrac{1}{z} dz = 0$

方法二：（一段一段求其積分值）

$$\oint_C \dfrac{1}{z} dz = \int_{r_1} \dfrac{1}{z} dz + \int_{r_2} \dfrac{1}{z} dz + \int_{r_3} \dfrac{1}{z} dz + \int_{r_4} \dfrac{1}{z} dz$$

(1) r_1 為 $z = x$，$x \in [1, 2]$

$\Rightarrow \int_{r_1} \dfrac{1}{z} dz = \int_1^2 \dfrac{1}{x} dx = \ln x \big|_1^2 = \ln 2$

(2) r_2 為 $z = 2e^{it}$，$t \in [0, \pi] \Rightarrow dz = 2ie^{it} dt$

$\Rightarrow \int_{r_2} \dfrac{1}{z} dz = \int_0^\pi \dfrac{1}{2} e^{-it} 2ie^{it} dt = \int_0^\pi i dt = i\pi$

(3) r_3 為 $z = x$，$x \in [-2, -1]$

$\Rightarrow \int_{r_3} \dfrac{1}{z} dz = \int_{-2}^{-1} \dfrac{1}{x} dx = \ln |x| \big|_{-2}^{-1} = -\ln 2$

(4) r_4 為 $z = e^{it}$，$t \in [\pi, 0] \Rightarrow dz = ie^{it} dt$

$\Rightarrow \int_{r_4} \dfrac{1}{z} dz = \int_\pi^0 e^{-it} ie^{it} dt = \int_\pi^0 i dt = -i\pi$

$$\oint_C \frac{1}{z}dz = \int_{r_1} \frac{1}{z}dz + \int_{r_2} \frac{1}{z}dz + \int_{r_3} \frac{1}{z}dz + \int_{r_4} \frac{1}{z}dz = 0$$

註：因在積分範圍內（二半同心圓間），其為解析函數（$z = 0$ 不在積分範圍內），所以其積分值為 0

練習題

1. 求下列的積分結果：

(1) $\int e^{-2z}dz$；(2) $\int z \sin z^2 dz$；(3) $\int \frac{z^2+1}{z^3+3z+2}dz$

答 (1) $-\frac{1}{2}e^{-2z}+c$；(2) $-\frac{1}{2}\cos z^2 +c$；

(3) $\frac{1}{3}\ln(z^3+3z+2)+c$

2. 求下列的積分結果：

(1) $\int_{\pi i}^{2\pi i} e^{3z}dz$；(2) $\int_0^{\pi i} \sinh 5z\, dz$

答 (1) 2/3；(2) –2/5

3. 求線積分 $\int_{(0,1)}^{(2,5)} (3x+y)dx + (2y-x)dy$，其中路徑為：

(1) 拋物線 $y = x^2 + 1$；(2) 連接 (0, 1) 和 (2, 5) 的直線；(3) 先從 (0, 1) 到 (0, 5)，再從 (0, 5) 到 (2 ,5) 的直線；(4) 先從 (0, 1) 到 (2, 1)，再從 (2, 1) 到 (2, 5) 的直線；

答 (1)88/3；(2)32；(3)40；(4)24

4. 求線積分 $\oint_C (x+2y)dx + (y-2x)dy$，其中 C 路徑為：

$x = 4\cos\theta, y = 3\sin\theta, 0 \le \theta < 2\pi$，以逆時針方向進行

答 -48π

5. 求線積分 $\oint_C |z|^2 dz$，其中路徑為：(0, 0), (1, 0), (1, 1), (0, 1) 正方形，以逆時針方向進行

答 $-1+i$

6. 求線積分 $\int_i^{2-i}(3xy + iy^2)dz$，其中路徑為：

(1) 連接 $z = i$ 和 $z = 2 - i$ 的直線；

(2) 曲線 $x = 2t - 2$，$y = 1 + t - t^2$

答 (1) $-\dfrac{4}{3} + \dfrac{8}{3}i$；(2) $-\dfrac{1}{3} + \dfrac{79}{30}i$

7. 求線積分 $\int_{3+4i}^{4-3i}(6z^2 + 8iz)dz$，其中路徑為：

(1) 連接 $z = 3 + 4i$ 和 $z = 4 - 3i$ 的直線；(2) 先從 $3 + 4i$ 到 $4 + 4i$ 的直線，再從 $4 + 4i$ 到 $4 - 3i$ 的直線

答 (1) $98 - 136i$；(2) $98 - 136i$

第 **5** 章　柯西定理與柯西積分公式

本章將介紹柯西積分定理與柯西積分公式。

5.1　柯西積分定理

---

1. 【柯西積分定理與公式】本節「柯西積分定理」和下一節「柯西積分公式」的差別：設 $f(z)$ 在單連通的區域 R 內是可解析的，且 C 在 R 內為一簡單封閉路徑，

   (1) 柯西積分定理：求 $\oint_C f(z)dz$；

   (2) 柯西積分公式：z_0 在區域 R 內，求 $\oint_C \dfrac{f(z)}{(z-z_0)^m} dz \,(m \neq 0)$。

   　　註：此時當 $z = z_0$ 時，$\dfrac{f(z)}{(z-z_0)^m}$ 沒定義（多除以 $(z-z_0)$，使得 z 在 z_0 點為不可解析）

2. 【柯西積分定理】

   (1) 若 $f(z)$ 在單連通的區域 R 內是可解析的，則其在簡單封閉路徑 C 的積分值為 0（見圖 5-1），即 $\oint_C f(z)dz = 0$，此性質稱為柯西積分定理（Cauchy's integral theorem）或稱為柯西定理，也稱為 Cauchy-Goursat 定理。

   (2) 說明：若 $f(z)$ 在單連通的區域 R 內是可解析的，則其積分結果只和起點、終點有關，和其積分路徑無關，即若 $F'(z) = f(z)$，則
   $$\int_a^b f(z)dz = F(b) - F(a)$$
   若積分路徑為簡單封閉路徑 C，則起點 (a) 和終點 (b) 重疊，即
   $$\oint_C f(z)dz = F(a) - F(a) = 0$$

   (3) 解析性是 $\oint_C f(z)dz = 0$ 的充分條件，而非必要條件；也就是若 $\oint_C f(z)dz = 0$，$f(z)$ 不一定是解析函數（見例 4）

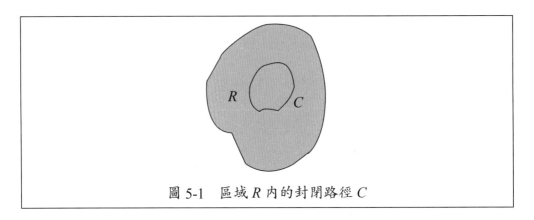

圖 5-1　區域 R 內的封閉路徑 C

例 1 求下列的積分，其中 C 是任意簡單封閉路徑。

(1) $\oint_C \sin z\, dz$

(2) $\oint_C (z^2 + 2z + 3)\, dz$

解 (1) 因 $\sin z$ 在單連通的區域 R 內是可解析的，所以 $\oint_C \sin z\, dz = 0$

(2) 因 $z^2 + 2z + 3$ 在單連通的區域 R 內是可解析的，

所以 $\oint_C (z^2 + 2z + 3)\, dz = 0$

例 2 求下列的積分，其中 C 是單位圓。

(1) $\oint_C \tan z\, dz$

(2) $\oint_C \dfrac{1}{z^2 + 9}\, dz$

解 (1) 因 $\tan z = \dfrac{\sin z}{\cos z}$，它在 $z = \pm\dfrac{\pi}{2}, \pm\dfrac{3\pi}{2}, \cdots$ 點是不可解析的，但這

些點都在單位圓的外面，所以 $\oint_C \tan z\, dz = 0$

(2) 因 $\dfrac{1}{z^2 + 9}$ 在 $z = \pm 3i$ 點是非解析函的，但這些點都在單位圓的

外面，所以 $\oint_C \dfrac{1}{z^2 + 9}\, dz = 0$

例 3 求 $\oint_C \bar{z}\, dz$ 的積分，其中 C 是單位圓。

做法 路徑 C 為單位圓，則令 $z = e^{it}$ 來解

解 (1) 因 $\bar{z}$ 是非解析函數，不能使用柯西積分定理來解。

C 是單位圓，可設 $z = e^{it}$，$\bar{z} = e^{-it}$，$dz = ie^{it}dt$，$0 \leq t < 2\pi$

(2) 所以 $\oint_C \bar{z}dz = \int_0^{2\pi} e^{-it} \cdot ie^{it}dt = \int_0^{2\pi} idt = 2\pi i$

例 4 求 $\oint_C \dfrac{1}{z^2}dz$ 的積分，其中 C 是單位圓。

解 (1) 因 $\dfrac{1}{z^2}$ 在 $z = 0$ 點是非解析的，所以不能使用柯西積分定理來解。

(2) 此題可用下一節的「柯西積分公式」來解（見例 10(1)），其結果為 $\oint_C \dfrac{1}{z^2}dz = 0$

註：此題當然也可以同例 3，令 $z = e^{it}$ 來解，其積分值亦為 0

(3) 此題放在此處的目的是要告訴大家，解析性是 $\oint_C f(z)dz = 0$ 的充分條件，而非必要條件（此題 $f(z)$ 在 $z = 0$ 不連續），即若 $f(z)$ 是可解析的，則 $\oint_C f(z)dz = 0$，但 $\oint_C f(z)dz = 0$，並不一定 $f(z)$ 是可解析的。

---

3. **【多連通區域的柯西積分定理】**

(1) 柯西積分定理也適用於多連通區域內的積分

(2) 以雙連通區域為例，若區域 R 是雙連通區域（見圖 5-2），且 C_1 是外部邊界逆時針方向路徑、C_2 是內部邊界順時針方向路徑，若 $f(z)$ 在區域 R 內是可解析的，則其在封閉路徑 C 的積分值為 0，即 $\oint_C f(z)dz = 0$〔註：路徑 C 的方向請參閱底下 (c) 點的說明〕

■證明：(a) 見圖 5-2，連接割線 AE，則區域 $ABDAEFGEA$ 為簡單連通區域，即

$$\oint_{ABDAEFGEA} f(z)dz = 0$$

$$\Rightarrow \int_{ABDA} f(z)dz + \int_{AE} f(z)dz + \int_{EFGE} f(z)dz$$

$$+ \int_{EA} f(z)dz = 0 \cdots\cdots\cdots\cdots\cdots\cdots\cdots (1)$$

(b) 因 $\int_{AE} f(z)dz = -\int_{EA} f(z)dz$（積分路徑相反）

(1)式 $\Rightarrow \int_{ABDA} f(z)dz + \int_{EFGE} f(z)dz = 0$

(c) 即 $\oint_C f(z)dz = 0$，其中 C 是區域 R 的邊界（即 $ABDA$ 和 $EFGE$），並以正方向進行（即 C_1 是逆時針方向，C_2 是順時針方向）

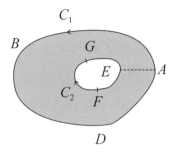

圖 5-2　雙連通區域

(3) 三連通區域亦同（見圖 5-3）

$$\oint_C f(z)dz = \int_{C_1} f(z)dz + \int_{C_2} f(z)dz + \int_{C_3} f(z)dz = 0$$

其中 C_1 是逆時針方向，C_2 和 C_3 是順時針方向

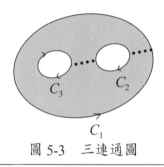

圖 5-3　三連通圖

例 5 求 $\oint_C \dfrac{e^z}{(z-i)} dz$ 之值，其中 C 是由 $|z| = 5$（逆時針方向）和 $|z| = 3$（順時針方向）所組成的雙連通區域（見圖 5-4）

做法 $\oint f(z)dz$，若 $f(z)$ 為可解析函數，則其積分值為 0

解 因 $f(z) = \dfrac{e^z}{z-i}$ 在雙連通區域內是可解析的（$z = i$ 不在區域內），所以其在封閉路徑 C 的積分值為 0，即 $\oint_C f(z)dz = 0$

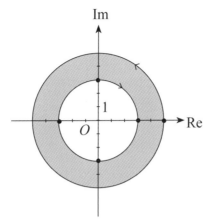

圖 5-4 　$|z| < 5$ 和 $|z| > 3$ 的圓環區域

例 6 求 $\oint_C \dfrac{1}{z} dz$ 下列的積分，其中 C 位於 $0.5 < |z| < 2$ 的圓環區域中。

做法 同例 5

解 因 $\dfrac{1}{z}$ 在 $0.5 < |z| < 2$ 的圓環區域中是解析的（$z = 0$ 不在此區域內），

所以其在封閉路徑 C 的積分值為 0，即 $\oint_C \dfrac{1}{z} dz = 0$

5.2　柯西積分公式

4.【柯西積分公式】

(1) 若 $f(z)$ 在單連通的區域 R 內是可解析的，且曲線 C 是在區域 R 內的任一簡單封閉曲線，z_0 為曲線 C 內的任意點（見圖 5-5），則

$$\oint_C \frac{f(z)}{z-z_0}dz = 2\pi i f(z_0) \text{ 或 } f(z_0) = \frac{1}{2\pi i}\oint_C \frac{f(z)}{z-z_0}dz$$

<<< 證明省略 >>>

■用法：要求 $\oint_C \dfrac{f(z)}{z-z_0}dz$ 時，

(a) 去掉極點 $z-z_0$，剩下 $f(z)$

(b) $f(z)$ 的 z 用 z_0 代入，即為 $f(z_0)$

(c) $f(z_0)$ 再乘上 $2\pi i$（即 $2\pi i\, f(z_0)$）就是 $\oint_C \dfrac{f(z)}{z-z_0}dz$ 的結果

(2) 上面路徑 C 是以逆時針方向（正方向）來做的積分；若路徑 C 以順時針方向（逆向）積分，則其前面要多一個負號

(3) 此公式（$\oint_C \dfrac{f(z)}{z-z_0}dz = 2\pi i f(z_0)$）稱為柯西積分公式

(4) 分母 $(z-z_0)$ 中，z 的係數要為 1

(5) 分母只能有一個不可解析的點，例如：不能為

$\oint_C \dfrac{f(z)}{(z-z_1)(z-z_2)}dz$，它要先用部分分式法化成二項相加，再用柯西積分公式解之

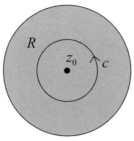

圖 5-5　區域 R 內的一封閉曲線 C 內的一不可解析點 z_0

例7 求下列的積分，其中 C 為圓 $|z| = 3$

(a) $\oint_C \dfrac{2z+3}{z+1} dz$

(b) $\oint_C \dfrac{z+3}{2z-i} dz$

(c) $\oint_C \dfrac{\cos(\pi z)}{(z-1)(z-2)} dz$

(d) $\oint_C \dfrac{e^z}{(z-1)(z-2)(z-4)} dz$

做法 (1) 利用柯西積分公式來解，即 $\oint_C \dfrac{f(z)}{z-z_0} dz = 2\pi i f(z_0)$

(2) 分母 $(z-z_0)$ 中，z 的係數要為 1

(3) 若分母有二項（或以上）相乘，要先用部分分式法化成單項相加

(4) 若 z_0 不在積分區域 C 內，則不用處理

解 (a) $\oint_C \dfrac{2z+3}{z+1} dz = 2\pi i [2z+3]_{z=-1} = 2\pi i$

(b) $\oint_C \dfrac{z+3}{2z-i} dz = \oint_C \dfrac{\frac{z}{2}+\frac{3}{2}}{z-\frac{i}{2}} dz = 2\pi i \left(\dfrac{z}{2}+\dfrac{3}{2} \right)_{z=\frac{i}{2}} = \pi i \left(\dfrac{i}{2}+3 \right)$

(c) $\dfrac{1}{(z-1)(z-2)} = \dfrac{1}{z-2} - \dfrac{1}{z-1}$

$\oint_C \dfrac{\cos(\pi z)}{(z-1)(z-2)} dz = \oint_C \dfrac{\cos(\pi z)}{z-2} dz - \oint_C \dfrac{\cos(\pi z)}{z-1} dz$

$= 2\pi i [\cos(\pi z)]_{z=2} - 2\pi i [\cos(\pi z)]_{z=1} = 2\pi i \cdot 1 - 2\pi i (-1)$

$= 4\pi i$

(d) $\dfrac{1}{(z-1)(z-2)(z-4)} = \dfrac{\frac{1}{3}}{z-1} + \dfrac{-\frac{1}{2}}{z-2} + \dfrac{\frac{1}{6}}{z-4}$

$\oint_C \dfrac{e^z}{(z-1)(z-2)(z-4)} dz = \oint_C \dfrac{\frac{1}{3}e^z}{z-1} dz + \oint_C \dfrac{-\frac{1}{2}e^z}{z-2} dz + \oint_C \dfrac{\frac{1}{6}e^z}{z-4} dz$

$= 2\pi i [\frac{1}{3}e^z]_{z=1} + 2\pi i [-\frac{1}{2}e^z]_{z=2} + 0 = i[\frac{2}{3}\pi e - \pi e^2]$

註：因點 $z = 4$ 不在 C 區域內，所以其積分為 0

5.【多連通區域的柯西積分公式】若區域 R 是雙連通區域、$f(z)$ 在區域
R 內是可解析的，曲線 C 是由曲線 C_1 和曲線 C_2 組成，且曲線 C_1 和
曲線 C_2 是分別在區域 R 的外部邊緣和內部邊緣（圖 5-6），z_0 為區域
R 內的任意點，則

$$\oint_C \frac{f(z)}{z-z_0}dz = \oint_{C_1}\frac{f(z)}{z-z_0}dz + \oint_{C_2}\frac{f(z)}{z-z_0}dz = 2\pi i f(z_0)$$

其中：路徑 C_1 是以逆時針方向、路徑 C_2 是以順時針方向來做的積
　　　分

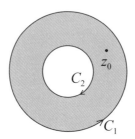

圖 5-6　曲線 C_1 和曲線 C_2 中的一點 z_0

例 8　求 $\oint_C \dfrac{e^z}{(z-i)}dz$ 之值，其中 C 是由 $|z|=5$（逆時針方向）和 $|z|=0.5$
（順時針方向）所組成的雙連通區域

做法　同例 7

解　點 $z=i$ 在雙連通區域內，所以
$$\oint_C \frac{e^z}{(z-i)}dz = 2\pi i [e^z]_{z=i} = 2\pi i e^i$$

例 9　求 $\oint_C \dfrac{e^z}{(z+i)(z-1)}dz$ 的積分，其中 C 位於 $0.5 < |z| < 3$ 的圓環區域
中。

做法　同例 7

解　$\dfrac{1}{(z+i)(z-1)} = \dfrac{\frac{-1}{2}(1-i)}{z+i} + \dfrac{\frac{1}{2}(1-i)}{z-1}$（部分分式法）

因 $z=-i$ 和 $z=1$ 在雙連通區域內，所以

$$\oint_C \frac{e^z}{(z+i)(z-1)} dz = \oint_C \frac{-\frac{1}{2}(1-i)e^z}{z+i} dz + \oint_C \frac{\frac{1}{2}(1-i)e^z}{z-1} dz$$

$$= 2\pi i \left[-\frac{1}{2}(1-i)e^z \right]_{z=-i} + 2\pi i \left[\frac{1}{2}(1-i)e^z \right]_{z=1}$$

$$= -\pi i(1-i)e^{-i} + \pi i(1-i)e$$

6.【解析函數的導數】若 $f(z)$ 在區域 R 內（單連通或多連通）是可解析的，則

(1) $f(z)$ 的所有導數，在區域 R 內亦是可解析的

(2) $f(z)$ 在區域 R 內的 z_0 點的導數公式如下

    (a) 一階導數：$f'(z_0) = \dfrac{1}{2\pi i} \oint_C \dfrac{f(z)}{(z-z_0)^2} dz$ 或

$$\oint_C \frac{f(z)}{(z-z_0)^2} dz = 2\pi i f'(z_0)$$

    (b) 二階導數：$f''(z_0) = \dfrac{2!}{2\pi i} \oint_C \dfrac{f(z)}{(z-z_0)^3} dz$ 或

$$\oint_C \frac{f(z)}{(z-z_0)^3} dz = \frac{2\pi i}{2!} f''(z_0)$$

    (c) $(n-1)$ 階導數：$f^{(n-1)}(z_0) = \dfrac{(n-1)!}{2\pi i} \oint_C \dfrac{f(z)}{(z-z_0)^n} dz$ 或

$$\oint_C \frac{f(z)}{(z-z_0)^n} dz = \frac{2\pi i}{(n-1)!} f^{(n-1)}(z_0)$$

    註：當 $n=1$ 時，就與第 4 點的柯西積分公式相同

  ■用法：要求 $\oint_C \dfrac{f(z)}{(z-z_0)^m} dz$ 與求 $\oint_C \dfrac{f(z)}{z-z_0} dz$ 的做法相類似，只是多加了 2 個步驟：

    (a) 去掉極點 $(z-z_0)^m$，剩下 $f(z)$

    (b) 對 $f(z)$ 做 $(m-1)$ 次微分，即 $\dfrac{d^{m-1}}{dz^{m-1}} f(z)$

    (c) 再除以 $(m-1)!$，即 $\dfrac{1}{(m-1)!} \dfrac{d^{m-1}}{dz^{m-1}} f(z)$

    (d)(c) 的結果的 z 再用 z_0 代入，再乘以 $2\pi i$

(3) 上述的曲線 C 在區域 R 內是圍著點 z_0 的任何簡單封閉路徑，且
　　路徑 C 是以逆時針方向來做的積分

例 10　求下列的積分，其中 C 為圓 $|z| = 3$

(1) $\oint_C \dfrac{1}{z^2} dz$（例 4 題目）

(2) $\oint_C \dfrac{\sin z}{z^2} dz$

(3) $\oint_C \dfrac{z^3 + 2z + 3}{(z - 2i)^3} dz$

(4) $\oint_C \dfrac{e^{2z}}{(z - 1)^4} dz$

(5) $\oint_C \dfrac{\cos z}{(z - 1)^2 (z + 4)} dz$

(6) $\oint_C [\dfrac{e^z}{z^4} + 2z] dz$

做法　(1) 利用 $\oint \dfrac{f(z)}{(z - z_0)^n} dz = \dfrac{2\pi i}{(n - 1)!} f^{(n-1)}(z_0)$ 來解

　　　(2) 若 z_0 不在路徑 C 內，則不用處理

解　(1) $\oint_C \dfrac{1}{z^2} dz = \dfrac{2\pi i}{1!} (1)' \big|_{z=0} = 2\pi i \cdot 0 \big|_{z=0} = 0$

(2) $\oint_C \dfrac{\sin z}{z^2} dz = \dfrac{2\pi i}{1!} (\sin z)' \big|_{z=0} = 2\pi i \cos z \big|_{z=0} = 2\pi i$

(3) $\oint_C \dfrac{z^3 + 2z + 3}{(z - 2i)^3} dz = \dfrac{2\pi i}{2!} (z^3 + 2z + 3)'' \big|_{z=2i} = \pi i (6z) \big|_{z=2i}$

$\qquad\qquad\qquad = -12\pi$

(4) $\oint_C \dfrac{e^{2z}}{(z - 1)^4} dz = \dfrac{2\pi i}{3!} (e^{2z})^{(3)} \big|_{z=1} = \dfrac{2\pi i}{3!} \cdot 8e^{2z} \big|_{z=1} = \dfrac{8\pi i}{3} e^2$

(5) $\dfrac{1}{(z - 1)^2 (z + 4)} = \dfrac{-\dfrac{1}{25}}{z - 1} + \dfrac{\dfrac{1}{5}}{(z - 1)^2} + \dfrac{\dfrac{1}{25}}{z + 4}$（部分分式法）

$\quad \oint_C \dfrac{\cos z}{(z - 1)^2 (z + 4)} dz = \oint_C \dfrac{-\dfrac{1}{25} \cos z}{z - 1} dz + \oint_C \dfrac{\dfrac{1}{5} \cos z}{(z - 1)^2} dz + \oint_C \dfrac{\dfrac{1}{25} \cos z}{z + 4} dz$

$$= 2\pi i \left(-\frac{1}{25} \cos z \right)_{z=1} + \frac{2\pi i}{1!} \left(\frac{1}{5} \cos z \right)' \Big|_{z=1} + 0$$

$$= -\frac{2\pi i \cos(1)}{25} - \frac{2\pi i \sin(1)}{5}$$

（註：$z = -4$ 在曲線 C 的外面）

(6) $\oint_C \left[\dfrac{e^z}{z^4} + 2z \right] dz = \oint_C \dfrac{e^z}{z^4} dz + \oint_C 2z\, dz = \dfrac{2\pi i}{3!} \left(e^z \right)^{(3)} \Big|_{z=0} + 0$

$$= \frac{2\pi i}{3!} \cdot e^z \Big|_{z=0} = \frac{\pi i}{3}$$

練習題

1. 求下列的積分值

   (1) $\oint_C \dfrac{e^z}{z-2} dz$，(i) C 是圓 $|z| = 5$，(ii) C 是圓 $|z| = 1$；

   (2) $\oint_C \dfrac{\sin 3z}{z + \pi/2} dz$，$C$ 是圓 $|z| = 5$；

   (3) $\oint_C \dfrac{e^{iz}}{z^3} dz$，$C$ 是圓 $|z| = 2$；

   答 (1) (i) $2\pi i \cdot e^2$，(ii) 0；(2) $2\pi i$；(3) $-\pi i$

2. 求 $\dfrac{1}{2\pi i} \oint_C \dfrac{\cos \pi z}{z^2 - 1} dz$ 的積分值，其中 C 是矩形，其頂點在：

   (1) $2 \pm i, -2 \pm i$，(2) $-i, 2 - i, 2 + i, i$

   答 (1) 0；(2) $-1/2$

3. 若 $t > 0$，求

   (1) $\dfrac{1}{2\pi i} \oint_C \dfrac{e^{zt}}{z^2 + 1} dz$，$C$ 是圓 $|z| = 3$

   (2) $\dfrac{1}{2\pi i} \oint_C \dfrac{e^{zt}}{(z^2 + 1)^2} dz$，$C$ 是圓 $|z| = 5$

   答 (1) $\sin t$，(2) $(\sin t - t\cos t)/2$

第 **6** 章　無窮級數

　　本章將介紹數列、級數、冪級數，泰勒級數與馬克勞林級數，奇點與零點和羅倫級數等單元。本章前半部分所討論的內容與微積分中的無窮級數類似。

6.1　數列

1.【數列的意義】

(1) 數列是排成一列的數，數列內的每一個數值是此數列的一個項次（term）。數列可寫成：$z_1, z_2, z_3, \cdots\cdots$ 或 $\{z_n\}$。

(2) 若數列 $\{z_n\}$ 的個數是有限個，稱為有限數列；若數列 $\{z_n\}$ 的個數是無限多個，稱為無窮數列。

2.【收斂數列】若數列 $z_1, z_2, z_3, \cdots\cdots$ 最後有一個極限值 c，即 $\lim\limits_{n\to\infty} z_n = c$，則稱此數列收斂（convergence）；反之，若數列 $z_1, z_2, z_3, \cdots\cdots$ 最後無法趨近到某一數值，則稱此數列發散（divergence）。

3.【複數數列收斂】有一複數數列 $\{z_n = x_n + iy_n\}$，其中 $n = 1, 2, 3, \cdots\cdots$，若其實數數列 $x_1, x_2, x_3, \cdots\cdots$ 收斂到 a，且其虛數數列 $y_1, y_2, y_3, \cdots\cdots$ 收斂到 b，則此複數數列收斂到 $a + ib$，即 $\lim\limits_{n\to\infty} z_n = x_n + iy_n = a + bi$

例1　請問下列數列是收斂？還是發散？

　　(1) 數列 $\{i^n\}\big|_{n=1}^{\infty}$；(2) 數列 $\{\dfrac{1+i^n}{n}\}\big|_{n=1}^{\infty}$

做法　若 $\lim\limits_{n\to\infty} a_n$ 收斂，則該數列就收斂，若 $\lim\limits_{n\to\infty} a_n$ 發散，則該數列就發散

解　(1) 數列 $\{i^n\}\big|_{n=1}^{\infty} = \{i, -1, -i, 1, \cdots\}$，

因 $\lim\limits_{n\to\infty} a_n$ 無法趨近到某一數（在 $i, -1, -i, 1$ 之間跳來跳去），所以此數列是發散

(2) 數列 $\{\dfrac{1+i^n}{n}\}\big|_{n=1}^{\infty}$，當 $\lim\limits_{n\to\infty} \dfrac{1+i^n}{n} = 0$，所以此數列是收斂

例 2　求下列數列收斂值為何？

(1) 數列 $z_n = (1 + \dfrac{2}{n} - \dfrac{3}{n^2}) + i(2 + \dfrac{\sin n}{n^2})$；

(2) 數列 $z_n = (\dfrac{2n+3}{n}) + i(2 + \dfrac{\sqrt{n}}{n^2})$

做法　同例 1

解　(1) $\displaystyle\lim_{n\to\infty} z_n = \lim_{n\to\infty}[(1 + \dfrac{2}{n} - \dfrac{3}{n^2}) + i(2 + \dfrac{\sin n}{n^2})] = 1 + 2i$

　(2) $\displaystyle\lim_{n\to\infty} z_n = \lim_{n\to\infty}[(\dfrac{2n+3}{n}) + i(2 + \dfrac{\sqrt{n}}{n^2})] = 2 + 2i$

6.2 級數

4.【級數的意義】

(1) 將數列的每一個數相加起來就稱為級數，例如：

$$s_n = z_1 + z_2 + z_3 + \cdots\cdots + z_n;$$

(2) 若級數 s_n 的個數是有限個，稱為有限級數；若級數 s_n 的個數是無限多個，稱為無窮級數。

5.【收斂級數】

(1) 若無窮級數趨近於某一數值，即 $\lim_{n \to \infty} s_n = s$（為一複數）時，則此級數為收斂級數，其也可以表示成

$$\lim_{n \to \infty} s_n = \sum_{k=1}^{\infty} z_k = z_1 + z_2 + z_3 + \cdots\cdots = s;$$

(2) 若無窮級數 $\lim_{n \to \infty} s_n$ 無法趨近到某一數值時，此級數為發散級數。

6.【複數級數收斂】有一複數級數 $\sum_{k=1}^{\infty} z_k = \sum_{k=1}^{\infty} (x_k + iy_k)$，若其實數級數 $x_1 + x_2 + x_3 \cdots\cdots$ 收斂到 a，且其虛數級數 $y_1 + y_2 + y_3 \cdots\cdots$ 收斂到 b，則此複數級數收斂到 $a + ib$

6.3 冪級數

7. 【何謂冪級數】

(1) 若級數是以 $(z-z_0)$ 的次方表示，即級數為：

$$\sum_{k=0}^{\infty} a_k(z-z_0)^k = a_0 + a_1(z-z_0) + a_2(z-z_0)^2 + \cdots\cdots$$

此級數稱為 $(z-z_0)$ 的冪級數（power series），其中 $a_0, a_1, a_2, \cdots\cdots$ 稱為此級數的係數常數，z_0 稱為此級數的中心常數。

(2) 若 $z_0 = 0$，此冪級數變成 z 的次方，即

$$\sum_{k=0}^{\infty} a_k z^k = a_0 + a_1 z + a_2 z^2 + \cdots\cdots$$

8. 【冪級數的收斂】冪級數 $\sum_{k=0}^{\infty} a_k(z-z_0)^k$ 中，

(1) 在 $z = z_0$ 處一定收斂（因 z 用 z_0 代入，冪級數 $\sum_{k=0}^{\infty} a_k(z-z_0)^k = a_0$）；

(2) 若 R 為一實數，且冪級數在 $|z-z_0| < R$ 的所有 z 值均收斂，而在 $|z-z_0| > R$ 的所有 z 值均發散，則 $|z-z_0| = R$ 的圓稱為收斂圓，R 稱為收斂半徑（radius of convergence）。

（註：在 $|z-z_0| = R$ 的圓上，可能是收斂，也可能是發散）

9. 【收斂半徑的判斷】

(1) 在冪級數 $\sum_{k=1}^{\infty} a_k(z-z_0)^k$ 中，若數列 $\left|\dfrac{a_{n+1}}{a_n}\right|$，$n = 1, 2, 3, \cdots\cdots$ 收斂，且 $\lim\limits_{n\to\infty}\left|\dfrac{a_{n+1}}{a_n}\right| = L$，則此冪級數的收斂半徑 $R = \dfrac{1}{L}$。

(2) 收斂半徑的意思是

(a) 在收斂半徑內的點 z 代入冪級數 $\sum_{k=1}^{\infty} a_k(z-z_0)^k$ 中，此冪級數會收斂；

(b) 在收斂半徑外的點 z 代入冪級數 $\sum_{k=1}^{\infty} a_k(z-z_0)^k$ 中，此冪級數會發散；

(c) 在收斂半徑上的點，此級數可能收斂或發散。

(3) (a) 若收斂半徑 $R = 0$，表示此冪級數只有在 $z = z_0$ 處收斂；

(b) 若收斂半徑 $R = \infty$，表示此冪級數的任何 z 值均收斂。

例 3 (1) 求級數 $z(1-2z) + z^2(1-2z) + z^3(1-2z) + z^4(1-2z) + \cdots\cdots$ 的收斂半徑？(2) 求其值？

做法 若 $\lim\limits_{n\to\infty} |\dfrac{a_{n+1}}{a_n}| = L$，則此級數的收斂半徑 $R = \dfrac{1}{L}$

解 (1) $\lim\limits_{n\to\infty} |\dfrac{a_{n+1}}{a_n}| = \lim\limits_{n\to\infty} |\dfrac{z^{(n+1)}(1-2z)}{z^n(1-2z)}| = |z| < 1$

所以其收斂半徑為 $|z| < 1$

(2) $z(1-2z) + z^2(1-2z) + z^3(1-2z) + z^n(1-2z) + \cdots\cdots$

$= (1-2z)\dfrac{z}{1-z}$，其中 $|z| < 1$（等比級數）

例 4 求下列級數的收斂半徑

(1) $\sum\limits_{n=1}^{\infty} \dfrac{(z+1)^n}{2^n n^2}$；(2) $\sum\limits_{n=1}^{\infty} \dfrac{z^{2n-1}}{(2n+1)!}$；(3) $\sum\limits_{n=1}^{\infty} (2n+1)! \, z^{2n-1}$

做法 若 $\lim\limits_{n\to\infty} |\dfrac{a_{n+1}}{a_n}| = L$，則此級數的收斂半徑 $R = \dfrac{1}{L}$

解 (1) $a_n = \dfrac{(z+1)^n}{2^n n^2}$，$a_{n+1} = \dfrac{(z+1)^{n+1}}{2^{n+1}(n+1)^2}$

$$\lim\limits_{n\to\infty}\left|\dfrac{a_{n+1}}{a_n}\right| = \lim\limits_{n\to\infty}\left|\dfrac{\dfrac{(z+1)^{n+1}}{2^{n+1}(n+1)^2}}{\dfrac{(z+1)^n}{2^n n^2}}\right| = \lim\limits_{n\to\infty}\left|\dfrac{(z+1)}{2}\cdot\left(\dfrac{n}{n+1}\right)^2\right|$$

$$= \lim\limits_{n\to\infty}\left|\dfrac{(z+1)}{2}\cdot\left(\dfrac{1}{1+\dfrac{1}{n}}\right)^2\right|$$

$$= \left|\dfrac{(z+1)}{2}\right| < 1 \Rightarrow |z+1| < 2$$

$L = 2$，所以其收斂半徑為 $1/2$

(2) $a_n = \dfrac{z^{2n-1}}{(2n+1)!}$，$a_{n+1} = \dfrac{z^{2n+1}}{(2n+3)!}$

$$\lim_{n \to \infty}\left|\frac{a_{n+1}}{a_n}\right| = \lim_{n \to \infty}\left|\frac{\dfrac{z^{2n+1}}{(2n+3)!}}{\dfrac{z^{2n-1}}{(2n+1)!}}\right| = \lim_{n \to \infty}\left|\frac{z^2}{(2n+2)(2n+3)}\right| = 0$$

$L = 0$，所以其收斂半徑為 ∞

(3) $a_n = (2n+1)!z^{2n-1}$，$a_{n+1} = (2n+3)!z^{2n+1}$

$$\lim_{n \to \infty}\left|\frac{a_{n+1}}{a_n}\right| = \lim_{n \to \infty}\left|\frac{(2n+3)!\, z^{2n+1}}{(2n+1)!\, z^{2n-1}}\right|$$

$$= \lim_{n \to \infty}\left|(2n+2)(2n+3)z^2\right| = \infty$$

$L = \infty$，所以其收斂半徑為 0

10.【**冪級數微分與積分**】冪級數 $\displaystyle\sum_{k=1}^{\infty} a_k (z - z_0)^k$ 在收斂圓內的任何區域，可逐項微分或逐項積分，且微分或積分後的級數與原冪級數有相同的收斂半徑。

6.4 泰勒級數與馬克勞林級數

11.【泰勒級數】

(1) 和實數的泰勒級數（Taylor series）一樣，複數泰勒級數為：

$$f(z) = \sum_{n=0}^{\infty} a_n (z - z_0)^n$$

其中 $a_n = \dfrac{1}{n!} f^{(n)}(z_0)$，也就是

$$f(z) = \sum_{n=0}^{\infty} a_n (z - z_0)^n = f(z_0) + \frac{f'(z_0)}{1!}(z - z_0) + \frac{f''(z_0)}{2!}(z - z_0)^2$$

$$+ \cdots + \frac{f^{(k)}(z_0)}{k!}(z - z_0)^k + \cdots$$

(2) 由此可知，泰勒級數為一冪級數。

(3) 每一個可解析的函數都可以表示成泰勒級數。

12.【馬克勞林級數】和實數的馬克勞林級數（Maclaurin series）一樣，若複數泰勒級數 $f(z) = \sum_{k=0}^{\infty} a_k (z - z_0)^k$ 的 $z_0 = 0$，此級數稱為馬克勞林級數，即 $f(z) = \sum_{k=0}^{\infty} a_k z^k$

例 5 (1) 求 $f(z) = \sin z$ 以 $z = \pi/4$ 展開的泰勒級數

(2) 求 $f(z) = \ln(1 + z)$ 的馬克勞林級數

(3) 求 $f(z) = \ln\left(\dfrac{1+z}{1-z}\right)$ 的馬克勞林級數

做法 直接代泰勒級數或馬克勞林級數公式來解

解 (1) $f(z) = f(a) + \dfrac{f'(a)}{1!}(z - a) + \dfrac{f''(a)}{2!}(z - a)^2 + \dfrac{f'''(a)}{3!}(z - a)^3 + \cdots$

a 用 $\dfrac{\pi}{4}$ 代入

$f(z) = \sin z \Rightarrow f(\pi/4) = \sqrt{2}/2$

$f'(z) = \cos z \Rightarrow f'(\pi/4) = \sqrt{2}/2$

$$f''(z) = -\sin z \Rightarrow f''(\pi/4) = -\sqrt{2}/2$$

$$f'''(z) = -\cos z \Rightarrow f'''(\pi/4) = -\sqrt{2}/2$$

所以 $f(z) = \dfrac{\sqrt{2}}{2} + \dfrac{\sqrt{2}/2}{1!}(z - \dfrac{\pi}{4}) + \dfrac{-\sqrt{2}/2}{2!}(z - \dfrac{\pi}{4})^2$

$$+ \dfrac{-\sqrt{2}/2}{3!}(z - \dfrac{\pi}{4})^3 + \cdots$$

(2) $f(z) = f(a) + \dfrac{f'(a)}{1!}z + \dfrac{f''(a)}{2!}z^2 + \dfrac{f'''(a)}{3!}z^3 + \cdots$

a 用 0 代入

$$f(z) = \ln(1+z) \Rightarrow f(0) = 0$$

$$f'(z) = 1/(1+z) = (1+z)^{-1} \Rightarrow f'(0) = 1$$

$$f''(z) = -(1+z)^{-2} \Rightarrow f''(0) = -1$$

$$f'''(z) = 2(1+z)^{-3} \Rightarrow f'''(0) = 2$$

$$f^{(4)}(z) = (2)(-3)(1+z)^{-4} \Rightarrow f^{(4)}(0) = (-1)^{(4-1)}(4-1)!$$

$$f(z) = f(0) + \dfrac{f'(0)}{1!}z + \dfrac{f''(0)}{2!}z^2 + \dfrac{f'''(0)}{3!}z^3 + \cdots$$

$$= z - \dfrac{z^2}{2} + \dfrac{z^3}{3} - \dfrac{z^4}{4} + \cdots$$

(3) $f(z) = \ln\left(\dfrac{1+z}{1-z}\right) = \ln(1+z) - \ln(1-z)$　　.

由 (2) 知，$\ln(1+z) = z - \dfrac{z^2}{2} + \dfrac{z^3}{3} - \dfrac{z^4}{4} + \cdots\cdots$ (a)

$$\ln(1-z) = -z - \dfrac{z^2}{2} - \dfrac{z^3}{3} - \dfrac{z^4}{4} - \cdots\cdots \text{ (b)}$$

(a) − (b) $\Rightarrow f(z) = 2z + \dfrac{2z^3}{3} + \dfrac{2z^5}{5} + \cdots$

13.【常見的泰勒級數】常見的複數泰勒級數有：

(1) $\dfrac{1}{1-z} = \sum\limits_{k=0}^{\infty} z^k = 1 + z + z^2 + z^3 + \cdots\cdots, |z| < 1$

(2) $e^z = \sum\limits_{k=0}^{\infty} \dfrac{z^k}{k!} = 1 + \dfrac{z}{1!} + \dfrac{z^2}{2!} + \dfrac{z^3}{3!} + \cdots\cdots, |z| < \infty$

(3) $\cos(z) = \sum\limits_{k=0}^{\infty} (-1)^k \dfrac{z^{2k}}{(2k)!} = 1 - \dfrac{z^2}{2!} + \dfrac{z^4}{4!} - + \cdots\cdots, |z| < \infty$

(4) $\sin(z) = \sum\limits_{k=0}^{\infty} (-1)^k \dfrac{z^{2k+1}}{(2k+1)!} = z - \dfrac{z^3}{3!} + \dfrac{z^5}{5!} - + \cdots\cdots, |z| < \infty$

(5) $\cosh(z) = \sum\limits_{k=0}^{\infty} \dfrac{z^{2k}}{(2k)!} = 1 + \dfrac{z^2}{2!} + \dfrac{z^4}{4!} + \cdots\cdots, |z| < \infty$

(6) $\sinh(z) = \sum\limits_{k=0}^{\infty} \dfrac{z^{2k+1}}{(2k+1)!} = z + \dfrac{z^3}{3!} + \dfrac{z^5}{5!} + \cdots\cdots, |z| < \infty$

(7) $\ln(1+z) = \sum\limits_{k=1}^{\infty} (-1)^{k+1} \dfrac{z^k}{k} = z - \dfrac{z^2}{2} + \dfrac{z^3}{3} - + \cdots\cdots, |z| < 1$

(8) $\dfrac{1}{(1+z)^m} = (1+z)^{-m} = \sum\limits_{k=0}^{\infty} C(-m, k) z^k$

$\qquad = 1 - mz + \dfrac{m(m+1)}{2!} z^2 - \dfrac{m(m+1)(m+2)}{3!} z^3$

$\qquad + - \cdots\cdots, |z| < 1$

註：$C(-m, k) = \dfrac{-m(-m-1)\cdots(-m-k+1)}{k!}$

例如：$C(-2, 3) = \dfrac{(-2)\cdot(-3)\cdot(-4)}{3!}$

例 6 求下列函數以 $(z-1)$ 展開的泰勒級數

$\quad$ (1) $f(z) = \dfrac{1}{5-z}$；(2) $f(z) = \dfrac{3z^2 - 5z + 1}{z^3 - 3z^2 + 4}$；

做法 (1) 將分母化成有 $(z-1)$ 的項，再用上面公式 (1) 展開

$\quad$ (2) 若 $|z| < 1$，則 $\dfrac{1}{1-z} = 1 + z + z^2 + \cdots\cdots$，$|z| < 1$ 解題

$\qquad$ 若 $|z| > 1$，則 $\dfrac{1}{1-z} = \dfrac{-\dfrac{1}{z}}{1 - \dfrac{1}{z}} = -\dfrac{1}{z}\left[1 + \dfrac{1}{z} + \left(\dfrac{1}{z}\right)^2 + \cdots \right]$

解 (1) $f(z) = \dfrac{1}{5-z} = \dfrac{1}{4-(z-1)} = \dfrac{1}{4} \cdot \dfrac{1}{1-(z-1)/4}$

$\qquad = \dfrac{1}{4} \cdot \left[1 + \left(\dfrac{z-1}{4} \right) + \left(\dfrac{z-1}{4} \right)^2 + \left(\dfrac{z-1}{4} \right)^3 + \cdots\cdots \right]$

（註：$\left| \dfrac{z-1}{4} \right| < 1$）

(2) 先用部分分式法展開

$\qquad f(z) = \dfrac{3z^2 - 5z + 1}{z^3 - 3z^2 + 4} = \dfrac{3z^2 - 5z + 1}{(z+1)(z-2)^2}$

$\qquad\qquad = \dfrac{1}{z+1} + \dfrac{2}{z-2} + \dfrac{1}{(z-2)^2}$

此三項分別以 $(z-1)$ 展開後再相加

(a) $\dfrac{1}{z+1} = \dfrac{1}{2+(z-1)} = \dfrac{1}{2} \cdot \dfrac{1}{1-(z-1)/(-2)} = \dfrac{1}{2} \sum\limits_{k=0}^{\infty} \left(\dfrac{z-1}{-2} \right)^k$

（註：$\left| \dfrac{z-1}{2} \right| < 1$）

(b) $\dfrac{2}{z-2} = \dfrac{-2}{1-(z-1)} = -2 \cdot \sum\limits_{k=0}^{\infty} (z-1)^k$

(c) $\dfrac{1}{(z-2)^2} = \dfrac{1}{[1-(z-1)]^2} = [1-(z-1)]^{-2}$

$\qquad\qquad = \sum\limits_{k=0}^{\infty} \binom{-2}{k} [-(z-1)]^k$

（註：$|z-1| < 1$）

最後再 (a)+(b)+(c)，即

$f(z) = \dfrac{1}{2} \sum\limits_{k=0}^{\infty} \left(\dfrac{z-1}{-2} \right)^k - 2 \sum\limits_{k=0}^{\infty} (z-1)^k + \sum\limits_{k=0}^{\infty} \binom{-2}{k} [-(z-1)]^k$

其中 $|z-1| < 1$

6.5 奇點與零點

14.【奇點】函數 $f(z)$ 的「奇點」（或稱爲奇異點）（singular point）是讓 $f(z)$ 不可解析的 z 值（例如，分母爲 0）。

例如：底下 $f(z)$ 函數在 $z = z_0$ 是「奇點」；

$$f(z) = \sum_{n=0}^{\infty} a_n (z - z_0)^n + \sum_{m=1}^{\infty} \frac{b_m}{(z - z_0)^m}$$

有下列幾種不同的奇點：

(1) 若函數 $f(z)$ 的「分數項次」是有限項次，且爲

$$\frac{b_1}{(z - z_0)} + \frac{b_2}{(z - z_0)^2} + \cdots\cdots + \frac{b_n}{(z - z_0)^n}$$

  (a) 當 $b_n \neq 0$ 時，則稱 $f(z)$ 在 $z = z_0$ 有 n 階「極點」（pole）；

  (b) 若 $n = 1$，則 $z = z_0$ 稱爲 $f(z)$ 的單極點（simple pole）。

(2) (A) 若 $z = z_0$ 是函數 $f(z)$ 的奇點，且可以找到以此點爲中心的圓，使得圓內沒有其他奇點，即設 $k > 0$，則 $0 < |z - z_0| < k$ 沒有其它奇點，則 $z = z_0$ 是一孤立奇點（isolated singular point）。

例如：

  (a) $z = -1$ 和 $z = 1$ 都是函數 $f(z) = \dfrac{1}{z^2 - 1}$ 的孤立奇點；

  (b) 函數 $f(z) = \dfrac{1}{\sin(\pi z)}$ 有無窮多個孤立奇點，在

  $z = \pm 1, z = \pm 2, ...$。

  (B) 若 $z = z_0$ 是函數 $f(z)$ 的孤立奇點，則可以將 $f(z)$ 對 $z = z_0$ 點展開成羅倫級數（見下一節說明）。

(3) 若單值函數 $f(z)$ 在 $z = z_0$ 處沒定義，但 $\lim_{z \to z_0} f(z)$ 存在，則 $z = z_0$ 點稱爲可去除奇點（removable singularity）。

  例如：$f(z) = \dfrac{\sin z}{z}$ 在 $z = 0$ 處不可解析，但若將它展開成馬克勞林級數，即

$$f(z) = \frac{\sin z}{z} = \frac{1}{z} \left(z - \frac{z^3}{3!} + \frac{z^5}{5!} - \cdots\cdots \right)$$

$$= \left(-\frac{z^2}{3!} + \frac{z^4}{5!} - \cdots\cdots \right)$$

則 $f(z)$ 在 $z = 0$ 處就可解析，此時 $z = 0$ 點稱為可去除奇點。

15.【零點】

(1) 解析函數 $f(z)$ 在區域 R 內，若有一點 $z = z_0$，使得 $f(z_0) = 0$，則點 $z = z_0$，稱為 $f(z)$ 的零點（zero）。

(2) 若同時有 $f(z_0) = 0$、$f'(z_0) = 0$、$\cdots\cdots f^{(n-1)}(z_0) = 0$，但 $f^{(n)}(z_0) \neq 0$，則此零點的階數（order）為 n。

例如：$(z-1)^3$ 為三階零點

(3) 1 階的零點，稱為簡單零點（simple zero）。

例 7　函數 $f(z) = \dfrac{(z-1)(z+1+i)^2}{z(z+1)^3(z-2+i)^5}$ 有哪些極點？哪些零點？

做法　分母為 0 的點是極點，分子為 0 的點是零點

解　(a) 點 $z = 0$ 是單極點；點 $z = -1$ 是 3 階極點；
　　　點 $z = 2 - i$ 是 5 階極點，

　　(b) 點 $z = 1$ 是 1 階零點或稱為簡單零點；
　　　點 $z = -1 - i$ 是 2 階零點

6.6 羅倫級數

16.【羅倫定理】

(1) 二同心圓 C_1 和 C_2 的共同圓心是 z_0，若 $f(z)$ 為單值函數且在這二同心圓中間的圓環區域是解析的，路徑 C 是在二同心圓的圓環內的一個簡單封閉路徑並以逆時針方向進行（見圖 6-1），則 $f(z)$ 可用下列的級數來表示

$$f(z) = \sum_{n=0}^{\infty} a_n (z-z_0)^n + \sum_{n=1}^{\infty} \frac{b_n}{(z-z_0)^n}$$

$$= a_0 + a_1(z-z_0) + a_2(z-z_0)^2 + \cdots\cdots$$

$$+ \frac{b_1}{(z-z_0)} + \frac{b_2}{(z-z_0)^2} + \cdots\cdots$$

其中：$a_n = \dfrac{1}{2\pi i} \oint_C \dfrac{f(z)}{(z-z_0)^{n+1}} dz$，$n = 0, 1, 2, 3, \cdots\cdots$

$b_n = \dfrac{1}{2\pi i} \oint_C (z-z_0)^{(n-1)} f(z)dz$，$n = 1, 2, 3, \cdots\cdots$

C 是依循正方向前進

<<< 證明省略 >>>

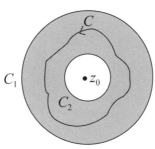

圖 6-1　同心圓 C_1 和 C_2 中間的路程 C

(2) 此級數稱為羅倫級數（Laurent series），上面的係數 a_n 和 b_n 稱為羅倫級數的係數

　　註：要有 $\dfrac{b_m}{(z-z_0)^m}$，$m > 0$ 且 $b_m \neq 0$ 才稱為羅倫級數，若全部的 b_m 均為 0，稱為泰勒級數

(3) $f(z)$ 羅倫級數也可表示成

$$f(z) = \sum_{n=-\infty}^{\infty} a_n (z - z_0)^n$$

　　其中：$a_n = \dfrac{1}{2\pi i} \oint_C \dfrac{f(z)}{(z-z_0)^{n+1}} dz$，$n = 0, \pm 1, \pm 2, \cdots\cdots$

(4) 羅倫級數所展開的級數必須是收斂的

　　註：在底下的計算中，若 $f(z)$ 在區間內的點均是解析的（沒有極點），這會使得羅倫級數簡化成泰勒級數（也就是羅倫級數的 b_n 係數為 0，嚴格來說這種情況不符合羅倫級數的定義，見例 8）

例 8　求下列函數中心點為 0 的羅倫級數

　　　$f(z) = 1/(1 - z)$

做法　因中心點是 $z_0 = 0$，所以以 $z - z_0 = z$ 來展開

解　令分母 $1 - z = 0 \Rightarrow z = 1$ 是極點，以 1 為區分點，將區域分成 $|z| < 1$、$1 < |z| < \infty$ 二區域來討論：

(a) $|z| < 1$：$\dfrac{1}{1-z} = \sum_{k=0}^{\infty} z^k = 1 + z + z^2 + z^3 + \cdots\cdots$，

因此級數收斂於 $|z| < 1$，所以羅倫級數所在的圓環為 $|z| < 1$

註：因 $f(z)$ 在 $|z| < 1$ 內是解析的，使得羅倫級數簡化成泰勒級數（因為沒有上面說明的第 (1) 點介紹的 b_n 係數）

(b) $1 < |z| < \infty$：$\dfrac{1}{1-z} = \dfrac{-1}{z(1-z^{-1})} = -\dfrac{1}{z}(1 + z^{-1} + z^{-2} + \cdots)$

$$= -\dfrac{1}{z} - \dfrac{1}{z^2} - \dfrac{1}{z^3} - \cdots\cdots,$$

因此級數收斂於 $|z| > 1$，所以羅倫級數所在的圓環為 $1 < |z| < \infty$

例 9 求下列指定奇點 z_0 的羅倫級數

(1) $\dfrac{e^z}{(z-2)^2}$，$z_0 = 2$；

(2) $(z+3)\cos\left(\dfrac{1}{z+1}\right)$，$z_0 = -1$；

(3) $\dfrac{z - \sin z}{z^2}$，$z_0 = 0$；

(4) $\dfrac{z}{(z-2)(z-3)}$，$z_0 = 2$；

做法 若指定奇點為 z_0，就令 $u = z - z_0$，再以 u 展開

解 (1) 指定奇點為 $z_0 = 2$，令 $u = z - 2$，代入原式

$$\frac{e^z}{(z-2)^2} = \frac{e^{u+2}}{u^2} = \frac{e^2}{u^2} \cdot e^u = \frac{e^2}{u^2}\left(1 + u + \frac{u^2}{2!} + \frac{u^3}{3!} + \cdots\cdots\right)$$

$$= \frac{e^2}{u^2} + \frac{e^2}{u} + \frac{e^2}{2!} + \frac{e^2 u}{3!} + \cdots\cdots$$

$$= \frac{e^2}{(z-2)^2} + \frac{e^2}{z-2} + \frac{e^2}{2!} + \frac{e^2(z-2)}{3!} + \cdots\cdots$$

$z = 2$ 為二階極點

(2) 指定奇點為 $z_0 = -1$，令 $u = z + 1$，代入原式

$$(z+3)\cos\left(\frac{1}{z+1}\right) = (u+2)\cos\left(\frac{1}{u}\right)$$

$$= (u+2)\left[1 - \frac{(1/u)^2}{2!} + \frac{(1/u)^4}{4!} - + \cdots\cdots\right]$$

$$= u\left[1 - \frac{(1/u)^2}{2!} + \frac{(1/u)^4}{4!} - + \cdots\cdots\right] + 2 \cdot \left[1 - \frac{(1/u)^2}{2!} + \frac{(1/u)^4}{4!} - + \cdots\cdots\right]$$

$$= u + 2 - \frac{1}{2! \cdot u} - \frac{2}{2! \cdot u^2} + \frac{1}{4! \cdot u^3} + \frac{2}{4! \cdot u^4} - + \cdots\cdots$$

$$= (z+1) + 2 - \frac{1}{2! \cdot (z+1)} - \frac{2}{2! \cdot (z+1)^2} + \frac{1}{4! \cdot (z+1)^3} + \frac{2}{4! \cdot (z+1)^4} - + \cdots\cdots$$

(3) 因 $z - \sin z = z - \left(z - \dfrac{z^3}{3!} + \dfrac{z^5}{5!} - \dfrac{z^7}{7!} + \cdots\cdots\right)$

$$= \frac{z^3}{3!} - \frac{z^5}{5!} + \frac{z^7}{7!} - \cdots\cdots$$

所以 $\dfrac{z - \sin z}{z^2} = \dfrac{z}{3!} - \dfrac{z^3}{5!} + \dfrac{z^5}{7!} - \cdots\cdots$

(4) 指定奇點為 $z_0 = 2$，令 $u = z - 2$，代入原式

$$\dfrac{z}{(z-2)(z-3)} = \dfrac{u+2}{u(u-1)} = \dfrac{u+2}{u} \cdot \dfrac{-1}{1-u}$$

$$= \dfrac{-(u+2)}{u} \cdot (1 + u + u^2 + u^3 + \cdots\cdots)$$

$$= -u \cdot (u^{-1} + 1 + u + u^2 + \cdots\cdots) - 2 \cdot (u^{-1} + 1 + u + u^2 + \cdots\cdots)$$

$$= -2u^{-1} - 3 - 3u - 3u^2 - 3u^3 \cdots\cdots$$

$$= -2(z-2)^{-1} - 3 - 3(z-2) - 3(z-2)^2 - 3(z-2)^3 \cdots\cdots$$

註：此題也可以用部分分式法，分成二項來解

練習題

1. 請將下列各函數以指定點用泰勒級數展開

(1) $e^{-z}, z = 0$；(2) $\cos z, z = \pi/2$；(3) $1/(1 + z), z = 1$；

(4) $z^3 - 3z^2 + 4z - 2, z = 2$

2. 分別就 $|z| < 1$，求函數 $\dfrac{z}{(z-1)(2-z)}$ 的羅倫級數

答 $-\dfrac{1}{2}z - \dfrac{3}{4}z^2 - \dfrac{7}{8}z^3 - \dfrac{15}{16}z^4 - \cdots\cdots$

第 **7** 章　留數

本章將介紹留數定理和以留數積分法解實數定積分。

7.1　留數定理

1.【求 $\oint_C f(z)dz$ 不同處】

(1) 若 $f(z)$ 為單值函數且在路徑 C 內或路徑 C 上的點均可解析

  (i) （柯西積分定理），$\oint_C f(z)dz = 0$（$f(z)$ 在路徑 C 內沒有極點的積分值為 0）；

  (ii) （柯西積分公式）若 z_0 為區域 R 內的任意點，則（$z - z_0$ 不包含在 $f(z)$ 內）

$$\oint_C \frac{f(z)}{z - z_0}dz = 2\pi i f(z_0) \text{ 或 } f(z_0) = \frac{1}{2\pi i}\oint_C \frac{f(z)}{z - z_0}dz$$

(2) （本節留數定理）$f(z)$ 在路徑 C 內有極點（設為 z_0），要計算 $\oint_C f(z)dz$ 的積分值（極點 $z = z_0$ 包含在 $f(z)$ 內）

註：若柯西積分公式的 $\dfrac{f(z)}{z - z_0} = g(z)$，則解 $\oint_C g(z)dz$ 為留數定理

2.【留數】底下內容在證明 $\oint_C f(z)dz$ 的結果（有一個極點的情況）

(1) 若 $f(z)$ 在路徑 C 內，除了 $z = z_0$ 外，其餘的點均可解析，則 $f(z)$ 在 $z = z_0$ 的羅倫級數為

$$f(z) = \sum_{n=-\infty}^{\infty} a_n (z - z_0)^n$$

其中：$a_n = \dfrac{1}{2\pi i}\oint_C \dfrac{f(z)}{(z - z_0)^{n+1}}dz$，$n = 0, \pm 1, \pm 2, \cdots\cdots$

(2) 考慮羅倫級數的係數 $n = -1$ 的情況（$n = -1$ 代入上式）

$$a_{-1} = \frac{1}{2\pi i}\oint_C \frac{f(z)}{(z - z_0)^{-1+1}}dz = \frac{1}{2\pi i}\oint_C f(z)dz$$

$$\Rightarrow \oint_C f(z)dz = 2\pi i a_{-1} \ (\oint_C f(z)dz \text{ 積分值只留下 } a_{-1})$$

(3) 因 $\oint_C f(z)dz$ 積分值只和係數 a_{-1} 有關，所以係數 a_{-1} 稱為 $f(z)$ 在點 $z = z_0$ 處的留數（residue，因 $f(z)$ 的積分只留下 a_{-1}，故稱為留數），通常表示成

$$a_{-1} = \operatorname*{Res}_{z=z_0} f(z) = \frac{1}{2\pi i} \oint_C f(z)dz$$

（註：a_{-1} 也就是 $f(z)$ 的 $(z-z_0)^{-1}$ 項次的係數）

3.【求留數】

(1)（單一極點）若 $f(z)$ 在 $z = z_0$ 是一階極點，也就是 $f(z)$ 的羅倫級數為

$$f(z) = \sum_{n=0}^{\infty} a_n (z-z_0)^n + \frac{a_{-1}}{z-z_0}$$

則 $f(z)$ 在點 $z = z_0$ 處的留數為

$$\operatorname*{Res}_{z=z_0} f(z) = a_{-1} = \lim_{z \to z_0}(z-z_0)f(z)$$

(2)（m 階極點）若 $f(z)$ 在 $z = z_0$ 是 m 階極點，也就是 $f(z)$ 的羅倫級數為

$$f(z) = \sum_{n=0}^{\infty} a_n (z-z_0)^n + \frac{a_{-1}}{z-z_0} + \frac{a_{-2}}{(z-z_0)^2} + \cdots + \frac{a_{-m}}{(z-z_0)^m}$$

則 $f(z)$ 在點 $z = z_0$ 處的留數為

$$a_{-1} = \lim_{z \to z_0} \frac{1}{(m-1)!} \frac{d^{(m-1)}}{dz^{(m-1)}} \{(z-z_0)^m f(z)\}$$

■證明：

$f(z)$ 二邊同時乘以 $(z-z_0)^m \Rightarrow$

$$(z-z_0)^m f(z) = \sum_{n=0}^{\infty} a_n (z-z_0)^{m+n} + a_{-1}(z-z_0)^{m-1}$$

$$+ a_{-2}(z-z_0)^{m-2} + \cdots + a_{-m}$$

二邊同時對 z 做 $(m-1)$ 次微分 $\Rightarrow$

$$\frac{d^{(m-1)}}{dz^{(m-1)}} \{(z-z_0)^m f(z)\} = \left[\frac{d^{(m-1)}}{dz^{(m-1)}} \sum_{n=0}^{\infty} a_n (z-z_0)^{m+n} \right] + (m-1)! a_{-1}$$

$$\Rightarrow a_{-1} = \lim_{z \to z_0} \frac{1}{(m-1)!} \frac{d^{(m-1)}}{dz^{(m-1)}} \{(z-z_0)^m f(z)\}$$

例 1 求 $\dfrac{2z}{(z+1)(z-i)}$ 所有極點的留數

做法 因分母是一次式，用 $a_{-1} = \lim\limits_{z \to z_0}(z-z_0)f(z)$ 來解

解 分母 $(z+1)(z-i) = 0 \Rightarrow z = -1, z = i$ 為其極點

(1) 在 $z = -1$ 的留數為（一階極點）

$$\operatorname*{Res}_{z=-1} f(z) = \lim_{z \to -1} \frac{2z}{(z-i)} = \frac{-2}{-1-i} = 1-i$$

(2) 在 $z = i$ 的留數為（一階極點）

$$\operatorname*{Res}_{z=i} f(z) = \lim_{z \to i} \frac{2z}{(z+1)} = \frac{2i}{i+1} = 1+i$$

例 2 求 $\dfrac{1}{(z+i)^2(z-1)^4}$ 所有極點的留數

做法 因分母 $(z-z_0)$ 的次方大於一次，用

$$a_{-1} = \lim_{z \to z_0} \frac{1}{(m-1)!} \frac{d^{(m-1)}}{dz^{(m-1)}} \{(z-z_0)^m f(z)\} \text{ 來解}$$

解 分母 $(z+i)^2(z-1)^4 = 0 \Rightarrow z = -i, z = 1$ 為其極點

(1) 在 $z = -i$ 的留數為（二階極點）

$$\operatorname*{Res}_{z=-i} f(z) = \frac{1}{(2-1)!} \lim_{z \to -i} \frac{d}{dz} \frac{1}{(z-1)^4} = -4(z-1)^{-5}\big|_{z=-i} = 4(1+i)^{-5}$$

(2) 在 $z = 1$ 的留數為（四階極點）

$$\operatorname*{Res}_{z=1} f(z) = \frac{1}{(4-1)!} \lim_{z \to 1} \frac{d^3}{dz^3} \frac{1}{(z+i)^2} = \frac{1}{6} \cdot (-24)(z+i)^{-5}\big|_{z=1}$$

$$= -4(1+i)^{-5}$$

例 3 求 $f(z) = \dfrac{1}{(z+1)^2(z^2+4)}$ 所有極點的留數

做法 同例 1、例 2

解 分母 $(z+1)^2(z^2+4) = 0 \Rightarrow z = -1, 2i, -2i$ 為其極點

(1) 在 $z = -1$ 的留數為（二階極點）

$$\operatorname*{Res}_{z=-1} f(z) = \frac{1}{(2-1)!} \lim_{z \to -1} \frac{d}{dz} \frac{1}{(z^2+4)} = -2z(z^2+4)^{-2}\big|_{z=-1}$$

$$= \frac{2}{25}$$

(2) 在 $z = 2i$ 的留數為（一階極點）

$$\underset{z=2i}{\mathrm{Re}s}\, f(z) = \lim_{z \to 2i} \frac{1}{(z+1)^2(z+2i)} = \frac{1}{-16-12i}$$

(3) 在 $z = -2i$ 的留數為（一階極點）

$$\underset{z=-2i}{\mathrm{Re}s}\, f(z) = \lim_{z \to -2i} \frac{1}{(z+1)^2(z-2i)} = \frac{1}{-16+12i}$$

4.【留數定理】（有 k 個極點的情況）若 $f(z)$ 在一簡單的封閉路徑 C 內，除了有限的點 $a, b, c, \cdots\cdots$ 外，其餘的點都是可解析的，而這些極點的留數分別為 $a_{-1}, b_{-1}, c_{-1}, \cdots\cdots$，則 $f(z)$ 沿著路徑 C 以逆時針方向進行，其積分值等於「$2\pi i$ 乘以〔$f(z)$ 在 C 內所有極點的留數總和〕」，即

$$\oint_C f(z)dz = 2\pi i(a_{-1} + b_{-1} + c_{-1} + \cdots\cdots)$$

例4　求 $\oint_C \dfrac{e^z}{z(z-i)(z+3)}dz$ 之值，其中：C 是

(1) $|z| = 0.5$；(2) $|z| = 2$；(3) $|z| = 4$；逆時針方向進行

做法　先求出在 C 內的極點的留數相加後，再乘以 $2\pi i$

解　分母 $z(z-i)(z+3) = 0 \Rightarrow z = 0, i, -3$ 為其極點

(a) 極點 $z = 0$ 的留數：$a_{-1} = \underset{z=0}{\mathrm{Re}s} \dfrac{e^z}{(z-i)(z+3)} = \dfrac{1}{-3i}$

(b) 極點 $z = i$ 的留數：$b_{-1} = \underset{z=i}{\mathrm{Re}s} \dfrac{e^z}{z(z+3)} = \dfrac{e^i}{-1+3i}$

(c) 極點 $z = -3$ 的留數：$c_{-1} = \underset{z=-3}{\mathrm{Re}s} \dfrac{e^z}{z(z-i)} = \dfrac{e^{-3}}{9+3i}$

(1) $|z| = 0.5$，在路徑 C 內的極點只有 $z = 0$

$$\oint_C \frac{e^z}{z(z-i)(z+3)}dz = 2\pi i \cdot a_{-1} = 2\pi i \cdot \frac{1}{-3i} = \frac{-2\pi}{3}$$

(2) $|z| = 2$，在路徑 C 內的極點有 $z = 0$ 和 $z = i$

$$\oint_C \frac{e^z}{z(z-i)(z+3)}dz = 2\pi i(a_{-1} + b_{-1}) = 2\pi i \cdot (\frac{1}{-3i} + \frac{e^i}{-1+3i})$$

(3) $|z| = 4$，在路徑 C 內的極點有 $z = 0, z = i$ 和 $z = -3$

$$\oint_C \frac{e^z}{z(z-i)(z+3)}dz = 2\pi i(a_{-1} + b_{-1} + c_{-1})$$

$$= 2\pi i \cdot (\frac{1}{-3i} + \frac{e^i}{-1+3i} + \frac{e^{-3}}{9+3i})$$

例 5 求 $\oint_C \frac{\tan z}{z^2 + 1}dz$ 之值，其中 C 是 $|z| = 1.5$，逆時針方向進行

解 (a) $\frac{1}{z^2+1} = \frac{1}{(z+i)(z-i)}$，其不可解析點為 $z = i, z = -i$

(b) $\tan z = \frac{\sin z}{\cos z}$ 不可解析點為 $\pm\frac{\pi}{2}, \pm\frac{3\pi}{2}, \pm\frac{5\pi}{2}, \cdots$

所以 $\frac{\tan z}{z^2+1}$ 在 $|z| = 1.5$ 內的不可解析點為 $z = i, z = -i$

$$\oint_C \frac{\tan z}{z^2+1}dz = 2\pi i\left(\operatorname*{Res}_{z=i} \frac{\tan z}{z+i} + \operatorname*{Res}_{z=-i} \frac{\tan z}{z-i}\right) = 2\pi\tan i$$

又 $\tan i = \frac{\sin i}{\cos i} = \frac{e^{i\cdot i} - e^{-i\cdot i}}{i(e^{i\cdot i} + e^{-i\cdot i})} = \frac{(e - e^{-1})i}{e + e^{-1}} = \frac{(e^2 - 1)i}{e^2 + 1}$

所以 $\oint_C \frac{\tan z}{z^2+1}dz = 2\pi \cdot \frac{(e^2-1)i}{e^2+1}$

例 6 求 $\oint_C \frac{(z+1)}{z^2(z^2 + 2z + 2)}dz$ 之值，其中 C 是 $|z| = 5$，逆時針方向進行

解 $z^2 + 2z + 2 = 0 \Rightarrow z = -1 \pm i$

$\frac{z+1}{z^2(z^2+2z+2)}$ 在 $|z| = 5$ 內的不可解析點為 $z = 0, z = -1 \pm i$

(a) 極點 $z = 0$ 的留數：$a_{-1} = \frac{1}{(2-1)!}\operatorname*{Res}_{z=0} \frac{d}{dz} \frac{z+1}{z^2+2z+2}$

$$= \operatorname*{Res}_{z=0} \frac{-z^2 - 2z}{(z^2+2z+2)^2} = 0$$

(b) 極點 $z = -1 + i$ 的留數：$b_{-1} = \operatorname*{Res}_{z=-1+i} \frac{z+1}{z^2[z-(-1-i)]} = \frac{i}{4}$

(c) 極點 $z = -1 - i$ 的留數：$c_{-1} = \operatorname*{Res}_{z=-1-i} \frac{z+1}{z^2[z-(-1+i)]} = \frac{-i}{4}$

所以 $\oint_C \frac{(z+1)}{z^2(z^2+2z+2)}dz = 2\pi i\left(0 + \frac{i}{4} + \frac{-i}{4}\right) = 0$

7.2　以留數積分法解實數定積分

5.【以留數積分法解實數定積分】「實數的定積分」也可以利用「留數積分法」來求得，底下是比較常見的三種類型：

類型 1：$\int_{-\infty}^{\infty} f(x)dx$，其中 $f(x)$ 是有理函數

類型 2：$\int_{-\infty}^{\infty} f(x)\sin(mx)dx$ 或 $\int_{-\infty}^{\infty} f(x)\cos(mx)dx$，其中 $f(x)$ 是有理函數

類型 3：$\int_{0}^{2\pi} g(\sin\theta,\cos\theta)d\theta$，其中 $g(\sin\theta,\cos\theta)$ 是 $\sin\theta$ 和 $\cos\theta$ 的有理函數

6.【類型 1：求 $\int_{-\infty}^{\infty} f(x)dx$ 之值】

■求 $\int_{-\infty}^{\infty} f(x)dx$，其中 $f(x)$ 是實數有理函數

■限制條件：(1) $f(x)$ 分母的方程式沒有實根；

　　　　　　(2) $f(x)$ 分母的 x 次方數大於分子的 x 次方數的 2 次或以上。

　註：分母的方程式沒有實數根表示極點不在實數軸上

■做法：

(1) 利用 $\oint_C f(z)dz$ 來解，其中路徑 C 是沿 x 軸從 $-R$ 到 $+R$，再以此段為直徑的半圓〔在一二象限內（稱為路徑 S），見圖 7-1〕所組成，再令 $R\to\infty$ 即可得。即

$$\oint_C f(z)dz = \int_{-R}^{R} f(x)dx + \int_S f(z)dz = 2\pi i \sum \mathrm{Re}\, sf(z)$$

(2) 在 $\int_S f(z)dz$ 中，若分母的 z 次方數大於分子 z 次方數的 2 次或以上，可證明出 $\lim\limits_{R\to\infty}\int_S f(z)dz = 0$

(3) 所以 $\lim\limits_{R\to\infty}\int_{-R}^{R} f(x)dx = 2\pi i \sum \mathrm{Re}\, sf(z)$

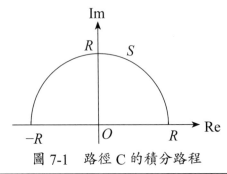

圖 7-1　路徑 C 的積分路程

例 7 求 $\int_{-\infty}^{\infty} \dfrac{x}{(x^2+1)(x^2+2x+2)}dx$ 之值

做法 它滿足：(1) 分母沒有實根；

(2) 分母的 x 次方數（4 次方）大於分子次方數（1 次方）的 2 次或以上。

也就是求 $\oint_C \dfrac{z}{(z^2+1)(z^2+2z+2)}dz$ 之值，其值為

$2\pi i \times$（上半圓的極點的留數）

解 $\oint_C \dfrac{z}{(z^2+1)(z^2+2z+2)}dz = \oint_C \dfrac{z}{(z+i)(z-i)(z+1-i)(z+1+i)}dz$

（$z=i$ 和 $z=-1+i$ 在 C 內（上半平面））

(a) $z=i$ 的留數 $= \lim\limits_{z\to i}\left[\dfrac{z}{(z+i)(z+1-i)(z+1+i)}\right] = \dfrac{1-2i}{10}$

(b) $z=-1+i$ 的留數 $= \lim\limits_{z\to -1+i}\left[\dfrac{z}{(z+i)(z-i)(z+1+i)}\right] = \dfrac{-1+3i}{10}$

所以 $\oint_C \dfrac{z}{(z^2+1)(z^2+2z+2)}dz = 2\pi i\left(\dfrac{1-2i}{10}+\dfrac{-1+3i}{10}\right)$

$$= -\dfrac{\pi}{5}$$

也就是 $\int_{-\infty}^{\infty}\dfrac{x}{(x^2+1)(x^2+2x+2)}dx = -\dfrac{\pi}{5}$

（註：若出現虛數，表示計算錯誤）

例 8 求 $\int_{-\infty}^{\infty}\dfrac{1}{(x^2+1)(x^2+4)}dx$ 之值

做法 它滿足：(1) 分母沒有實根；

(2) 分母的 x 次方數（4 次方）大於分子 x 次方數（0 次方）的 2 次或以上。

也就是求 $\oint_C \dfrac{1}{(z^2+1)(z^2+4)}dz$ 之值，其值為

$2\pi i \times$（上半圓極點的留數）

[解] $\oint_C \dfrac{1}{(z^2+1)(z^2+4)}dz = \oint_C \dfrac{1}{(z+i)(z-i)(z+2i)(z-2i)}dz$

（$z=i$ 和 $z=2i$ 在 C 內（上半平面））

(a) $z=i$ 的留數 $=\lim\limits_{z\to i}\left[\dfrac{1}{(z+i)(z+2i)(z-2i)}\right]=\dfrac{-i}{6}$

(b) $z=2i$ 的留數 $=\lim\limits_{z\to 2i}\left[\dfrac{1}{(z+i)(z-i)(z+2i)}\right]=\dfrac{i}{12}$

所以 $\oint_C \dfrac{1}{(z^2+1)(z^2+4)}dz = 2\pi i\left(\dfrac{-i}{6}+\dfrac{i}{12}\right)=\dfrac{\pi}{6}$

也就是 $\displaystyle\int_{-\infty}^{\infty}\dfrac{1}{(x^2+1)(x^2+4)}dx=\dfrac{\pi}{6}$

（註：若出現虛數，表示計算錯誤）

[另解] 用微積分解

$$\int_{-\infty}^{\infty}\frac{1}{(x^2+1)(x^2+4)}dx = \int_{-\infty}^{\infty}\frac{\frac{1}{3}}{x^2+1}dx + \int_{-\infty}^{\infty}\frac{-\frac{1}{3}}{x^2+4}dx$$

$$=\frac{1}{3}\tan^{-1}x\,\Big|_{-\infty}^{\infty} - \frac{1}{3}\cdot\frac{1}{2}\tan^{-1}\frac{x}{2}\,\Big|_{-\infty}^{\infty}$$

$$=\frac{1}{3}\left[\frac{\pi}{2}-\left(-\frac{\pi}{2}\right)\right]-\frac{1}{6}\left[\frac{\pi}{2}-\left(-\frac{\pi}{2}\right)\right]$$

$$=\frac{\pi}{6}\ \text{（答案相同）}$$

7.【類型 2：求 $\displaystyle\int_{-\infty}^{\infty}f(x)\sin(mx)dx$ 或 $\displaystyle\int_{-\infty}^{\infty}f(x)\cos(mx)dx$】之值

■求 $\displaystyle\int_{-\infty}^{\infty}f(x)\sin(mx)dx$ 或 $\displaystyle\int_{-\infty}^{\infty}f(x)\cos(mx)dx$，其中$f(x)$是實數有理函數
（註：此方法和類型 1 相似，只是 $f(z)$ 要多乘以 e^{imz}）

■限制條件：(1)$f(x)$的分母方程式沒有實根；

(2)$f(x)$分母的 x 次方數大於分子 x 次方數。

註：分母的方程式沒有實數根表示極點不在實數軸上。

■做法：利用 $\oint_C f(z)e^{imz}dz$ 來解，其中路徑 C 與類型 1 同，即（註：複數表示法：$z = \text{Re}(z) + i\text{Im}(z)$）

$$\int_{-\infty}^{\infty} f(x)e^{imx}dx = \oint_C f(z)e^{imz}dz = 2\pi i \sum \text{Re}\,s[f(z)e^{imz}]$$

又

$$f(x)e^{imx} = f(x)(\cos mx + i\sin mx) = f(x)\cos mx + if(x)\sin mx$$

$$\Rightarrow \int_{-\infty}^{\infty} f(x)e^{imx}dx = \int_{-\infty}^{\infty} f(x)\cos mx dx + i\int_{-\infty}^{\infty} f(x)\sin mx dx$$

$$= 2\pi i \sum \text{Re}\,s[f(z)e^{imz}]$$

$$\Rightarrow \int_{-\infty}^{\infty} f(x)\cos mx dx = \text{Re}\{2\pi i \sum \text{Re}\,s[f(z)e^{imz}]\} \quad \text{（實部相等）}$$

$$\text{且} \int_{-\infty}^{\infty} f(x)\sin mx dx = \text{Im}\{2\pi i \sum \text{Re}\,s[f(z)e^{imz}]\} \quad \text{（虛部相等）}$$

例9 求 (1) $\int_{-\infty}^{\infty} \dfrac{\cos x}{x^2+1}dx$；(2) $\int_{-\infty}^{\infty} \dfrac{\sin x}{x^2+1}dx$ 之值

做法 它滿足：(1) 分母沒有實根；

　　　　　(2) 分母的 x 次方數大於分子次方數。

解 因 $\dfrac{e^{iz}}{z^2+1} = \dfrac{e^{iz}}{(z+i)(z-i)}$，只有 $z = i$ 在路徑 C 內，

所以 $\text{Re}\,s\limits_{z=i} \dfrac{e^{iz}}{(z+i)}\Big|_{z=i} = \dfrac{e^{i^2}}{2i} = \dfrac{-i}{2e}$

即 $\oint_C \dfrac{e^{iz}}{z^2+1}dz = 2\pi i \cdot \dfrac{-i}{ze} = \dfrac{\pi}{e}$

(1) $\int_{-\infty}^{\infty} \dfrac{\cos x}{x^2+1}dx = \text{Re}\left[\oint_C \dfrac{e^{iz}}{z^2+1}dz\right] = \text{Re}\left[\dfrac{\pi}{e}\right] = \dfrac{\pi}{e}$

(2) $\int_{-\infty}^{\infty} \dfrac{\sin x}{x^2+1}dx = \text{Im}\left[\oint_C \dfrac{e^{iz}}{z^2+1}dz\right] = \text{Im}\left[\dfrac{\pi}{e}\right] = 0$

8.【類型 3：求 $\int_0^{2\pi} f(\sin\theta, \cos\theta)d\theta$ 之值】

求 $\int_0^{2\pi} f(\sin\theta, \cos\theta)d\theta$，其中 f(sin$\theta$, cos$\theta$) 是 sin$\theta$ 和 cosθ 的實數有理函數

■ 做法：(a) 令 $z = e^{i\theta}$，則

$$\sin\theta = \frac{e^{i\theta} - e^{-i\theta}}{2i} = \frac{z - z^{-1}}{2i}，0 \le \theta < 2\pi$$

$$\cos\theta = \frac{e^{i\theta} + e^{-i\theta}}{2} = \frac{z + z^{-1}}{2}$$

且 $dz = ie^{i\theta}d\theta$ 或 $d\theta = \frac{dz}{iz}$

(b) 將（a）的結果代入題目後，會變成 $\oint_C f(z)dz$，其中路徑 C 是圓心在原點的單位圓

例 10 求 $\int_0^{2\pi} \frac{1}{3 - 2\sin\theta}d\theta$ 之值

解 令 $z = e^{i\theta}$，則 $\sin\theta = \frac{z - z^{-1}}{2i}$ 且 $dz = ie^{i\theta}d\theta$ 或 $d\theta = \frac{dz}{iz}$

$$\int_0^{2\pi} \frac{1}{3 - 2\sin\theta}d\theta = \oint_C \frac{1}{3 - 2 \cdot \frac{z - z^{-1}}{2i}} \cdot \frac{dz}{iz}$$

$$= \oint_C \frac{-1}{z^2 - 3iz - 1}dz \qquad \cdots\cdots(1)$$

而 $z^2 - 3iz - 1 = 0$ 的 z 值為（解一元二次方程式）

$$z = \frac{3i \pm \sqrt{(-3i)^2 - 4 \cdot 1 \cdot (-1)}}{2} = \frac{3i \pm \sqrt{5}i}{2}$$

也就是 $z^2 - 3iz - 1 = \left[z - \frac{3i + \sqrt{5}i}{2} \right]\left[z - \frac{3i - \sqrt{5}i}{2} \right]$

(1) 式 $= \oint_C \frac{-1}{(z - \frac{3i + \sqrt{5}i}{2})(z - \frac{3i - \sqrt{5}i}{2})}dz$ （僅 $\frac{3i - \sqrt{5}i}{2}$ 在單位圓 C 內）

$$z = \frac{3i - \sqrt{5}i}{2} \text{ 的留數} = \lim_{z \to \frac{(3-\sqrt{5})i}{2}} \left[\frac{-1}{z - \frac{(3+\sqrt{5})i}{2}} \right] = \frac{-\sqrt{5}}{5}i$$

所以 $\int_0^{2\pi} \frac{1}{3 - 2\sin\theta} d\theta = 2\pi i \cdot \frac{-\sqrt{5}}{5}i = \frac{2\sqrt{5}\pi}{5}$

（註：若有出現虛數，表示計算錯誤）

[另解]（用微積分解）

令 $u = \tan\frac{\theta}{2}$，其中 $\theta = 0 \Rightarrow u = 0$ ； $\theta = \pi- \Rightarrow u = \infty$ ，

$$\theta = \pi+ \Rightarrow u = -\infty ; \qquad \theta = 2\pi \Rightarrow u = 0$$

（註：因 $\theta = \pi$ 時，$\tan\frac{\theta}{2}$ 無意義，所以在做積分時，此點要避開）

則 $d\theta = \frac{2}{1+u^2} du$，$\sin\theta = \frac{2u}{1+u^2}$ （見微積分書）

$$\Rightarrow \frac{1}{3 - 2\sin\theta} d\theta = \frac{1}{3 - 2 \cdot \frac{2u}{1+u^2}} \cdot \frac{2}{1+u^2} du = \frac{\frac{2}{3}}{(u - \frac{2}{3})^2 + \frac{5}{9}} du$$

$$\int_0^{2\pi} \frac{1}{3 - 2\sin\theta} d\theta = \int_0^{\pi-} \frac{1}{3 - 2\sin\theta} d\theta + \int_{\pi+}^{2\pi} \frac{1}{3 - 2\sin\theta} d\theta$$

$$\int_0^{\pi-} \frac{1}{3 - 2\sin\theta} d\theta = \int_0^{\infty} \frac{\frac{2}{3}}{(u - \frac{2}{3})^2 + \frac{5}{9}} du = \frac{2}{\sqrt{5}} \tan^{-1} \left(\frac{u - \frac{2}{3}}{\frac{\sqrt{5}}{3}} \right) \Bigg|_0^{\infty}$$

$$= \frac{2}{\sqrt{5}} \left(\frac{\pi}{2} + \tan^{-1}(\frac{2}{\sqrt{5}}) \right) \quad\cdots\cdots\cdots\cdots\cdots\cdots\cdots (1)$$

$$\int_{\pi+}^{2\pi} \frac{1}{3 - 2\sin\theta} d\theta = \int_{-\infty}^{0} \frac{\frac{2}{3}}{(u - \frac{2}{3})^2 + \frac{5}{9}} du = \frac{2}{\sqrt{5}} \tan^{-1} \left(\frac{u - \frac{2}{3}}{\frac{\sqrt{5}}{3}} \right) \Bigg|_{-\infty}^{0}$$

$$= \frac{2}{\sqrt{5}} \left(-\tan^{-1}(\frac{2}{\sqrt{5}}) + \frac{\pi}{2} \right) \quad\cdots\cdots\cdots\cdots\cdots\cdots\cdots (2)$$

由 (1)+(2) $= \frac{2\pi}{\sqrt{5}} = \frac{2\sqrt{5}\pi}{5}$ （與上面答案同）

例11 求 $\displaystyle\int_0^{2\pi} \frac{1}{3-2\cos\theta+\sin\theta}d\theta$ 之值

解 令 $z=e^{i\theta}$，則 $\sin\theta=\dfrac{z-z^{-1}}{2i}$，$\cos\theta=\dfrac{z+z^{-1}}{2}$

且 $dz=ie^{i\theta}d\theta$ 或 $d\theta=\dfrac{dz}{iz}$

$$\int_0^{2\pi}\frac{1}{3-2\cos\theta+\sin\theta}d\theta=\oint_C\frac{1}{3-2\cdot\dfrac{z+z^{-1}}{2}+\dfrac{z-z^{-1}}{2i}}\cdot\frac{dz}{iz}$$

$$=\oint_C\frac{2}{(1-2i)z^2+6iz-(1+2i)}dz\cdots\cdots(1)$$

而 $(1-2i)z^2+6iz-(1+2i)=0$ 的 z 值為（解一元二次方程式）

$$z=\frac{-6i\pm\sqrt{(6i)^2-4\cdot(1-2i)\cdot[-(1+2i)]}}{2(1-2i)}=\frac{-6i\pm4i}{2(1-2i)}=2-i\text{或}\frac{2-i}{5}$$

也就是 $(1-2i)z^2+6iz-(1+2i)=(1-2i)\left[z-(2-i)\right]\left[z-\dfrac{2-i}{5}\right]$

(1)式$=\displaystyle\oint_C\frac{2}{(1-2i)\left[z-(2-i)\right]\left[z-\dfrac{2-i}{5}\right]}dz$（僅 $\dfrac{2-i}{5}$ 在單位圓 C 內）

$z=\dfrac{2-i}{5}$ 的留數 $=\displaystyle\lim_{z\to\frac{2-i}{5}}\left[\frac{2}{(1-2i)[z-(2-i)]}\right]_{z=\frac{2-i}{5}}=\frac{1}{2i}$

所以 $\displaystyle\int_0^{2\pi}\frac{1}{3-2\cos\theta+\sin\theta}d\theta=2\pi i\cdot\frac{1}{2i}=\pi$

（註：若有出現虛數，表示計算錯誤）

例12 求 $\displaystyle\int_0^{2\pi}\frac{\cos3\theta}{5-4\cos\theta}d\theta$ 之值

解 令 $z=e^{i\theta}$，則 $\cos\theta=\dfrac{z+z^{-1}}{2}$，$\cos3\theta=\dfrac{e^{i3\theta}+e^{-i3\theta}}{2}=\dfrac{z^3+z^{-3}}{2}$

且 $d\theta=\dfrac{dz}{iz}$

$$\int_0^{2\pi} \frac{\cos 3\theta}{5-4\cos\theta}d\theta = \oint_C \frac{\dfrac{z^3+z^{-3}}{2}}{5-4\cdot\dfrac{z+z^{-1}}{2}}\cdot\frac{dz}{iz} = -\frac{1}{2i}\oint_C \frac{z^6+1}{z^3(2z-1)(z-2)}dz$$

（z^3 和 $(2z-1)$ 在單位圓 C 內）

(a) $z=0$ 的留數 $= \displaystyle\lim_{z\to 0}\frac{1}{2!}\frac{d^2}{dz^2}\left[\frac{z^6+1}{(2z-1)(z-2)}\right]_{z=0} = \frac{21}{8}$

(b) $z=\dfrac{1}{2}$ 的留數 $= \displaystyle\lim_{z\to\frac{1}{2}}\left[\frac{\dfrac{1}{2}(z^6+1)}{z^3(z-2)}\right]_{z=\frac{1}{2}} = -\frac{65}{24}$

所以 $\displaystyle\int_0^{2\pi}\frac{\cos 3\theta}{5-4\cos\theta}d\theta = -\frac{1}{2i}\cdot 2\pi i\left(\frac{21}{8}-\frac{65}{24}\right) = \frac{\pi}{12}$

9.【實數軸上的簡單極點】

(1) 上面的類型 1 和類型 2 都有一個限制條件，就是分母的方程式沒有實數根。若分母的方程式有一次方的實數根時，其積分公式如下（積分路徑見下圖）：

(a) 若 $f(z)$ 在實數軸上半平面（不含實數軸）的留數總和為 a，即：

$$\sum \mathrm{Re}\,sf(z) = a$$

(b) 若 $f(z)$ 在實數軸上（不含上半平面）的留數總和為 b，即：

$$\sum \mathrm{Re}\,sf(z) = b$$

則 $\displaystyle\lim_{R\to\infty}\int_{-R}^{R}f(x)dx = 2\pi i\cdot a + \pi i\cdot b$

<<< 證明略 >>>

(2) 若有一個實數根 m，則 $\oint_C f(z)dz$ 的路徑 C 是（見下圖）

(a) 沿 x 軸從 $-R$ 到 $m-r$，

(b) 以 r 為半徑，m 為圓心，畫一半圓到 $m+r$，

(c) 再從 $m+r$ 到 $+R$，

(d) 再以 $(-R, R)$ 為直徑的半圓（在一二象限內）所組成（稱為路徑 S），

(e) 再令 $R \to \infty$，$r \to 0$ 即可得。

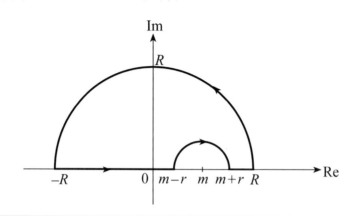

例 13 求 $\displaystyle\int_{-\infty}^{\infty} \frac{1}{(x^2+1)(x^2-x-2)} dx$ 之值

做法 它滿足：(1) 分母有實根；

(2) 分母的 x 次方數大於分子次方數的 2 次或以上。

也就是求 $\displaystyle\oint_C \frac{1}{(z^2+1)(z^2-z-2)} dz$ 之值

解 $\displaystyle\oint_C \frac{1}{(z^2+1)(z^2-z-2)} dz = \oint_C \frac{1}{(z+i)(z-i)(z+1)(z-2)} dz$

（$z=i$ 在上半平面 C 內，$z=-1$ 和 $z=2$ 在實數軸上）

(a) $z=i$ 的留數 $= \displaystyle\lim_{z=i}\left[\frac{1}{(z+i)(z+1)(z-2)}\right] = \frac{1+3i}{20}$

(b) $z=-1$ 的留數 $= \displaystyle\lim_{z=-1}\left[\frac{1}{(z+i)(z-i)(z-2)}\right] = -\frac{1}{6}$

(c) $z=2$ 的留數 $= \displaystyle\lim_{z=2}\left[\frac{1}{(z+i)(z-i)(z+1)}\right] = \frac{1}{15}$

所以

$$\oint_C \frac{1}{(z^2+1)(z^2-z-2)}dz = 2\pi i\left(\frac{1+3i}{20}\right) + \pi i\left(\frac{-1}{6}+\frac{1}{15}\right) = \frac{-3\pi}{10}$$

也就是 $\int_{-\infty}^{\infty} \frac{1}{(x^2+1)(x^2-x-2)}dx = \frac{-3\pi}{10}$

[另解] 本題也可用微積分來解 $\int_{-\infty}^{\infty} \frac{1}{(x^2+1)(x^2-x-2)}dx$

$$\frac{1}{(x^2+1)(x^2-x-2)} = \frac{a}{x+1} + \frac{b}{x-2} + \frac{cx+d}{x^2+1} \text{（部分分式法）}$$

$$= \frac{-\frac{1}{6}}{x+1} + \frac{\frac{1}{15}}{x-2} + \frac{\frac{1}{10}x+\frac{-3}{10}}{x^2+1}$$

$$\Rightarrow \int_{-\infty}^{\infty} \frac{1}{(x^2+1)(x^2-x-2)}dx = \lim_{R\to\infty} \int_{-R}^{R} \frac{-\frac{1}{6}}{x+1} + \frac{\frac{1}{15}}{x-2} + \frac{\frac{1}{10}x+\frac{-3}{10}}{x^2+1}dx$$

$$= \lim_{R\to\infty}\left(-\frac{1}{6}\ln|x+1||_{-R}^{R} + \frac{1}{15}\ln|x-2||_{-R}^{R} + \frac{1}{20}\ln|x^2+1||_{-R}^{R} + \frac{-3}{10}\tan^{-1}x|_{-R}^{R}\right)$$

$$= 0+0+0+\frac{-3}{10}[\frac{\pi}{2}-(-\frac{\pi}{2})] = \frac{-3\pi}{10}$$

註：此二種方法所求出來的答案相同

練習題

1. 求下列函數的極點和這些極點的留數

(1) $\frac{2z+1}{z^2-z-2}$；(2) $(\frac{z+1}{z-1})^2$；(3) $\frac{\sin z}{z^2}$；(4) $\cot z$；

[答] (1) 極點 $=-1$，留數 $=1/3$；極點 $=2$，留數 $=5/3$；

(2) 極點 $=1$，留數 $=4$；

(3) 極點 $=0$，留數 $=1$；

(4) 極點 $=k\pi i, k=0,\pm1,\pm2,\cdots\cdots$，留數 $=1$；

2. 求函數 $f(z)=\frac{z^2+4}{z^3+2z^2+2z}$ 的 (1) 零點，(2) 極點和這些極點的留數

答 (1) 零點：$z = \pm 2i$

(2) 極點 $= 0$，留數 $= 2$；

極點 $= -1+i$，留數 $= -(1-3i)/2$；

極點 $= -1-i$，留數 $= -(1+3i)/2$；

3. 求 $\oint_C \dfrac{2+3\sin(\pi z)}{z(z-1)^2} dz$，其中 C 是一矩形，其 4 個頂點為 $3+3i, 3-3i,$ $-3+3i, -3-3i$

答 $-6\pi i$

4. 求下列個函數的積分值

(1) $\displaystyle\int_0^\infty \dfrac{1}{x^4+1} dx$；

(2) $\displaystyle\int_0^\infty \dfrac{1}{(x^2+1)(x^2+4)^2} dx$；

(3) $\displaystyle\int_0^{2\pi} \dfrac{\sin 3\theta}{5-3\cos\theta} d\theta$；

(4) $\displaystyle\int_0^{2\pi} \dfrac{\cos^2 3\theta}{5-4\cos 2\theta} d\theta$；

(5) $\displaystyle\int_0^\infty \dfrac{1}{x^4+x^2+1} dx$

答 (1) $\dfrac{\pi}{2\sqrt{2}}$；(2) $\dfrac{5\pi}{288}$；(3) 0；(4) $\dfrac{3\pi}{8}$；(5) $\dfrac{\sqrt{3}\pi}{6}$；

國家圖書館出版品預行編目資料

工程數學SOP閃通指南／林振義作. －－初
　版. －－臺北市：五南圖書出版股份有限公
　司, 2023.03
　面；　公分
　ISBN 978-626-343-294-9(平裝)

1.CST: 工程數學

440.11　　　　　　　　　111013695

5BL5

工程數學SOP閃通指南

作　　　者 — 林振義（130.6）

發 行 人 — 楊榮川

總 經 理 — 楊士清

總 編 輯 — 楊秀麗

副總編輯 — 王正華

責任編輯 — 張維文

封面設計 — 姚孝慈

出 版 者 — 五南圖書出版股份有限公司

地　　　址：106台北市大安區和平東路二段339號4樓

電　　　話：(02)2705-5066　　傳　　　真：(02)2706-6100

網　　　址：https://www.wunan.com.tw

電子郵件：wunan@wunan.com.tw

劃撥帳號：01068953

戶　　　名：五南圖書出版股份有限公司

法律顧問　林勝安律師

出版日期　2023年3月初版一刷

定　　　價　新臺幣850元

經典永恆·名著常在

五十週年的獻禮——經典名著文庫

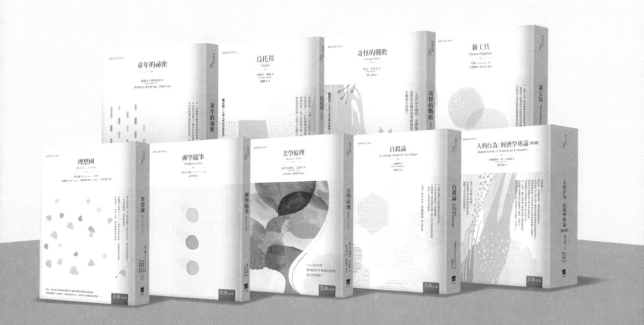

五南，五十年了，半個世紀，人生旅程的一大半，走過來了。

思索著，邁向百年的未來歷程，能為知識界、文化學術界作些什麼？

在速食文化的生態下，有什麼值得讓人雋永品味的？

歷代經典·當今名著，經過時間的洗禮，千錘百鍊，流傳至今，光芒耀人；

不僅使我們能領悟前人的智慧，同時也增深加廣我們思考的深度與視野。

我們決心投入巨資，有計畫的系統梳選，成立「經典名著文庫」，

希望收入古今中外思想性的、充滿睿智與獨見的經典、名著。

這是一項理想性的、永續性的巨大出版工程。

不在意讀者的眾寡，只考慮它的學術價值，力求完整展現先哲思想的軌跡；

為知識界開啟一片智慧之窗，營造一座百花綻放的世界文明公園，

任君遨遊、取菁吸蜜、嘉惠學子！